全国高等教育土木工程类精品教材

土木工程测量

主　编　孔　达
副主编　吕忠刚　窦世卿　伊晓东　周启朋
主　审　杜继亮　杨国范

黄 河 水 利 出 版 社
·郑州·

内容提要

本书是全国高等教育土木工程类精品教材。全书共分14章，主要内容包括绪论、水准仪及水准测量、经纬仪及角度测量、距离测量、测量误差的基本知识、小地区控制测量、大比例尺地形图测绘、地形图的应用、工程测设的基本方法、线路工程测量、桥梁与隧道工程测量、建筑工程施工测量、水利工程施工测量、建筑物变形观测等。

本书主要供土木工程、建筑学、城市规划、建筑环境与设备工程、给水排水工程、道路桥梁与渡河工程、水利水电工程、环境工程、交通工程、工程管理等专业本科生教学使用，也可供从事土建工程的技术人员阅读参考。

图书在版编目(CIP)数据

土木工程测量/孔达主编.—郑州：黄河水利出版社，2008.8(2015.8 重印)
全国高等教育土木工程类精品教材
ISBN 978-7-80734-480-3

Ⅰ.土… Ⅱ.孔… Ⅲ.土木工程-工程测量-高等学校-教材 Ⅳ.TU198

中国版本图书馆CIP数据核字(2008)第123837号

出 版 社：黄河水利出版社
地址：河南省郑州市顺河路49号 邮政编码：450003
发行单位：黄河水利出版社
发行部电话：0371-66026940、66020550、66028024、66022620(传真)
E-mail：hhslcbs@126.com
承印单位：河南承创印务有限公司
开本：787 mm×1 092 mm 1/16
印张：27.00
字数：624千字 印数：7 101—10 000
版次：2008年8月第1版 印次：2015年8月第3次印刷

定价：48.00元

前 言

本书是全国高等教育土木工程类精品教材,依据土木工程类各专业“土木工程测量”教学大纲编写而成。本书的编写注重于基本知识、基本理论和基本技能的掌握,有重点地吸纳了具有实际应用价值的现代测量技术和方法,力争突出“立足实用、打好基础、强化能力”的教学原则,体现科学性、趣味性和前瞻性。本书共分两部分,第一部分为测量技术与方法,为各专业方向通用;第二部分为工程应用测量,可结合各自的专业方向选用。

本书第一、五、九章及第四章中的第五节、第七章中的第三节由孔达编写;第六章中的第一、三、四、五、六、七节及第十、十一、十四章由吕忠刚编写;第二章、第四章中的第一、二、三、四节及第六章中的第二节由窦世卿编写;第七章中的第一、二、四、五、六节及第八章由伊晓东编写;第三章由周启朋编写;第十二章由郑丽娜编写;第十三章由王笑峰编写;此外,龚文峰、马学武、左淑红也参加了本书的编写工作。本书由孔达任主编,吕忠刚、窦世卿、伊晓东、周启朋任副主编,杜继亮、杨国范教授任主审。

本书配有《土木工程测量实验与实习指导》(另册)。由于编者水平有限,书中难免存在错误和疏漏,热忱希望广大读者批评指正。

编 者

2008 年 5 月

目　录

前　言

第一篇　测量技术与方法

第一章　绪　论 …… (1)
第一节　测量学与土木工程测量 …… (1)
第二节　地面点位的确定 …… (2)
第三节　用水平面代替水准面的限度 …… (8)
第四节　测量工作概述 …… (9)
第五节　现代测绘科学技术发展简介 …… (12)
思考题与习题 …… (12)
第二章　水准仪及水准测量 …… (14)
第一节　水准测量原理 …… (14)
第二节　水准测量的仪器及工具 …… (15)
第三节　普通水准测量 …… (22)
第四节　水准测量成果计算 …… (26)
第五节　微倾式水准仪的检验与校正 …… (29)
第六节　水准测量的误差分析与注意事项 …… (32)
第七节　自动安平水准仪 …… (35)
第八节　精密水准仪与精密水准尺 …… (37)
第九节　数字水准仪和条码水准尺 …… (38)
思考题与习题 …… (41)
第三章　经纬仪及角度测量 …… (43)
第一节　角度测量原理 …… (43)
第二节　光学经纬仪及使用 …… (44)
第三节　水平角观测 …… (49)
第四节　竖直角观测 …… (52)
第五节　经纬仪的检验与校正 …… (55)
第六节　角度测量中的误差分析与注意事项 …… (60)
第七节　电子经纬仪 …… (63)
思考题与习题 …… (66)
第四章　距离测量 …… (68)
第一节　钢尺量距 …… (68)
第二节　视距测量 …… (74)

第三节　电磁波测距 …………………………………………………………………… (77)
第四节　全站仪及其使用 …………………………………………………………… (83)
第五节　GPS 定位原理 ……………………………………………………………… (96)
思考题与习题 ……………………………………………………………………… (105)
第五章　测量误差的基本知识 ……………………………………………………… (106)
第一节　测量误差及其分类 ……………………………………………………… (106)
第二节　衡量观测值精度的标准 ………………………………………………… (109)
第三节　误差传播定律 …………………………………………………………… (111)
第四节　等精度直接观测平差 …………………………………………………… (114)
第五节　不等精度直接观测平差 ………………………………………………… (118)
思考题与习题 ……………………………………………………………………… (122)
第六章　小地区控制测量 ……………………………………………………………… (123)
第一节　概　述 …………………………………………………………………… (123)
第二节　直线定向与坐标正反算 ………………………………………………… (126)
第三节　导线测量 ………………………………………………………………… (132)
第四节　交会定点 ………………………………………………………………… (139)
第五节　三、四等水准测量 ……………………………………………………… (144)
第六节　三角高程测量 …………………………………………………………… (147)
第七节　GPS 小地区控制测量 …………………………………………………… (148)
思考题与习题 ……………………………………………………………………… (151)
第七章　大比例尺地形图测绘 ……………………………………………………… (155)
第一节　地形图的基本知识 ……………………………………………………… (155)
第二节　地形图的传统测绘方法 ………………………………………………… (165)
第三节　数字测图 ………………………………………………………………… (172)
第四节　水下地形测量 …………………………………………………………… (187)
第五节　地籍图、房产图及其测量 ……………………………………………… (190)
第六节　摄影测量与航片成图 …………………………………………………… (194)
思考题与习题 ……………………………………………………………………… (200)
第八章　地形图的应用 ………………………………………………………………… (201)
第一节　地形图的识读 …………………………………………………………… (201)
第二节　地形图的基本用法 ……………………………………………………… (203)
第三节　面积量算与电子求积仪 ………………………………………………… (206)
第四节　场地平整时的土方量计算 ……………………………………………… (209)
第五节　规划设计时的用地分析 ………………………………………………… (213)
第六节　数字地形图与地理信息系统(GIS) …………………………………… (215)
思考题与习题 ……………………………………………………………………… (220)

第二篇　工程应用测量

第九章　工程测设的基本方法 …………（221）
第一节　概　述 …………（221）
第二节　水平距离和水平角的测设 …………（222）
第三节　点的平面位置测设 …………（224）
第四节　点的高程及已知坡度线的测设 …………（226）
第五节　全站仪测设方法简介 …………（228）
第六节　GPS－RTK 测设方法简介 …………（235）
思考题与习题 …………（237）
第十章　线路工程测量 …………（239）
第一节　概　述 …………（239）
第二节　线路测量 …………（240）
第三节　曲线测设 …………（246）
第四节　全站仪在道路测设中的应用 …………（260）
第五节　线路纵横断面测量 …………（261）
第六节　公路施工测量 …………（269）
第七节　管道施工测量 …………（271）
思考题与习题 …………（274）
第十一章　桥梁与隧道工程测量 …………（277）
第一节　概　述 …………（277）
第二节　施工控制测量 …………（280）
第三节　桥梁施工测量 …………（288）
第四节　隧道施工测量 …………（294）
思考题与习题 …………（300）
第十二章　建筑工程施工测量 …………（302）
第一节　概　述 …………（302）
第二节　民用建筑施工测量 …………（305）
第三节　高层建筑施工测量 …………（312）
第四节　工业厂房施工测量 …………（314）
第五节　安装测量 …………（317）
第六节　竣工总平面图的编绘 …………（320）
思考题与习题 …………（322）
第十三章　水利工程施工测量 …………（323）
第一节　概　述 …………（323）
第二节　土坝的施工测量 …………（325）
第三节　混凝土坝的施工测量 …………（330）
第四节　水闸的施工测量 …………（333）

思考题与习题 …………………………………………………………………………（335）
第十四章　建筑物变形测量 ……………………………………………………………（336）
第一节　概　述 …………………………………………………………………………（336）
第二节　建筑物变形观测的精度和频率 ………………………………………………（337）
第三节　沉降观测 ………………………………………………………………………（340）
第四节　水平位移观测 …………………………………………………………………（343）
第五节　变形观测资料的整理与汇编 …………………………………………………（345）
思考题与习题 …………………………………………………………………………（348）
参考文献 ………………………………………………………………………………（349）

第一篇　测量技术与方法

第一章　绪　论

第一节　测量学与土木工程测量

一、测量学的概念

测量学研究的对象是地球整体及其表面和外层空间中的各种自然物体和人造物体的有关信息。它研究的内容是对这些与地理空间有关的信息进行采集、处理、存储、管理、更新与利用。其中包括测定地面点的空间位置、地球形状、地球重力场及各种动力现象，以及各种工程建设中的测量工作的理论、技术与方法。

测量学是测绘学科的重要组成部分，随着科学技术的发展，各方面对测绘学的要求不断变化和提高，测绘学的分科也越来越细，诸如以下学科：

(1)大地测量学。大地测量学主要研究地球表面及其外层空间点位的精密测定、地球的形状和大小、地球的重力场及其随时间变化的理论和方法。现代大地测量学与地球科学和空间科学的多学科交叉，已成为推动地球科学、空间科学和军事科学发展的前沿学科之一，其研究范围已从测量地球扩展到测量整个地球外空间。

(2)摄影测量与遥感学。作为一种图像信息学科，它由摄影测量、遥感和空间信息系统以及计算机视觉等交叉组成。主要研究利用各种不同类型的非接触传感器，获取模拟的或数字的影像，然后通过解析和数字化方式提取所需的信息，在空间信息系统中以数字形式加以存储、管理、分析和表达，以确定物体的形状、大小和空间位置等信息的理论和方法。摄影测量与遥感学分为地面摄影测量学、航空摄影测量学和航天遥感测量学。

(3)工程测量学。研究各种工程建设在规划、设计、施工和运营管理等阶段所进行的各种测量工作的理论、技术和方法的学科。传统的工程测量包括控制测量、地形测量、施工测量、竣工测量和变形监测五大部分。随着测绘技术的飞速发展，工程测量技术形成了两个发展趋势：一是在上述五部分不断出现新仪器、新方法和新手段；二是工程测量的应用领域不断扩展，出现了工业测量和地下管线探测等新的领域，并将测量新技术应用到了建筑测绘中。

(4)地图制图与地理信息工程学。地图制图与地理信息工程学主要研究以图形和数字形式传输空间地理环境信息的学科。目前,以地理空间信息数据库、计算机地图制图、地理信息系统和计算机网络技术为主体的数字化地图制图,已经取代了传统手工地图制图,并正向以地理空间信息综合服务为核心的信息化地图制图与地理信息工程转变,地理空间信息获取的天、空、地一体化,信息处理智能化,信息服务网络化,正在成为信息时代地图制图与地理信息工程学科的新特征。

(5)海洋测绘学。海洋测绘是对整个海洋空间,包括海洋水体和海底进行全方位、多要素的综合测量以获取包括大气和水文以及海底地形、地貌、地质、重力、磁力、海底扩张等各种信息和数据并绘制各种用途的专题图片,为经济发展、国防建设和科学研究服务的综合性学科。

(6)普通测量学。普通测量学是研究地球局部区域,不考虑地球曲率的影响,使用常规测量仪器设备,进行测定和测设点位所涉及的测量理论、技术和方法的学科。

二、土木工程测量的任务

土木工程测量是研究土木工程建设在规划、设计、施工和运营管理等阶段各项测量工作的理论、技术和方法。其任务主要包括测定、测设和变形观测三部分。测定是指运用各种测量仪器和工具,通过测量和计算,获得地面点的测量数据,或者把地球表面的地形按一定比例尺缩绘成地形图,供工程建设使用。测设也称施工放样,是将图纸上设计好的建筑物、构造物的平面位置和高程用测量仪器按一定的测量方法在地面上标定出来,作为施工的依据。变形观测是指建筑物在施工过程中及工程建成后的运行管理阶段,需要对建筑物的稳定性及变化情况进行监测,以确保工程安全。

土木工程测量在各种工程建设中起着十分重要的作用。例如,在建筑工程、城市规划、道路与桥梁工程、水利工程、管道工程与地下建筑等的勘测设计阶段需要测绘各种比例尺地形图,供规划设计使用;在施工阶段需要将图纸上设计好的建筑物、构造物、道路、桥梁及管线的平面位置和高程,运用测量仪器和测量方法在地面上标定出来,以便进行施工;在工程结束后,还要进行竣工测量,供日后维修和扩建用,对于大型或重要建筑物、构造物还需要定期进行变形观测,确保其安全。

对于土木工程类各专业的学生,通过学习本课程,要求掌握普通测量学的基本知识和基础理论,以及工程测量学中的相关理论和方法;学会常用测量仪器的使用方法;掌握大比例尺地形图测绘的原理和方法;具有应用地形图的能力;掌握工程测量中各种测设数据的计算和测设方法。

第二节　地面点位的确定

一、地球的形状和大小

测量工作是在地球表面进行的,而地球的自然表面是极不规则的,在地球表面上分布着高山、丘陵、平原和海洋,有高于海平面 8 844.43 m 的珠穆朗玛峰,有低于海平面 11 022 m的马里亚纳海沟,地形起伏很大。但是,由于地球半径很大(约 6 371 km),地面高低变化的幅度相对于地球半径只有 1/300，从宏观上看，仍然可以将地球看做圆滑球体。地球表面大部分是海洋，占地球面积 71%，陆地仅占 29%，所以人们设想由静止的海水面向大陆延伸形成的闭合曲面来代替地球表面。

地球上的每个质点都受两个力的作用，其一是地球引力，其二是地球自转产生的离心力，这两个力的合力称为重力。重力的作用线称为铅垂线，铅垂线是测量工作的基准线。

假想自由静止的海水面向陆地和岛屿延伸形成一个闭合曲面，这个闭合曲面称为水准面，水准面处处与铅垂线垂直。由于潮汐的影响，海水面有涨有落，水准面就有无数个，并且互不相交。在测量工作中，把通过平均海水面并向陆地延伸而形成的闭合曲面称为大地水准面。大地水准面是测量工作的基准面。大地水准面所包围的形体称为大地体。

由于地球内部质量分布不均匀，致使地面上各点的铅垂线方向产生不规则变化，因而大地水准面实际上是一个表面有微小起伏的不规则曲面(见图 1-1(a))，无法用数学公式表示，在这个曲面上无法进行测量数据的处理，为此必须选择一个与大地体非常接近的数学球体代替大地体。

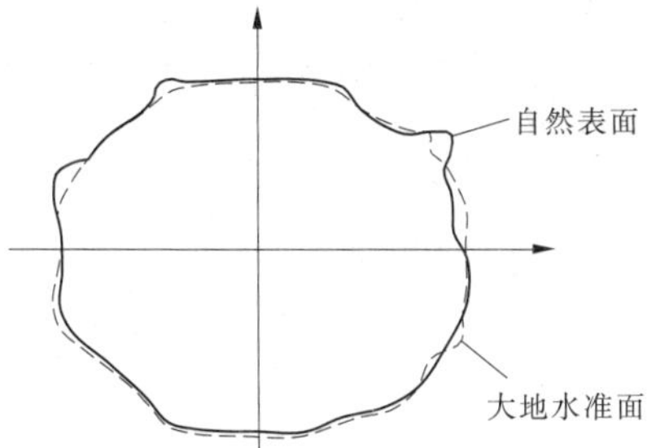

(a)大地水准面与地球自然表面

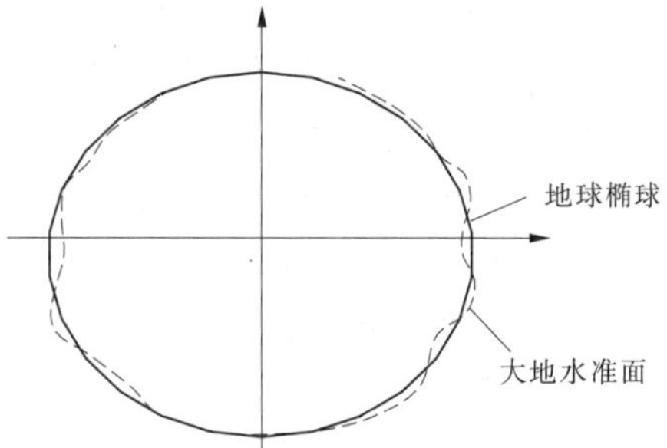

(b)大地水准面与地球椭球

图 1-1　地球形状示意图

长期的测量实践表明，地球的形状近似于一个两极稍扁的椭球体，如图 1-1(b)所示，这个椭球体是一个旋转轴与地球自转轴重合的椭圆绕其短轴旋转而成的几何形体，因此又称为旋转椭球体。如图 1-2 所示，地球椭球的大小由其长半轴 a(短半轴 b)和扁率 α 确定。它们之间的关系为

$$\alpha = \frac{a - b}{a} \tag{1-1}$$

1979 年国际大地测量与地球物理联合会推荐的地球椭球参数 $a = 6\ 378\ 140$ m，$\alpha = 1/298.257$。由于椭球的扁率很小，在小区域测量时，可以近似地将地球视做圆球体，其半径为 6 371 km。

测量上把与大地体最接近的地球椭球称为总地球椭球，把与某个地区大地水准面最为密合的椭球称为参考椭球，其椭球面称为参考椭球面。根据一定的条件，确定参考椭球面与大地水准面的相对位置所进行的测量工作，称为参考椭球体定位。在地面上选 P 点，将 P 点沿铅垂线投影到大地水准面 P' 点，使参考椭球在 P' 点与大地体相切，如图 1-3 所示，这样过 P' 点的法线与铅垂线重合，并使椭球的短轴与地球的自转轴平行，且椭球面与大地水准面差距尽量小，从而确定了参考椭球面与大地水准面的相对位置关系。这里，

P 点称为大地原点。

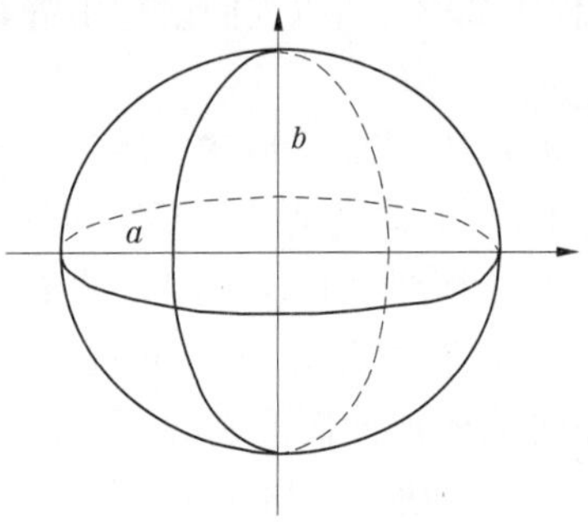

图 1-2　**参考椭球**

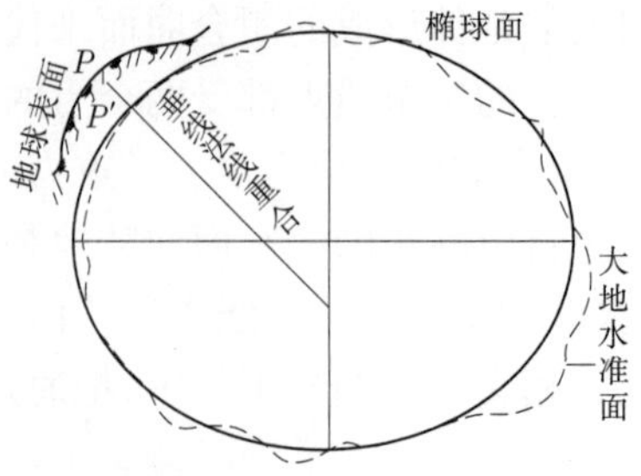

图 1-3　**参考椭球体的定位**

目前,我国常用的大地坐标系有:

(1)1954 年北京坐标系。大地原点在苏联,20 世纪 50 年代,在我国天文大地网建立初期,鉴于当时的历史条件,采用了克拉索夫斯基椭球元素,在我国东北边境呼玛、吉拉林、东宁三个点与苏联大地网联测后的坐标作为我国天文大地网的起算数据,然后通过天文大地网坐标计算,推算出北京一点的坐标,故命名为北京坐标系。

(2)1980 年国家大地坐标系。是我国目前使用的大地坐标系,大地原点在陕西省永乐镇,采用 1975 年国际椭球,椭球面与我国境内的大地水准面密合最佳 。

二、确定地面点位的方法

地面点的空间位置通常采用坐标和高程来表示,确定地面点的坐标和高程是测量工作的主要任务之一。

(一)地面点的坐标

(1)地理坐标。用经度和纬度表示地面点的位置,可分为天文坐标与大地坐标。天文坐标是以铅垂线为基准线,以大地水准面为基准面,用天文经、纬度(λ,φ)表示(见图 1-4)。大地坐标是以法线为基准线,以椭球体面为基准面,用大地经、纬度(L,B)表示(见图 1-5)。

过地面上一点与地球南北极的平面称为子午面,子午面与地球表面的交线称为子午线。过英国格林尼治天文台的子午面称为首子午面。首子午面与地球表面的交线称为首子午线。过地球表面上一点的子午面与首子午面之间的夹角称为经度。自首子午面起向东 0°～180°为东经,向西 0°～180°为西经。通过地球球心且与地球旋转轴垂直的平面称为赤道面,赤道面与地球表面的交线为赤道。过地球表面上一点的铅垂线或法线与赤道面的夹角称为纬度。自赤道面起,向北 0°～90°为北纬,向南 0°～90°为南纬。

地面上任意一点的天文坐标可以通过天文测量方法直接测定,由于天文测量受环境条件限制,定位精度不高,天文坐标之间推算困难,所以工程测量中使用很少。大地坐标是根据大地原点坐标,按大地测量所得数据推算得到。

(2)高斯平面直角坐标。地理坐标只能确定地面点位在球面上的位置,不能直接用于测绘地形图,因此应将点的地理坐标转换成平面直角坐标。在我国采用高斯投影的方

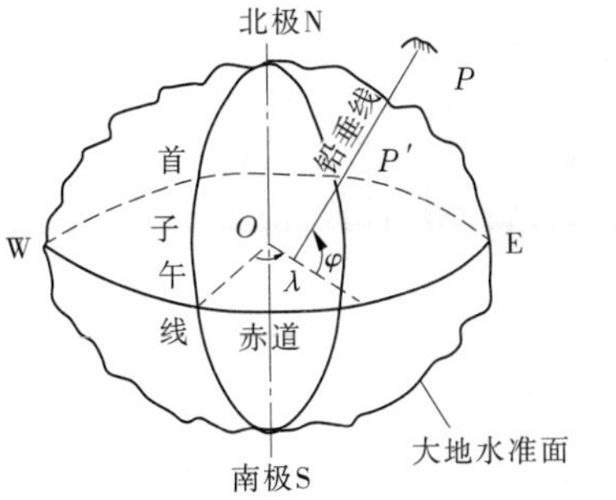

图 1-4　天文坐标系

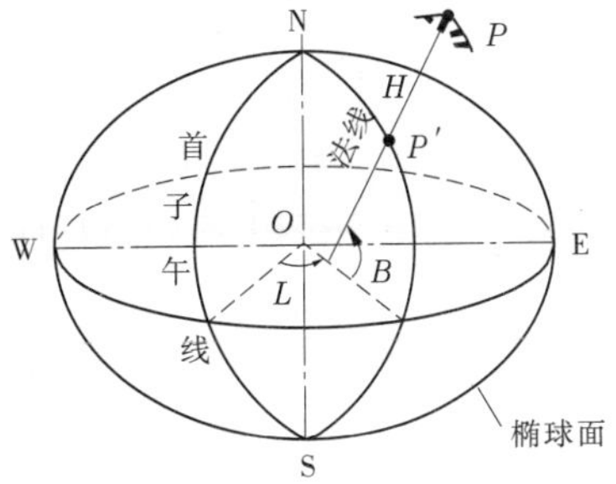

图 1-5　大地坐标系

法，将球面上的点位投影到高斯投影面上，从而转换成平面直角坐标。

高斯投影是设想一个椭圆柱面横套在地球椭球面外面，并与地球椭球面上某一子午线（该子午线称为中央子午线）相切，椭圆柱的中心轴通过地球椭球球心，然后按等角投影方法，将中央子午线两侧一定经差范围内的点、线投影到椭圆柱面上，再沿着过极点的母线展开即成为高斯投影面，如图 1-6 所示。

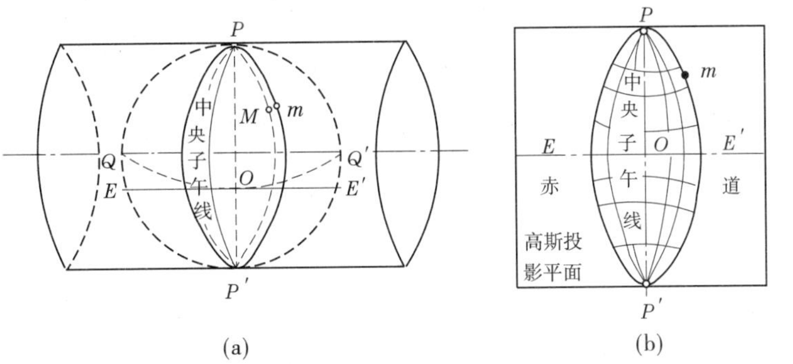

图 1-6　高斯投影

高斯投影面上的中央子午线和赤道的投影都是直线，且正交，其他子午线和纬线都是曲线。在高斯投影中，中央子午线的长度不变，其余子午线均凹向中央子午线，且距中央子午线越远，长度变形越大。为了把长度变形控制在测量精度允许的范围内，将地球椭球面按一定的经度差分成若干范围不大的带，称为投影带。带宽一般分为经差 6°和 3°，如图 1-7 所示。

6°带是从格林尼治子午线起，自西向东每隔经差 6°为一带，共分成 60 带，编号为 1 ~ 60。带号 N 与相应的中央子午线经度 L_0 的关系可用下式计算：

$$L_0 = 6N - 3 \tag{1-2}$$

6°带可以满足 1∶25 000 以上中、小比例尺测图精度的要求。

3°带从东经 1°30′子午线起，自西向东每隔经差 3°为一带，编号为 1 ~ 120。带号 n 与相应的中央子午线经度 l_0 的关系可用下式计算：

$$l_0 = 3n \tag{1-3}$$

我国地处东半球赤道以北，经度 72° ~ 138°、纬度 0° ~ 56°。中央子午线从 75°起共计

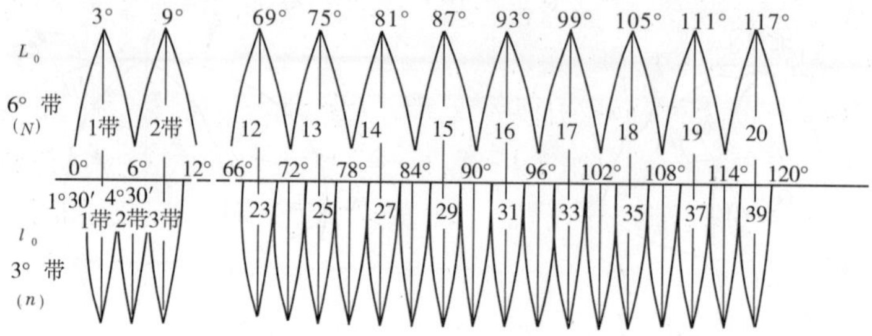

图 1-7　6°带与 3°带

11 个 6°带，带号在 13 ~ 23 之间；21 个 3°带，带号在 24 ~ 45 之间。

以中央子午线和赤道投影后的交点 O 作为坐标原点，以中央子午线的投影为纵坐标轴 x，规定 x 轴向北为正；以赤道的投影为横坐标轴 y，规定 y 轴向东为正，从而构成高斯平面直角坐标系。我国位于北半球，在高斯平面直角坐标系中，x 坐标均为正值，而 y 坐标有正有负。为避免 y 坐标出现负值，将坐标纵轴向西平移 500 km，并在横坐标值前冠以带号。这种坐标称为国家通用坐标，如图 1-8 所示。

例如，P 点的高斯平面直角坐标自然值为：$x_P = 3\ 464\ 215.106$ m，$y_P = -432\ 861.343$ m。若该点位于第 19 带内，则 P 点的国家通用坐标值为：$X_P = 3\ 464\ 215.106$ m，$Y_P = 19\ 067\ 138.657$ m。

当通用横坐标值换算为自然值时，要判别通用横坐标值中的哪一个数是带号。由于通用横坐标值整数部分均为 6 位数，故从小数点起向左数第 7、8 位才是带号。

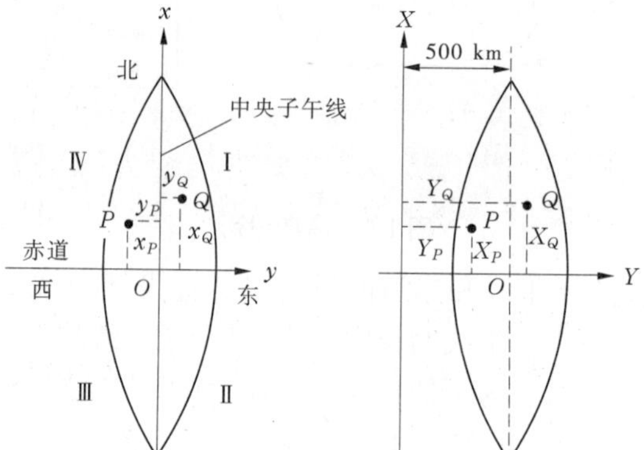

图 1-8　高斯平面直角坐标系

（3）独立平面直角坐标。当测区的范围较小（半径小于 10 km）时，可以把测区的球面当做水平面，直接将地面点沿铅垂线方向投影到水平面上，用平面直角坐标表示地面点的位置。为了避免坐标出现负值，一般将坐标原点选在测区西南角，使测区全部落在第一象限内。这种方法适用于测区没有国家控制点的地区，x 轴方向一般为该地区真子午线或磁子午线方向。

测量中使用的平面直角坐标系纵坐标轴为 x，向北为正，横坐标轴为 y，向东为正。象限按顺时针方向编号,这些与数学上的规定是不同的,但数学上的三角和解析几何公式可以直接应用到测量中。如图 1-9 所示。

(4)空间直角坐标。以地球椭球体中心 O 作为坐标原点,起始子午面与赤道面的交线为 X 轴,赤道面上与 X 轴正交的方向为 Y 轴,椭球体的旋转轴为 Z 轴,指向符合右手规则。在该坐标系中,P 点的点位用 OP 在这三个坐标轴的投影 x、y、z 表示。如图 1-10 所示。

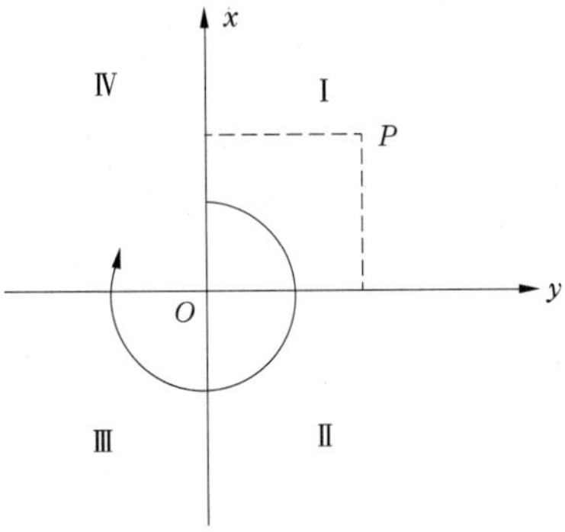

图 1-9　平面直角坐标系

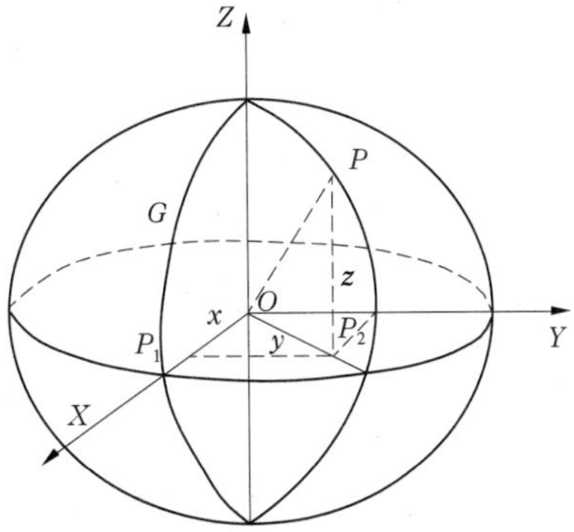

图 1-10　空间直角坐标系

利用 GPS 卫星定位系统得到的地面点位置,是 WGS－84 坐标,WGS(World Geodetic System)世界大地坐标系,该坐标系即为空间直角坐标系。空间直角坐标系可以统一各国的大地控制网,使各国的地理信息"无缝"衔接。空间直角坐标已在军事、导航及国民经济各部门得到广泛应用。

(二)地面点的高程

某地面点沿铅垂线方向到大地水准面的距离称为绝对高程或海拔,简称高程,一般用 H 表示。某地面点沿铅垂线方向到任意水准面的距离,称为该点的相对高程或假定高程,用 H' 表示。地面上两点间高程之差称为高差,用 h 表示,见图 1-11。

$$h_{AB} = H_B - H_A = H'_B - H'_A \tag{1-4}$$

由于受潮汐、风浪等影响,海水面是一个动态的曲面。它的高低时刻在变化,通常是在海边设立验潮站,进行长期观测,取海水面的平均高度作为高程零点。通过该点的大地水准面称为高程基准面。我国设在山东省青岛市的国家验潮站收集的 1950 ~ 1956 年的验潮资料,推算的黄海平均海水面作为我国高程起算面,并在青岛市观象山建立了水准原点。水准原点到验潮站平均海水面高程为 72.289 m。这个高程系统称为"1956 年黄海高程系"。

由于海洋潮汐长期变化周期为 18.6 年,20 世纪 80 年代初,国家又根据 1952 ~ 1979 年青岛验潮站的观测资料,推算出新的黄海平均海水面作为高程零点。由此测得青岛水准原点高程为 72.260 4 m,称为"1985 年国家高程基准",并从 1985 年 1 月 1 日起执行新的高程基准。

在测量工作中,一般应采用绝对高程,若在偏僻地区,附近没有已知的绝对高程点可以引测时,也可采用相对高程。

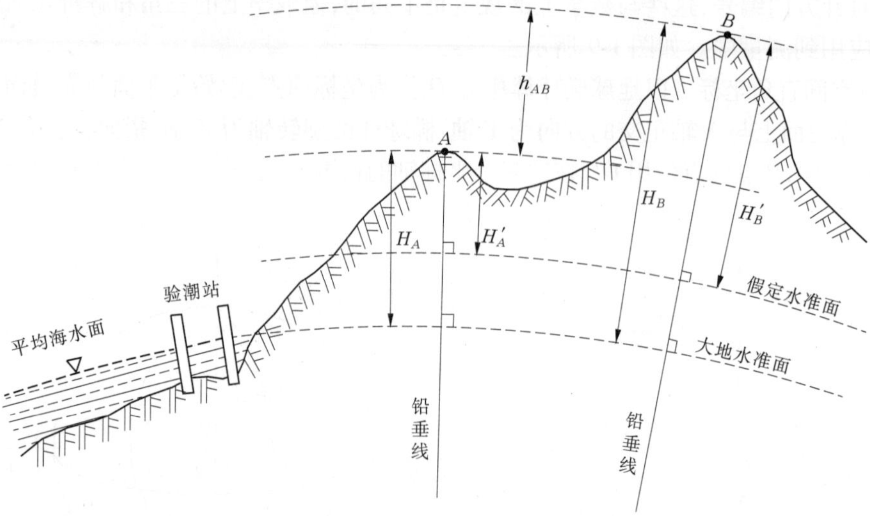

图 1-11　绝对高程与相对高程

第三节　用水平面代替水准面的限度

在测区范围不大的情况下，为简化一些复杂的投影计算，可将椭球面看做球面，甚至可视为水平面，即用水平面代替大地水准面。直接把地面点沿铅垂线投影到平面上，以确定其位置。不过以水平面代替水准面有一定限度，只有投影后产生的误差不超过测量和制图要求的限差才可采用。下面讨论用水平面代替水准面对水平距离和高程的影响。

一、地球曲率对水平距离的影响

如图 1-12 所示，在测区中部选一点 A，沿铅垂线投影到水准面 P 上为 a，过 a 点作切平面 P'。地面上 A、B 两点投影到水准面上的弧长为 D，在水平面上的距离为 D'，则

$$\left.\begin{aligned} D &= R \cdot \theta \\ D' &= R \cdot \tan\theta \end{aligned}\right\} \qquad \text{(a)}$$

以水平面上长度 D' 代替水准面上弧长 D 产生的误差为

$$\Delta D = D' - D = R(\tan\theta - \theta) \qquad \text{(b)}$$

将 $\tan\theta$ 按级数展开得

$$\tan\theta = \theta + \frac{1}{3}\theta^3 + \frac{2}{15}\theta^5 + \cdots \qquad \text{(c)}$$

将式(c)略去高次项代入式(b)并考虑 $\theta = \dfrac{D}{R}$，得

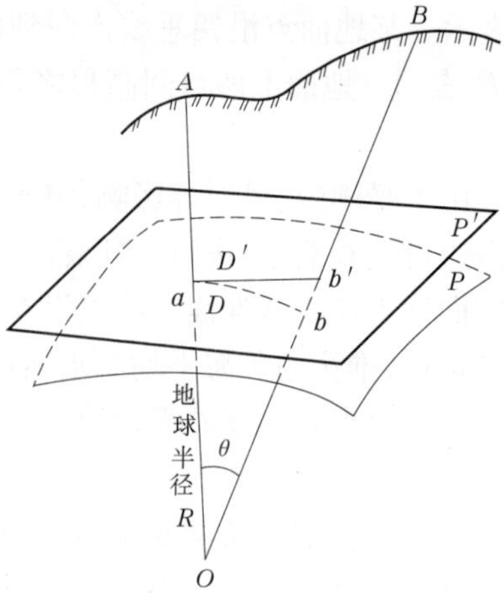

图 1-12　用水平面代替水准面

$$\Delta D = R\left(\theta + \frac{\theta^3}{3} + \cdots - \theta\right) = R\frac{\theta^3}{3} = \frac{D^3}{3R^2} \tag{1-5}$$

上式两端同除以 D，得相对误差

$$\frac{\Delta D}{D} = \frac{1}{3}\left(\frac{D}{R}\right)^2 \tag{1-6}$$

地球半径 $R=6\ 371$ km，将 D 取不同值代入式(1-5)、式(1-6)，可计算出相应的 ΔD 与 $\Delta D/D$，见表 1-1。

表 1-1　水平面代替水准面对距离的影响

距离 D(km)	距离误差 ΔD(cm)	相对误差
1	0.00	—
5	0.10	1∶5 000 000
10	0.82	1∶1 220 000
15	2.77	1∶540 000

从表 1-1 可见，当 $D=10$ km 时，以水平面代替水准面所产生的距离误差为 0.82 cm，相对误差为 1/1 220 000，小于目前精密距离测量的容许误差。所以在半径为 10 km 的范围内进行距离测量时，用水平面代替水准面所产生的距离误差可忽略不计。

二、地球曲率对高程的影响

由图 1-12 可见，$b'b$ 为水平面代替水准面对高程产生的误差，令其为 Δh，也称为地球曲率对高程的影响。

$$(R + \Delta h)^2 = R^2 + D'^2$$

$$\Rightarrow \quad \Delta h = \frac{D'^2}{2R + \Delta h}$$

上式中，用 D 代替 D'，而 Δh 相对于 $2R$ 很小，可略去不计，则

$$\Delta h = \frac{D^2}{2R} \tag{1-7}$$

将 D 取不同值代入式(1-7)，可计算出高程误差，见表 1-2。

表 1-2　水平面代替水准面对高程的影响

D(m)	10	50	100	200	500	1 000
Δh(mm)	0.0	0.2	0.8	3.1	19.6	78.5

从表中可见，当 $D=200$ m 时，$\Delta h=3.1$ mm，这对高程来说影响是很大的，所以进行高程测量时，即使距离很短也应考虑地球曲率对高程的影响。

第四节　测量工作概述

一、测量的基本工作

地面点的坐标和高程通常不是直接测定的，而是观测有关数据后计算而得。实际工

作中，通常根据测区内或测区附近已知坐标和高程的点，测出这些已知点与待定点之间的几何关系，从而确定地面上点与点之间的平面位置和高程位置的关系，然后再推算待定点的坐标和高程。

如图1-13所示，设A、B、C为地面上的三个点，投影到水平面的位置分别为a、b、c。如果A点的位置已知，要确定B点的位置，除B点到A点在水平面上距离D_{AB}（水平距离）必须知道外，还要确定B点在A点的哪一方向。图中ab的方向可用通过a点的指北方向与ab的夹角（水平角）α表示，角α称为方位角，如果知道D_{AB}和α，B点在图上的位置b即可确定。如果还要确定C点在图上的位置c，则需要测量BC在水平面的距离D_{BC}及b点上相邻两边的水平夹角β。

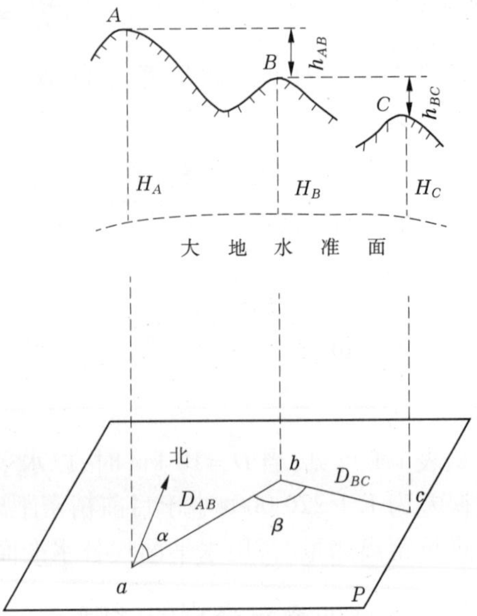

图1-13　地面点位的确定

在图中还可以看出，A、B、C点的高程不同，除平面位置外，还要确定它们的高低关系，即A、B、C三点的高程H_A、H_B、H_C或高差h_{AB}、h_{BC}，这样A、B、C三点的位置就完全确定了。由此可知，水平距离、水平角及高程是确定地面点相对位置的三个基本几何要素。距离测量、角度测量及高程测量则是测量的基本工作。

二、测量工作的原则及程序

在实际测量工作中，由于受各种条件的影响，不论采用何种方法，使用何种测量仪器，测量过程中都不可避免地产生误差，如果从一个点开始逐点施测，前一点的误差将传递到后一点，逐点累积，点位误差将越来越大，最后将满足不了精度要求。因此，为了控制测量误差的累积，保证测量成果的精度，测量工作必须遵循的原则是：在布局上"由整体到局部"，在精度上"由高级到低级"，在程序上"先控制后碎部"，即：先在测区范围内建立一系列控制点，精确测出这些点的位置，然后分别根据这些控制点进行碎部测量。此外，对测量工作的每一个过程，要坚持"步步检查"，以确保测量成果精确可靠。

为了保证全国范围内测绘的地形图具有统一的坐标系，且能控制测量误差的累积，有关测绘部门在我国建立了覆盖全国各地区的各等级国家控制网点。在测绘地形图时，首先应依据国家控制网点在测区内布设测图控制网和测图用的图根控制点，这样能形成精度可靠的"无缝"地形图。如图1-14所示，A、B、C、D、E、F为选定图根控制点，并构成一定的几何图形，应用精密大地测量仪器和精确测算方法确定其坐标和高程，然后在图根控制点上安置仪器测定其周围的地物、地貌的特征点（也称碎部点），按一定的投影方法和比例尺并用规定的符号绘制成地形图。

施工测量时，也应先进行控制点的布设，然后利用控制点将图上设计的建（构）筑物位置测设于实地。如图 1-14 所示,利用控制点根据设计数据将所设计的建(构)筑物 P、Q、R 测设于实地。

随着科学技术的发展,测量工作应用了很多高新技术,如控制测量已采用全球定位系统(GPS)代替常规控制测量;地形图测绘也采用了数字测图技术或数字摄影测量工作站测绘数字地图取代了传统的野外测图方法。在施工测量中也采用了全球定位系统(GPS)进行各种建(构)筑物位置的测设。

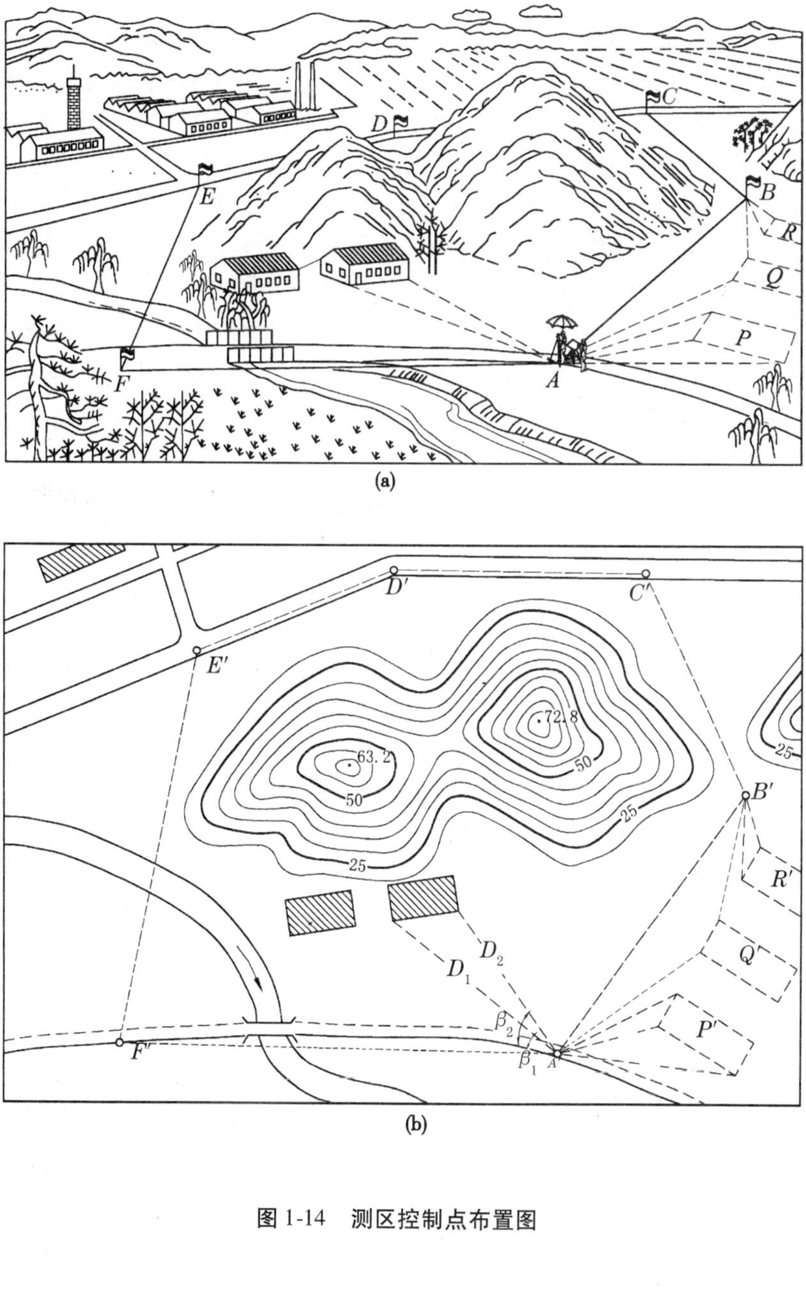

图 1-14　测区控制点布置图

第五节　现代测绘科学技术发展简介

测绘学是一门古老的学科，有着悠久的历史。最早的测绘就是利用测量仪器测定地球表面自然形态的地理要素和地表人工设施的形状、大小、空间位置及其属性等，然后根据观测到的数据通过地图制图的方法将地面的自然形态和人工设施等绘制成地图。由于科学技术的发展和社会的进步，测绘学的研究对象已不仅仅是地球表层，甚至扩大到地球外层空间的各种自然和人造实体、地球内部结构等，并把地球作为一个整体，研究获取和表述除几何信息外还有物理信息（如地球重力场的信息），以及这些几何、物理信息随时间的变化。因此，从技术层面上说，传统测绘学基本是模拟测绘。它的完整的概念是研究测定和推算地面及其外层空间点的几何位置，确定地球形状和地球重力场，获取地球表面自然形态和人工设施的几何分布以及与其属性有关的信息，编制全球和局部地区各种比例尺的普通地图和专题地图，为国民经济发展和国防建设以及地学研究服务。

随着空间技术、计算机技术、信息技术和通信技术的发展及其向各行各业的不断渗透、融合，测绘学在这些新技术的支撑和推动下，出现了以“3S”技术（全球定位系统 GPS、遥感 RS 和地理信息系统 GIS）为代表的现代测绘新技术，使测绘学科从理论到手段发生了革命性的变化。它的现代发展表现为，将来源于星载、空载和船载的传感器以及地面各种测量仪器所获取的地理空间数据，利用计算机硬件和软件通过信息技术和数字化技术对这些空间数据进行测量、处理、分析、管理、显示和利用。此时在测绘生产中出现了所谓的“4D”技术，即数字高程模型（DEM）、数字正射影像（DOM）、数字栅格地图（DRG）和数字线画专题信息（DLG）及其集成与融合。这样测绘学科从技术层面上说，则由传统测绘（或者模拟测绘）过渡到数字化测绘。

从 20 世纪 80 年代到 21 世纪初，我国已逐步实现了由传统测绘技术体系向数字化测绘体系的转化和跨越，并正在向信息化测绘迈进。信息化测绘的基本含义是在数字化测绘的基础上，通过完全网络化的运行环境，实时有效地向社会各类用户提供地理空间信息综合服务的测绘方式和功能形态。信息化测绘使我国测绘事业实现了由传统测绘向数字测绘转化和跨越之后进入的又一个新的发展阶段。从学科发展上说，它也正适应着当前测绘学科向着近年来兴起的一门新兴学科——地球空间信息学科（Geo - Spatial Information Science，简称 Geomatics）的跨越和融合。这门学科是采用以卫星导航定位技术（GNSS）、遥感（RS）、地理信息系统（GIS）为代表的空间信息技术、计算机网络技术、现代通信技术和虚拟现实模型技术为主要手段，研究地球空间目标与环境参数信息的获取、分析、管理、存储、传输、显示和应用的一门综合性与集成性的信息科学技术。这与信息化测绘的内涵和特征是极其相似的。可以这样说，地球空间信息学包含了信息化测绘的全部内容，但它的研究范畴较之信息化测绘更加广泛。

思考题与习题

1. 测量学研究的对象及内容是什么？

2. 土木工程测量的任务及其在工程建设中的作用是什么？

3. 什么叫水准面？大地水准面？其各有何特性？

4. 测量工作的基准线和基准面是什么？

5. 测量常用的坐标系有几种？各有何特点？

6. 地球的形状近似怎样的形体？大地体与椭球体有什么不同？

7. 北京某点的大地经度为116°21′，试计算它所在的6°带和3°带的带号及其中央子午线的经度。

8. 我国某处一点的国家通用横坐标 $y=20\ 743\ 516.22$ m，该坐标值是按几度带投影计算获得的？其位于第几带？

9. 什么叫绝对高程？什么叫相对高程？两点间的高差值如何计算？

10. 根据1956年黄海高程系统测得 A 点高程为165.718 m，若改用1985年高程基准，则 A 点的高程是多少？

11. 用水平面代替水准面对水平距离和高程各有什么影响？

12. 测量的基本工作是什么？测量工作所遵循的原则是什么？

13. 通过学习本章内容并查阅有关资料了解现代测绘科学技术的发展。

第二章　水准仪及水准测量

高程是确定地面点位置的一个要素，测定地面点高程的方法有水准测量、三角高程测量、GPS 高程测量和气压高程测量等，其中水准测量是测定地面点高程的主要方法。

第一节　水准测量原理

水准测量就是利用水准仪提供的水平视线，通过读取竖立于两个点上水准尺的读数，来测定地面上两点间的高差，然后根据已知点的高程计算待定点的高程。

如图 2-1 所示，地面上有 A、B 两点，设 A 点的高程已知为 H_A，欲求 B 点的高程 H_B，则需测定两点间的高差 h_{AB}。因此，将水准仪安置在 A、B 两点之间，并在 A、B 两点上各竖立一把水准尺，通过水准仪望远镜的水平视线分别读取在 A、B 两点水准尺上读数，设水准测量的前进方向为 $A \rightarrow B$，则称 A 点为后视点，其水准尺读数 a 为后视读数；称 B 点为前视点，其水准尺读数 b 为前视读数；两点间的高差等于“后视读数”减“前视读数”，即

$$h_{AB} = a - b \tag{2-1}$$

由于 A、B 两点有高低之分，则其高差会有正有负，如果 $a > b$，则 $h_{AB} > 0$，即高差为正，表示 B 点比 A 点高；如果 $a < b$，则 $h_{AB} < 0$，即高差为负，表示 B 点比 A 点低；如果 $a = b$，则 $h_{AB} = 0$，即高差为零，表示 B 点与 A 点高程相同。

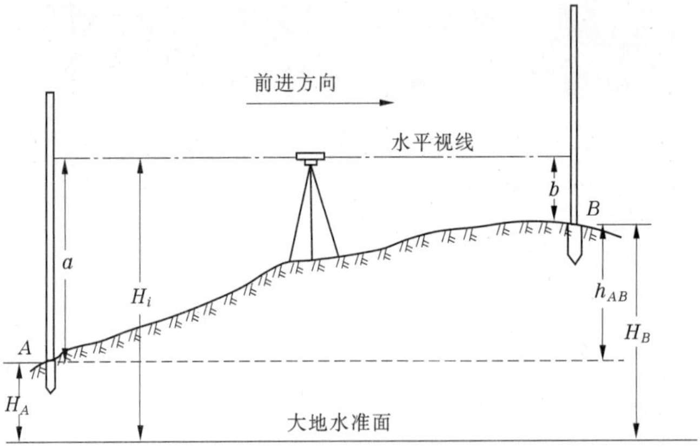

图 2-1　水准测量的原理

测得两点的高差后，则可以推算出 B 点的高程为

$$H_B = H_A + h_{AB} = H_A + (a - b) \tag{2-2}$$

上述是直接利用实测高差 h_{AB} 计算 B 点的高程。在实际工作中，也可应用视线高法计算 B 点高程。以通过水准仪的视线高 H_i 计算待定点 B 的高程 H_B，公式如下：

$$\left.\begin{aligned} H_i &= H_A + a \\ H_B &= H_i - b \end{aligned}\right\} \tag{2-3}$$

若在一个测站上，要同时测算出若干个待定点的高程用视线高法较方便。

第二节　水准测量的仪器及工具

一、水准仪的分类

水准仪的种类很多，按其精度标准和结构形式分类如下。

（一）按精度划分

我国目前水准仪按精度可划分为 DS_{05}、DS_1、DS_3 和 DS_{10} 四个等级，其中“D”表示大地测量仪器的总代号，“S”为水准仪汉语拼音的第一个字母，下标数字则表示该类仪器的精度指标，即每公里往返测高差中数的中误差。DS_{05} 级和 DS_1 级水准仪称为精密水准仪，用于国家一、二等水准测量；DS_3 级和 DS_{10} 级水准仪称为普通水准仪，常用于国家三、四等水准测量、普通水准测量（即等外水准测量）及一般工程水准测量；使用最多的普通水准仪是 DS_3 型水准仪，因此它又被称为工程水准仪，具体分级和用途可参考表 2-1。

表 2-1　水准仪分级及主要用途

水准仪等级	DS_{05}	DS_1	DS_3	DS_{10}
每公里往返测高差中误差（mm）	0.5	1	3	10
主要用途	国家一等水准测量及地震监测	国家二等水准测量及其他精密水准测量	国家三、四等水准测量及一般工程水准测量	一般工程水准测量

（二）按结构划分

按结构划分，水准仪可分为微倾式水准仪、自动安平水准仪和数字水准仪等类型。

在工程上广泛使用 DS_3 型微倾式水准仪和自动安平水准仪，数字水准仪由于自动读数、精度高、速度快、内外业一体化等优点，目前已有所应用，相信在不久的将来，会更加普及。

二、DS_3 型微倾式水准仪的基本构造

不同类型的仪器，或同一类型不同厂家生产的水准仪，其外形各有不同，但结构基本一致，均是由望远镜、水准器和基座组成，图 2-2 所示为一种微倾式水准仪。

（一）望远镜

望远镜的作用一方面用来照准远处竖立的水准尺并读取水准尺上的读数，另一方面用于提供一条能照准目标的视准轴。

图 2-3（a）为倒像望远镜的结构图，它由目镜、物镜、调焦透镜、十字丝分划板、调焦螺旋和镜筒组成。

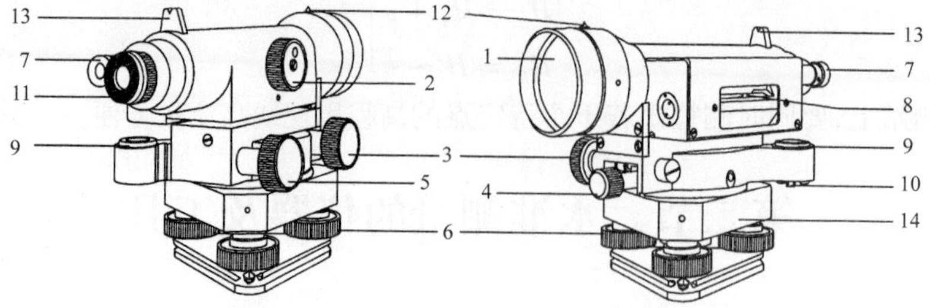

1—物镜;2—物镜调焦螺旋;3—水平微动螺旋;4—水平制动螺旋;5—微倾螺旋;
6—脚螺旋;7—管水准气泡观察窗;8—管水准器;9—圆水准器;
10—圆水准器校正螺丝;11—目镜调焦螺旋;12—准星;13—照门;14—基座

图 2-2　DS_3 型微倾式水准仪

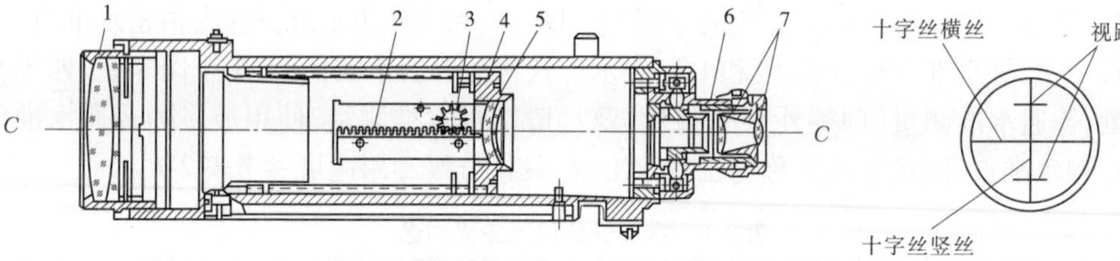

(a)　　(b)

1—物镜;2—齿条;3—调焦齿轮;4—调焦镜座;5—物镜调焦螺旋;6—十字丝分划板;7—目镜组

图 2-3　望远镜的结构

十字丝分划板(见图 2-3(b))上刻有两条相互垂直的细线,分别称做横丝(中丝)和竖丝,二者合称十字丝。十字丝的作用是瞄准目标和读数。十字丝竖丝的上下还对称地刻有两条与中丝平行的短丝,称为视距丝,可用来测量水准仪到水准尺的距离,具体内容参见第四章第二节。十字丝分划板由圆形玻璃片制成,装在分划板座上,并由校正螺钉固定在镜筒上。

十字丝交点与物镜光心的连线称为视准轴(即视线),见图 2-3(a)中的 CC 轴线。水准测量就是在视准轴水平的情况下,用十字丝中丝在水准尺上读数的。

望远镜的成像原理,如图 2-4 所示。设远处目标 AB 发出的光线经物镜及物镜调焦透镜折射后,在十字丝分划板上成一倒立的实像 ab;通过目镜的放大而成虚像 $a'b'$,十字丝分划板也同时放大。

由图 2-4 可知,观测者通过望远镜观察虚像 $a'b'$的视角为β,而直接观察目标 AB 的视角为 α,显然,$\beta>\alpha$。由于视角放大了,观测者就感到远处的目标被移近了,目标看得更清楚了,从而提高了瞄准和读数的精度。通常定义 β 与 α 之比为望远镜的放大倍数 V,即 $V=\dfrac{\beta}{\alpha}$。《工程测量规范》(GB50026—2007)要求,DS_3 水准仪望远镜的放大倍数不得小于 28。

根据在目镜端观察到的物体成像情况,望远镜可分为正像望远镜和倒像望远镜。

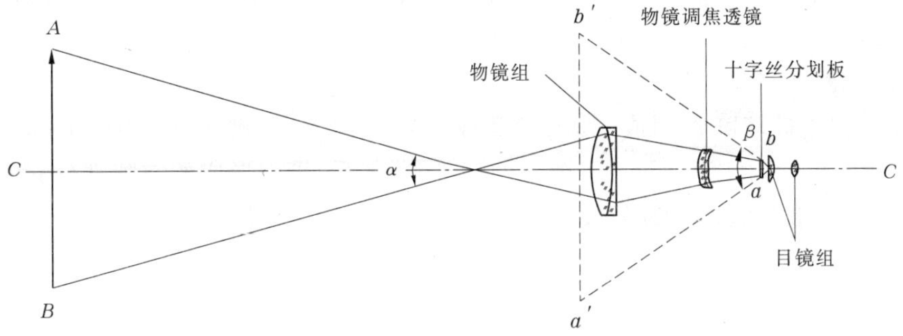

图 2-4　望远镜的成像原理

物镜与十字丝分划板之间的距离是固定不变的,而望远镜所瞄准的目标有远有近。目标发出的光线通过物镜后,在望远镜内所成实像的位置随着目标的远近而改变,要旋转物镜调焦螺旋使目标像与十字丝分划板平面重合才可以读数。此时,观测者的眼睛在目镜端上、下微微移动时,目标像与十字丝没有相对移动,如图 2-5(a)所示。如果目标像与十字丝分划板平面不重合,观测者的眼睛在目镜端上、下微微移动时,目标像与十字丝之间就会有相对移动,这种现象称为视差,如图 2-5(b)所示。

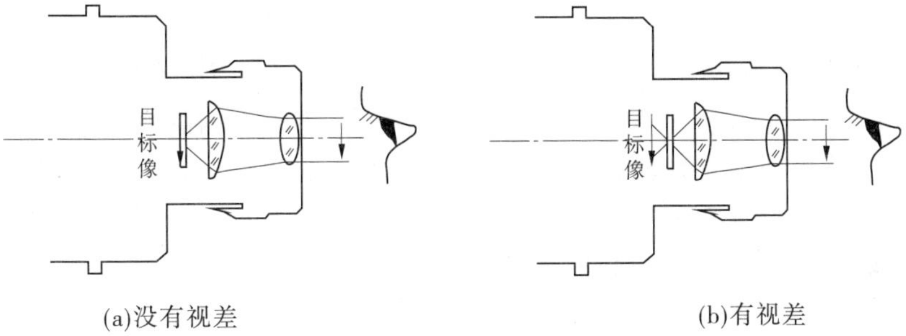

图 2-5　视差

视差会影响读数的正确性,读数前应消除它。

消除视差的方法是:将望远镜对准明亮的背景,旋转目镜调焦螺旋,使十字丝十分清晰;将望远镜对准标尺,旋转物镜调焦螺旋使标尺像十分清晰。

(二)水准器

水准器用于置平仪器。水准器有圆水准器和管水准器两种。圆水准器用来指示仪器竖轴是否竖直;管水准器用来指示仪器视准轴是否水平。

1. 圆水准器

圆水准器由金属圆柱形的盒子与玻璃盖构成,盒内装有乙醇或乙醚,其顶面内壁为磨成一定半径 R(一般在 0.5 ~2 m)的球面,中央刻有小圆圈,其圆心 O 为圆水准器的零点,过零点 O 的球面法线 $L'L'$ 称为圆水准器轴,如图 2-6 所示。该轴与仪器竖轴平行,并与视准轴垂直。当圆水准气泡居中时,圆水准器轴处于竖直位置。

在过零点的任意一纵断面上,气泡中心偏离零点 2 mm 的弧长所对的圆心角,称为圆水准器的分划值。DS_3 水准仪圆水准器的分划值一般为 8′。因此,以圆水准器来确定水平或竖直位置的精度较低，它通常用于粗略整平仪器。精度要求较高的整平工作，则用管水准器来进行。

2. 管水准器

管水准器由玻璃圆管制成，其内壁磨成一定半径 R（一般为 8 ~ 100 m）的圆弧，如图 2-7 所示。将管内注满乙醇或乙醚，加热封闭冷却后，管内形成的空隙部分充满了液体的蒸气，称为水准气泡。因为蒸气的比重小于液体，所以水准气泡总是位于圆弧内的最高点。

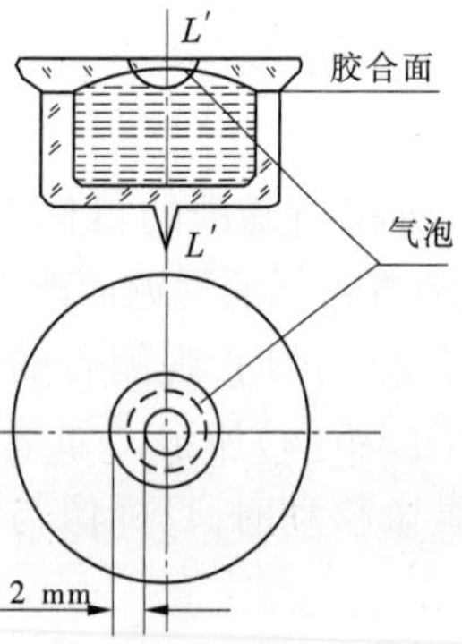

图 2-6 圆水准器

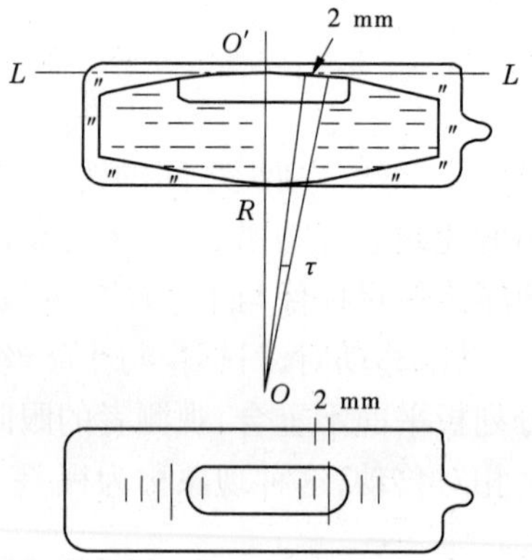

图 2-7 管水准器

管水准器内圆弧中点 O 称为管水准器的零点，过零点作内圆弧的切线 LL 称其为管水准器轴。当管水准器气泡居中时，管水准器轴 LL 处于水平位置。

在管水准器外表面，对称于零点的左右两侧，刻划有 2 mm 间隔的分划线。与圆水准器相同，定义 2 mm 长所对的圆心角为管水准器的分划值

$$\tau = \frac{2}{R}\rho'' \tag{2-4}$$

式中 $\rho'' = 206\ 265''$；

R——以 mm 为单位的管水准器内圆弧的半径。

分划值 τ 的几何意义为：当水准气泡移动 2 mm 时，管水准轴倾斜的角度为 τ。显然，R 愈大，τ 愈小，管水准器的灵敏度愈高，仪器置平精度就高。DS_3 水准仪管水准器的分划值为 20″/2 mm。

为了提高水准气泡的居中精度，在管水准器的上方装有一组符合棱镜，如图 2-8 所示，通过这组棱镜，将气泡两端的影像反射到望远镜旁的管水准气泡观察窗内，旋转微倾螺旋，当窗内气泡两端的影像吻合时，表示气泡居中。

制造水准仪时，使管水准器轴平行于望远镜的视准轴。旋转微倾螺旋使管水准气泡居中时，管水准器轴处于水平位置，从而使望远镜的视准轴也处于水平位置。

（三）基座

基座的作用是支撑上部仪器，用中心螺旋将基座连接到三脚架上。基座主要由轴座、脚螺旋、底板和三角压板构成。

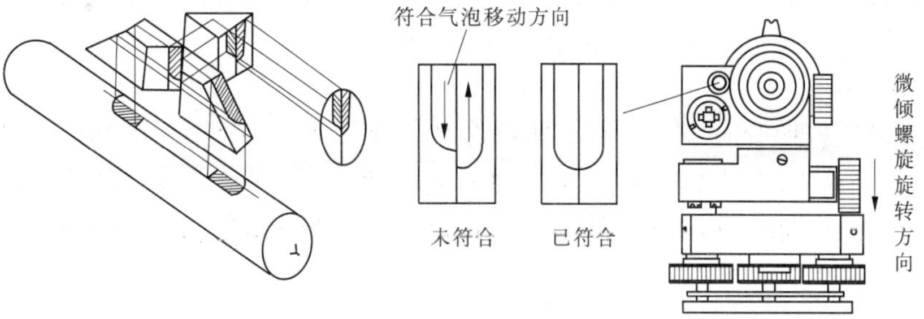

图 2-8　管水准器与符合棱镜

三、水准尺和尺垫

(一)水准尺

水准尺是水准测量的主要工具，在水准测量作业时与水准仪配合使用，缺一不可。它的质量好坏直接影响水准测量的精度。水准尺一般用优质木材、玻璃钢或铝合金制成，长度 2 ~5 m 不等。根据构造可以分为直尺、折尺和塔尺，如图 2-9 所示。塔尺可以缩短，折尺可以对折，这两种尺运输方便，但接头处容易损坏，影响尺长的精度。塔尺和折尺常用于图根水准测量。

直尺多用于三、四等水准测量或普通水准测量，采用以厘米为单位的区格式双面分划，双面水准尺的一面分划黑、白相间，称为黑面尺（也叫主尺）；另一面为红、白相间，称为红面尺（也叫辅助尺），黑面分划的起始数字为“零”，而红面底部开始不是“零”，而是一个尺长数，一般为 4 687 mm 或 4 787 mm。这样做是为了使水准测量过程中在红面上的读数不致与黑面读数近似，以便于发现读数错误。

直尺在分米处注记两位数，分别为米位和分米位，每分米以“**E**”字母形下端的突出部分开始计算，每分米之间有 10 个小格，每一小格为 1 cm，可以估读至 mm 位。

塔尺尺底分划的起始数字为“零”，尺面刻划为黑白格相间，每格宽度为 1 cm 或 0.5 cm，分米处有数字注记，数字上方加红点表示米数，如 $\dot{5}$ 表示 1.5 m，$\ddot{5}$ 表示 2.5 m。

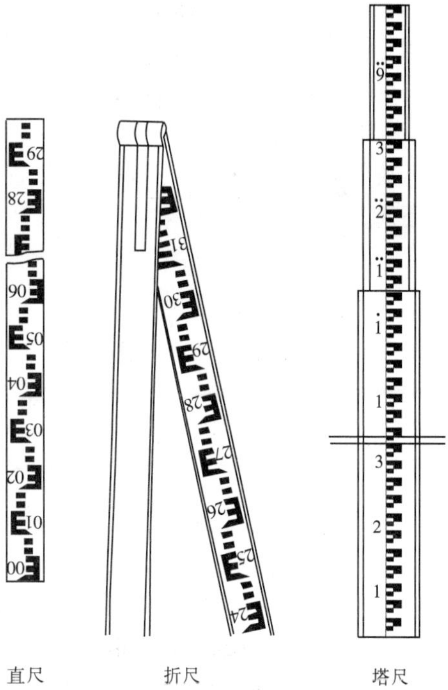

图 2-9　水准尺

若要使水准尺能更精确地处于竖直位置，可在水准尺侧面装一圆水准器。

（二）尺垫

尺垫是用生铁铸造成的三角形板座，如图 2-10 所示。尺垫中央有一凸起的半球体，在路线水准测量时，为了保证转点的高度不变，将水准尺立在半球体的顶端，下面有三个尖足便于将其踩入土中，以固稳防动。

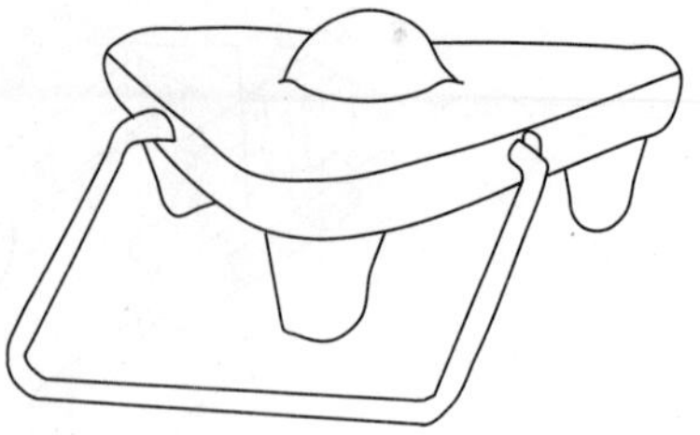

图 2-10　尺垫

四、微倾式水准仪的使用

为了测定 A、B 两点之间的高差，首先在 A、B 之间安置水准仪。具体按以下步骤进行操作。

（一）安置仪器

首先撑开三角架，使架头大致水平，高度适中，稳固地架设在地面上；用连接螺旋将水准仪固连在脚架上，然后一手握住三角架中的一条腿作前后移动和左右摆动。眼睛注意圆水准器气泡，使其向中心方向移动。如果地面比较坚实，可以不用脚踏，如果地面比较松软则应用脚踏实，使仪器稳定。当地面倾斜较大时，应将三角架的一个脚安置在倾斜方向上，将另外两个脚安置在与倾斜方向垂直的方向，这样可以使仪器比较稳固。

（二）粗平

粗略整平仪器，即通过旋转脚螺旋使圆水准气泡居中，使用的是“左手拇指准则”，如图 2-11 所示，图中序号 1、2、3 分别为 3 个脚螺旋，中间为圆水准器，阴影小圆圈为气泡所处位置。首先用双手分别以相对方向（图中箭头所指方向）转动 1、2 两个螺旋，控制气泡左右方向移动，气泡的运动方向与左手拇指的运动方向是一致的，然后再用左手移动第三个螺旋，使圆气泡居中，即完成了粗平步骤。

若旋转脚螺旋几轮后，发现气泡位置并无移动，则说明脚架基座过于不平，需要先调整一下脚架架顶的平整程度，再进行上述的粗平步骤。

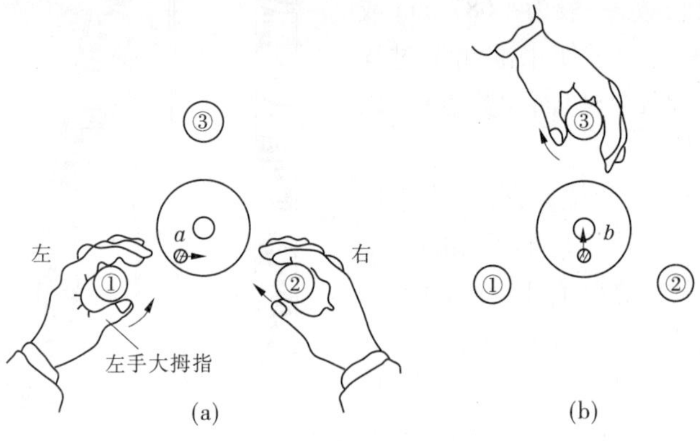

图 2-11　粗略整平

（三）瞄准

先将望远镜对准明亮的背景，转动目镜调焦螺旋使十字丝清晰；松开制动螺旋，转动望远镜，利用镜上照门和准星照准水准尺；拧紧制动螺旋，转动物镜调焦螺旋，看清水准尺；利用水平微动螺旋，使十字丝竖丝瞄准尺边缘或中央，同时观测者的眼睛在目镜端上下微动，检查十字丝横丝与物像是否存在相对移动的视差现象。如有视差则应消除，即反复按以上调焦方法仔细对光，直至水准尺正好成像在十字丝分划板平面上，两者同时清晰且无相对移动的现象时为止，见图 2-5。

（四）精平

读数之前，使用微倾螺旋调整水准管气泡居中，可以通过观察望远镜侧面的水准管气泡观察窗，使气泡两端的影像符合（见图 2-8）就能使望远镜视线精确水平。由于气泡的移动有惯性，所以转动微倾螺旋的速度不能快，特别在两端气泡影像将要对齐的时候尤应注意。只有当气泡已经稳定不动而又居中的时候才达到精平的目的。需要注意的是，由于水准管灵敏度比较高，容易偏离，所以，每次读数之前均需要进行精平的操作。

（五）读数

仪器精平后，应立即用十字丝的横丝在水准尺上读数。为了保证读数的准确性，并提高读数的速度，可以首先将标注在尺上的米数和分米数报出，然后读出厘米数，并看好厘米的估读数（即毫米数）。一般习惯上是报四个数字，即米、分米、厘米、毫米，并且以毫米为单位，如图 2-12（a）、（b）所示的为倒像望远镜的尺像，直尺黑面读数为 1.608 只须读 1608 四个数字，红面读数为 6.295 m 则读 6295。这对于观测、记录及计算工作都有一定的好处，可以防止不必要的误会和错误。

水准尺的注记是从尺底部向上增加的，对于倒像望远镜，在望远镜中则变成从上向下增加，所以在望远镜中读数应该从上往下读。

如图 2-13 所示为塔尺在望远镜中的尺像，其中（a）所示是正像望远镜的尺像，从小到大应读 1.334 m；（b）所示则是倒像望远镜的尺像，从小到大应读 1.560 m。

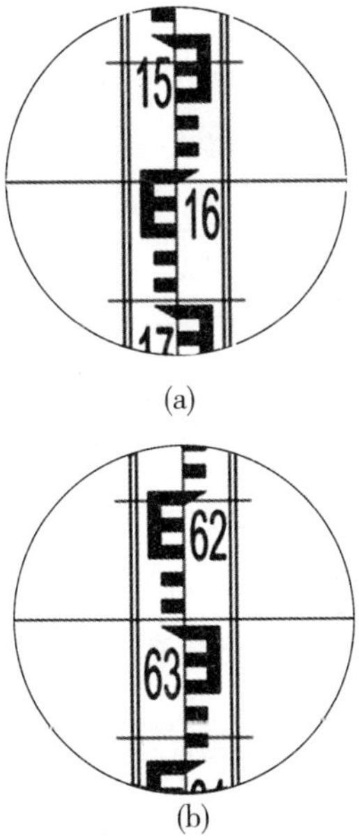

图 2-12　黑红双面水准尺

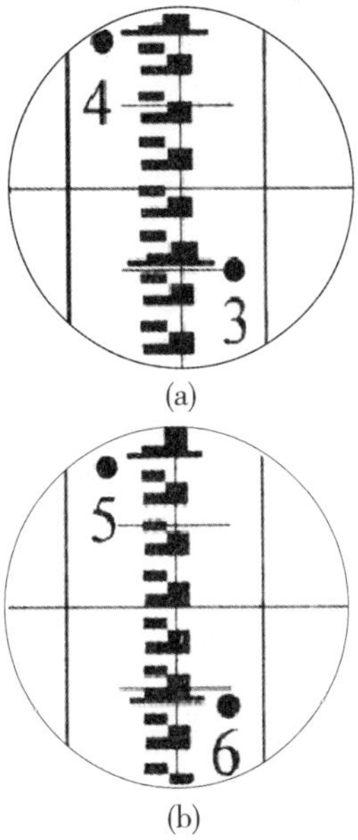

图 2-13　塔尺在望远镜中的尺像

第三节　普通水准测量

一、水准测量的相关概念

(一)水准点

为了满足各种比例尺地形图测绘、各项工程建设以及科学研究的需要,必须建立统一的国家高程系统。因此,测绘部门按国家有关测量规范,在全国范围内分级布设了许多高程控制点,并采用相应等级的高程测量方法测定各点的高程。

用水准测量方法测定的高程控制点称为水准点(Bench Mark),记为 BM。国家水准点按精度分为一、二、三、四等,与之相应的水准测量分为一、二、三、四等水准测量。国家水准点按国家规范要求应埋设永久性标石或标志。如图 2-14(a)所示,需要长期保存的水准点一般用混凝土或石头制成标石,中间嵌半球型金属标志,埋设在冰冻线以下 0.5 m 左右的坚硬土基中,并设防护井保护,称永久性水准点。亦可埋设在岩石或永久建筑物上,如图 2-14(b)所示。

地形测量中的图根水准点和一般工程施工测量所使用的水准点如果作为永久性标志点,可用钢筋混凝土制成,而临时性的水准点,可用木桩打入地面,如图 2-14(c)所示,也可在突出的坚硬岩石或水泥地面等处用红油漆做标志。为了便于寻找,应及时绘制水准点附近的草图(点之记),并进行统一的编号。

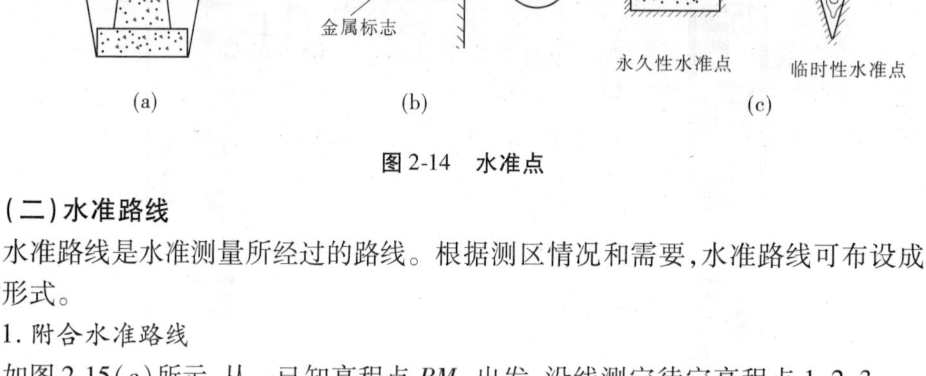

图 2-14　水准点

(二)水准路线

水准路线是水准测量所经过的路线。根据测区情况和需要,水准路线可布设成以下几种形式。

1. 附合水准路线

如图 2-15(a)所示,从一已知高程点 BM_1 出发,沿线测定待定高程点 1、2、3、…、n 的高程后,最后附合在另一个已知高程点 BM_2 上。这种水准测量路线布设形式称附合水准路线,多用于带状测区。

2. 闭合水准路线

如图 2-15(b)所示,从一已知高程点 BM_5 出发,沿线测定待定高程点 1、2、3、…、n 的高程后,最后闭合在 BM_5 上。这种水准路线布设形式称为闭合水准路线,多用于面积较小的块状测区。

3. 支水准路线

如图 2-15(c)所示,从一已知高程点 BM_8 出发,沿线测定待定高程点 1、2 的高程后,既不闭合又不附合在已知高程点上。这种水准测量路线布设形式称为支水准路线,多用于测图水准点加密。

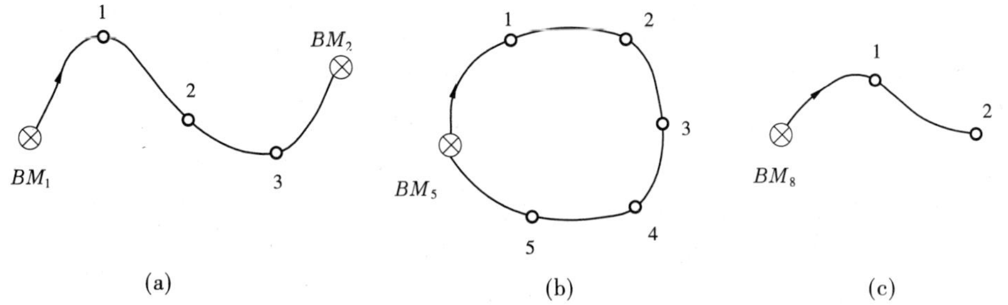

图 2-15　水准路线的布设形式

(三)测段、转点、测站

在所布设的水准路线中,两个水准点之间的水准测量线路,称之为一个测段。

每一个测段的距离或高差是不一定的,当测段的距离相距较远或高差太大时,两点间安置一次仪器就无法测出其高差,这时,就需要连续多次设站,借助中间的转点才能测出两点间的高差,而这些转点不需要求出它们的高程,它们只是传递高程的临时立尺点,这些点称为转点(Turning Point,缩写为 TP),如图 2-16 中所示的 TP_1、TP_2、TP_3。转点处必须安放尺垫。

在进行水准测量时,每安置一次仪器,水准仪和尺子所摆放的位置,称为一个测站。

二、普通水准测量的外业实施

下面以水准路线中的一个测段为例来说明普通水准测量的外业实施过程,如图 2-16 所示,已知 A 点高程 $H_A = 123.446$ m,欲测出 A、B 两点间高差,但 A、B 两点之间的距离很大,安置一次仪器无法测出两点间高差,故需进行连续设站测量,施测方法如下:

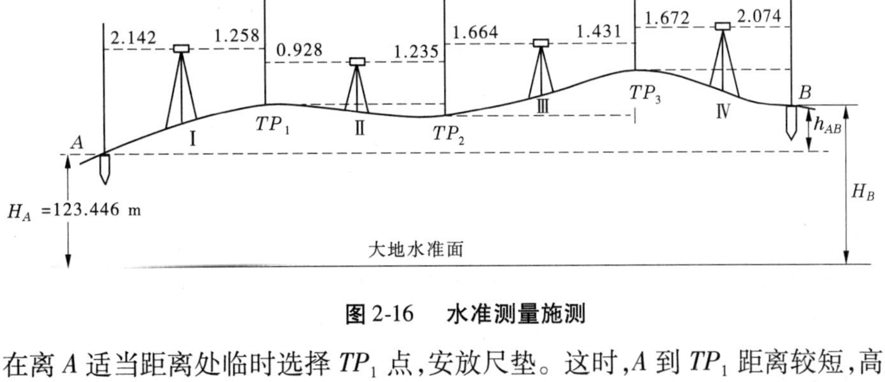

图 2-16　水准测量施测

在离 A 适当距离处临时选择 TP_1 点,安放尺垫。这时,A 到 TP_1 距离较短,高差较小。在 A 点、TP_1 点上分别竖立水准尺,在距 A 点和 TP_1 点之间等距离处安置水准仪,粗略整平仪器，瞄准 A 尺，精平后读数 a_1（设 $a_1=2142$），记入水准测量手簿（表 2-2）中 A 的后视栏内。旋转望远镜瞄准前视点 TP_1 上的水准尺（注意：由后视转到前视后，仍然不要忘记精平），精平后读数 b_1（设 $b_1=1258$），记入手簿中 TP_1 的前视栏内。计算 A 到 TP_1 的高差 = 后视读数 - 前视读数 = +0.884，记入 A 到 TP_1 的高差栏内，此为一个测站上的工作。

TP_1 点的水准尺不动，在适当距离处选择 TP_2 点，放上尺垫，并将 A 点上的水准尺移到 TP_2 上，在 TP_1、TP_2 之间安置水准仪，同法测量 TP_1、TP_2 两点之间的高差，此为第 2 测站……依次下去直至 B 点，这样，每一测站可得一个高差，即

表 2-2　水准测量手簿

日期＿＿＿＿＿　　仪器型号＿＿＿＿＿　　观测员＿＿＿＿＿

天气＿＿＿＿＿　　地　　点＿＿＿＿＿　　记录员＿＿＿＿＿

测站	点号	后视读数 a（mm）	前视读数 b（mm）	高差（m） +	高差（m） −	高程（m）	备注
Ⅰ	A	2142		0.884		123.446	已知水准点
	TP_1		1258				
Ⅱ	TP_1	0928			0.307		
	TP_2		1235				
Ⅲ	TP_2	1664		0.233			
	TP_3		1431				
Ⅳ	TP_3	1672			0.402		待定点
	B		2074			123.854	
$\sum$		6.406	5.998	1.117	0.709		
计算检核	$\sum a-\sum b=6.406-5.998=+0.408$　$\sum h=1.117-0.709=+0.408$						

$$\left.\begin{aligned} h_1 &= a_1 - b_1 \\ h_2 &= a_2 - b_2 \\ &\vdots \\ h_n &= a_n - b_n \end{aligned}\right\} \tag{2-5}$$

各式相加得 A、B 两点间高差：

$$h_{AB}=\sum_{i=1}^{n}h_i=\sum_{i=1}^{n}a_i-\sum_{i=1}^{n}b_i \tag{2-6}$$

三、水准测量的检核

（一）计算校核

为了保证计算高差的正确性，必须按下式进行计算检核：

$$\sum a-\sum b=\sum h \tag{2-7}$$

如表 2-2 中，$\sum a - \sum b = 6.406 - 5.998 = +0.408 = \sum h$。这说明高差计算正确。

计算检核只能检查计算是否有误，不能检查观测是否存在错误。

（二）测站检核

在水准测量中，常用的测站检核方法有双仪器高法和双面尺法两种。

1. 双仪器高法

双仪器高法是在同一测站用不同的仪器高度，两次测定两点间的高差。即第一次测得高差后，改变仪器高度升高或降低 10 cm 以上，再次测定高差。若两次测得的高差之差不超过容许范围，这个容许值按水准测量等级不同而异，对于普通水准测量，两次高差之差的绝对值应小于 6 mm，若小于等于该限差，则取其平均值作为该测站的观测结果，否则需要重测。

2. 双面尺法

在同一测站上，仪器高度不变，分别读取后视尺、前视尺上黑、红面读数。若同一水准尺上，黑面读数加 4687（4787）与红面读数之差的绝对值不超过容许值，则分别计算黑面高差和红面高差，若黑红面两次所测高差之差的绝对值小于容许值，则取平均值作为最后观测结果。容许值的大小，见不同等级水准路线的规定。

在水准测量中，一般使用一对水准尺（一根尺常数为 4687，另一根为 4787）。若采用双面尺法进行测站检核，则在计算高差和检核时，应考虑尺常数差 100 mm 的问题。

（三）水准路线及成果检核

计算检核只能发现计算是否有错，而测站检核也只能检核每一个测站上是否有错误，不能发现立尺点变动的错误，更不能评定测量成果的精度，同时由于观测时受到观测条件（仪器、人、外界环境）的影响，随着测站数的增多使误差积累，有时也会超过规定的限差。因此，应对整条水准路线的成果进行检核。

1. 附合水准路线

如图 2-15（a）所示，在附合水准路线中，理论上各段的高差总和应与 BM_1、BM_2 两点的已知高差相等，实际上，由于各种测量误差的存在，它们往往并不相等，其差值称为高差闭合差 f_h，即高差闭合差等于观测值减去理论值。

$$f_h = \sum h_{测} - \sum h_{理} = \sum h_{测} - (H_{终} - H_{始}) \tag{2-8}$$

不同等级的水准测量，对高差闭合差的要求也不同。在国家测量规范中，普通水准测量的高差闭合差容许值 $f_{h容}$（单位为 mm）为

平地：
$$f_{h容} = \pm 40\sqrt{L} \tag{2-9}$$

山地：
$$f_{h容} = \pm 12\sqrt{n} \tag{2-10}$$

式中 L ——水准路线长度，单位为 km（适用于平坦地区）；

n ——测站总数（适用于山地）。

2. 闭合水准路线

如图 2-15（b）所示，在闭合水准路线中，各段的高差总和应等于零，即 $\sum h_{理} = 0$。若

实测高差总和不等于零,则为高差闭合差,即

$$f_h = \sum h_{测} \tag{2-11}$$

闭合水准路线限差同附合水准路线。

3. 支水准路线

如图 2-15(c)所示的支水准路线,从一个已知水准点出发到欲求的高程点,往测(已知高程点到欲求高程点)和返测(欲求高程点到已知高程点)高差的绝对值应相等而符号相反。若往返测高差的代数和不等于零即为高差闭合差。

$$f_h = \sum h_{往} + \sum h_{返} \tag{2-12}$$

支水准路线不能过长,一般为 2 km 左右,其高差闭合差的容许值与闭合或附合水准路线相同,但公式(2-9)、公式(2-10)中的路线全长 L 或测站数 n 只按单程计算。

第四节　水准测量成果计算

水准测量外业工作结束后,要检查外业手簿,确认无误后,再转入内业计算。水准测量的成果整理内容包括高差闭合差的计算、检核与分配以及待测点高程的计算。

一、附合水准路线的内业计算

现以图 2-17 所示的附合水准路线为例,介绍计算方法。图中 BM_A、BM_B 为已知高程的水准点,1、2、3 为待测点。已知数据(到相关部门抄录)和观测数据(由水准测量手簿得到)如图中所示,计算步骤如下。

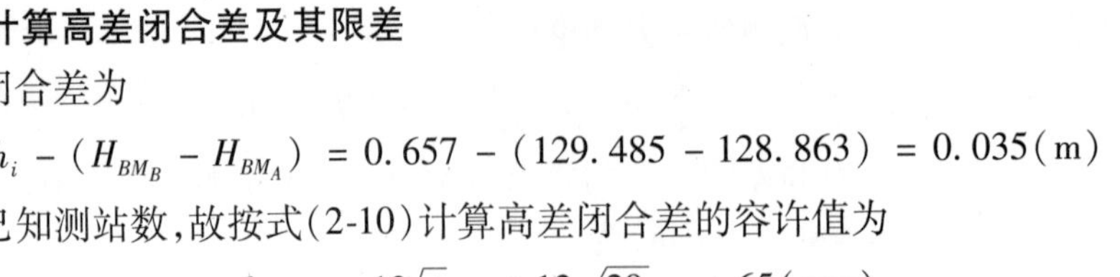

图 2-17　附合水准路线略图

(一)计算高差闭合差及其限差

高差闭合差为

$$f_h = \sum h_i - (H_{BM_B} - H_{BM_A}) = 0.657 - (129.485 - 128.863) = 0.035(\mathrm{m}) = 35\ \mathrm{mm}$$

本例已知测站数,故按式(2-10)计算高差闭合差的容许值为

$$f_{h容} = \pm 12\sqrt{n} = \pm 12\sqrt{29} = \pm 65(\mathrm{mm})$$

$|f_h| \leqslant |f_{h容}|$,满足规范规定的精度要求,可继续进行计算。否则,要分析各高差的观测结果,进行返工重测,直到满足要求为止。

(二)高差闭合差的调整和改正后高差的计算

高差闭合差为测量误差,必须加以消除才能计算各点高程。很明显,高差闭合差是由各观测高差产生的,一般认为,一条水准路线上的观测条件大致相同。各观测高差对应的测站数或测段距离越大,则其所含的误差应越大,所以,高差闭合差的调整应遵循与测站

数(或测段距离)成正比且反符号相分配的原则。于是,第 i 测段观测高差的改正数为

$$v_i = \frac{-f_h}{n} \times n_i \tag{2-13}$$

或

$$v_i = \frac{-f_h}{L} \times L_i \tag{2-14}$$

式中 n ——水准路线上的测站数;

n_i——第 i 测段的测站数;

L——水准路线的长度,km;

L_i——第 i 测段的长度,km。

本例按式(2-13)计算改正数,如第 1 测段($BM_A \sim 1$)高差的改正数为

$$v_1 = \frac{-f_h}{n} \times n_1 = \frac{-35}{29} \times 7 = -0.008(\text{m})$$

其余各测段的改正数分别为

$$v_2 = \frac{-f_h}{n} \times n_2 = \frac{-35}{29} \times 10 = -0.012(\text{m})$$

$$v_3 = \frac{-f_h}{n} \times n_3 = \frac{-35}{29} \times 4 = -0.005(\text{m})$$

$$v_4 = \frac{-f_h}{n} \times n_4 = \frac{-35}{29} \times 8 = -0.010(\text{m})$$

将改正数的计算结果填入表 2-3 中,并求和。该结果必须满足以下要求

$$\sum v_i = -f_h \tag{2-15}$$

本例:$(-0.008 - 0.012 - 0.005 - 0.010) = -0.035 = -f_h$

对普通水准测量,改正数计算保留至 mm 位即可。

改正数计算完以后,应将各改正数分配给各测段的高差来计算各测段改正后的高差,计算公式为

$$\hat{h}_i = h_i + v_i \tag{2-16}$$

本例按式(2-16)计算各测段的改正后高差为

$$\hat{h}_1 = h_1 + v_1 = 2.742 - 0.008 = 2.634(\text{m})$$

$$\hat{h}_2 = h_2 + v_2 = -3.687 - 0.012 = -3.699(\text{m})$$

$$\hat{h}_3 = h_3 + v_3 = -1.336 - 0.005 = -1.341(\text{m})$$

$$\hat{h}_4 = h_4 + v_4 = 2.938 - 0.010 = 2.928(\text{m})$$

改正后高差可以用式(2-17)计算检核:

$$\sum \hat{h}_i = H_{BM_B} - H_{BM_A} \tag{2-17}$$

同样,对于本例则有

$$\sum \hat{h}_i = 2.634 - 3.699 - 1.341 + 2.928 = 0.622 = H_{BM_B} - H_{BM_A} = 0.622(\text{m})$$

表 2-3　附合水准路线计算表

日期 ________　　　计算________　　　复核________

测点	测站数	实测高差(m)	改正数(m)	改正后高差(m)	高程(m)
1	2	3	4	5	6
BM_A					128.863
	7	2.742	−0.008	2.734	
1					131.597
	10	−3.687	−0.012	−3.699	
2					127.898
	4	−1.336	−0.005	−1.341	
3					126.557
	8	2.938	−0.010	2.928	
BM_B					129.485
合计	29	0.657	−0.035	0.622	
计算检核	$f_{h容} = \pm 12\sqrt{n} = \pm 65(mm)$；$-\frac{f_h}{n} = -1.207(mm)$ $f_h = \sum h_i - (H_{BM_B} - H_{BM_A}) = 0.035(m)$				

(三)待测点高程计算

算出改正后的高差后，再从已知点 A 的高程开始，用改正后的高差依次计算各点高程，最后还应计算出终点 B 的高程，并与其已知高程进行比较，应完全相等，以此进行计算检核。也可将整个计算过程填入附合水准路线计算表中，注意将 f_h 和 $f_{h容}$ 的计算过程填入备注或辅助计算栏。

二、闭合水准路线的内业计算

闭合水准路线除了高差闭合差按式(2-11)计算外，其计算方法与附合水准路线完全一样。

三、支水准路线的内业计算

当支水准路线的高差闭合差满足式(2-12)的要求时，取各测段往返测高差的平均值(返测高差反符号)作为该测段的观测值。从已知点的高程开始，依次计算各待测点的高程。

第五节　微倾式水准仪的检验与校正

一、水准仪的轴线及其应满足的条件

水准仪的轴线如图 2-18 所示，图中有视准轴 CC、管水准器轴 LL、圆水准器轴 $L'L'$ 和竖轴（即仪器的旋转轴）VV。

（一）水准仪应满足的主要条件

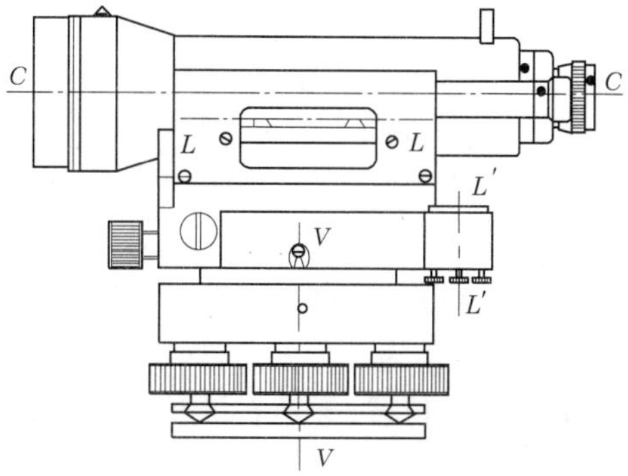

图 2-18　水准仪的轴线

根据水准测量的原理，水准仪必须提供一条水平视线，才能测出不同立尺点之间的高差。而视准轴是否水平是根据水准管气泡是否居中来判断的，因此水准仪应满足的第一个主要条件是管水准器的水准轴应与望远镜的视准轴平行，即 $LL /\!/ CC$。此外，望远镜的视准轴不应因调焦而变动位置，这是水准仪应满足的第二个主要条件，如果望远镜在调焦时视准轴位置发生变动，就不能设想在不同位置的许多条视线都能够与一条固定不变的水准轴平行。望远镜的调焦在水准测量中是绝不可少的一个步骤，因此必须提出此项要求。

（二）水准仪应满足的次要条件

水准仪应满足的次要条件也有两个：一是圆水准器的水准轴应与水准仪的旋转轴平行；二是十字丝的横丝应当垂直于仪器的旋转轴。

第一个次要条件的目的在于能迅速地整置好仪器，提高作业速度；也就是当圆水准器的气泡居中时，仪器的旋转轴已基本处于竖直状态，使仪器旋转至任何位置都易于调整水准管的气泡居中。

第二个次要条件的目的是当仪器旋转轴已经竖直，那么在水准尺上的读数可以不必严格用十字丝的交点而可以用交点附近的横丝来照准读数。

二、水准仪的检验与校正

上述第二个主要条件，在于装置望远镜的透镜组和十字丝的位置，因此一般由工厂保证。对用于国家三、四等及普通水准测量的水准仪，应经常检验第一个主要条件和两个次要条件。本节就讲述这几个条件的检验和校正方法。

（一）圆水准器轴平行于竖轴的检验与校正

1. 检验

安置仪器后，转动脚螺旋使圆水准器气泡居中，然后将望远镜旋转 180°，若气泡仍然居中，表明条件满足。如果气泡中心偏离圆水准器的零点，则说明 $L'L'$ 不平行于 VV，需要校正。

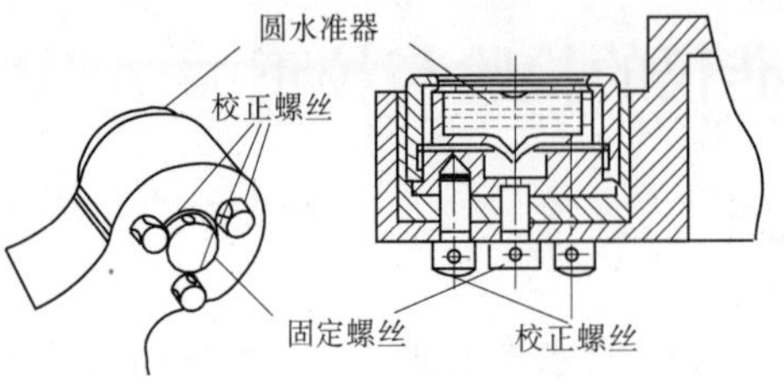

图 2-19　圆水准器的校正螺丝

2. 校正

校正时用校正针拨动圆水准器的校正螺丝使气泡向中心方向移动偏离量的一半(如图 2-19 所示,先用校正针稍松圆水准器背面中心固定螺丝,再拨动三个校正螺丝),其余一半用脚螺旋使气泡居中。这种检验校正需要反复数次,直至圆水准器旋转到任何位置气泡都居中时为止,最后将中心固定螺丝拧紧。

检验原理:如图 2-20(a)所示,设 $L'L'$ 与 VV 不平行而存在一个交角 θ。仪器粗平气泡居中后,$L'L'$ 处于铅垂,VV 相对于铅垂线倾斜 θ 角。望远镜绕 VV 转 180°,$L'L'$ 保持与 VV 的交角 θ 绕 VV 旋转,于是 $L'L'$ 相对于铅垂线倾斜 2θ 角,如图 2-20(b)所示。校正时,用校正针拨动圆水准器底部的三个校正螺丝使气泡退回偏离量的一半,此时 $L'L'$ 与 VV 平行并与铅垂方向夹角为一个 θ 角,如图 2-20(c)所示。而后转动脚螺旋使气泡居中,则 $L'L'$ 和 VV 均处于铅垂位置,于是 $L'L' /\!/ VV$ 的目的就达到了,如图 2-20(d)所示。

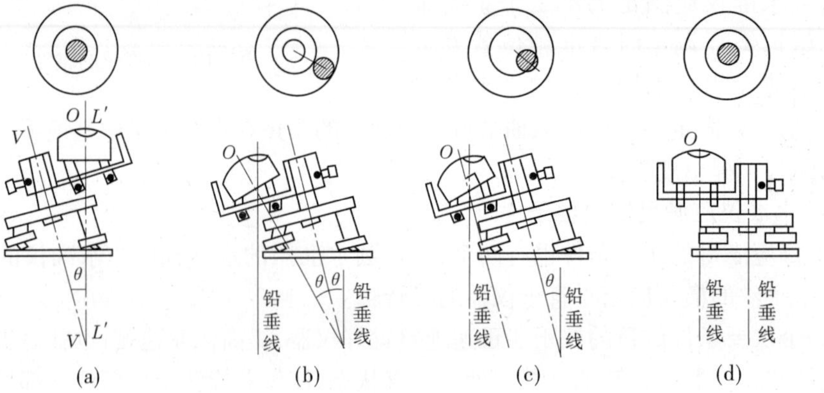

图 2-20　圆水准器轴的检验与校正原理

(二)十字丝分划板的横丝垂直于竖轴的检验与校正

1. 检验

粗平仪器后,用十字丝的一端瞄准一点状目标 P,如图 2-21(a)、(c)所示,制动仪器,然后转动微动螺旋,从望远镜中观察 P 点。若 P 点始终在横丝上移动,则条件满足,如图 2-21(b)所示;若 P 点离开横丝,如图 2-21(d)所示,则须校正。

2. 校正

用螺丝刀松开物镜筒上的目镜筒固定螺钉,如图 2-21(e)(有的仪器有十字丝座护罩,应先旋下),转动目镜筒(十字丝座连同一起转动),使横丝末端部分与 P 点重合为止。然后拧紧固定螺钉(旋上护罩)即可。

(三)管水准器轴平行于视准轴的检验与校正

望远镜视准轴和水准管的水准轴都是空间直线,如果它们相互平行,那么无论是在包

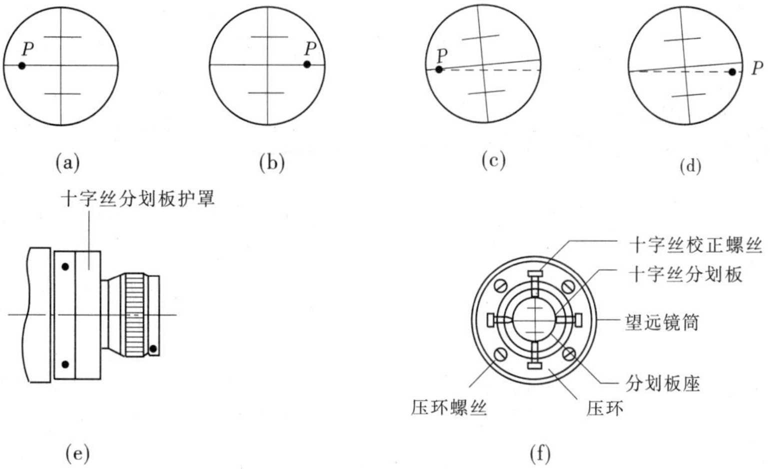

图 2-21　十字丝横丝的检验与校正

含视准轴的竖直面上的投影还是在水平面上的投影，都应该是平行的。对竖直面上的投影是否平行的检验称为 i 角检验，水平面上投影是否平行的检验称为交叉误差检验（交叉误差只有在精密水准测量中才检校，在此不讲）。

对于水准测量，重要的是 i 角检验。如果 $i=0$，则水准轴水平后，视准轴也是水平的，就能满足水准测量基本原理的要求。

1. 检验

如图 2-22 所示，在平坦地面上选相距约 80 m 的 A、B 两点，打木桩或放置尺垫作标志并在其上竖立水准尺。将水准仪安置在与 A、B 点等距离处的 C 点，采用变动仪器高法或双面尺法测出 A、B 两点的高差，若两次测得的高差之差不超过 3 mm，则取其平均值作为最后结果 h_{AB}。由于测站距两把水准尺的距离相等，所以，i 角引起的前、后视尺的读数误差 x（也称视准轴误差）相等，可以在高差计算中抵消，故 h_{AB} 不受 i 角误差的影响，测得的 h_{AB} 为两点间的正确高差。

将水准仪搬到距 B 点 2 ~ 3 m 处，安置仪器，测量 A、B 两点的高差。设后、前视尺的读数分别为 a_2、b_2，由此计算出的高差为 $h'_{AB}=a_2-b_2$，两次设站观测的高差之差为

$$\Delta h = h'_{AB} - h_{AB} \tag{2-18}$$

由图 2-22 可以写出 i 角的计算公式为

$$i'' = \frac{\Delta h}{S_{AB}}\rho'' = \frac{\Delta h}{80}\rho'' \tag{2-19}$$

式中，$\rho''=206\ 265''$；规范规定，用于三、四等水准测量的水准仪，其 i 角不得大于 $20''$，否则需要校正。

2. 校正

根据图 2-22，可以求出 A 点水准尺上的正确读数为 $a'_2=a_2-\Delta h$。旋转微倾螺旋，使十字丝横丝对准 A 尺上的正确读数为 a'_2，此时，视准轴已处于水平位置，而管水准气泡必然偏离中心。可以用校正针拨动管水准器一端的上、下两个校正螺丝，见图 2-23，使气泡的两个影像符合。注意，这种成对的校正螺丝在校正时应遵循“先松后紧”的规则。即如

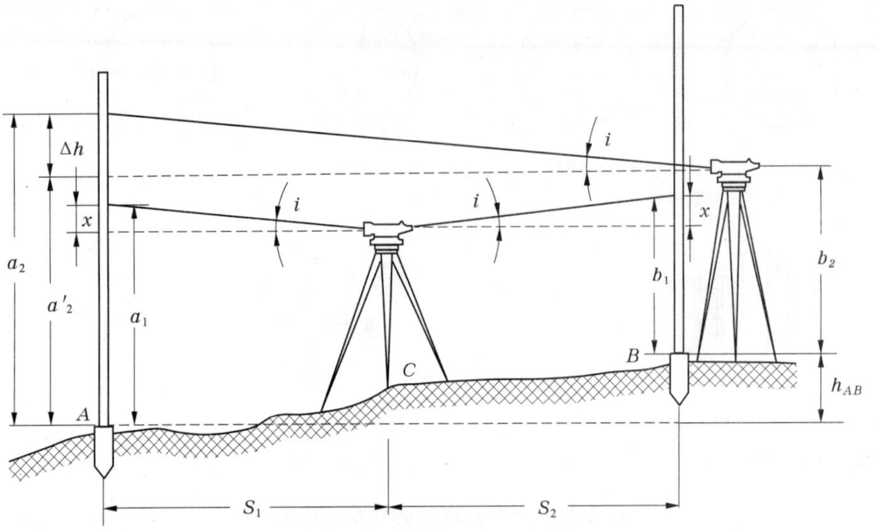

图 2-22　管水准器轴平行于视准轴的检验

要抬高管水准器的一端，必须先松开上校正螺丝，让出一定的空隙，然后再旋出下校正螺丝。

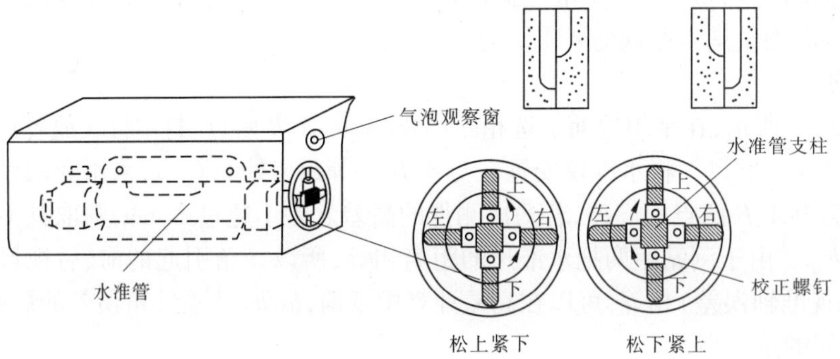

图 2-23　管水准器的校正

规范规定，在水准测量作业开始的第一周内应每天测定一次 i 角，i 角稳定后可每隔 15 天测定一次。

第六节　水准测量的误差分析与注意事项

水准测量误差的来源通常从三个方面来讨论，包括仪器误差（仪器构造上的不完善）、观测误差（操作中因作业人员感官灵敏度的限制）和外界环境的影响三个方面。

一、仪器误差

（一）仪器校正后的残余误差

规范规定，DS_3 水准仪的 i 角大于 20″才需要校正，因此正常情况下，i 角将保持在

±20″以内。由上一节中的图 2-22 可知，i 角引起的水准尺读数误差与仪器至标尺的距离成正比，只要观测时注意使前、后视视距相等，便可消除或减弱 i 角误差的影响。

（二）水准尺误差

由于水准尺刻划不准确，尺长变化、弯曲等影响，水准尺需经过检验才能使用。有的水准尺的零点位置不正确，则可在两水准点间布置偶数测站，使一对水准尺底部零点误差在一测段的总高差中自行消除。

二、观测误差

（一）管水准气泡居中误差

水准测量的原理要求视准轴必须水平，视准轴水平是通过居中管水准气泡来实现的。精平仪器时，如果管水准气泡没有精确居中，将造成管水准器轴偏离水平面，也产生误差。由于这种误差在前视与后视读数中不相等，所以，高差计算中不能抵消，下面分析其影响的大小。

通常是以 τ 来表示水准管的分划值。水准管气泡居中的误差可取 ±0.1τ。采用符合水准器时，由于精度约可提高一倍，此时它在读数上引起的误差为

$$m_{居中} = \frac{0.1\tau}{2 \times \rho''} \times s \tag{2-20}$$

式中：τ 一般以秒为单位，$\rho'' = 206\ 265''$，s 为视线长。

DS_3 水准仪管水准器的分划值为 $\tau = 20''$，设视线长为 100 m，则气泡偏离居中位置引起的读数误差为

$$\frac{0.1 \times 20}{2 \times 206\ 265} \times 100 \times 1\ 000 \approx 5(\text{mm})$$

削减这种误差的方法只能是每次读尺前进行精平操作时使管水准气泡严格居中。

（二）读数误差

观测员读数时是用十字丝在厘米间隔内估读毫米数，而厘米分划又是经过望远镜将视角放大后的像，可见毫米数的准确程度将与厘米间隔的像的宽度及十字丝的粗细有关。

目前望远镜的十字丝宽度，经目镜放大后在人眼明视距离约为 0.1 mm。如果厘米间隔的像大于 1 mm，则估读间隔的十分之一，即水准尺读数的毫米值基本上可以保证，否则读数精度将受影响。用放大率为 20 倍的望远镜在距离小于 50 m 时，厘米间隔的像即可大于 1 mm。

由此可见，此项误差与望远镜的放大率和视距长度有关，因此对各级水准测量规定仪器望远镜的放大率和限制视线的最大长度是有必要的。例如规范规定，使用 DS_3 水准仪进行四等水准测量时，视线长度应小于 80 m。

（三）水准尺倾斜

读数时，水准尺必须竖直。如果水准尺前后倾斜，在水准仪望远镜视场中不会察觉，但由此引起的水准尺读数总是偏大。且视线高度愈大，误差就愈大。如图 2-24 所示。

因为 $a = a'\cos\gamma$，所以有

$$\Delta a = a' - a = a'(1 - \cos\gamma) \tag{2-21}$$

可见 Δa 的大小既与尺子的倾斜角 γ 的大小有关，也与在尺上的读数 a' 有关，设 a' 为 2 m，当尺子倾斜大约 2°时，就会造成约 1 mm 的读数误差。因此，努力使水准尺保持在竖直位置是很重要的。这项误差的影响是系统性的——无论前视或是后视都使读数增大，在高差中会抵消一部分，但与高差总和的大小成正比，即水准路线的高差愈大，影响愈大；所以应认真扶尺，才能使最后成果中的误差不占主要地位。在水准尺上安装圆水准器是保证尺子竖直的主要措施。

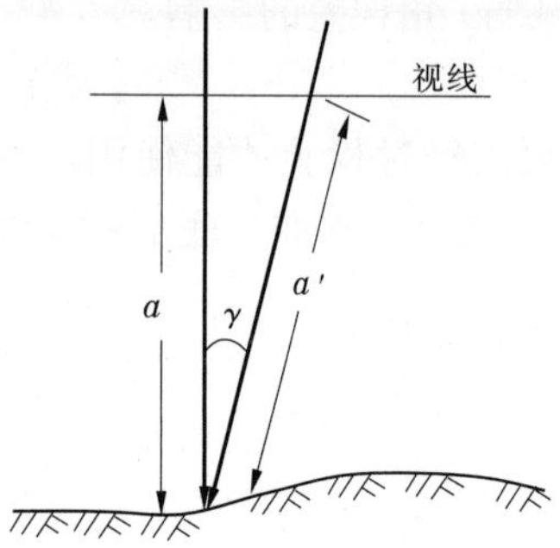

图 2-24　水准尺倾斜引起的误差

（四）视差

视差是指在望远镜中，水准尺的像没有准确地成在十字丝分划板上，造成眼睛的观察位置不同时，读出的标尺读数也不同，由此产生读数误差。

三、外界环境的影响

（一）仪器下沉和尺垫下沉

仪器或水准尺安置在软土或植被上时，容易产生下沉，采用"后—前—前—后"的观测顺序可以削弱仪器下沉的影响，采用往返观测取观测高差的中数可以削弱迁站过程中尺垫下沉的影响。

（二）地球曲率及大气折光影响

地球曲率的影响在本书第一章第三节中进行了分析，我们知道用水平面代替水准面的限度，即使距离很短，地球曲率对高程的影响也是很大的，如图 2-25 所示，理论上，用水平视线代替大地水准面在尺上读数产生的误差为 Δh（见第一章公式（1-7）），此处用 C 代替 Δh，则有

$$C = \frac{D^2}{2R} \tag{2-22}$$

式中　D——仪器到水准点的距离；

R——地球的平均半径，为 6 371 km。

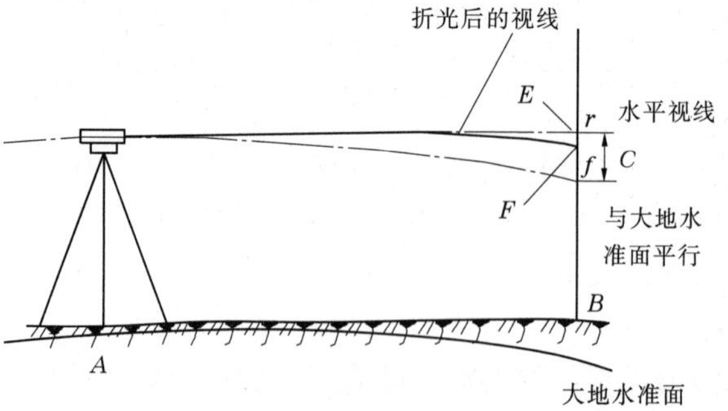

图 2-25　地球曲率和大气折光对水准测量的影响

实际上，由于大气折光，视线并非是水平的，而是一条曲线，其折光量的大小对水准尺

读数产生的影响约为

$$r = \frac{D^2}{7 \times 2R} \tag{2-23}$$

折光影响与地球曲率影响之和为

$$f = C - r = \frac{D^2}{2R} - \frac{D^2}{14R} = 0.43\frac{D^2}{R} \tag{2-24}$$

如果在水准测量实施的过程中使前后视距离相等,则地球曲率和大气折光的影响将得到消除或大大减弱。

(三)温度影响

当日光照射水准仪时,由于仪器各构件受热不匀而引起的不规则膨胀,将影响仪器轴线间的正常关系,使观测产生误差。观测时应注意撑伞遮阳。

四、水准测量的注意事项

综上所述,由于各种因素的影响,水准测量的成果存在误差是在所难免的,但是水准测量成果不符合要求,即存在粗差和错误则多数是由于测量人员的疏忽大意造成的。为此,要求测量人员在对待工作认真负责的基础上,注意水准测量的要点和注意事项,在立尺、观测、记录各个环节严格按照操作规程执行。

安置仪器高度适中,三角架腿尽量不要对着水准尺,观测读数前,要严格消除视差,操作微倾式水准仪时气泡应严格居中;读数时,要仔细、迅速、准确。

立尺的转点应选在土质坚实的地方,前后视距尽量相等。立尺前,应将尺垫踏实,将水准尺尽量竖直,仪器未动,立尺员不能着急往前迁移,需等记录员通知搬站才能前移,前视点的立尺员应保护好作为转点的尺垫,使其不受碰动。

记录员应与观测员配合协调,边回数、边记录,数据不得转抄、擦写,做到"站站清",各项计算完成、检验合格以后,才通知观测员搬站,以减少不必要的返工重测。

第七节　自动安平水准仪

用微倾式水准仪进行水准测量的特点是根据水准管的气泡居中而获得水平视线。因此,在水准尺上每次读数都要用微倾螺旋将水准管气泡调至居中位置,影响了水准测量的速度。

自动安平水准仪的特点是只有圆水准器,用自动补偿装置代替了水准管和微倾螺旋,使用时只要水准仪的圆水准气泡居中,使仪器粗平,然后用十字丝读数便是视准轴水平的读数。省略了精平过程,从而提高了观测速度和整平精度。因此,自动安平水准仪在各种精度等级的水准测量中应用越来越普及,并将逐步取代微倾式水准仪。图 2-26(a)是我国 DSZ_3 型自动安平水准仪的外形,图 2-26(b)是它的结构示意图。现以这种仪器为例介绍其构成原理和使用方法。

一、自动安平水准仪的原理

当仪器视准轴水平时,如图 2-27(a)所示,水准尺上读数 a_0 随着水平视线进入望远

镜，通过补偿器到达十字丝中心 Z，则读得视线水平时的读数 a_0。如图 2-27(b)所示。当

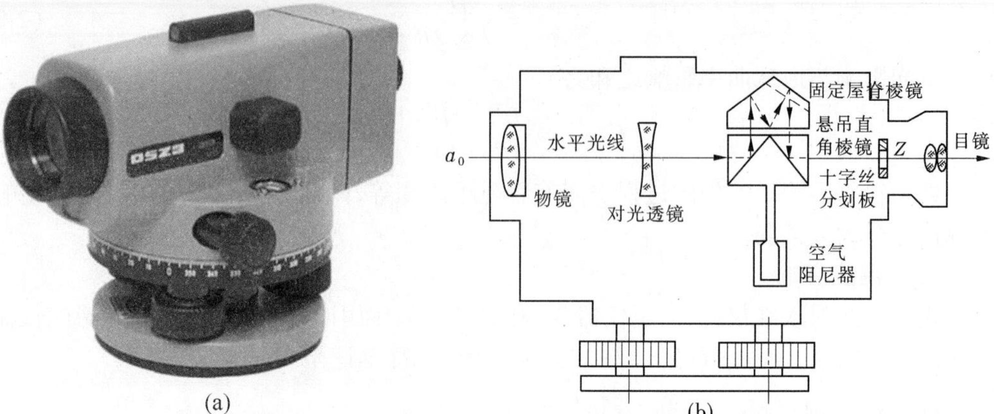

图 2-26　自动安平水准仪

望远镜视准轴倾斜了一个小角 α 时，由水准尺上的 a_0 点通过物镜光心 O 所形成的水平线，将不再通过十字丝中心 Z，而在距离 Z 点为 l 的 A 处，且

$$l = f\tan\alpha \tag{2-25}$$

式中　f——物镜的等效焦距。

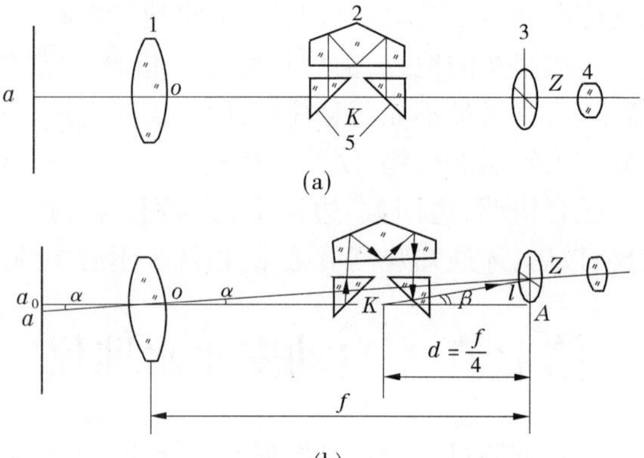

1—物镜；2—屋脊棱镜；3—十字丝平面；4—目镜；5—直角棱镜

图 2-27　自动安平水准仪的补偿原理

若在距十字丝中心 d 处，安装一个自动补偿器 K，使水平视线偏转 β 角，以通过十字丝中心 Z，则

$$l = d\tan\beta \tag{2-26}$$

故有

$$f\tan\alpha = d\tan\beta \tag{2-27}$$

由此可见，当式(2-27)的条件满足时，尽管视准轴有微小的倾斜，但十字丝中心 Z 仍能读出视线水平时的读数 a_0，从而达到补偿的目的。自动安平水准仪中的自动补偿棱镜组就是按此原理设计安装的。

二、自动安平水准仪的使用

自动安平水准仪的基本操作与微倾式水准仪大致相同。首先利用脚螺旋使圆水准器气泡居中，然后将望远镜瞄准水准尺，即可直接用十字丝横丝进行读数。为了检查补偿器是否起作用，在目镜下方安装有补偿器控制按钮，观测时，按动按钮，待补偿器稳定后，看尺上读数是否有变化，如尺上读数无变化，则说明补偿器处于正常的工作状态；如果仪器没有按钮装置，可稍微转动一下脚螺旋，如尺上读数没有变化，说明补偿器起作用，否则要进行修理。另外，补偿器中的金属吊丝相当脆弱，使用时要防止剧烈震动，以免损坏。

第八节　精密水准仪与精密水准尺

精密水准仪主要用于国家一、二等水准测量和高精度的工程测量中，例如，建筑物、构筑物的沉降观测，大型桥梁工程的施工测量、地震监测和大型精密设备安装的水平基准测量等。

精密水准仪的类型很多，我国目前在精密水准测量中应用较普遍的有瑞士生产的徕卡新 N3、德国生产的蔡司 Ni004 和我国国产的 DS_1 型精密水准仪。图 2-28 所示为北京测绘仪器厂生产的 DS_1 精密水准仪。

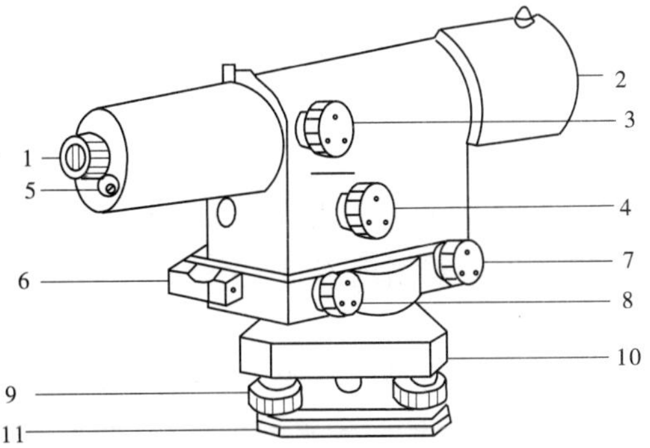

1—目镜；2—物镜；3—物镜对光螺旋；4—测微轮；5—测微器读数镜；
6—粗平水准管；7—水平微动螺旋；8—微倾螺旋；9—脚螺旋；
10—基座；11—底板

图 2-28　精密水准仪构造

一、精密水准仪的特点

精密水准仪的构造与 DS_3 水准仪基本相同，也是由望远镜、水准器和基座三部分组成，但精密水准仪的结构精密，性能稳定，温度变化影响小。与 DS_3 水准仪相比，具有如下特点：

(1) 望远镜的放大倍数大，分辨率高，如规范要求 DS_1 不小于 38 倍，DS_{05} 不小于 40 倍；

(2)管水准器分划值为 10″/2 mm,精平精度高;

(3)望远镜的物镜有效孔径大,亮度好;

(4)望远镜外表材料一般采用受温度变化小的铟瓦合金钢,以减小环境温度变化的影响;

(5)采用平板玻璃测微器读数,读数误差小;

(6)配备精密水准尺。

二、精密水准尺

精密水准尺大多是在木质尺身的槽内,镶嵌一铟钢带尺,带尺上刻有 5 mm 间隔的线划,数字注记在木尺上。图 2-29(a)所示是 DS_1 型和 Ni004 型精密水准仪配套用尺。在同一铟钢尺面上,两排刻划彼此错开,左面一排分划为奇数值,注记为分米数;右面一排分划为偶数值,注记为米数,小三角形指示半分米处,长三角形指示整分米的起始线。分划的实际间隔为 5 mm,但表面注记值为实际长度的 2 倍,因此读数必须除以 2,才是实际读数。图 2-29(b)是 N_3 型精密水准仪配套用尺,右侧刻划的注记从 0 ~ 300 cm 为基本分划;左侧一排注记内 300 ~ 600 cm 为辅助分划;基辅分划起点差一常数 $k = 301.550$ cm,称为基辅差,它的作用是检查读数时是否存在粗差。

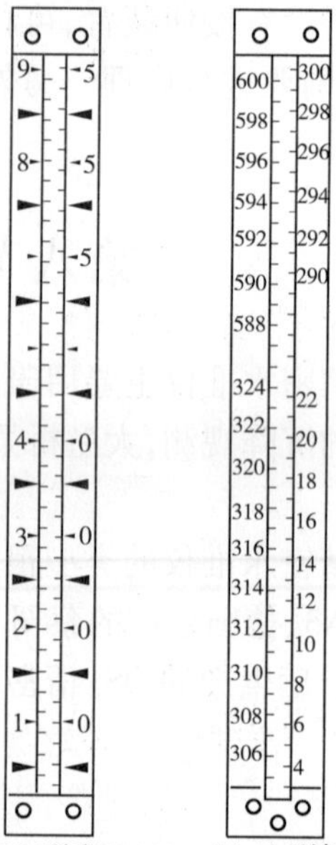

(a) DS_1型和Ni004型精密水准仪配套用尺　(b) N_3型精密水准仪配套用尺

图 2-29　精密水准尺

三、精密水准仪的使用

精密水准仪的操作方法与一般水准仪基本相同,不同之处是每次读数都要用光学测微器测出不足一个分格的数值。

望远镜照准水准尺,转动微倾螺旋使符合水准管气泡符合,如图 2-30 所示,这时视线水平,再转动光学测微器手轮,带动物镜前的平行玻璃板转动,从而使尺子的像在十字丝面上移动,当十字丝横丝一侧的楔形丝精确地夹住最靠近中丝的分划线时读数。图 2-30 中 a 尺上直接读数为 304 cm,再由测微目镜中测微分划尺上读数为 150(即 1.50 mm),则全部读数为 304.150 cm(3.041 50 m)。因为用的是图 2-30 中的 a 尺,所以实际读数为 3.041 50/2 = 1.502 75 m,在测量时,不必每个读数都除以 2,而是算得高差后再除以 2 即可。

若采用图 2-30 中的 b 尺,楔形丝夹在 176 cm 上,测微分划尺上读数为 650(即 6.5 mm),则水准尺全部读数为 176.650 cm,这是实际读数,不需除以 2。

第九节　数字水准仪和条码水准尺

随着科学技术的飞速发展和电子技术的不断进步,各种新型水准仪不断问世。数字水准仪就是一种新型水准仪,它的测量原理是将编了码的水准尺影像进行一维图像处理,

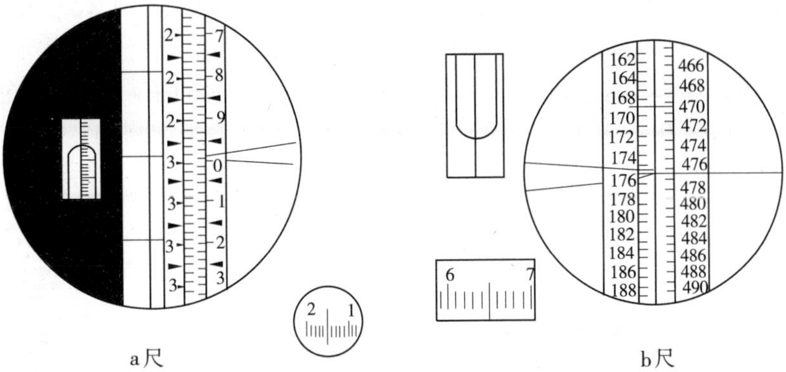

图 2-30　精密水准尺读数

用传感器代替观测者的眼睛，从望远镜中看到水准尺间隔的测量信息，由微处理机自动计算出水准尺上的读数和仪器至立尺点的水平距离，并以数字的形式将测量结果显示出来。

与光学水准仪比较，数字水准仪有如下明显特点：

(1)用自动电子读数代替人工读数，不存在读错、记错等问题，没有人为读数误差；

(2)精度高，多条码(等效为多分划)测量，削弱标尺分划误差，自动多次测量。削弱外界环境变化的影响；

(3)速度快、效率高，实现自动记录、检核、处理和存储，可实现水准测量从外业数据采集到最后成果计算的内外业一体化；

(4)数字水准仪一般是设置有补偿器的自动安平水准仪，当采用普通水准尺时，数字水准仪又可当做普通自动安平水准仪使用。

一、数字水准仪的测量原理

数字水准仪的关键技术是自动电子读数及数据处理，目前各厂家采用了原理上相差较大的三种数据处理算法方案，如瑞士徕卡 NA 系列采用相关法；德国蔡司 DiNi 系列采用几何法；日本拓普康 DL 系列采用相位法，三种方法各有优劣。采用相关法的徕卡 DNA03 数字水准仪，当用望远镜照准标尺并调焦后，标尺上的条形码影像由望远镜接收后，探测器将采集到标尺编码光信号转换成电信号，并与仪器内部存储的标尺编码信号进行比较。若两者信号相同，则读数可以确定。标尺和仪器的距离不同，条形码在探测器内成像的“宽窄”也不同，转换成的电信号也随之不同，这就需要处理器按一定的步距改变一次电信号的“宽窄”，与仪器同步存储的信号进行比较，直至相同为止，这将花费较长时间。为了缩短比较时间，通过调焦，使标尺成像清晰。传感器采集调焦镜的移动量，对编码电信号进行缩放，使其接近仪器内部存储的信号。因此，可在较短时间内确定读数，使其读数时间不超过 4 s。如图 2-31 为数字水准仪数字化图像处理原理图。

二、条码水准尺

与数字水准仪配套的条码水准尺一般为铟瓦带尺、玻璃钢或铝合金制成的单面或双面尺，形式有直尺和折叠尺两种，规格有 1 m、2 m、3 m、4 m、5 m 几种，尺子的分划一面为二进制伪随机码分划线（配徕卡仪器）或规则分划线（配蔡司仪器），其外形类似于一般商品外包装上印制的条纹码，图 2-32 为与徕卡数字水准仪配套的条码水准尺，它用于数字水准测量；双面尺的另一面为长度单位的分划线，可用于普通水准测量。

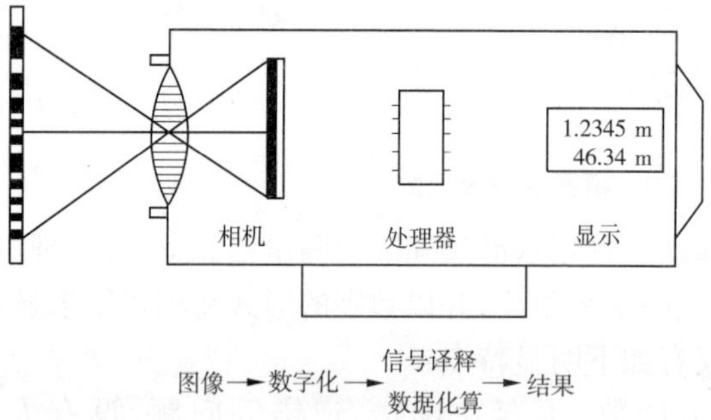

图 2-31　数字水准仪原理

图 2-32　条码水准尺

三、徕卡 DNA03 中文数字水准仪简介

1990 年，徕卡在世界上首次推出了第一代数字精密水准仪 NA3003，现在又在 NA3003 的基础上推出了第二代数字精密水准仪 DNA03，如图 2-33 所示，其中销往中国市场的 DNA03 的显示界面全部为中文，同时内置了适合我国测量规范的观测程序。DNA03 的主要技术参数是：采用磁性阻尼补偿器安平视线，补偿范围为 ±8′，补偿精度为 ±0.3″，高差观测误差为 0.3 mm/km（采用铟瓦水准尺），最小读数为 0.01 mm，测距精度为 1 cm/20 m，测量范围为 1.8～60 m，内存可存储 1 650 组观测站数据或 6 000 个测量数据，采用 6 V 镍氢电池供电，一块充满电的 GEB121 电池可供连续测量 12 h。

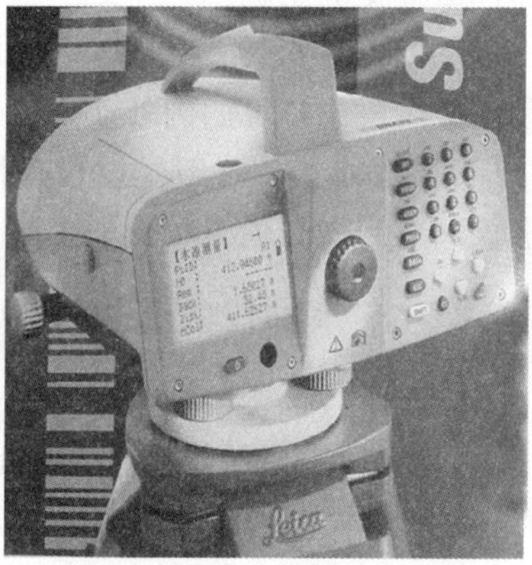

图 2-33　徕卡 DNA03 中文电子精密水准仪

数字水准仪可应用于地形测量、水准网测量、公路、铁路、工程、河道建设、结构变形观测、地质和地面构造等方面。

四、数字水准仪使用注意事项

数字水准仪的操作同自动安平水准仪，分为粗平、照准、读数三步。因数字水准仪属于高精度精密仪器，在使用时注意以下几点：

(1)避免强阳光下进行测量,以防损伤眼睛和光线折射导致条码尺图像不清晰产生错误;

(2)仪器照准时,尽量照准条码尺中部,避免照准条码尺的底部和顶部,以防仪器识别读数产生误差;

(3)条码尺使用时要防摔、防撞,保管时要保持清洁、干燥,以防变形,影响测量成果精度;

(4)数字水准仪和条码水准尺在使用前,必须认真阅读操作手册。

思考题与习题

1. 什么叫高程、高差、视线高程?设 A 点为后视点,B 点为前视点,已知 A 点高程为 46.897 m。当后视读数为 0.828 m,前视读数为 1.356 m 时,问 A、B 两点的高差是多少?B 点的高程是多少?A 点高还是 B 点高?并绘图说明。

2. 什么叫视差?产生视差的原因是什么?如何消除?

3. 水准测量时,为什么要将水准仪安置在前、后视距大致相等处?它可以减小或消除哪些误差?

4. 什么是转点?转点在水准测量中起什么作用?水准测量时,在什么点上放尺垫?什么点上不能放尺垫?

5. 在普通水准测量中,测站检核的作用是什么?有哪几种方法?

6. 将图 2-34 中的观测数据填入水准测量手簿(按表 2-2),并进行必要的计算和计算检核。

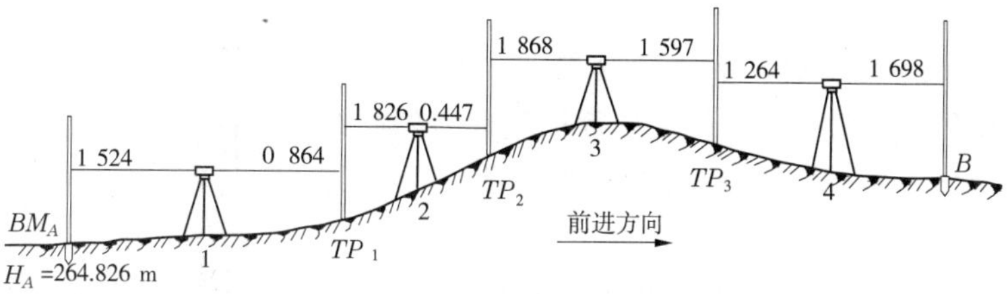

图 2-34　水准测量示意图

7. 为修建公路施测了一条附合水准路线,如图 2-35 所示,BM_0 和 BM_4 为始、终已知水准点,h_i 为测段高差,L_i 为水准路线的测段长度。已知点的高程及各观测数据列于表 2-4 中,试计算 1、2、3 这三个待定点的高程。

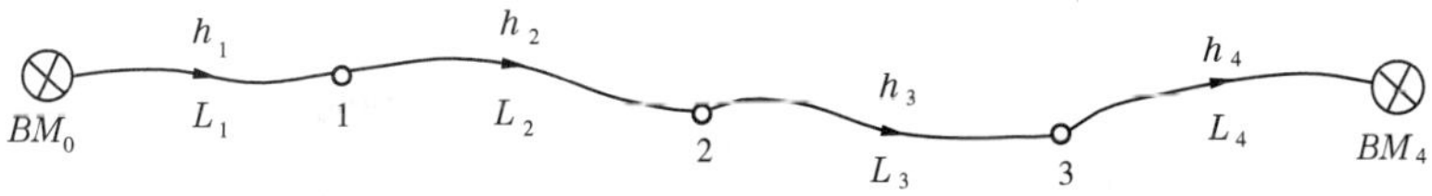

图 2-35　公路工程中施测的附合水准路线示意图

表 2-4　已知点高程及观测数据

已知高程(m)		路线 i	1	2	3	4
BM_0	16.137	h_i(m)	0.456	1.258	-4.569	-4.123
BM_4	9.121	L_i(km)	2.4	4.4	2.1	4.7

8. 某施工区布设一条闭合水准路线，如图 2-36 所示，已知水准点为 BM_0，各线段的观测高差为 h_i，测站数为 n_i。现给出 5 组数据列于表 2-5 中，请任选一组，计算三个待定点 1、2、3 的高程？

表 2-5　已知点高程及观测数据

题号	已知点(m)	观测高差(m)				测段测站数			
	BM_0	h_1	h_2	h_3	h_4	n_1	n_2	n_3	n_4
1	44.313	1.224	-0.363	-0.714	-0.108	10	8	10	9
2	37.110	2.445	-0.456	-1.236	-0.704	3	4	8	5
3	18.226	1.236	2.366	-1.236	-2.345	8	10	5	9
4	44.756	2.366	4.569	-3.456	-3.458	10	12	4	8
5	56.770	0.236	4.231	1.170	-5.601	10	12	14	4

9. 安置仪器在 A、B 两点等距离处，测得 A 尺读数 $a_1 = 1.117$ m，B 尺读数 $b_1 = 1.321$ m，将仪器搬到 B 尺附近，测得 B 尺读数 $b_2 = 1.695$ m，A 尺读数 $a_2 = 1.466$ m，问水准管轴是否平行视准轴？如不平行视线如何倾斜？

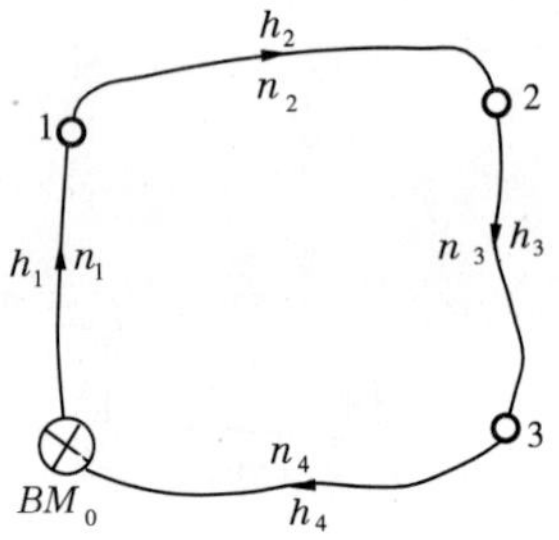

图 2-36　闭合水准路线示意图

10. DS_3 微倾式水准仪应满足哪些几何条件？主要条件是什么？

11. 使用自动安平水准仪时，为什么要使圆水准器居中？不居中行不行？如何判断自动安平水准仪的补偿器是否起作用？

12. 与普通水准仪比较，精密水准仪有何特点？数字水准仪有何特点？

第三章　经纬仪及角度测量

角度测量是测量工作的基本内容之一，它包括水平角测量和竖直角测量。经纬仪是进行角度测量的主要仪器。

第一节　角度测量原理

一、水平角测量原理

水平角是指地面上一点到两个目标点的方向线垂直投影到水平面上的夹角。如图 3-1所示，A、B、C 为地面上的三点，过 AB、AC 直线的铅垂面与水平面的交线为 ab 和 ac，其夹角 β 就是 AB 和 AC 之间的水平角。

根据水平角的定义，若在 A 点的上方，水平地安置一个带有刻度的圆盘（水平度盘），度盘中心 O 与 A 点位于同一铅垂线上，过 AB、AC 直线的铅垂面与水平度盘相交，其交线分别为 On、Om，在水平度盘上的读数分别为 n、m，则 $\angle nOm$ 即为欲测的水平角，一般水平度盘顺时针注记，则

$$\beta = \angle nOm = m - n \tag{3-1}$$

水平角的角值范围为 0°～360°。

二、竖直角测量原理

竖直角是指在同一竖直面内，倾斜视线与水平视线间的夹角，用 α 表示。如图 3-2 所

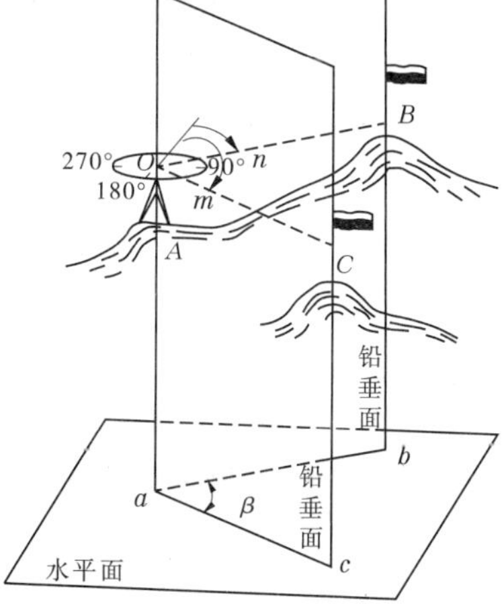

图 3-1　水平角测量原理

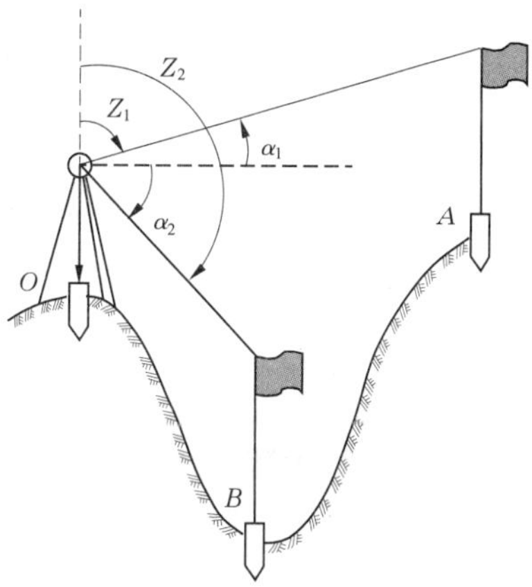

图 3-2　竖直角与天顶距

示，竖直角有仰角和俯角之分，夹角在水平视线以上为“正”，称为仰角，在水平视线以下为“负”，称为俯角。竖直角的角值范围 $0° \sim \pm 90°$。

欲测竖直角的大小，在过 O、A 两点的竖直面内，假想有一个竖直刻度圆盘（竖直度盘），并使其中心位于过 O 点的铅垂线上，通过瞄准设备和读数设备，可分别获得目标视线和水平视线的读数，则竖直角为

竖直角 = 目标视线读数 − 水平视线读数

或　　竖直角 = 水平视线读数 − 目标视线读数

在同一个竖直面内，目标视线与铅垂线天顶方向之间的夹角，称为天顶距，通常用 Z 表示，如图 3-2 所示。角值范围为 $0° \sim 180°$。当 α 取正值时，天顶距为小于 $90°$ 的锐角，当 α 取负值时，天顶距为大于 $90°$ 的钝角，当 $\alpha = 0°$ 时，$Z = 90°$。因而，竖直角 α 与天顶距 Z 之间存在的关系为

$$\alpha = 90° - Z \tag{3-2}$$

在实际测量时，竖直角和天顶距只需测出一个即可。

根据上述角度测量原理，测角仪器应满足下列条件：

(1) 仪器要具有一个能安置成水平位置和一个能安置成垂直位置的有刻划的度盘，并且具有读数装置，以读取投影方向的读数；

(2) 仪器的照准设备不仅能在水平面内转动，而且可以在竖直面内转动，瞄准不同方向、不同高度的目标。

经纬仪就是满足上述条件的测角仪器。

第二节　光学经纬仪及使用

光学经纬仪是常用的测量水平角和竖直角的仪器，我国的经纬仪按测角精度分为 DJ_{07}、DJ_1、DJ_2、DJ_6 几个等级，其中“D”为大地测量仪器的总代号，“J”为经纬仪汉语拼音的第一个字母，后面的数字代表仪器的测量精度，即一测回方向观测值中误差，单位为秒。DJ_{07}、DJ_1 多用高等级控制测量，本节将主要介绍工程测量中广泛使用的 DJ_6 型和 DJ_2 型光学经纬仪。

一、DJ_6 型光学经纬仪

（一）基本构造

如图 3-3 所示，DJ_6 型光学经纬仪主要由照准部、水平度盘和基座三部分组成。

1. 照准部

在图 3-4 中，照准部是指经纬仪上部可转动部分，主要由望远镜、竖直度盘、照准部水准管、光学读数系统、读数显微镜和内轴等部分组成。照准部可绕竖轴在水平面内转动，由水平制动螺旋和微动螺旋控制。

(1) 望远镜。望远镜用来瞄准远方目标，它固定在横轴上，可绕横轴做仰俯转动，并可用望远镜的制动螺旋和微动螺旋控制其转动。

(2) 竖直度盘。竖直度盘由光学玻璃制成，固定在横轴的一端并与横轴垂直，其中心

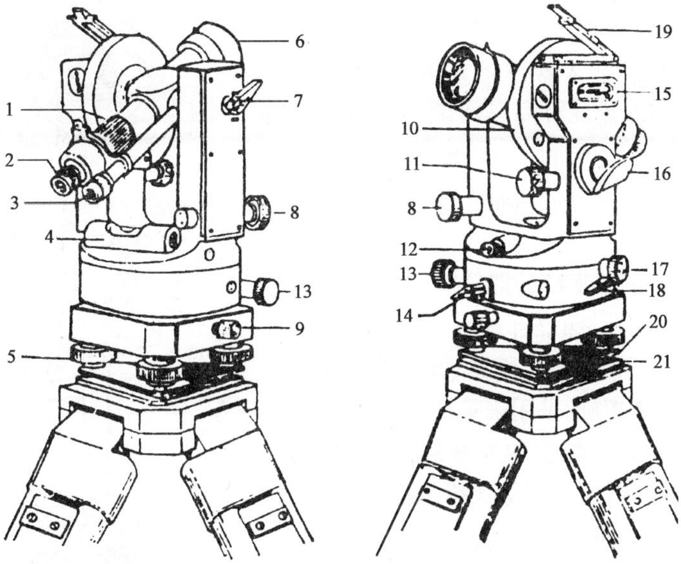

图 3-3　DJ_6 型光学经纬仪

1—对光螺旋;2—目镜;3—读数显微镜;4—照准部水准管;5—脚螺旋;6—望远镜物镜;
7—竖直制动螺旋;8—竖直微动螺旋;9—中心锁紧螺旋;10—竖直度盘;11—竖盘指标水准管微动螺旋;
12—光学对中器;13—水平微动螺旋;14—水平制动螺旋;15—竖盘指标水准管;16—反光镜;
17—度盘变换手轮;18—保险手柄;19—竖盘指标水准管反光镜;20—托板;21—压板

在横轴上,随同望远镜一起在竖直面内转动。

(3)照准部水准管。用来精确整平仪器。

(4)光学读数系统。光学读数系统由一系列棱镜和透镜组成,光线通过棱镜的折射,可将水平度盘和竖直度盘的刻划及分微尺的刻划投影到读数显微镜内,以便进行读数。

(5)读数显微镜。读数显微镜用来读取水平度盘和竖直度盘的读数。

(6)内轴。如图 3-4 所示的内轴是仪器的竖轴,也是照准部的旋转轴,它插入水平度盘的外轴,整个照准部可以在水平度盘上转动,并可用水平制动螺旋和微动螺旋来控制它的转动。

2. 水平度盘部分

水平度盘部分主要由水平度盘、度盘变换手轮和外轴三部分组成。如图 3-4 所示的中间部分。

(1)水平度盘。水平度盘是由光学玻璃制成的,其刻划是由 0°～360°按顺时针或逆时针方向注记。度盘上相邻两条分划线所对的圆心角,称为度盘分划值。DJ_6 型光学经纬仪的分划值一般为 1°。水平度盘固定在度盘轴套上,并套在竖轴内轴套外,可绕竖轴旋转。测角时,水平度盘不随照准部转动。

(2)度盘变换手轮。在水平角测量时,有时需要改变度盘的位置。因此,经纬仪装有度盘变换手轮,旋转手轮可进行读数设置。为了避免作业中碰动此手轮,特设有保护装置。有的仪器是复测装置,当扳手拨下时,度盘与照准部扣在一起同时转动,度盘读数不变;若将扳手向上,则两者分离,照准部转动时水平度盘不动,读数随之改变。

(3)外轴。外轴插入基座轴套内,用中心紧锁螺旋固定,是水平度盘部分与基座的连接部件。外轴的顶部装有弹子盘,照准部内轴插入后,可以在上面灵活转动。

3. 基座部分

如图3-4所示的下面部分即仪器的底部,是仪器和三角架的连接部分。照准部连同水平度盘一起插入基座轴套,用中心紧锁螺旋固紧;圆水准器是用来概略整平的;三个脚螺旋,是用来整平仪器的。

(二)DJ_6型光学经纬仪的光学系统与读数方法

DJ_6型光学经纬仪的读数设备包括度盘、光路系统和测微器。水平度盘和竖直度盘上的分划线,通过一系列棱镜和透镜成像显示在望远镜旁的读数显微镜内(见图3-4)。DJ_6光学经纬仪的读数装置可以分为分微尺测微器和单平板玻璃测微器两种,其中前者居多。如图3-5为分微尺读数装置的经纬仪在读数显微镜中可看到的成像,放大后的分微尺的长度与放大后的度盘分划线之间的长度相等,度盘分划值为1°。分微尺分成6大格,每大格又分成10小格共60格,每小格为1′,可估读到0.1′,即6″。读数是首先读出位于分微尺上度盘分划线的度数,然后再读出该分划线在分微尺上所示的分数。如图3-5所示水平度盘H读数为180° + 06.4′ = 180°06′24″,竖直度盘V读数为64° + 53.2′ = 64°53′12″。

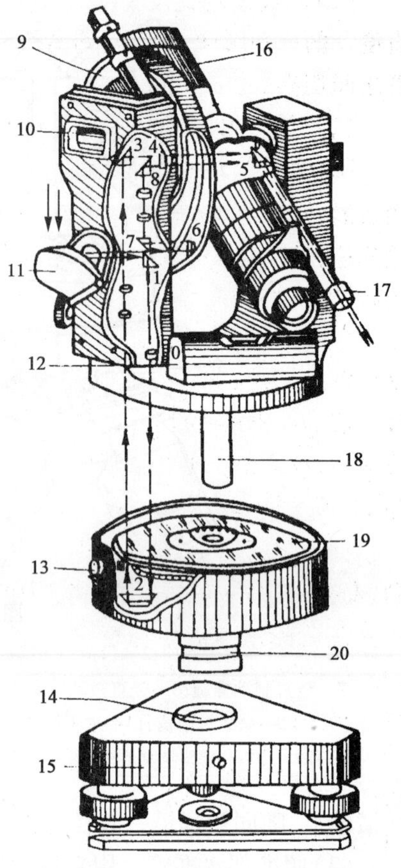

图3-4 经纬仪的光学系统

1,2,3,5,6,7,8—棱镜;4—分微尺指标镜;9—竖直度盘;10—竖盘指标水准管;11—反光镜;12—照准部水准管;13—度盘变换手轮;14—套轴;15—基座;16—望远镜;17—读数显微镜;18—内轴;19—水平度盘;20—外轴

二、DJ_2型光学经纬仪

DJ_2型光学经纬仪属于精密经纬仪之一,主要用于三、四等三角测量及精密工程测量。

(一)DJ_2型光学经纬仪的特点

DJ_2型光学经纬仪与DJ_6型光学经纬仪相比较,除望远镜的放大倍数较大、照准部水准管的灵敏度较高、轴系要求较严格、度盘分划值较小外,主要为读数设备的不同。其读数设备具有以下两个特点:

(1)DJ_6型光学经纬仪采用单指标读数,其读数存在照准部偏心误差的影响。DJ_2型光学经纬仪采用对径符合读数,即它是将度盘上相对180°的分划线,经过一系列棱镜和透镜的反射和折射,显现在读数显微镜内,并用对径符合和光学测微器,读取对径相差180°的读数,取平均值,这样可以消除度盘偏心所产生的误差,提高测角精度。

(2)读数显微镜只能看到水平度盘或竖直度盘的一种影像，必须通过换像手轮在二者之间切换。

(二)读数方法

DJ_2 型光学经纬仪在光路上对称设置了两块能做等速相反运动的光楔，它与测微手轮相连，转动测微手轮可使度盘对径 180°处的影像相对移动，直至上、下分划线重合如图 3-6 所示，同时读数显微镜中的小窗的测微尺影像也在移动，其移动全程为度盘一格分划值的一半(即 10′)，测微尺左边注记为分值，右边注记为 10″的倍数，测微尺分划值为 1″，可估读至 0.1″。读数方法如下：

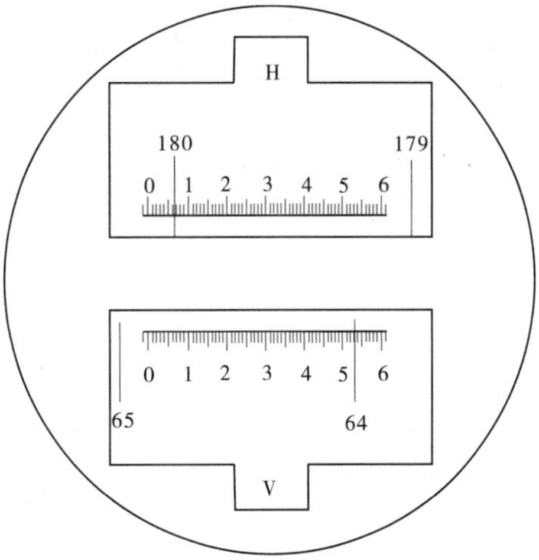

图 3-5 分微尺度数

转动测微手轮，使度盘对径影像相对移动，直至上、下分划线精确重合。找出正像在左，倒像在右，注记相差 180°的分划线，读取正像注记的度数。正像注记分划线与其相差 180°的倒像注记分划线之间的格数乘以 10′，即为整 10′的分数。根据小窗口的指标线，在测微尺中读取不到 10′的分数和秒数值，然后将两窗口的读数相加，得到完整的度盘读数。图 3-6 中读数为 121°48′22″。

新型的 DJ_2 型光学经纬仪采用了数字化读数，如图 3-7 所示，下窗为对径分划线重合后的影像，上窗中的数值为度和整 10′(凹出处)，可直接读出，其他不变，图中读数为 84°38′16″。

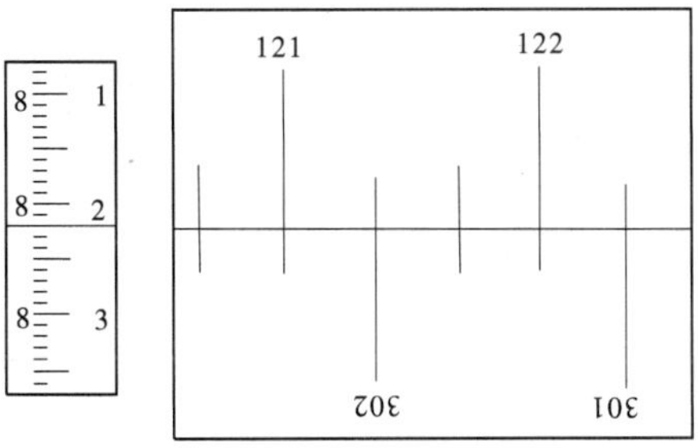

图 3-6 DJ_2 型光学经纬仪的读数法

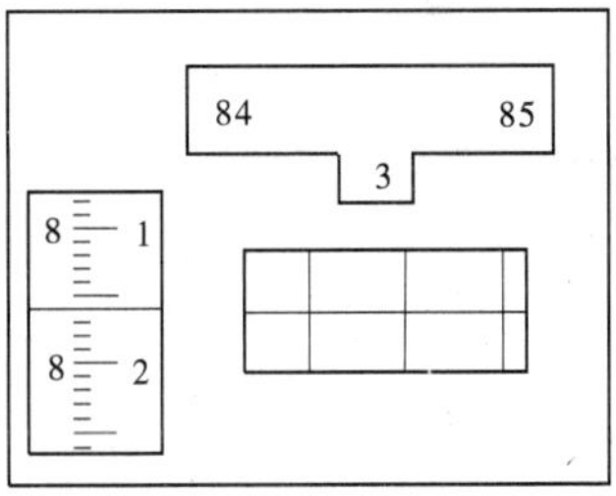

图 3-7 新型 DJ_2 型光学经纬仪的读数法

三、光学经纬仪的使用

经纬仪的使用包括仪器的安置(对中、整平)、瞄准、读数。对中的目的是使仪器中心与测站点的标志中心位于同一铅垂线上，整平的目的是使仪器的竖轴铅垂、水平度盘水平。

(一)经纬仪的安置

1. 锤球法

(1)对中：张开三脚架，使架头中心粗略对准地面点，装上仪器，挂上锤球，两手分别握住并略抬起两个架腿，移动和绕另一个架腿的脚转动，使锤球尖大致对准地面点，同时，通过张开和缩拢两个架腿，使三脚架顶面大致水平，如图 3-8(a) 所示，然后踩紧三脚架。再稍松连接螺旋，在三脚架顶面上平移仪器，使锤球尖精确对准地面点，最后旋紧连接螺旋。对中误差一般不大于 3mm。

(2) 整平：转动仪器照准部，使水准管平行任意两个脚螺旋的连线，旋转两脚螺旋，使水准管气泡居中，如图 3-9(a) 所示，然后将照准部旋转 90°，转动另一个脚螺旋，使水准管气泡居中，如图 3-9(b) 所示，如此反复进行，直至照准部旋转到任意位置水准管气泡都居中为止。居中误差一般不得大于一格。

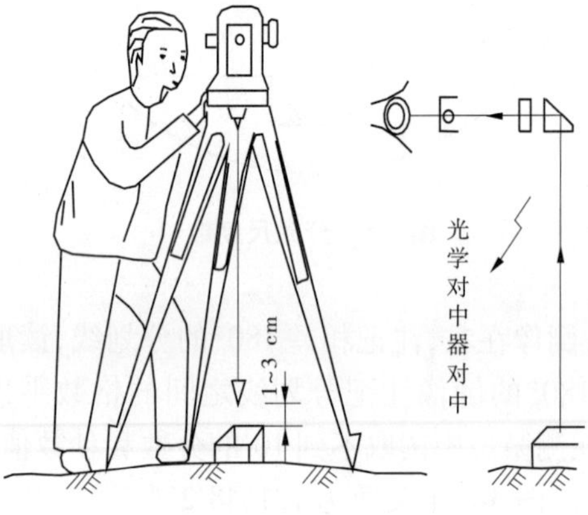

(a) (b)

图 3-8　经纬仪对中

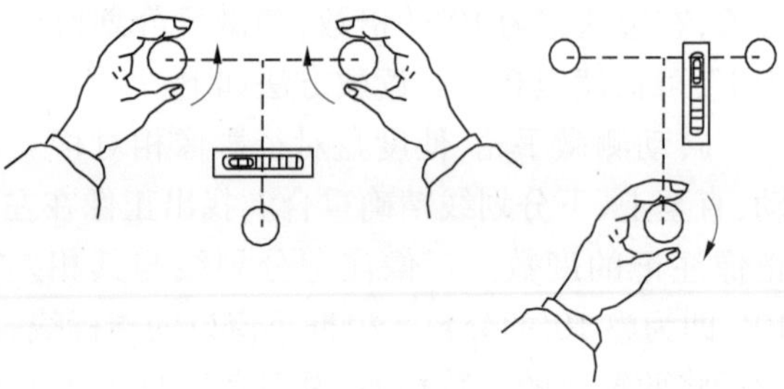

(a) (b)

图 3-9　经纬仪整平

2. 光学对中器法

(1) 对中：张开三脚架，使架头中心粗略对准地面点，装上仪器，然后转动光学对中器目镜，使其十字丝分划板清晰，推拉对中器，使地面清晰。固定一个架腿，移动另外两个架腿使对中器十字丝中心对准地面点，见图 3-8(b)。

(2) 粗平：伸缩三脚架腿，使圆气泡大致居中，然后转动脚螺旋，使圆气泡精确居中。

(3) 平移对中：松开连接螺旋，在架头上平移仪器，使对中器中心对准地面点。

(4) 精确整平：其操作方法与挂锤球对中安置仪器的整平操作相同。

平移对中和精确整平应反复进行，直到对中、整平均达到要求为止。

(二) 瞄准目标

(1) 目镜调焦。松开水平和竖直制动螺旋，将望远镜对准天空，旋转目镜调焦螺旋，使十字丝清晰。

(2) 粗略瞄准。利用望远镜上的瞄准器瞄准目标，然后旋紧水平和竖直转动螺旋，这样能使目标位于望远镜的视场内，达到粗略瞄准的目的。

(3) 物镜调焦。转动物镜调焦螺旋，使目标清晰，并消除视差。

(4) 精确瞄准。转动水平和竖直微动螺旋，精确瞄准目标。测量水平角时，用十字丝的竖丝平分或夹准目标，且尽量对准目标底部，如图 3-10 所示，测量竖直角时，用十字丝的横丝对准目标。

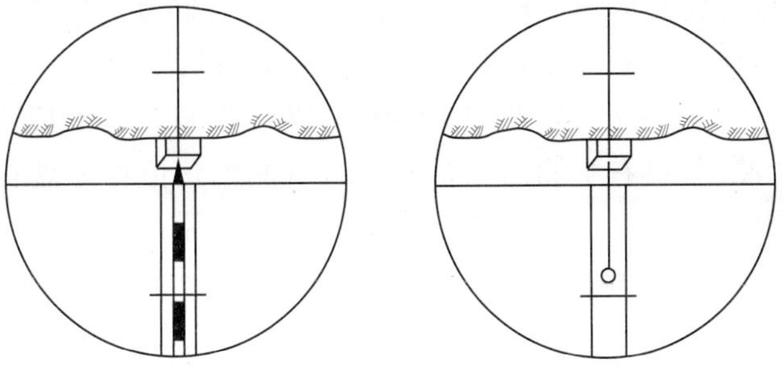

图 3-10　瞄准

(三)读数

调节反光镜和读数显微镜目镜,使读数窗内亮度适中,度盘和分微尺分划线清晰,然后读数。

第三节　水平角观测

进行水平角观测,常用的方法有测回法和全圆测回法两种。

一、测回法

这种方法适用于两个方向之间的单角观测。如图 3-11 所示,欲测量 OA 与 OB 之间的水平角 β,则先要在 A、B 上设置观测标志,在角的顶点 O 上安置经纬仪,对中、整平之后进行观测,具体操作步骤如下:

图 3-11　测回法观测水平角

(1)盘左位置(竖直度盘位于望远镜左侧,亦称正镜):松开水平制动螺旋,旋转照准部,瞄准始边目标 A,读取水平度盘读数为 $a_{左}=0°02'00''$记入手簿,见表 3-1,放松制动螺旋,顺时针转动照准部,瞄准终边目标 B,读取水平度盘读数 $b_{左}=78°\ 19'18''$,记入观测手簿,则

$$\beta_{左}=b_{左}-a_{左}=78°\ 19'18''-0°02'00''=78°17'18''$$

此过程称为上半测回(盘左半测回),所测角值为盘左角值。

(2)盘右位置:为了校核和消除仪器的误差,提高观测精度,还需倒转望远镜,利用盘右位置(竖直度盘在望远镜右侧,亦称倒镜)再观测一次,盘右位置在盘左基础上,先瞄准

B 点，读得水平度盘读数为 $b_{右}=258°\ 19'30''$，然后逆时针转动照准部瞄准目标 A，读取水平度盘读数为 $a_{右}=180°02'06''$，分别记入观测手簿相应栏，则

$$\beta_{右}=b_{右}-a_{右}=258°\ 19'30''-180°02'06''=78°17'24''$$

此过程称下半测回（盘右半测回），盘右位置观测的角值称为盘右角值。上、下两个半测回组成一个测回，两个半测回角值之差如果不超过限差（DJ_6 型光学经纬仪限差为 $\pm36''$）可取平均值作为最后结果，即

$$\beta=\frac{1}{2}(\beta_{左}+\beta_{右})=78°17'21''$$

若超过限差，说明测角精度较低，应重新观测，直到符合要求为止。

由于水平度盘是按顺时针注记的，因此在计算半测回角值时，都应以右边方向的读数减去左边方向的读数，当度盘零指标线在所测角的两方向线之间时，右边方向读数小于左边方向读数，这时应将右边方向的读数加上 360°，再减去左边方向的读数。

为了提高测角精度，减小度盘刻划不均匀误差的影响，需要观测多个测回，各测回的起始方向的读数应按 $180°/n$ 递增。例如 $n=3$ 时，则各测回的起始方向读数应等于或略大于 0°、60°、120°。

表 3-1　水平角观测手簿（测回法）

________测区　　观测者________　　记录者________

____年____月____日　　天气________　　仪器型号________

测站	目标	竖盘位置	水平度盘位置（° ′ ″）	半测回角值（° ′ ″）	一测回角值（° ′ ″）	平均值（° ′ ″）	备注
1	2	3	4	5	6	7	8
O (1)	A	左	0 02 00	78 17 18	78 17 21	78 17 15	
	B		78 19 18				
	A	右	180 02 06	78 17 24			
	B		258 19 30				
O(2)	A	左	90 03 36	78 17 12	78 17 09		
	B		168 20 48				
	A	右	270 04 00	78 17 06			
	B		348 21 06				

各测回之间所测的角值之差称为测回差（DJ_6 型光学经纬仪测回差为 $\pm24''$），经检验合格后，则取各测回角值的平均值作为最后结果。

二、全圆测回法

当观测方向为 3 个或多于 3 个时，通常采用全圆测回法（亦称方向测回法）。如图 3-12所示，在测站 O 点，观测 A、B、C、D 4 个方向，选择标志十分清晰的点作零方向，如

A 点。操作步骤如下：

（1）盘左位置：在测站 *O* 点安置经纬仪，安置包括对中、整平，用盘左位置瞄准起始点 *A*，利用度盘变换手轮使水平度盘读数略大于零度，读取水平度盘读数。然后顺时针转动照准部，依次瞄准 *B*、*C*、*D* 各点，读出相应的水平度盘读数，记入表 3-2 中的相应栏内。最后，顺时针转动照准部再次瞄准 *A*，读取水平度盘读数，称为归零。两次 *OA* 方向的读数差，称为归零差，归零差应小于表 3-3 中的规定范围，否则应重新观测，此过程称为上半测回。

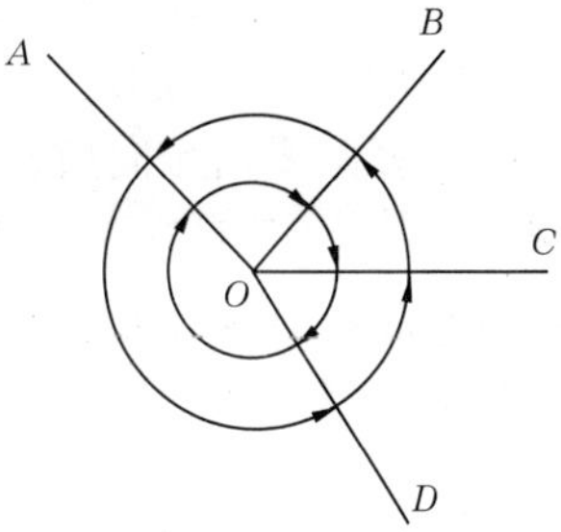

图 3-12　全圆测回法示意图

（2）盘右位置：倒转望远镜，利用盘右位置，首先瞄准 *A*，然后按逆时针方向转动照准部依次瞄准 *D*、*C*、*B* 各方向，分别读出各方向水平度盘读数，记入记录手簿相应栏（表 3-2），最后，逆时针转动照准部归零回到 *A* 点，归零差应小于容许值。此过程称为下半测回。

表 3-2　水平角观测手簿（全圆测回法）

__________测区　　　观测者__________　　　记录者__________

____年____月____日　　　天气__________　　　仪器型号__________

测站	测回数	目标	水平度盘度数		$2c=L-R\pm180°$	$\frac{L+R\pm180°}{2}$	归零后方向值	各测回归零平均方向值	角值
			盘左（*L*）	盘右（*R*）					
			（° ′ ″）	（° ′ ″）	（″）	（° ′ ″）	（° ′ ″）	（° ′ ″）	（° ′ ″）
O	1					（0 01 10）			
		A	0 01 18	180 01 06	+12	0 01 12	0 00 00	0 00 00	
		B	76 43 24	256 43 15	+09	76 43 20	76 42 10	76 42 07	76 42 07
		C	151 36 03	331 36 00	+03	151 36 02	151 34 52	151 34 48	74 52 41
		D	223 15 37	43 15 26	+11	223 15 32	223 14 22	223 14 21	71 39 33
		A	0 01 12	180 01 02	+10	0 01 07			
	2					（90 02 26）			
		A	90 02 30	270 02 26	+04	90 02 28	0 00 00		
		B	166 44 31	346 44 28	+03	166 44 30	76 42 04		
		C	241 37 10	61 37 08	+02	241 37 09	151 34 43		
		D	313 16 49	133 16 42	+07	313 16 46	223 14 20		
		A	90 02 26	270 02 24	+02	90 02 25			

上、下两个半测回组成一测回，当精度要求较高时，可根据需要多观测几个测回，每个测回按 $180°/n$ 的整数倍改变起始方向的水平度盘读数，方法与测回法相同；角度观测结束后，进行校核计算，计算时应满足以下要求：

①半测回归零差不得超过表 3-3 中的规定。

②$2c$ 值互差应满足要求。c 值为照准误差,主要是由于望远镜的视准轴不垂直于横轴产生的,互差是指各方向值的 $2c$ 值之差。例如在表 3-2 中 OA 方向 $2c$ 值为 12″,OC 方向 $2c$ 值为 3″,互差为 12″－3″＝9″。通常,DJ_6 型经纬仪不校核此项。

③计算归零后方向值,各测回起始方向盘左、盘右的平均读数有两个(例如第一测回是 0°01′12″及 0°01′07″),取其平均值(0°01′10″)写在第一个平均读数上方的括号内,然后用各方向盘左、盘右的平均读数减去该值,得到各方向归零后方向值。例如表 3-2 中 OA 方向归零后方向值为 0°00′00″,OB 方向归零后方向值为 76°43′20″－0°01′10″＝76°42′10″。

各测回中同一方向归零后方向值互差,同样不应超过表 3-3 中规定。例如在表 3-2 中 OC 方向归零后方向值两个测回之差为 151°34′52″－151°34′41″＝11″。

(3)角值计算:取各测回归零后方向值的平均值,相邻各测回归零后平均值之差即为各相邻方向之间的水平角。例如表 3-2 中:

$\angle BOC = 151°34'48'' - 76°42'07'' = 74°52'41''$

$\angle COD = 223°14'21'' - 151°34'48'' = 71°39'33''$

表 3-3　水平角观测技术要求(按五等三角测量要求)

项目	DJ_2 型	DJ_6 型
半测回归零差	12″	24″
一测回中 $2c$ 值互差	18″	
各测回同一归零方向值互差	12″	24″

第四节　竖直角观测

观测竖直角的目的是将观测的倾斜距离化算为水平距离或计算三角高程。具体内容将在后续章节中讲述。

一、竖盘读数系统的构造

如图 3-13(a)所示是 DJ_6 光学经纬仪的竖盘构造示意图。竖直度盘固定在望远镜横轴一端,与横轴垂直,其圆心在横轴上,随望远镜在竖直面内一起旋转。竖盘指标水准管 7 与一系列棱镜透镜组成的光具组 10 为一整体,它固定在竖盘指标水准管微动架上,即竖盘水准管微动螺旋可使竖盘指标水准管作微小的仰俯转动,当水准管气泡居中时,水准管轴水平,光具组的光轴 4 处于铅垂位置,作为固定的指标线,用以指示竖盘读数。

为了加快作业速度和提高测量成果精度,现生产的经纬仪均采用竖盘指标自动归零补偿器来取代水准管的作用。它是在竖盘影像与指标线之间,悬吊一个或一组光学零部件来实现指标自动归零补偿的,其补偿的原理与水准仪自动安平补偿器基本相同。如图 3-13(b)所示,是我国某厂生产的 DJ_6 型光学经纬仪所采用的一种补偿器,称为金属丝

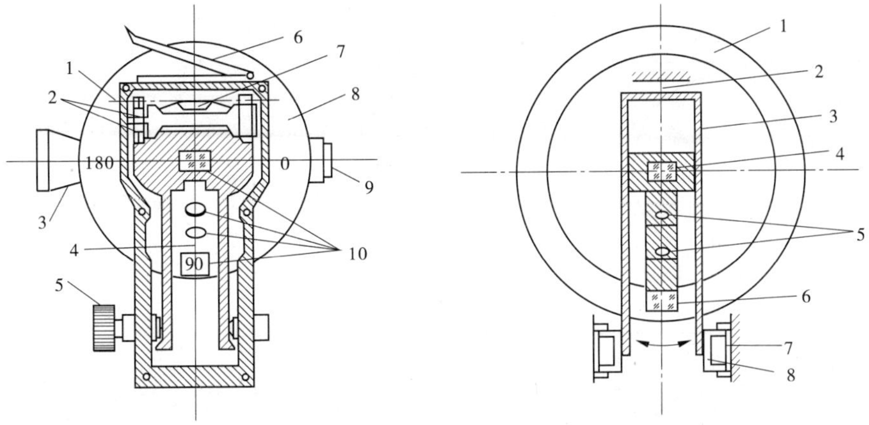

(a) (b)

1—竖盘指标水准管轴；2—竖盘指标水准管校正螺纹；
3—望远镜；4—光具组光轴；
5—竖盘指标水准管微动螺旋；
6—竖直度盘指标水准管反光镜；7—竖盘指标水准管；
8—竖直度盘；9—目镜；10—光具组透镜、棱镜

1—竖直度盘；2—弹簧片；
3—垂直吊架；4—转像棱镜；
5—透镜组；6—棱镜；
7—阻尼盒；8—阻尼器

图 3-13　DJ_6 型光学经纬仪竖直度盘与读数系统

悬吊平板玻璃补偿器。

竖直度盘也是由玻璃制成的按 0°～360°刻划注记，有顺时针方向和逆时针方向两种注记形式。图 3-14 为顺时针方向注记，当望远镜视线水平、指标水准管气泡居中时，竖盘读数应为 90°或 270°，此读数是视线水平时的读数，也称始读数。因此，测量竖直角时，只要测出视线倾斜时的读数，即可求得竖直角。

二、竖直角的计算公式

竖直角是视线倾斜时的竖盘读数与视线水平时的竖盘读数之差，如何判断它的正负，即仰角还是俯角。现以 DJ_6 光学经纬仪的竖盘注记形式为例，来推导竖直角的计算公式。

（1）盘左位置，如图 3-14 上部分，当望远镜视线水平，指标水准管气泡居中时，指标所指的始读数 $L_{始}=90°$；当视准轴仰起测得竖盘读数比始读数小，当视准轴俯下测得竖盘读数比始读数大。因此，盘左时竖直角的计算公式应为

$$\alpha_{左} = 90° - L_{读} \tag{3-3}$$

上式得“ + ”为仰角，“ - ”为俯角。

（2）盘右位置，如图 3-14 下部分，始读数 $R_{始}=270°$，与盘左时相反，仰角时读数比始读数大，俯角时读数比始读数小，因此竖直角的计算公式为

$$\alpha_{右} = R_{读} - 270° \tag{3-4}$$

（3）一个测回的竖直角为

$$\alpha = \frac{1}{2}(\alpha_{左} + \alpha_{右}) = \frac{1}{2}(R - L - 180°) \tag{3-5}$$

综上所述，可得计算竖直角公式的方法：

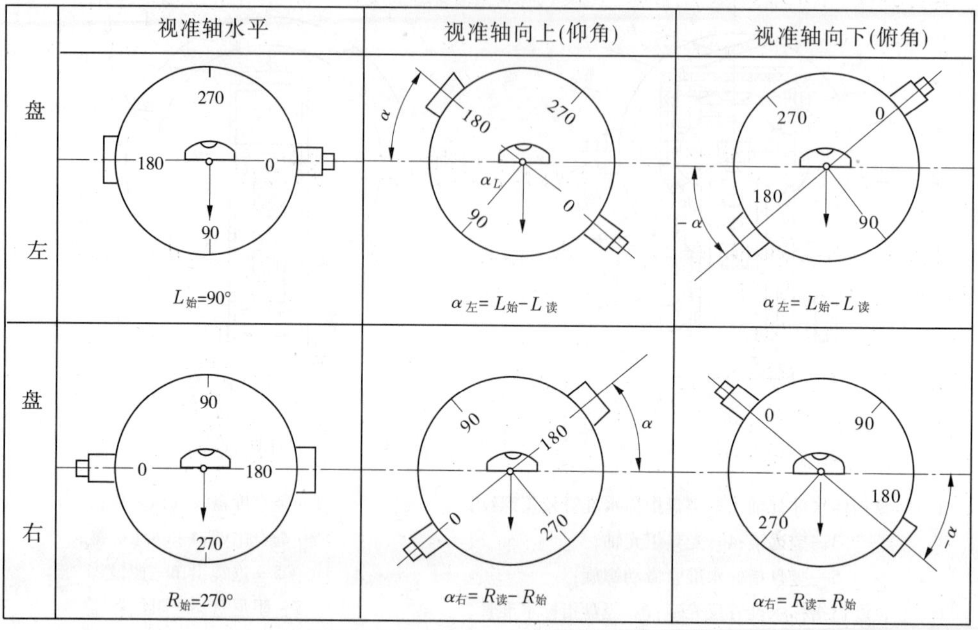

图 3-14　DJ_6 光学经纬仪竖直角的计算

当望远镜仰起时，如竖盘读数逐渐增加，则 α = 读数 - 始读数；望远镜仰起时，竖盘读数逐渐减小，则 α = 始读数 - 读数。计算结果为“ + ”时，α 为仰角；“ - ”时 α 为俯角。

按此方法，不论始读数为 90°、270°还是 0°、180°，竖盘注记是顺时针还是逆时针都适用。

三、竖直角的观测与计算

(1)在测站点上安置经纬仪，进行对中、整平。

(2)盘左位置，用十字丝的中丝瞄准目标的某一位置，旋转竖盘指标水准管微动螺旋，使指标水准管气泡居中，读取竖盘读数，记入手簿(见表 3-4)，按上述公式计算盘左时的竖直角。

表 3-4　竖直角观测手簿

测站	目标	竖盘位置	竖盘读数 (°　′　″)	半测回竖直角 (°　′　″)	指标差 (x)″	一测回竖直角 (°　′　″)	备注
O	M	左	71 12 36	+18 47 24	12	+18 47 12	竖盘为顺时针注记
		右	288 47 00	+18 47 00			
	N	左	96 18 42	-6 18 42	-9	-6 18 51	
		右	263 41 00	-6 19 00			

(3)盘右位置瞄准目标的原位置，调整指标水准管气泡居中，读取竖盘读数，将其记入手簿，并按公式计算出盘右时的竖直角。

(4)取盘左、盘右竖直角的平均值，即为该点的竖直角。

若经纬仪的竖盘结构为竖盘指标自动归零补偿结构，则在仪器安置后，就要打开补偿器开关，然后进行盘左、盘右观测。注意，一个测站的测量工作完成后，应关闭补偿器开关。

第五节　经纬仪的检验与校正

经纬仪的几何轴线之间，必须满足一定的几何条件。由于长期使用和运输过程中的震动等原因，使得出厂时经过检定的条件受到破坏，直接影响到测量成果的精度。所以，在使用之前必须对经纬仪进行检验和校正。如图 3-15 所示，经纬仪的几何轴线有：望远镜视准轴 CC；望远镜的旋转轴（即横轴）HH；照准部水准管轴 LL；照准部的旋转轴（即竖轴）VV。使用经纬仪进行角度观测时，必须满足如下的几何条件：

（1）照准部水准管轴应垂直于仪器的竖轴（$LL \perp VV$）；

（2）十字丝的竖丝应垂直于横轴；

（3）视准轴应垂直于横轴（$CC \perp HH$）；

（4）横轴应垂直于竖轴（$HH \perp VV$）；

（5）观测竖直角时，望远镜视线水平，竖盘指标水准管气泡居中时，指标线所指读数为始读数。

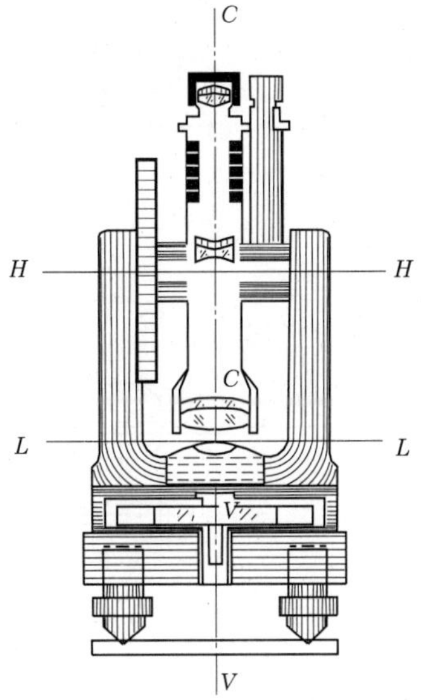

图 3-15　经纬仪的几何轴线

现将经纬仪检验和校正的方法分述如下。

一、照准部水准管轴垂直于仪器竖轴的检验与校正

（一）检验

在土质坚实的地面上安置仪器，将仪器大致水平。转动照准部使水准管轴平行于一对脚螺旋连线，转动脚螺旋使气泡居中，然后将照准部绕竖轴旋转 180°，检查气泡是否仍然居中，如果居中，说明条件满足；如果气泡偏离超出一格，说明这项条件不满足，应进行校正。如图 3-16 所示。

（二）校正

照准部旋转 180°后气泡偏向一侧，是由于水准管两端支柱高度不相等造成的。如图 3-16（a）管水准器在一个方向整平，此时气泡虽然居中，管水准轴水平，但仪器的竖轴并不铅直，使得水平度盘与水平面成 α 角，与水准管轴亦成 α 角。当照准部旋转 180°以后，这两个 α 角叠到一起使得水准管轴与水平面成 2α 角，如图 3-16（b）所示，气泡偏向一侧。

欲使水准管轴回到水平位置，首先使仪器竖轴铅直，水平度盘水平。调节脚螺旋，使气泡向水准管中央移动偏离的一半,如图 3-16(c)所示。再用校正针拨动水准管一端的校正螺丝,使气泡完全居中,如图 3-16(d)所示。此项检验与校正需要如此反复进行,直到照准部旋转到任何位置,气泡偏离都不超过一格为止。

在仪器的基座上还装有圆水准器,用来概略整平的,校正圆水准器时,可利用校正好的管水准器,拨动圆水准器底部的校正螺丝,使气泡居中即可。

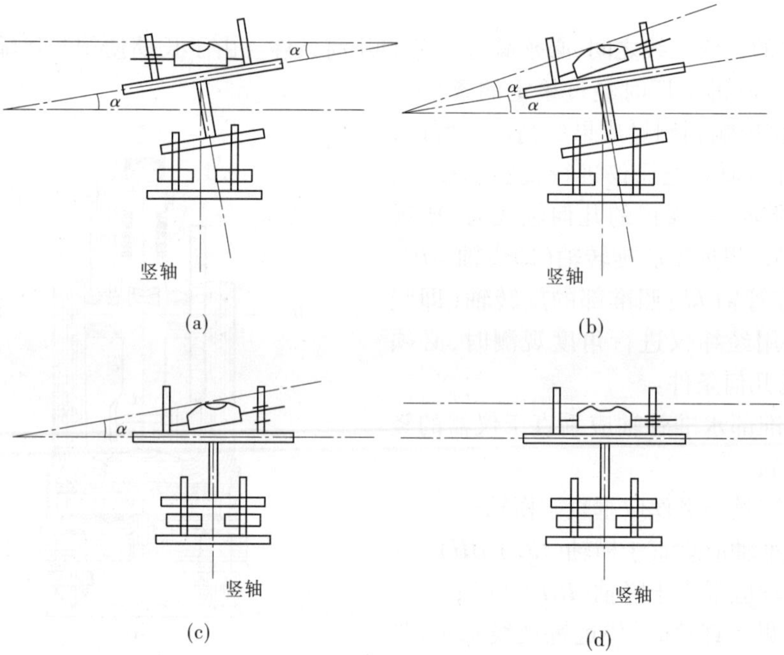

图 3-16　照准部水准管轴的检验与校正

二、十字丝的竖丝垂直于横轴的检验和校正

(一)检验

整平仪器后,用十字丝竖丝的一端照准远处一固定点,制动照准部和望远镜制动螺旋,转动望远镜微动螺旋,使望远镜上、下徐徐移动。同时观察该点是否偏离十字丝的竖丝,如果偏离,则需要校正;没有偏离,说明此项条件满足。

(二)校正

如图 3-17 所示,打开目镜一侧十字丝分划板护盖,十字丝分划板是通过四个压环螺丝固定在望远镜筒上,用螺丝刀松开四个固定螺丝,转动十字丝环使竖丝处于竖直位置,然后,旋紧四个固定螺丝,结束校正。

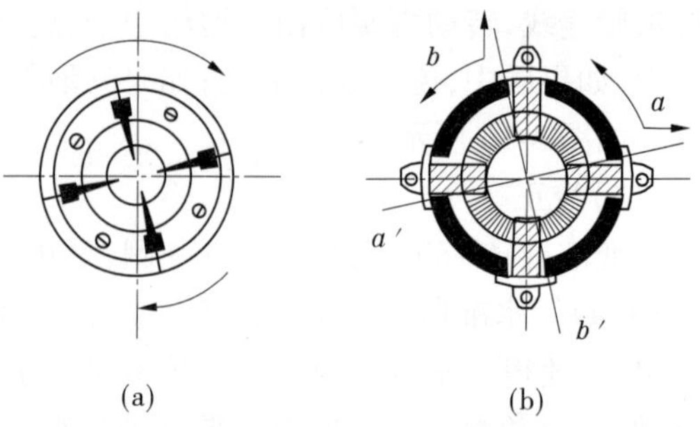

图 3-17　十字丝竖丝的调整

三、视准轴垂直于横轴的检验与校正

望远镜的视准轴不垂直于横轴所偏离的角度 c 称为视准误差，它是由于十字丝交点位置不正确而产生的。由于视准误差的存在，使得望远镜在绕横轴上下旋转时，视线所扫过的面不是竖直面，而是圆锥面，如果用这样的仪器观测同一竖直面内不同高度的两点，水平度盘读数是不相同的。

（一）检验

安置经纬仪后，首先利用盘左瞄准远处一点 P，十字丝交点在正确位置 K 时，水平度盘读数为 M。如图 3-18(a) 由于十字丝交点偏离到 K'，视准轴偏斜了一个角度 c，所以瞄准目标 P 点时，望远镜必须向左旋转一个角度 c，此时度盘上指标线所指读数 M_1，比正确读数 M 少了一个角度 c，即

$$M = M_1 + c \tag{a}$$

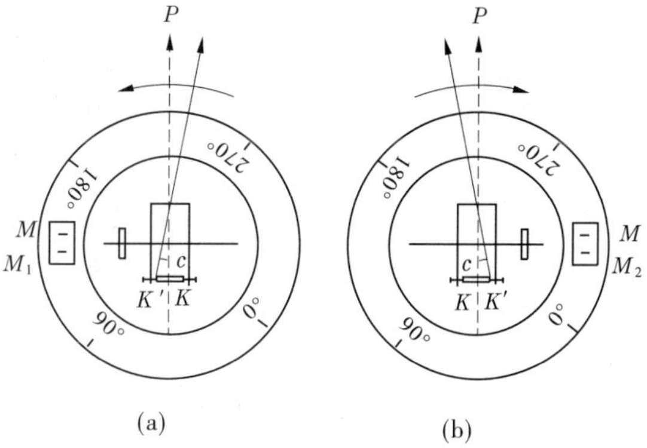

图 3-18　十字丝偏离的影响

从盘左位置改为盘右位置时，指标线从左边位置转到右边位置，见图 3-18(b)。此时，K' 偏向右侧，用它来瞄准目标 P 点时，指标线所指读数为 M_2，望远镜必须向右转一个 c 角，读数 M_2 比正确读数 M'（$M' = M \pm 180°$）增大了一个 c 角。即

$$M' = M_2 - c$$

$$M \pm 180° = M_2 - c \tag{b}$$

式(a)和式(b)相加，得

$$M = \frac{1}{2}(M_1 + M_2 \pm 180°) \tag{3-6}$$

式(a)和式(b)相减，得

$$c = \frac{1}{2}(M_1 - M_2 \pm 180°) \tag{3-7}$$

根据公式(3-6)可知，利用盘左和盘右两个位置观测同一目标，取其平均值可以消除视准误差 c 的影响。根据公式(3-7)可知，若盘左、盘右两次读数相差 180°，说明 $c=0$，此项条件满足。否则应进行校正。

(二)校正

利用盘右位置,根据公式(3-6)计算正确读数 $M \pm 180°$,转动照准部微动螺旋,使指标线所指读数为正确读数 $M \pm 180°$,此时,十字丝交点偏离目标 P 点,利用校正针拨动十字丝环左右两个校正螺丝,先松后紧,推动十字丝环,使十字丝交点对准目标 P 即可。这项检验与校正需要重复 2 ~ 3 次,才能达到满意的效果。

四、横轴垂直于竖轴的检验与校正

经纬仪的横轴如果不垂直于竖轴,照准部水准管气泡居中时,竖轴处于铅垂位置,横轴并不水平,如图 3-19 所示,这时望远镜绕横轴旋转,视准轴扫过的平面是倾斜面。同样,瞄准同一竖直面内不同高度的两点,水平度盘读数是不相同的。

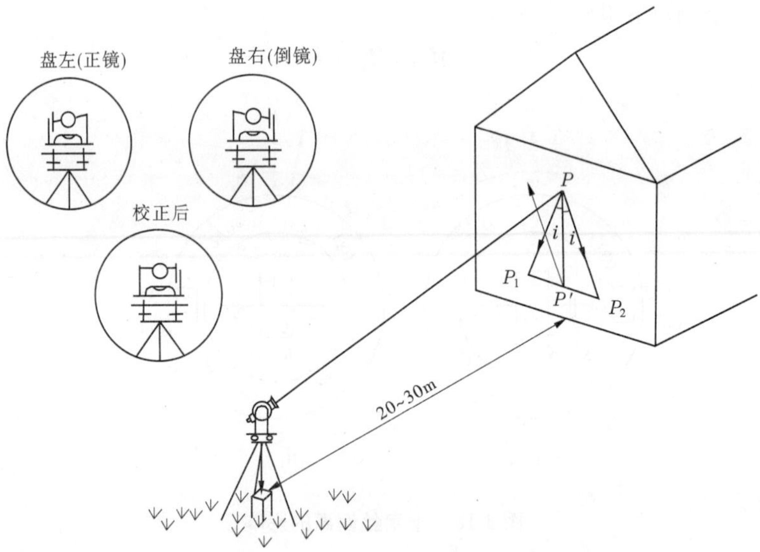

图 3-19　横轴垂直于竖轴的检验

(一)检验

在距离墙壁 20 ~ 30 m 处安置仪器,如图 3-19 所示,整平后,用盘左位置照准墙上高处一点 P,将水平制动螺旋制动,下转望远镜使其大致水平,标出十字丝交点位置 P_1,然后利用盘右位置,重复上述操作得交点 P_2,如果 P_1 与 P_2 点重合或位于同一铅垂线上,说明此项条件满足,否则就需要校正。

(二)校正

由于望远镜绕横轴旋转,当仪器的横轴与竖轴不垂直时,盘左、盘右位置所扫的视准面各向相反方向偏转一个角度 i(见图 3-19),所以 P_1、P_2 连线的中点 P' 与 P 点位于同一铅垂线上。

校正时,利用盘右位置,将十字丝交点对准 P' 点,抬高物镜到 P 点同高处,此时,十字丝交点必偏离 P 点,打开经纬仪右支架上的外护盖,可以看到固定望远镜横轴的偏心瓦装置。如图 3-20 所示,放

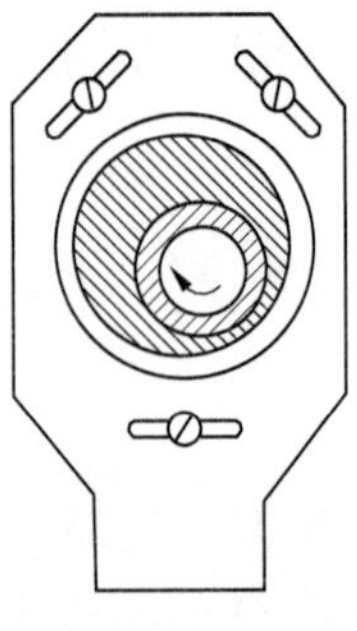

图 3-20　偏心瓦装置

松固定偏心瓦的螺丝，转动偏心瓦，使横轴上升或下降，十字丝交点对准 P 点即可。这项校正工作比较困难，一般应由专业人员来进行。

五、竖盘指标差的检验与校正

望远镜视线水平，竖盘指标水准管气泡居中时，如果指标线所指的读数比始读数（90°或 270°）略大或略小一个 x 值，则该值称为竖盘指标差，如图 3-21 所示。

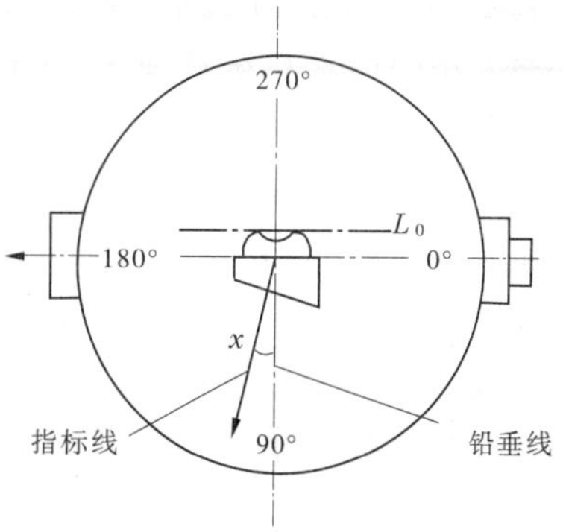

图 3-21　竖盘指标差

竖盘指标差是由于指标线位置不正确造成的，图 3-22(a) 盘左位置时，指标线所指读数比始读数（90°）大了一个 x 值，观测的竖直角必然小了 x 值，而盘右位置观测竖直角则大了一个 x 值，如图 3-22(b) 所示，即

盘左时　$\alpha = \alpha_{左} + x = 90° - L + x$　　(a)

盘右时　$\alpha = \alpha_{右} - x = R - 270° - x$　　(b)

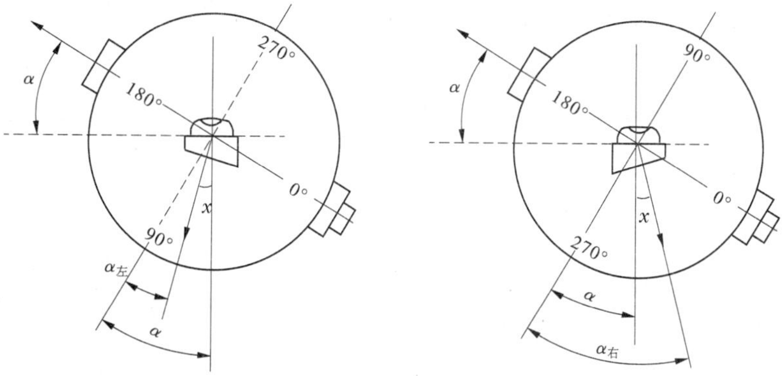

图 3-22　竖盘指标差对读数的影响

由式(a)＋式(b)得

$$\alpha = \frac{1}{2}(\alpha_{左} + \alpha_{右}) = \frac{1}{2}(R - L - 180°) \tag{3-8}$$

由式(a)－式(b)得

$$x = \frac{1}{2}(\alpha_{右} - \alpha_{左}) = \frac{1}{2}(R + L - 360°) \tag{3-9}$$

由公式(3-8)可知，采用盘左、盘右位置观测竖直角取其平均值作为最后结果，可以消除竖盘指标差的影响。

（一）检验

安置仪器、整平后，选择与仪器同高度的目标，用盘左、盘右观测同一目标点，分别在竖盘指标水准管气泡居中时，读取盘左、盘右读数 L 和 R。按式(3-9)计算指标差值，若

$|x| > 1'$，则需校正。

（二）校正

根据公式（3-8）计算出正确的竖直角 α 。在不改变盘右位置照准目标情况下，求得盘右位置的正确读数 $R = \alpha + 270°$，转动竖盘指标水准管微动螺旋，使指标线指向正确读数 R 处，此时竖盘指标水准管气泡偏向一侧，打开竖盘指标水准管一端的护盖，如图 3-23 所示，水准管一端由四个校正螺丝固定。首先放松左右两个校正螺丝，然后通过上下两个校正螺丝使竖盘指标水准管气泡居中，然后固定左右校正螺丝即可。

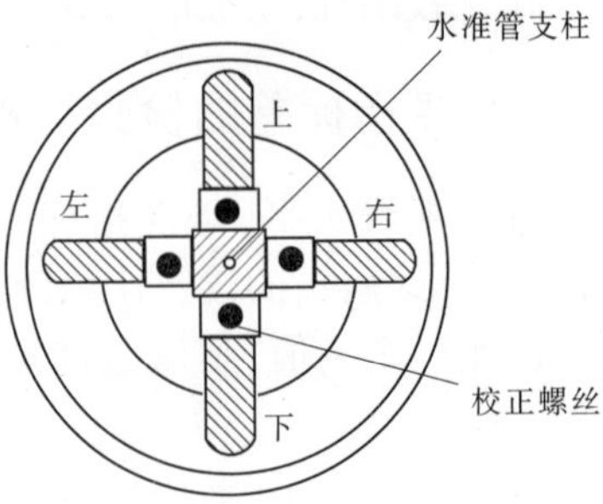

图 3-23　竖盘指标水准管校正螺丝

如果仪器未经校正或仍有残余误差，可根据公式（3-9）计算 x 值，盘左时，竖直角 $\alpha = \alpha_{左} + x$，盘右时 $\alpha = \alpha_{右} - x$，得出正确的竖直角值。

对于竖盘指标自动补偿的经纬仪，若经检验指标差超限，应送检修部门进行检校。

第六节　角度测量中的误差分析与注意事项

角度测量中仪器的误差、各作业环节以及外界环境产生的误差对观测精度会产生影响。为了获得符合要求的角度测量成果，应分析误差产生的原因，采取相应的措施，消除误差或将其控制在允许的范围内。

一、仪器误差

仪器误差来源有以下两个方面。

（一）仪器加工制造不完善所产生的误差

由于仪器加工制造不完善在角度测量中会产生误差。例如：照准部旋转轴中心与水平度盘中心不重合，会产生照准部偏心误差；度盘刻划不均匀，采用度盘的不同位置观测同一个角度，其结果不相同，等等。这些误差不能用检验校正的方法减小其影响，只能采用适当的观测方法来消减其影响。例如度盘刻划不均匀，可采用度盘不同位置观测取其平均值加以消减，而采用盘左、盘右两个位置观测，取其平均值作为结果可以消除照准部偏心误差。

（二）仪器校正不完善所引起的误差

经纬仪虽经校正，但不可能校正得十分完善，仍有残余误差，使得观测结果存在误差。这些误差部分是可以消除和避免的。例如，采用盘左、盘右两个位置观测，取其平均值作为结果，可以消除视准轴不垂直于横轴、横轴不垂直于竖轴、竖盘指标差的影响等。

二、观测误差

（一）对中误差对测角的影响

在观测水平角时，如果对中有误差，测量的结果比实际值偏大或偏小，如图 3-24 所示，当对中偏内，则所测角度偏大；当对中偏外，所测角度偏小。误差的大小与偏心距 e_1、e_2 有关，与测站点 O 到目标 A、B 距离有关，与偏心方向和观测方向的夹角 θ 有关。

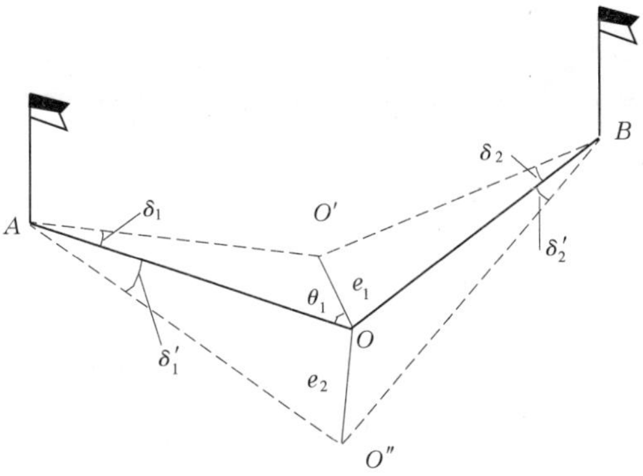

图 3-24　对中误差的影响

例如，在图 3-24 中，对中偏于 O' 点，偏心距 $e_1 = OO' = 1$ cm，$\theta_1 = 60°$，$OA = 100$ m，$OB = 120$ m。$\beta = \angle AO'B = 130°$时，测角误差为

$$\delta_1 = \frac{e_1 \sin\theta_1}{D_{OA}} \cdot \rho'' = \frac{0.01 \times \sin60°}{100} \times 206\ 265'' \approx 18''$$

$$\delta_2 = \frac{e_1 \sin(\beta - \theta_1)}{D_{OB}} \cdot \rho'' = \frac{0.01 \times \sin70°}{120} \times 206\ 265'' \approx 16''$$

由于仪器对中产生误差，对水平角影响为

$$\delta = \delta_1 + \delta_2 = 18'' + 16'' = 34''$$

当 $\beta = 180°$，δ 角值最大

$$\delta = e \cdot \left(\frac{1}{D_{OA}} + \frac{1}{D_{OB}}\right) \cdot \rho''$$

另外，观测目标边长越短，由于对中所引起的角度误差也越大，因此进行短边测角时应特别注意对中。

（二）整平误差对测角的影响

由于整平的误差，使得水平度盘不水平，度盘不水平对测角的影响还取决于度盘的倾斜度和所观测目标的高度，当观测目标与仪器大致等高时，其影响较小，但在山区或丘陵区观测水平角时，该项误差随着两观测目标的高差增大而增大，所以在山区测角应特别注意整平。

（三）目标倾斜误差对测角的影响

在水平角观测中，如果目标倾斜而又瞄准目标的顶部，如图 3-25 所示，由此引起的测角误差为

$$\Delta\beta = \beta_1 - \beta = \frac{d}{D} \cdot \rho''$$

如果 $d = 1$ cm，$D = 50$ m，则

$$\Delta\beta = \frac{d}{D} \cdot \rho'' = \frac{0.01}{50} \times 206\ 265'' = 41''$$

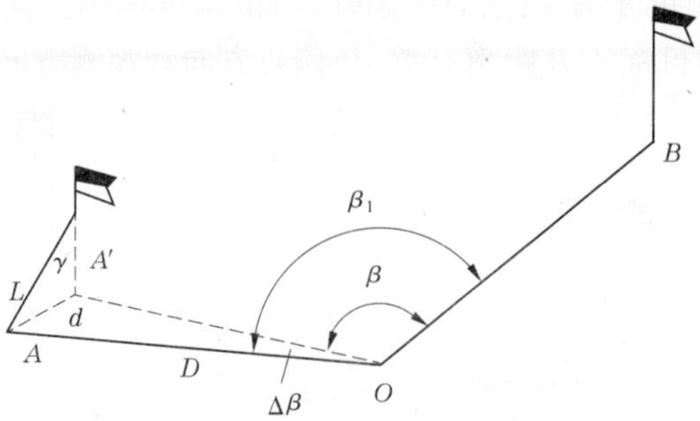

图 3-25　目标倾斜对水平角观测的影响

可见,目标倾斜误差对测角的影响,与目标倾斜的角度 γ、瞄准目标的高度 L 和仪器到目标的距离有关。如图 3-25 即

$$\Delta\beta = \frac{L\sin\gamma}{D} \cdot \rho'' \tag{3-10}$$

例如,如图 3-25 中,花杆长 $L = 2$ m,照准花杆顶端,倾斜角 $\gamma = 0°30'$,距离 $D = 150$ m,则测角误差为

$$\Delta\beta = \frac{L\sin\gamma}{D} \cdot \rho'' = \frac{2 \times \sin 0°30'}{150} \times 206\ 265'' = 24''$$

由此可以看出,目标倾斜误差对测量水平角的影响很大,特别是短边测角影响更大。因此,在水平角观测时,应仔细将标杆竖直,并尽可能瞄准花杆的底部,以减小误差。

(四)照准误差的影响

照准误差与人眼的分辨能力和望远镜的放大倍率有关。一般认为人眼的分辨率为 60″,即两点对人眼构成的视角小于 60″时,不能分辨出而只能看成一点。若考虑放大率为 V 倍的望远镜,则照准误差为 $60''/V$。DJ_6 型经纬仪的放大率一般为 28 倍,故照准误差大约为 ±2.1″。在观测过程中,观测员操作不正确或视差没有消除,都会产生较大的照准误差。因此,在观测时应仔细做好调焦和照准工作。

(五)读数误差的影响

读数误差主要取决于仪器读数系统的精度。人为因素主要有读数显微镜视差的影响、读数窗的亮度和估读误差。对于 DJ_6 型经纬仪,读数误差为分微尺最小分划 1′的 1/10,即为 ±6″。

三、外界条件的影响

角度测量一般在野外进行,外界各种条件的变化都会对观测精度产生影响。例如,由于地面松软使得仪器安置不稳定;阳光的直射影响仪器的整平;望远镜视线通过大气层时受到地面辐射热和水分蒸腾的影响而出现物像跳动,等等。这些都直接影响角度观测的精度。因此,在精度要求较高的角度观测中,应避开不利条件,使得外界条件的影响降低到最小的程度。

通过以上的分析和讨论,使我们进一步认识到,虽然仪器本身可能有一些缺陷,以及外界条件或其他因素的影响,会使测量成果受到影响,但只要我们能掌握误差产生的原因及其影响测量成果的关系，就可以在测量工作中加以注意，或通过一定的观测方法和计算方法，减少和消除测量误差的影响，从而保证测量成果的精度。

第七节　电子经纬仪

近几年来电子经纬仪发展迅猛，它的出现标志着经纬仪发展到了一个新阶段，并为测量工作自动化创造了有利的条件。电子经纬仪测角精度高，能自动显示角度值，与光电测距仪和数字记录器结合可组成电子速测仪，能自动记录、计算和存储数据。再配以适当的接口还可以把野外采集的数据输入计算机进行计算和绘图。

电子经纬仪具有与光学经纬仪类似的结构特征，测角的方法、步骤与光学经纬仪基本相似，最主要的不同点在于读数系统。电子经纬仪采用的光电测角方法有三类：编码度盘测角、光栅度盘测角及近年来出现的动态测角系统。动态测角系统是一种较好的测角系统。

一、编码度盘及其测角原理

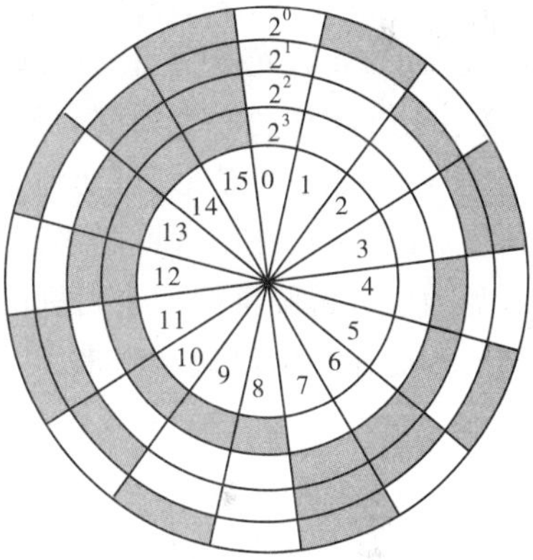

图 3-26　编码度盘

如图 3-26 所示，编码度盘就是在光学圆盘上刻制多道同心圆环，每一个同心环称为一个码道。图中表示的是一个 4 个码道的纯二进制圆盘，分别以 2^0、2^1、2^2、2^3 表示，度盘按码道数 n 等分为 $2n$ 个码区，共 16 个码区，度盘的分辨率为 $2\pi/2^n = 22.5°$。为确定各个码区在度盘上的绝对位置，将码道由内向外按码区赋予二进制代码。16 个码区的代码为 0000 ~ 1111 四个二进制的全组合，且每个代码表示不同的方向制。编码度盘各码区中有黑色和白色空隙，分别属于不透光和透光区。在编码度盘的一侧安有电源，另一侧直接对着光源安有光传感器，电子测角就是通过光传感器来识别和获取度盘位置信息的。当光线通过度盘的透光区并被光传感器接收时表示逻辑 0，当光线被挡住而没有被光传感器接收时表示逻辑 1，因此当望远镜照准某一方向时，度盘位置信息通过各码道的传感器，再经光电转换后以电信号输出，这样就获得了一组二进制代码。当望远镜照准另一方向时，又获得另一组二进制代码。有了两组方向代码，就得到了两方向间的夹角。

为了提高编码度盘的分辨率，应该增加码道的数目。但是仅靠增加码道数来提高编码度盘的分辨率是比较困难的，而且当码道数增多时，纯二进制编码度盘将暴露出一个缺点，就是某些相邻方向的代码需要在几个码道上同时进行透光区和不透光的过渡转换，如果光传感元器件中光电晶体管的排列不十分严格地通过度盘中心的直线上时，就会降低观测成果的可靠性。由于这些原因，实用中的度盘编码是经过改进后的二进制编码，称为循环码，因为这种编码是葛莱（Cray）等人发明创造的，所以又称为葛莱编码。在葛莱编码中，任何相邻读数只有一位代码发生变化，因此观测结果不会产生太大的错误。

二、光栅度盘及其测角原理

如图 3-27(a)所示,在玻璃圆盘上,按一定密度、径向均匀地交替刻划透明与不透明的辐射状条纹,条纹与间隙的宽度均为 a。这就构成了光栅度盘。如果将两块密度相同的光栅重叠,并使其刻线相互倾斜一个很小的角度 θ,就会出现明暗相间的条纹,这种条纹称为莫尔条纹,如图 3-27(b)所示。莫尔条纹的特性是:两光栅间的倾角 θ 越小,相邻明暗条纹间的间距 ω(简称纹距)就越大。其关系为

$$\omega = \frac{d}{\theta}\rho' \tag{3-11}$$

式中 θ 的单位为('),$\rho' = 3\,428'$,由上式可见,莫尔条纹的纹距比栅距放大了 $1/\theta$ 倍,例如,$\theta = 20'$时,$\omega = 172d$,即纹距比栅距放大了 172 倍。这样,就可以对纹距进一步细分,以达到提高精确测角的目的。

如图 3-27(a)所示,光栅度盘的下面放置发光二极管,上面是一个与光栅度盘形成莫尔条纹的指示光栅,指示光栅的上面是光电接收器。发光二极管、指示光栅和光电接收器的位置固定不动,光栅度盘随望远镜一起转动。根据莫尔条纹的特性,度盘每转动一个光栅,莫尔条纹就移动一个周期。随着莫尔条纹的移动,发光二极管将产生按正弦规律变化的电信号,将此信号整形,可变为矩形脉冲信号,对矩形脉冲信号计数即可求得度盘旋转的角度。测角时,在望远镜瞄准起始方向后,可使仪器中心的计数器为 0°(度盘置零)。在度盘随望远镜瞄准第二个目标的过程中,对产生的脉冲进行计数,并通过译码器化算为度、分、秒送显示窗口显示出来。

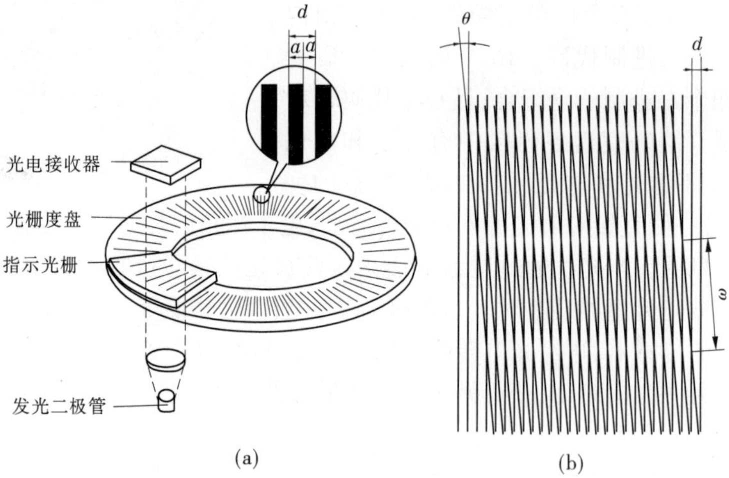

图 3-27　光栅度盘测角原理

三、动态测角原理

图 3-28 为 Wild 厂生产的 T2000 电子经纬仪的外形,图 3-29 为其测角原理示意图。测角时度盘由马达带动的额定转速不断旋转,而后由光栅扫描产生电信号取得角值。度

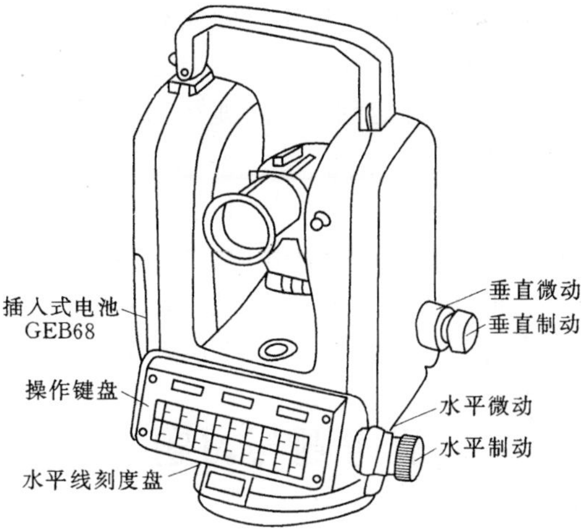

图 3-28　T2000 电子经纬仪

盘刻有 1 024 个分划,每个分划间隔为 φ_0,内含有一条黑色反射线和一个白色空隙,相当于不透光与透光区。盘上装有两个指示光栅,L_S 为固定光栅,安置在度盘的外缘,相当于光学经纬仪度盘的零位, L_R 为可动光栅,随照准部转动,安置在度盘的内缘。φ 表示望远镜照准某方向后 L_S 和 L_R 之间角度,计取通过两指示光栅间的分划信息,即可求得角值。

由图 3-29 可知 $\varphi = n\varphi_0 + \Delta\varphi$,即 φ 角等于 n 个整分划间隔 φ_0 和不足整分划间隔 $\Delta\varphi$ 之和。它是通过测定光电扫描的脉冲信息 $nT_0 + \Delta T = T$,分别由粗测和精测同时获得。

粗测:测定通过 L_S 和 L_R 给出的脉冲计数(nT)求得 φ_0 的个数 n。在度盘径向的外、内缘上设有两个标记 a 和 b,度盘旋转时,从标记 a 通过 L_S 时,计数器开始计取整分划间隔 φ_0 的个数,当 b 标记通过 L_R 时计数器停止计数,此时计数器所得到数值即为 n。

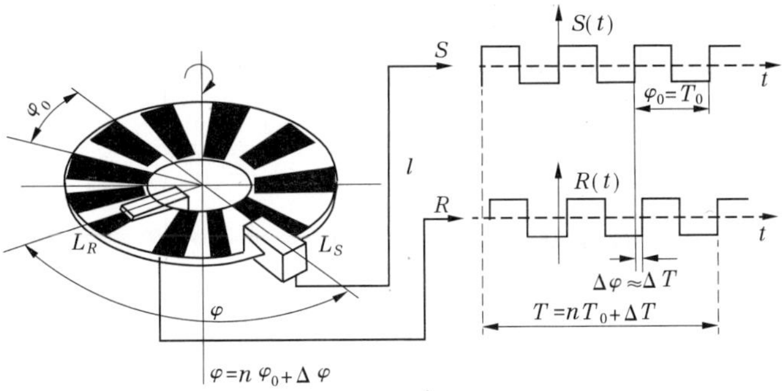

图 3-29　动态测角原理

精测:即测量 $\Delta\varphi$。由通过光栅 L_S 和 L_R 产生的两个脉冲信号 S 和 R 的相位差 ΔT 求得。精测开始后,当某一分划通过 L_S 时精测计数开始,计取通过的计数脉冲个数,一个脉冲代表一定的角值(例如 2″),而另一分划继而通过 L_R 时停止计数,通过计数器中所计的数值即可求得 $\Delta\varphi$。度盘一周有 1 024 个分划间隔,每一间隔计数一次,则度盘转一周可测得 1 024 个 $\Delta\varphi$,然后取平均值,可求得最后的 $\Delta\varphi$ 值。粗测、精测数据由微处理器进行衔接处理后即得角值。

动态测角是通过操作键盘上的指令,由中央处理器传给角处理器,于是相应的度盘开始转动,达到规定转速就开始进行粗测和精测并做出处理,若满足所有要求,粗测、精测结果就会被合并成完整的观测结果,并送到中央处理器,由液晶显示器显示或按要求储存于数据终端。

为了消除度盘偏心的影响, T2000 度盘对径位置的两端,各安置一个光栅,所以度盘上实际配置两个固定光栅和两个可动光栅,同时从度盘整个圆周上每个间隔获得观测值取平均值。全圆划分如此多的间隔,以便消除度盘刻划误差和度盘偏心差,从而提高了测角精度,水平角和竖直角都可达到一测回的方向中误差在 ±0.5″之内。

思考题与习题

1. 什么叫水平角? 在同一个竖直面内不同高度的点在水平度盘上的读数是否一样?

2. 经纬仪上有哪些制动与微动螺旋? 它们各起什么作用? 如何正确使用制动和微动螺旋?

3. 测水平角时,对中、整平的目的是什么? 是怎样进行的?

4. 用 DJ_6 型光学经纬仪进行测回法测量水平角 β,其观测数据见表 3-5,试计算水平角值,并说明盘左与盘右角值之差是否符合要求。

表 3-5 水平角观测手簿(测回法)

测回	测站	目标	竖盘位置	读数 (° ′ ″)	半测回角值 (° ′ ″)	一测回角值 (° ′ ″)	平均角值 (° ′ ″)	备注
1	O	A	左	00 01 06				
		B		78 49 54				
		A	右	180 01 36				
		B		258 50 06				
2	O	A	左	90 08 12				
		B		168 57 06				
		A	右	270 08 30				
		B		348 57 12				

5. 根据表 3-6 中全圆测回法的观测数据,完成其所有计算工作。

6. 什么叫竖直角? 如何推求竖直角的计算公式?

7. 竖直角的观测数据列于表 3-7,请完成其记录计算。

8. 经纬仪有哪些主要轴线? 各轴线间应满足什么条件?

9. 经纬仪的检验主要有哪几项?

10. 什么是竖盘指标差? 如何检验校正?

表 3-6 水平角观测手簿(全圆观测法)

测回	测站	目标	读数 盘左 (° ′ ″)	读数 盘右 (° ′ ″)	2c (° ′ ″)	平均方向值 $\frac{左+右\pm180°}{2}$ (° ′ ″)	归零后的方向值 (° ′ ″)	各测回归零平均方向值 (° ′ ″)	角值 (° ′ ″)
1	*O*	*A*	00 02 36	180 02 30					
		B	70 23 36	250 23 36					
		C	228 19 24	48 19 36					
		D	254 17 54	74 17 54					
		A	00 02 30	180 02 36					
2	*O*	*A*	90 03 12	270 03 18					
		B	160 24 06	340 23 54					
		C	318 20 00	138 19 54					
		D	344 18 30	164 18 24					
		A	90 03 18	270 03 12					

表 3-7 竖直角观测数据

测站	目标	竖盘位置	竖盘读数 (° ′ ″)	半测回角值 (° ′ ″)	指标差 (° ′ ″)	一测回角值 (° ′ ″)	备注
O	*M*	左	98 41 18				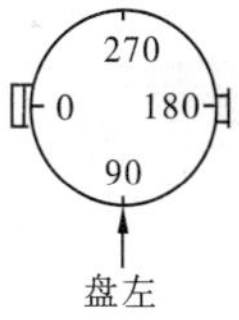
		右	261 18 48				
O	*N*	左	86 16 18				
		右	273 44 00				

11. 分析水平角观测时产生误差的原因？观测时应采取什么措施？

12. 电子经纬仪的测角原理与光学经纬仪的主要区别是什么？

第四章　距离测量

距离测量是确定地面点位的基本测量工作之一。测量工作所测定的距离是指两点间的水平直线距离。距离测量的方法有钢尺量距、视距测量、电磁波测距和 GPS 定位测距等。

第一节　钢尺量距

一、量距工具

(一) 钢尺

钢尺是用钢制成的带状尺,尺的宽度为 10 ~ 15 mm,厚度约为 0. 4 mm,长度有 20 m、30 m、50 m 等几种。钢尺有卷放在圆盘形尺壳内的,也有卷放在金属或塑料尺架上的,如图 4-1 所示。钢尺的基本分划为 mm,在每厘米、每分米及每米处印有数字注记。

根据零点位置不同,钢尺有端点尺和刻线尺两种。端点尺是以尺的最外端作为尺的零点,如图 4-2(a)所示;刻线尺是以尺前端的一条分划线作为尺的零点,如图 4-2(b)所示。

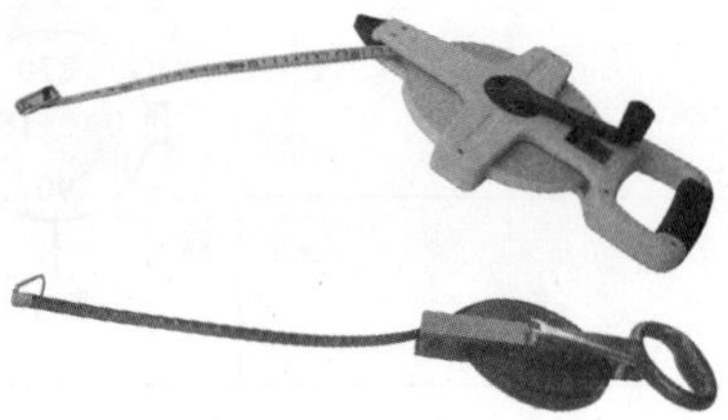

图 4-1　钢尺

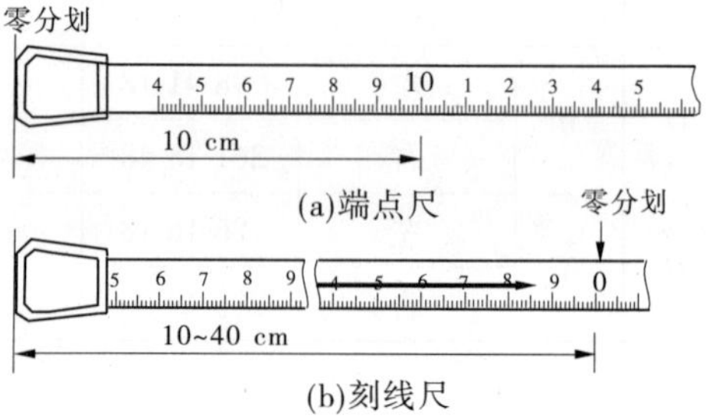

图 4-2　钢尺的分划

(二) 其他辅助工具

量距其他的辅助工具有测钎、标杆、锤球、弹簧秤等,如图 4-3 所示,测钎用于标定尺段,标杆用于直线定线,锤球用于在不平坦地面丈量时将钢尺的读数端点垂直投影到地面。在精密量距时,还需要有弹簧秤、温度计。弹簧秤用于对钢尺施加规定的拉力,温度计用于测定钢尺量距时的温度,以便对钢尺丈量的距离施加温度改正。

二、钢尺量距的一般方法

(一) 直线定线

当两点间的距离超过一个整尺段,或者地面起伏较大,分段测量时,为使距离丈量沿

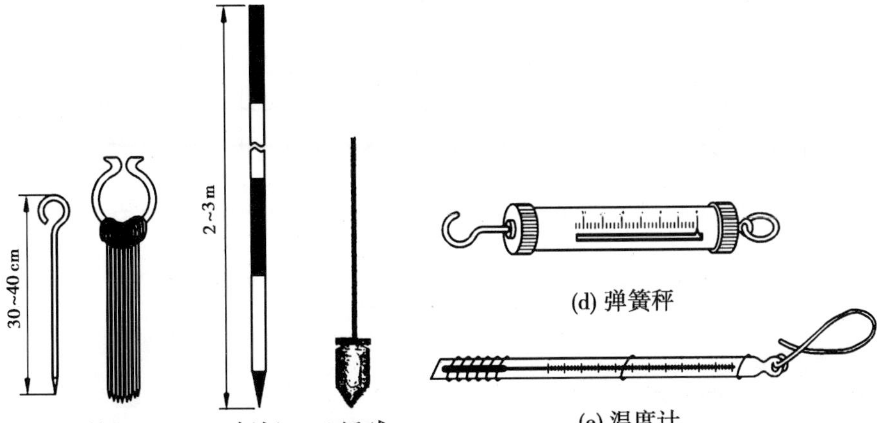

图 4-3　钢尺量距的辅助工具

直线方向进行，需要在两点间的直线上再标定该直线上的一些点位，以便于分段测量的尺段都在这条直线上，这项工作称为直线定线。在用钢尺一般方法量距时采用标杆目估法定线。

1. 两点间通视时的定线

如图 4-4 所示，*A*、*B* 为地面上互相通视的两点，欲测量它们之间的水平距离。首先在 *A*、*B* 两点上各插一根标杆，测量员甲在 *A* 点标杆后 1 ~2 m 处，指挥乙左右移动标杆，直到甲从 *A* 点沿标杆的同一侧看到 *A*、1、*B* 三支标杆成一条线为止。用同样的方法可以确定 2、3 等各点的位置。

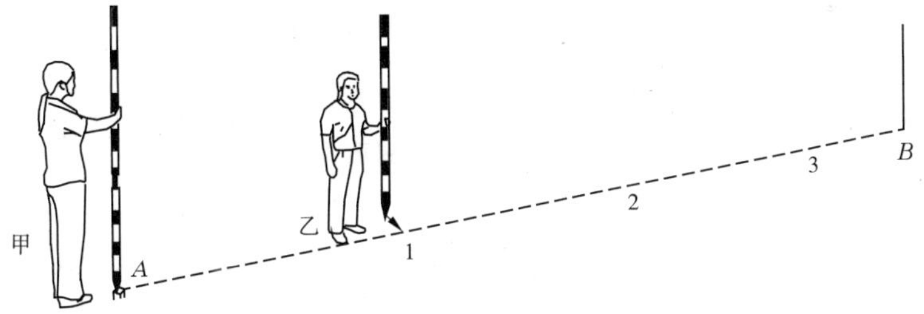

图 4-4　目估定线

2. 两点间不通视及特殊地形的定线

地面上 *A*、*B* 两点不通视(见图 4-5(a))或特殊地形(见图 4-5(b))，要在 *A*、、*B* 直线上定出 *C*、*D* 两点，可采用逐渐接近法定线。

定线时，*A*、*B* 两点各立一支花杆，甲、乙两人各持一支花杆立于 *A*、*B* 两点间，要求甲能看到乙与 *B* 点花杆，乙能看到甲与 *A* 点花杆。首先由甲指挥乙移动，使甲、乙与 *B* 点花杆成一直线，然后由乙指挥甲移动，使乙、甲与 *A* 点花杆成一直线。如此移动下去，直到甲在 *C* 点看到 *C*、*D*、*B* 三杆在同一直线上，而乙在 *D* 处看到 *D*、*C*、*A* 三杆在同一直线上为止。

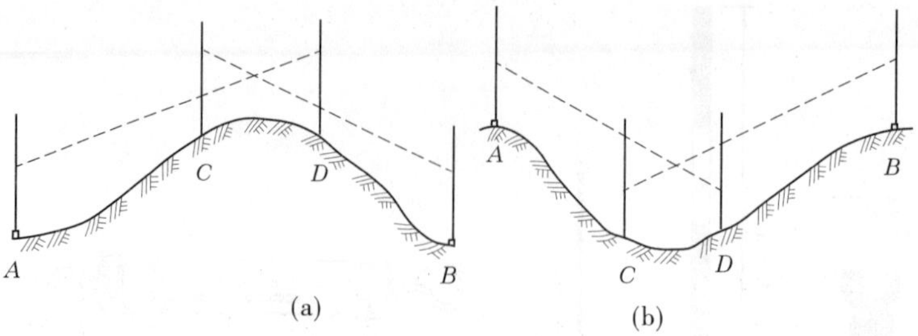

图 4-5　两点不通视时的定线

（二）丈量方法

1. 平坦地面的距离丈量

平坦地区进行距离丈量，先定线后丈量或边定线边丈量均可。如图 4-6 所示，清除待量直线上的障碍物后，在直线两端点 A、B 竖立标杆，甲（后尺手）拿着尺的首端位于 A 点，乙（前尺手）拿着尺末端、花杆及测钎沿 AB 方向前进，当行至一整尺段时停下，将尺放在地面，立好花杆，根据甲的指挥，乙将花杆立于直线 AB 上，两人同时将钢尺拉紧，拉稳，使尺面保持水平，同时将钢尺靠紧花杆同一侧，乙将测钎对准钢尺末端刻划，铅直插入地面，即图中 1 点位置。用同样的方法测量出第二尺段，定出 2 点。再前进时，甲应随手拔起 1 点的测钎。如此继续丈量下去，直到终点 B。最后不足一个整尺段的长度叫余长，直线

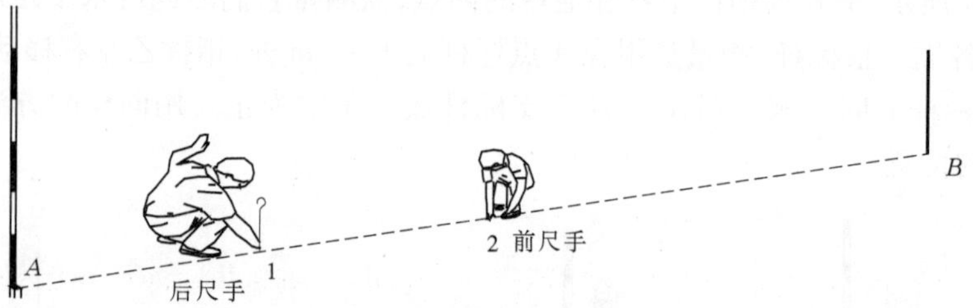

图 4-6　平坦地面的距离丈量

AB 的水平距离可由下式计算：

$$D = nl + q \tag{4-1}$$

式中　n——整尺段数；

l——整尺段长度；

q——不足一整尺的余长。

为了校核距离丈量是否正确和提高距离丈量的精度，对于同一条直线的长度要求至少往、返各测量一次。即由 A 测量至 B，再由 B 测量至 A。由于误差的存在，往测和返测的距离不相等，往、返丈量的距离之差的绝对值与距离的平均值之比，称为距离丈量相对误差，用分子为 1 的分式表示，用来作为评定距离丈量的精度的指标。

$$K = \frac{|D_{AB} - D_{BA}|}{\overline{D}_{AB}} = \frac{1}{N} \tag{4-2}$$

式中　K——相对误差。

平坦地区，钢尺量距的相对误差要求小于 1/3 000，一般地区小于 1/2 000，在量距困

难的山区，相对误差也不应大于1/1 000。如果符合精度要求，就取往、返丈量的平均值作为最后结果。否则应该分析原因，重新丈量。

2. 倾斜地面的距离丈量

倾斜地面距离丈量方法有平量法和斜量法两种。

1）平量法

倾斜地面由于高差较大，整尺法量距有困难，可采用分段丈量。如图4-7(a)所示，在要丈量 AB 两点间根据地面高低变化情况定出1、2等桩。丈量时，由高处向低处方向进行，尺面抬高的一端悬挂锤球线，锤球对准一端桩点，另一端直接对准另一桩上点，两人均匀拉紧使尺面水平，读出该段长度 l_1，如此一段一段丈量各段，则 AB 两点间水平距离为

$$D = l_1 + l_2 + \cdots + l_n \tag{4-3}$$

用这种方法量距时不便返测，可增加一次往测代替返测，并用式(4-2)评定量距精度。

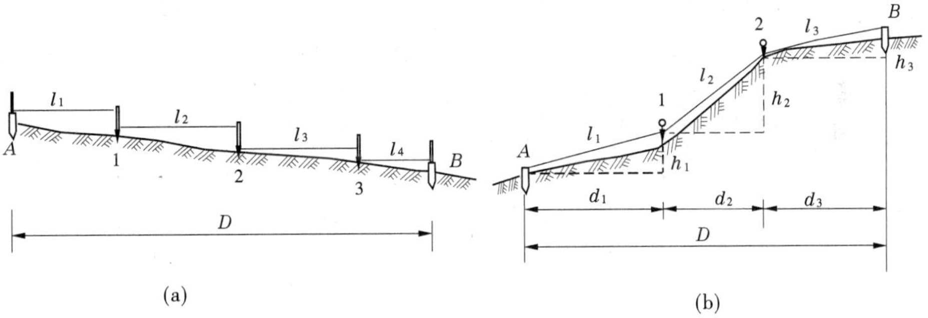

图4-7　倾斜地面的丈量

2）斜量法

当两点间的高差较大时，可通过直线定线，在地面坡度变化处插钎分段，如图4-7(b)所示，测出相邻分段点间的斜距和高差按式(4-4)计算各分段的平距，即

$$d_i = \sqrt{l_i^2 - h_i^2} \quad (i = 1,2,\cdots,n) \tag{4-4}$$

三、钢尺量距的精密方法

距离丈量精度要求达到mm级时，应采用精密量距方法，这时应用经纬仪进行定线，如图4-8所示。设 A、B 两点互相通视，将仪器安置在 A 点，用望远镜纵丝瞄准 B 点，制动照准部，上下转动望远镜，指挥在两点间某一点上的助手，左右移动标杆，直至标杆像为纵

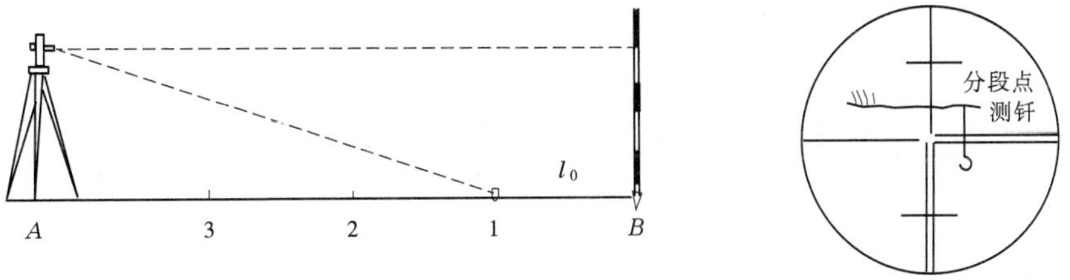

图4-8　仪器定线

丝所平分。为了减小照准误差，仪器定线时，也可以用直径更细的测钎或锤球线代替标杆。

上述方法是在两端点间定线，也可在两点的延长线上定线，方法与上述相同，但应尽量避免两点间距离过短而延长线却很长的情况，这样定线不易精确。

利用水准仪测量木桩间高差以便进行倾斜改正。用检定过的钢尺在相邻两木桩之间进行丈量，且用检定时的标准拉力（用弹簧秤施加以标准拉力，30 m 的钢尺标准拉力一般为 10 kg，50 m 的钢尺标准拉力一般为 15 kg），每段应测量 3 次，3 次尺段长度互差不应超过 2 ~ 5 mm，并记录温度。丈量的距离应进行下列 3 项改正。

（一）尺长改正

钢尺的尺长方程式

$$l_t = l_0 + \Delta l + \alpha(t - t_0) l_0 \tag{4-5}$$

式中 l_t——钢尺在 t 温度时的实际长度；

l_0——钢尺的名义长度；

Δl——整尺段的尺长改正数；

α——钢尺的膨胀系数，其值为（1.16 ~ 1.25）×10^{-5}m/（m·1℃）；

t_0——钢尺检定时的温度，一般为 20℃；

t——丈量距离时钢尺的温度。

丈量时，若一尺段长度为 l，则该尺段的尺长改正数 Δl_l 为

$$\Delta l_l = \frac{\Delta l}{l_0} \cdot l \tag{a}$$

式中 $\Delta l = l' - l_0$，l'为钢尺的实际长度。

（二）温度改正

温度改正公式为

$$\Delta l_t = \alpha \cdot (t - t_0) \cdot l \tag{b}$$

式中 l——一尺段长度；

t——丈量时的温度。

（三）倾斜改正

由图 4-9 得

$$\Delta l_h = D - l$$

在此由勾股定理知：

$$l^2 = D^2 + h^2$$

所以

$$\Delta l_h = -\frac{h^2}{l + D} \approx -\frac{h^2}{2l} \tag{c}$$

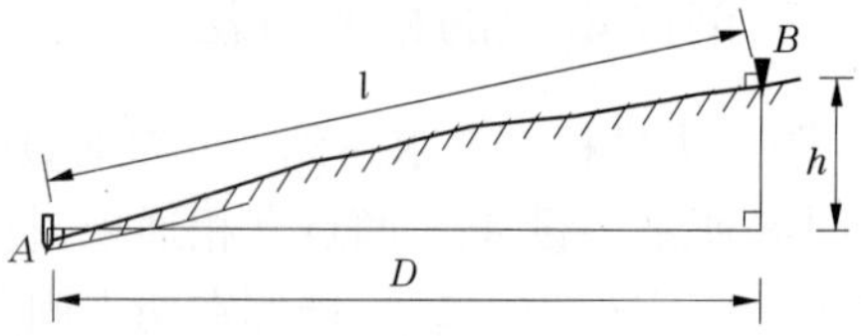

图 4-9 倾斜改正

式中 D——欲求的水平距离。

每个尺段进行以上三项改正后，得改正后的尺段长度（即水平距离 D）

$$D = l + \Delta l_l + \Delta l_t + \Delta l_h \tag{4-6}$$

各尺段改正后长度相加，即得其全长。同样方法分别计算出返测全长，用相对误差进行精度评定，若结果符合钢尺精密量距的限差要求，取平均值作为该距离的最后结果，否

则应重测。

四、钢尺量距的误差分析与注意事项

（一）钢尺量距的误差分析

在量距中产生误差是不可避免的，现分析各项误差对量距的影响，在量距时根据误差的来源和影响采取相应的措施，以尽量减少其影响。

1. 定线误差

丈量时钢尺没有准确地放置在所量距离的直线方向上，使所量距离不是直线而是一组折线，造成丈量结果偏大，这种误差称为定线误差。

2. 尺长误差

如果钢尺的名义长度与实际长度不符，将产生尺长误差。尺长误差是积累的，丈量的距离越长，误差越大。因此，新购置的钢尺应经过检定，测出其尺长改正值。

3. 温度误差

钢尺的长度随温度而变化，当丈量时的温度与钢尺检定时的标准温度不一致时，将产生温度误差。按照钢的膨胀系数计算，温度每变化 1 ℃，丈量距离为 30 m 时对距离的影响为 0. 4 mm。

4. 拉力误差

钢尺在丈量时所受拉力应与检定时的拉力相同。若拉力变化 ±2. 6 kg，尺长将改变 ±1 mm。

5. 钢尺倾斜和垂曲误差

在高低不平的地面上采用钢尺平量法量距时，钢尺不水平或中间下垂而成曲线时，都会使量得的长度比实际长度大。因此，丈量时应注意使钢尺水平，整尺段悬空时，中间应有人托住钢尺，否则将产生垂曲差。

6. 丈量误差

丈量时，在地面上标志尺端点位置处插测钎不准，前、后尺手配合不佳，余长读数不准等，都会引起丈量误差，这种误差对丈量结果的影响可正可负，大小不定。在丈量中应做到对点准确，配合协调。

（二）钢尺量距的注意事项

（1）量距前检验丈量工具，认清尺面零点位置，有的尺零点位置在尺段前端 20 cm 或 10 cm 处。

（2）丈量时定线要准确，拉力要均匀，尺面要水平，对点要准确，测钎要沿尺的同一侧面铅直插入。

（3）读数要仔细，第一次读数前可以预读，记录时应复诵，用铅笔记录，要字迹清晰，记错的应划去，在正上方写上正确的数值，不准涂改，弹簧秤拉紧时要同时读数，因为这时尺会串动，往往读数不在同一时刻，以致产生读数错误。

（4）整尺段丈量，到终点时应校核测钎总数，防止多计或少计整尺段数，野外测量时经常发生漏记尺段的情况。

（5）注意保护钢尺，在丈量中，防止扭折打卷，被车辆碾压。钢尺不允许在地面上拖行。用毕后应及时用软布擦去灰尘，涂上机油，以防生锈。

第二节　视距测量

视距测量是利用望远镜内十字丝分划板上的视距丝在视距尺上进行读数，根据几何光学和三角学原理，同时测定水平距离和高差的一种方法。这种方法具有操作方便、速度快、不受地面高低起伏的限制等优点。虽然精度较低，为 1/300 ~ 1/200，但能满足测定碎部点位置的精度要求，因此被广泛应用于传统白纸测图的碎部测量中。视距测量所用的仪器是经纬仪，工具是视距尺（水准尺）。

一、视距测量原理

由于望远镜视准轴有水平和倾斜两种状态，现分述如下。

（一）视准轴水平时的视距公式

如图 4-10 所示，AB 为待测距离，在 A 点安置经纬仪，B 点竖立视距尺，设望远镜视线水平，瞄准 B 点的视距尺，此时，视线与视距尺垂直。

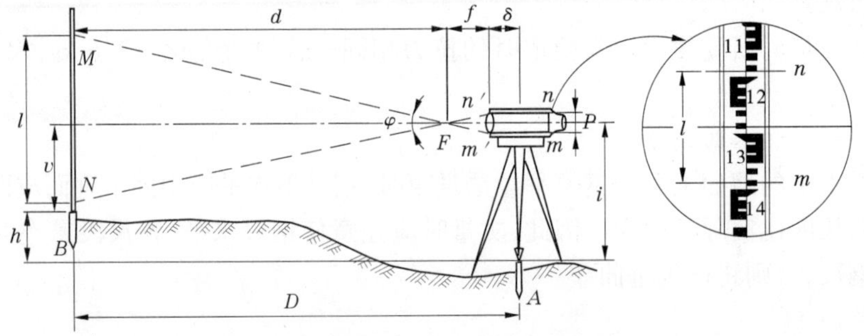

图 4-10　视准轴水平时的视距测量原理图

在图 4-10 中，令 $P=\overline{nm}$ 为望远镜上、下视距丝的间距，$l=\overline{NM}$ 为视距间隔，f 为望远镜物镜的焦距，δ 为物镜中心到仪器中心的距离。

由于望远镜上、下视距丝的间距 P 固定，因此从这两根丝引出去的视线在竖直面内的夹角 φ 也是固定的。设由上、下视距丝 n、m 引出去的视线在标尺上的交点分别为 N、M，则在望远镜视场内可以通过读取交点的读数 N、M 求出视距间隔 l。图 4-10 右图所示的视距间隔为 $l=1.385-1.188=0.197$。

由于 $\triangle n'm'F$ 相似于 $\triangle NMF$，所以有

$$\frac{d}{f}=\frac{l}{p} \tag{a}$$

则

$$d=\frac{f}{p}l \tag{b}$$

由图 4-10 得

$$D = d + f + \delta = \frac{f}{p}l + f + \delta \tag{c}$$

令 $K = \frac{f}{p}$，$C = f + \delta$，则有

$$D = Kl + C \tag{4-7}$$

式中　K、C——视距乘常数和视距加常数。

设计制造仪器时，通常使 $K = 100$，对于内对光望远镜 C 接近于零。因此，视准轴水平时的视距计算公式为

$$D = Kl = 100l \tag{4-8}$$

图 4-10 所示的视距为

$$D = 100 \times 0.197 = 19.7(\text{m})$$

如果再在望远镜中读出中丝读数 v，用小钢尺量出仪器高 i，则 A、B 两点间的高差为

$$h = i - v \tag{4-9}$$

（二）视准轴倾斜时的视距计算公式

如图 4-11 所示，当视准轴倾斜时，由于视线不垂直于视距尺，所以不能直接应用式(4-8)计算视距。由于 φ 角很小，约为 34′，所以有 $\angle MO'M' = \alpha$，也即只要将视距尺绕与望远镜视线的交点 O' 旋转图示的 α 角后就能与视线垂直，并有

$$l' = l\cos\alpha \tag{d}$$

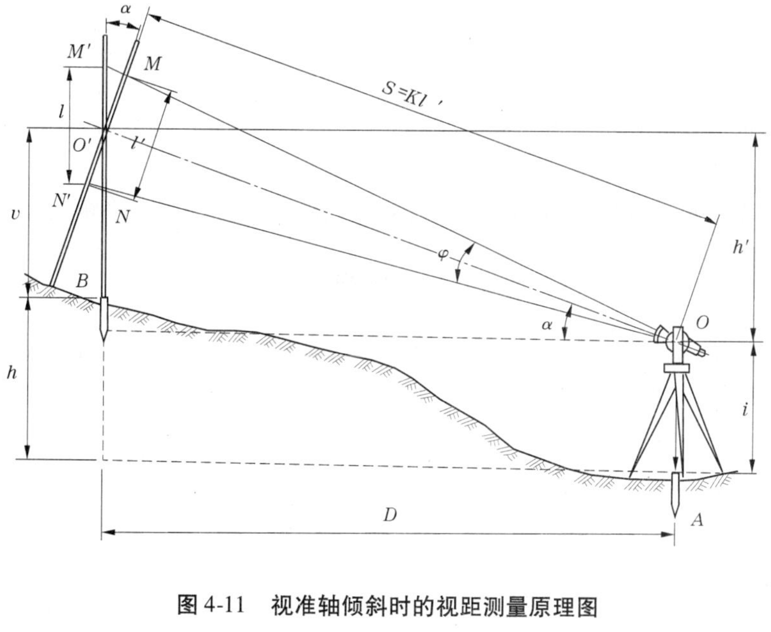

图 4-11　视准轴倾斜时的视距测量原理图

则望远镜旋转中心 O 与视距尺旋转中心 O' 之间的视距为

$$S = Kl' = Kl\cos\alpha \tag{e}$$

由此求得 A、B 两点间的水平距离为

$$D = S\cos\alpha = Kl\cos^2\alpha \tag{4-10}$$

设 A、B 的高差为 h，由图 4-11 容易列出方程

$$h + v = h' + i \tag{f}$$

式中，

$$h' = S\sin\alpha = Kl\cos\alpha\sin\alpha = \frac{1}{2}Kl\sin2\alpha \tag{g}$$

或

$$h' = D\tan\alpha \tag{h}$$

h'称初算高差，将其代入上式，得高差计算公式为

$$h = h' + i - v = \frac{1}{2}Kl\sin2\alpha + i - v = D\tan\alpha + i - v \tag{4-11}$$

【例 4-1】 在 A 点安置经纬仪，B 点竖立标尺，A 点的高程为 $H_A = 128.86$ m，量得仪器高 $i = 1.39$，测得上、中、下丝读数分别为 1.365 m、1.863 m 和 2.361 m，竖盘为顺时针注记盘左观测的竖盘读数为 $L = 86°35'00''$，求 A、B 两点间的水平距离、高差和 B 点高程。

解：

上下丝视距间隔为 $l = 2.361 - 1.365 = 0.996(\text{m})$

竖直角为 $\alpha = 90° - L = 90° - 86°35'00'' = 3°25'$

水平距离为 $D = Kl\cos^2\alpha = 99.25$ m

高差为 $h_{AB} = D\tan\alpha + i - v = +5.45$ m

B 点高程为 $H_B = H_A + h_{AB} = 128.86 + 5.45 = 134.31(\text{m})$

二、视距测量的观测与计算

观测步骤如下：

(1)在 A 点安置经纬仪，进行对中、整平，并量取仪器高 i。

(2)用望远镜瞄准 B 点上的视距尺，读取上丝、中丝和下丝读数，然后用微动螺旋使竖盘指标水准管气泡居中或打开竖盘补偿器，读取竖盘读数 L。

(3)计算视距间隔及竖直角，按照公式(4-10)、式(4-11)计算水平距离和高差。记录和计算列于表 4-1。

表 4-1 视距测量记录表

测站名称<u>A</u>　　测站高程<u>128.86</u>　　仪器高<u>1.39</u>　　仪器<u>DJ_6</u>

测站	下丝读数 上丝读数 (m)	视距间隔 l(m)	中丝读数 v(m)	竖盘读数 (° ′ ″)	竖直角 (° ′ ″)	水平距离 D(m)	高差主值 h'(m)	高差 h(m)	测点高程 H(m)	备注
1	2.361 1.365	0.996	1.863	86 35 00	+3 25 00	99.25	+5.92	+5.45	134.31	盘左观测
2	2.445 1.555	0.890	2.000	95 17 36	−5 17 36	88.24	−8.18	−8.79	120.07	
…	…	…	…	…						

三、视距测量的误差分析

（一）仪器及工具误差

（1）视距尺的分划误差。该误差若系统地增大或减小，视距尺分划误差则对视距测量产生系统性误差。这个误差在仪器常数检测时将会反映在乘常数 K 上。若视距尺分划误差是偶然误差，它对视距测量影响也是偶然性的。视距尺分划误差一般为 ±0.5 mm，引起距离误差为 $m_d = K(\sqrt{2} \times 0.5) = 0.071$ m。

（2）乘常数 K 值的误差。一般视距乘常数 $K = 100$，由于视距丝间隔有误差，视距尺有系统性误差，仪器检定有误差，都会使 K 值不为 100。这将使视距测量产生系统误差。K 值应在 100 ±0.1 之间，否则应该改正。

（二）观测误差

（1）视距丝读数误差。视距丝并非绝对的细丝，其本身有一定的宽度，它掩盖着视距尺格子一部分，以致产生读数误差。一般情况下视距丝读数误差是影响视距测量精度的重要因素，因为视距间隔乘以常数 K，其误差也随之扩大 100 倍，对水平距离和高差影响都较大。它与视距远近成正比，距离越远误差越大，所以在进行视距测量时要认真读取视距间隔，同时根据具体的要求限制最远视距。

（2）竖直角测量误差。从视距测量原理可知，竖直角误差对水平距离影响不显著，而对高差影响较大，故用视距测量方法测定高差时应注意准确测定竖直角。

（3）视距尺倾斜的误差。进行视距测量时，视距尺竖得不垂直，也将使所测得的距离和高差存在误差，其误差随视距尺的倾斜而增加，故测量时应注意将尺竖直。视距标尺上一般装有水准器，立尺者在观测者读数时，应参照尺上的水准器来使标尺竖直及稳定。

（三）外界条件的影响

由于风沙和雾气等原因造成视线不清晰，往往会影响读数的准确性，最好避免在这种天气进行视距测量。另外，从上、下两视距丝出来的视线通过不同密度的空气层将产生垂直折光差，特别是接近地面的光线折射更大，所以视距丝的最小读数应大于 0.3 m。

综上所述，影响视距测量精度的因素很多，表现最大的是用视距丝读取视距间隔误差、视距尺竖立不直的误差和外界条件的影响等三种误差。根据理论和实验资料分析，在良好的外界条件下，普通视距的相对误差为 1/200 ~ 1/300。当条件较差或尺子竖立不直时，甚至只有 1/100 或更低的精度。

第三节　电磁波测距

一、概述

电磁波测距（Electro – Magnetic Distance measuring，简称 EDM）是用电磁波（光波或微波）作为载波传输测距信号，以测量两点间距离的一种方法。按测程可分为短程（小于 5 km）、中程（5 ~ 15 km）和远程（大于 15 km）三类。它具有测距精度高、速度快和不受地形影响等优点，已广泛用在工程测量中。

电磁波测距就本质来说是测定电磁波在待测距离上往、返传播的时间 t，利用已知的电磁波传播速度 c 按下式可获取待测距离值（见图4-12），即

$$D = \frac{1}{2}ct \tag{4-12}$$

光波在测段内传播时间的测定方法，可分为脉冲法和相位法。脉冲式光电测距仪是将发射光波的光强调制成一定频率的尖脉冲，通过测量发射的尖脉冲在待测距离上往返传播的时间来计算距离。由于受到脉冲宽度和电子计数器时间分辨率的限制，脉冲式测距仪的精度不高，一般只能达到1～5 m；相位式光电测距仪则是将发射光波的光强调制成正弦波的形式，通过测量正弦光波在待测距离上往返传播的相位移来解算距离。高精度的测距仪基本上采用这种方式。

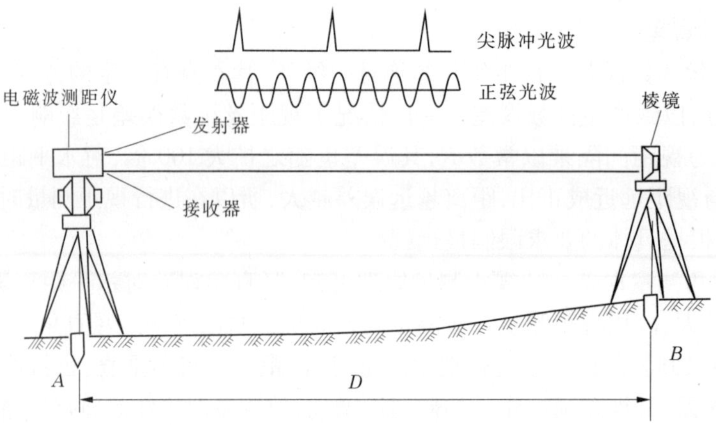

图4-12　电磁波测距

二、相位式测距原理

相位式测距主要由调制器、接收器、相位计、计数显示器等部分组成。其工作原理为：由光源灯（一般采用砷化镓（GaAs）半导体发光二极管作光源发射器）发出的光通过调制器后，成为光强随高频信号呈正弦变化的调制光射向测线另一端的反射镜，经反射镜反射后被接收器接收，再由相位计通过比对得到其相位的位移量，然后根据位移量所对应的距离值由计数器显示器显示出来。

如图4-13所示，设测距仪在 A 点发出的连续调制光，被 B 点反射后，又回到 A 点所经过的时间为 t。如果将光波在测线上按往、返距离展开，显然接收时的相位比发射时相位移延迟了一个 φ 角，设调制光波的频率为 f，则

$$\varphi = 2\pi ft \tag{4-13}$$

把式（4-13）代入式（4-12）得

$$D = \frac{1}{2}c\frac{\varphi}{2\pi f} = \frac{1}{2}\cdot\frac{c}{f}\cdot\frac{\varphi}{2\pi}$$

式中　$\frac{c}{f}$——调制光波的波长，用 λ 表示。

相位移 φ 可以用 N 个整周期和一个不足整周期的相位尾数之和来表示，即 $\varphi =$

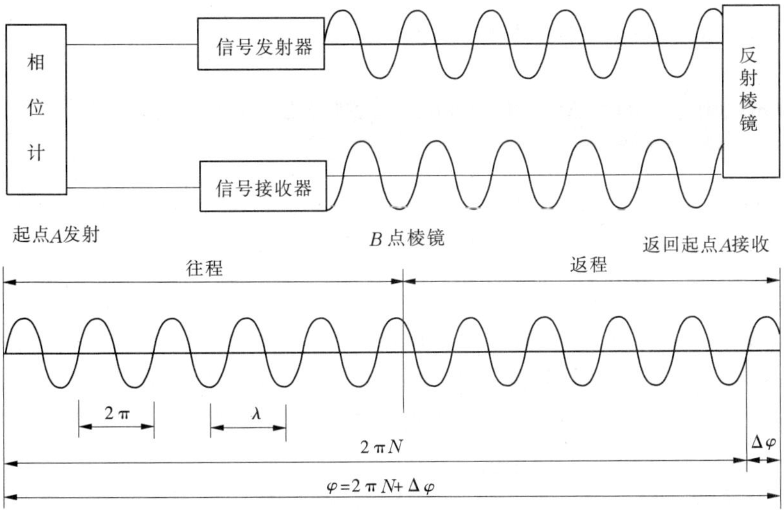

图 4-13　相位法测距

$2\pi N + \Delta\varphi$。

将其代入上式得

$$D = \frac{1}{2} \cdot \lambda \cdot \frac{2\pi N + \Delta\varphi}{2\pi} = \frac{\lambda}{2}(N + \frac{\Delta\varphi}{2\pi}) = \frac{\lambda}{2}(N + \Delta N) \qquad (4\text{-}14)$$

式中，$\Delta N = \frac{\Delta\varphi}{2\pi}$，其中 N 为正整数，ΔN 为小于 1 的小数。

式(4-14)就是相位法测距的基本公式，式中$\frac{\lambda}{2}$称为“光尺”，可看成用尺长为$\frac{\lambda}{2}$的“尺子”进行距离丈量，整尺段为 N，余尺段为 ΔN。

由于测相的相位计只能分辨 0～2π 的相位变化，所以只能测量出不足 2π 的相位尾数 $\Delta\varphi$，即只能测出 ΔN，无法测定 N 值。因此，需在测距仪中设置多个调制频率测同一段距离。例如用调制光的频率为 15 MHz，光尺长度为 10 m 的调制光作为精测尺，用调制光的频率为 150 kHz，光尺长度为 1 000 m 的调制光作为粗测尺。如图 4-14 所示，前者测量相当于 $\Delta\varphi_1$ 的距离，即测量出小于 10 m 的毫米位、厘米位、分米位和米位距离；后者测量相当于 $\Delta\varphi_2$ 的距离，即测量出十米位和百米位距离。两者测得的距离衔接起来，便得到完整的距离。衔接工作由仪器内部的逻辑电路自动完成，并一次显示测距结果。

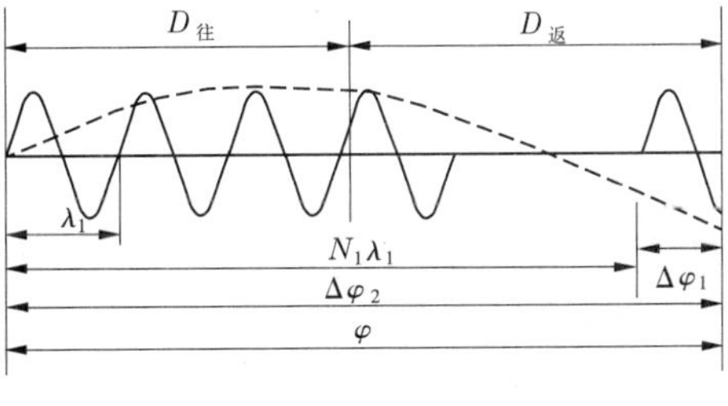

图 4-14　相位式光电测距原理

例如，某测距仪内设二个调制频率，其一为 15 MHz（$\frac{\lambda_1}{2}=10$ m），另一个为 150 kHz（$\frac{\lambda_2}{2}=1\ 000$ m），由$\frac{\lambda_1}{2}$尺测得 $\Delta N_1=0.465\ 6$，由$\frac{\lambda_2}{2}$测得 $\Delta N_2=0.265$，则测线长度 D 为：由$\frac{\lambda_1}{2}$得 $d_1=0.465\ 6\times10=4.656$ m，由$\frac{\lambda_2}{2}$得 $d_2=0.265\times1\ 000=265$ m，最后结果为 269.656 m。

三、测距仪及工具

目前工程上使用的电磁波测距仪一般采用相位式测距方式，产品、型号众多。其中红外测距仪（采用砷化镓（GaAs）发光二极管发出的红外光作为光源）是使用最广泛的测距仪，它具有仪器精巧轻便、测距速度快、功能多和功耗低等特点。

（一）ND3000 红外相位式测距仪

如图 4-15 所示是南方测绘公司生产的 ND3000 红外相位式测距仪，它自带望远镜，望远镜的视准轴、发射光轴和接收光轴同轴，可以安装在光学经纬仪上或电子经纬仪上，见图 4-16。测距时，测距仪瞄准棱镜测距，经纬仪瞄准棱镜测量视线方向的天顶距，通过操作测距仪面板上的键盘，将经纬仪测量出的天顶距输入到测距仪中，可以计算出水平距离和高差。仪器的主要技术参数如下：

（1）红外光源波长：0. 865 m。

（2）测尺长及对应的调制频率。精测尺：10 m，$f_1=14.835\ 546$ MHz；粗测尺 1：1 000 m，$f_2=148.355\ 46$ kHz；粗测尺 2：10 000 m，$f_2=14.835\ 546$ kHz。

（3）测程：2 500 m（单棱镜），3 500 m（三棱镜）

（4）标称精度：$\pm(5\ \text{mm}+3\times10^{-6})$

（5）测量时间：正常测距 3 s，跟踪测距、初始测距 3 s，以后每次测距 0. 8 s。

（6）显示：带有灯光照明的 7 位数字液晶显示，最小显示距离为 1 mm。

（7）供电：6 V 镍镉（NiCd）可充电电池。

（8）气象修正范围：温度 −20 ~ +50 ℃；气压 533 ~ 1 332 MPa（400 ~ 999 mmHg）。

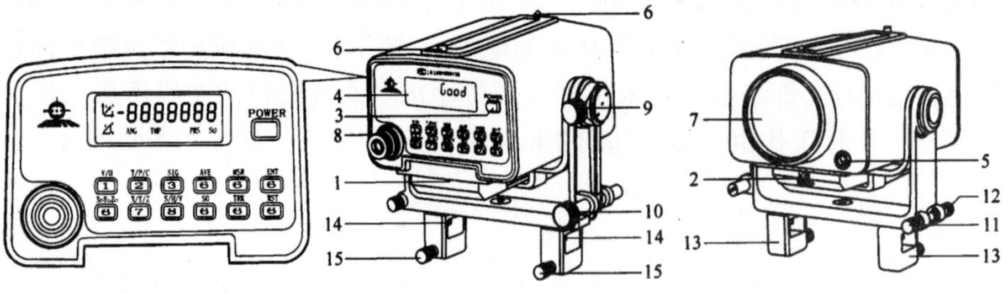

1—电池；2—外接电源插口；3—电源开关；4—显示屏；5—RS − 232C 数据接口；6—粗瞄器；7—望远镜物镜；8—望远镜物镜调焦螺旋；9—垂直制动螺旋；10—垂直微动螺旋；11，12—水平调整螺丝；13—宽度可调连接支架；14—支架宽度调整螺丝；15—连接固定螺丝

图 4-15　ND3000 红外测距仪

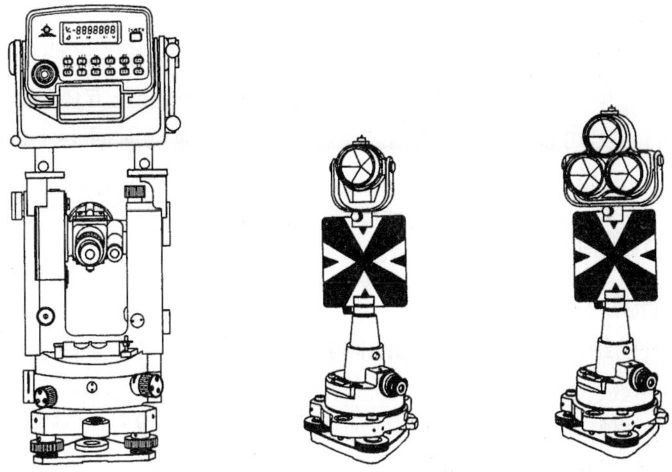

与 TDJ2E 光学经纬仪连续　(b) 单棱镜与基座　(c) 三棱镜与基座

图 4-16　安装在 TDJ2E 光学经纬仪上的 ND3000 及棱镜

(二)手持激光测距仪

在建筑施工与房产测量中,经常需要测量距离、面积和体积,使用手持激光测距仪可以方便、快速地实现。图 4-17 为德国喜利得(HILTL)公司生产的 PD30 手持激光测距仪,仪器的主要技术参数如下。

(1)最大发射功率: <1 MW。

(2)激光:2 级红色可见激光,波长 620 ~ 690 nm。

(3)测量误差:1.5 mm + 20×10^{-6}。

(4)测程:0.5 ~ 200 m;其中干砌石墙面为 70 m,水泥面和砖墙面为 50 m,当测距表面太粗糙无法测距时应使用 PDA50 目标板。

(5)激光束光斑直径:6/30/60 mm(10/50/100 m)。

(6)测量时间:“正常测距/跟踪测距”0.5 s/0.16 s。

(7)电源:一对 2 ×1.5 的 AA 电池可供测量 15 000 次,一对 2 ×1.2 V 的镍氢可充电电池可供测量 8 000 次。

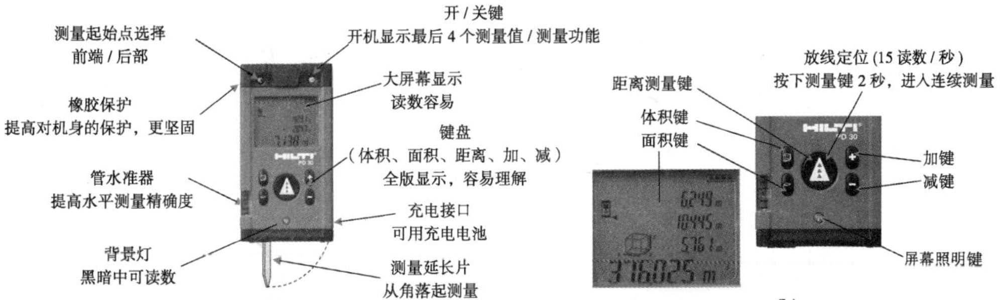

(a)　(b)

图 4-17　喜利得 PD_{30} 手持激光测距仪

（三）反射镜

反射镜（又称棱镜）安置在被测距离的一端，它的作用是将调制光反射回主机，见图4-16（b）、（c）。单个的反射镜为一个直角棱镜，即从一个正方体切下一角而得的部分，这种反射镜的特点是可以将任何方向的入射光线平行地反射回去。近距离测量时，可用一块反射镜，当距离较远时，则要在觇牌上同时安置几块反射镜。

四、距离计算与测距精度

（一）距离计算

测距仪测量的结果是仪器到目标的倾斜距离，要求得水平距离需要进行如下改正。

1. 仪器加常数、乘常数改正

由于仪器的发射和接收等效面与仪器中心不一致，反光镜的等效反射面与反射镜中心也不一致，加上光波在仪器内部光路走过的光程，使测距仪测得的距离，实际上是发光等效面到反光镜等效面的距离。待测距离与实测距离相差一个常数 k 称为仪器加常数。

仪器使用一段时间后，由于晶体老化，光尺的实际频率相对于它的设计频率有偏移，使所测距离中存在随距离变化的系统误差，其比例因子称为仪器乘常数。

仪器的加、乘常数应定期测定，然后预置在仪器里，以便测距时测距仪自动改正所测距离。

2. 气象改正

仪器的光尺长度是在标准气象参数下推算出来的。测距时的气象参数与仪器设置的标准气象参数不一致，使测距值含有系统误差。因此，测距时尚需测定大气的温度（读至1 ℃）和气压（读到Pa），然后利用仪器生产厂家提供的气象改正公式，计算所测距离的气象改正数，例如，DCH－2 红外测距仪的气象改正公式为

$$\Delta D = D(278.699 - \frac{0.387P}{1 + 0.00366t}) \tag{4-15}$$

式中 ΔD——测距时的气象改正数，mm；

D——所测距离的值，km；

P——测距时的气压，Pa；

t——测距时的温度，℃。

目前的测距仪或全站仪都能根据距离测量时通过测定的 t、P 输入仪器中进行自动气象改正。

3. 平距计算

如图4-18 所示，测距仪测得的距离经仪器加、乘常数和气象改正数改正后，是测距仪中心到反射镜中心的斜距 D_s。可用从竖盘上读出的天顶距 Z，依下式计算所测平距 D：

$$D = D_s \sin Z \tag{4-16}$$

此外，测站点与镜站点间的高差 h 可用下式计算：

$$h = h' + i - v = D_s \cos Z + i - v \tag{4-17}$$

式中 h'——初算高差；

i——经纬仪的高度；

v——觇标高度。

测距时，将天顶距 Z 输入仪器，仪器中的微处理机可自动计算 D 和 h'。

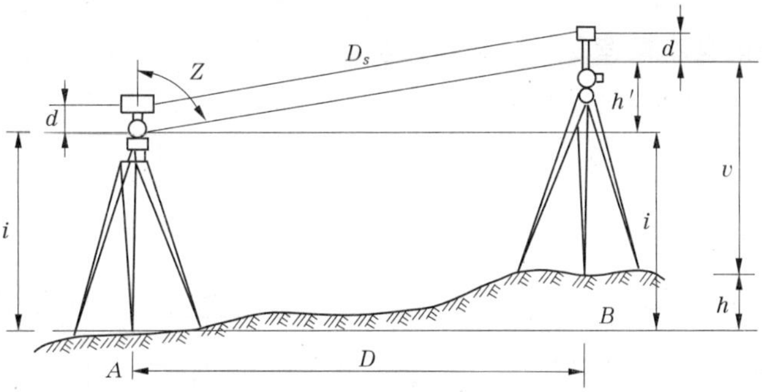

图 4-18　光电测距平距计算

（二）测距精度

电磁波测距精度的表达式通常为

$$m = \pm (a + bD) \tag{4-18}$$

式中　a——测距的非比例误差或固定误差；

b——比例误差；

D——测距长度；

m——测距仪精度（又称标称精度）。

现在普通测距仪或全站仪的测距精度一般能达到 $\pm(2\ \text{mm} + 2 \times D \times 10^{-6})$。

第四节　全站仪及其使用

一、概述

全站仪是由光电测距、电子测角、微处理机及其软件组合而成的智能型测量仪器。由于全站仪一次观测即可获得水平角、竖直角和倾斜距离 3 种基本观测数据，而且借助仪器内的固化软件可以组成多种测量功能（如自动完成平距、高差、镜站点坐标的计算等），并将结果显示在液晶屏上。全站仪还可以实现自动记录、存储、输出测量结果，使测量工作大为简化。目前，全站仪已广泛应用于控制测量、大比例尺数字测图以及各种工程测量中。

全站仪按其结构可分为分体式和整体式两类。分体式全站仪又称为组合式全站仪或半站仪，是全站仪的早期产品，它由电子经纬仪和测距仪组合在一起，进行作业时将测距仪安装在电子经纬仪上，作业结束后卸下来分开装箱；整体式全站仪也称集成式全站仪，是全站仪的现代产品。它由电子经纬仪、光电测距仪和微处理机融为一体，共用一个光学望远镜，仪器各部分构成一个整体，不能分离。这种仪器性能稳定、使用方便。

目前，全站仪的品种越来越多，精度越来越高。常见的全站仪有索佳（SOKKIA）SET 系列、拓普康（TOPCON）GTS700 系列、尼康（NIKON）的 DTM－700 系列、徕卡（LEICA）的 TPS1000 系列、我国的南方等多种品牌。随着电子技术和计算机技术的不断发展与应用，全站仪的智能化程度越来越高,为用户提供了更大的方便。

二、全站仪的基本构造及功能

(一)全站仪的基本构造

图 4-19 所示为全站仪的基本构造,它通过数据采集设备和微处理机的有机结合,实现了既能自动完成数据采集,又能自动处理数据的功能,使整个测量过程有序、快速、准确地进行。

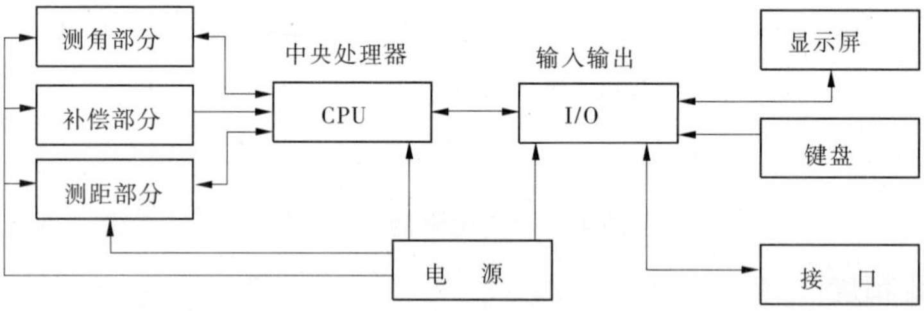

图 4-19　全站仪基本结构框图

(1)数据采集设备。主要有电子测角系统、电子测距系统,还有自动补偿设备等,主要用于测量角度、距离和高差等。

(2)微处理机。微处理机是全站仪的核心装置,主要由中央处理器、随机存储器和只读存储器等构成。测量时,微处理机根据键盘或程序的指令控制各分系统的测量工作,进行必要的逻辑和数据运算以及数字存储、处理、管理、传输、显示等。

(二)全站仪的功能

全站仪所能实现的功能与仪器内部的软件直接相关,可分为基本测量功能和程序测量功能。基本测量功能包括电子测距、电子测角(水平角、垂直角),显示的数据为观测数据。程序测量功能包括水平距离和高差的切换显示、三维坐标测量、对边测量、放样测量、偏心测量、后方交会测量、面积计算等,显示的数据为观测数据经处理后的计算数据。

三、全站仪的使用

(1)全站仪安置。包括对中与整平,方法与经纬仪基本相同。有的全站仪使用激光对中器,操作十分方便。仪器有双轴补偿器,整平后气泡略有偏差,对观测并无影响。

(2)开机和设置。开机后仪器进行自检,自检通过后,显示主菜单。测量前进行相关设置,如各种观测量单位与小数点位数设置、测距常数设置、气象参数设置、标题信息设置、测站信息设置、观测信息设置等。

(3)角度、距离、坐标测量。在标准测量状态下,角度测量模式、斜距测量模式、平距测量模式、坐标测量模式之间可互相切换。全站仪精确照准目标后,通过不同测量模式之间的切换,可得所需的观测值。不同型号的全站仪,其具体操作方法会有较大的差异。下面简要介绍全站仪的基本操作方法。

(一)水平角测量

(1)按角度测量键,使全站仪处于角度测量模式,照准第一个目标 A。

(2)设置 A 方向的水平度盘读数为 $0°00'00''$。

(3)照准第二个目标 B,此时显示的水平度盘读数即为两方向间的水平夹角。

(二)距离测量

(1)设置棱镜常数。测距前需将棱镜常数输入仪器中,仪器会自动对所测距离进行改正。

(2)设置大气改正值或气温、气压值。光在大气中的传播速度会随大气的温度和气压而变化,15 ℃和 760 mmHg 是仪器设置的一个标准值,此时的大气改正为 0×10^{-6}。实测时,可输入温度和气压值,全站仪会自动计算大气改正值(也可直接输入大气改正值),并对测距结果进行改正。

(3)量仪器高、棱镜高并输入全站仪。

(4)距离测量。照准目标棱镜中心,按测距键,距离测量开始,测距完成时显示斜距、平距、高差。

全站仪的测距模式有精测模式、跟踪模式、粗测模式三种。精测模式是最常用的测距模式,测量时间约 2.5 s,最小显示单位 1 mm;跟踪模式,常用于跟踪移动目标或放样时连续测距,最小显示一般为 1 mm,每次测距时间约 0.3 s;粗测模式,测量时间约 0.7 s,最小显示单位 1 cm 或 1 mm。在距离测量或坐标测量时,可按测距模式(MODE)键选择不同的测距模式。

应注意,有些型号的全站仪在距离测量时不能设定仪器高和棱镜高,显示的高差值是全站仪横轴中心与棱镜中心的高差。

(三)坐标测量

(1)设定测站点的三维坐标。

(2)设定后视点的坐标或设定后视方向的水平度盘读数为其方位角。当设定后视点的坐标时,全站仪会自动计算后视方向的方位角,并设定后视方向的水平度盘读数为其方位角。

(3)设置棱镜常数。

(4)设置大气改正值或气温、气压值。

(5)量仪器高、棱镜高并输入全站仪。

(6)照准目标棱镜,按坐标测量键,全站仪开始测距并计算显示测点的三维坐标。

四、南方 NTS－352 全站仪简介

以上对全站仪的结构、功能做了总体介绍。在使用上,不同厂家生产的仪器有着一定的差异,但进行数据采集操作过程大致是相同的。下面以国内的南方测绘仪器公司生产的 NTS－352 型全站仪为例来讲述全站仪的使用。

图 4-20 为南方测绘 NTS－352 型全站仪。仪器带有数字/字母键盘,光栅度盘。单轴补偿。其主要技术参数为:一测回方向观测中误差为 $\pm 2''$;竖盘指标自动归零补偿采用电子液体补偿器,补偿范围为 $\pm 3'$;最大测程为 1.8 km(单棱镜),2.6 km(三块棱镜);测距精度为 $\pm 3\ \text{mm} + 2D \times 10^{-6}$,测量时间:精测单次 3 s,跟踪 1 s;内存可同时存储 3 456 个点的测量数据和坐标数据;仪器采用 6 V 镍氢可充电电池供电,一块充满电的电池可供连续测量 8 h。

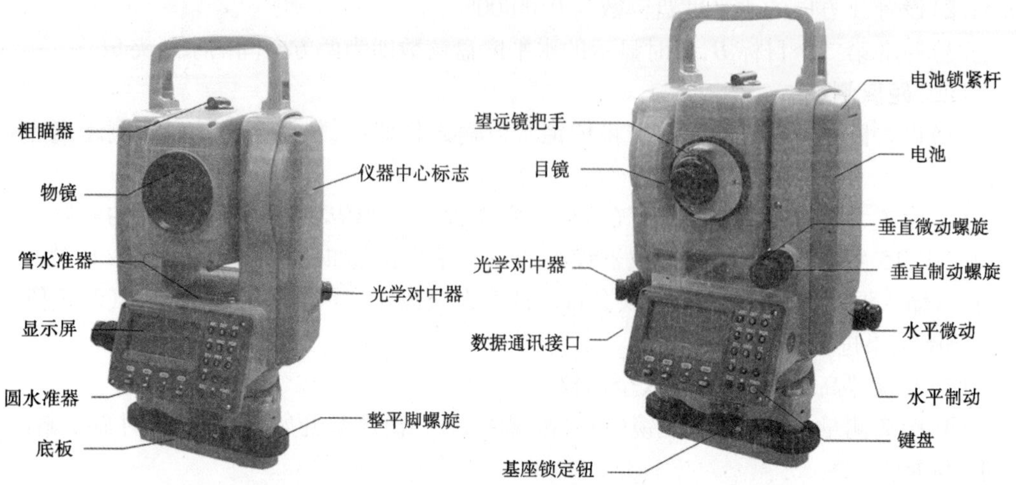

图 4-20　南方 NTS－352 型全站仪

南方 NTS－352 型全站仪专用棱镜系列如图 4-21 所示，棱镜对中杆如图 4-22 所示。

图 4-21　全站仪用棱镜与基座

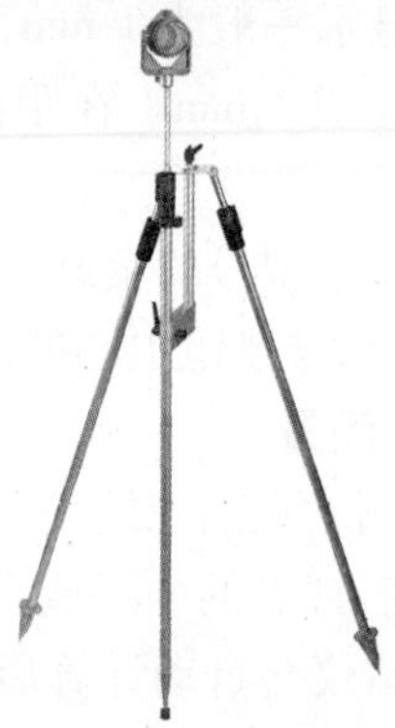

图 4-22　全站仪用棱镜对中杆

(一) NTS－352 型全站仪的基本操作与设置

1. 仪器开箱和存放

开箱：轻轻地放下箱子，让其盖朝上，打开箱子的锁栓，开箱盖，取出仪器。

存放：盖好望远镜镜盖，使照准部的垂直制动手轮和基座的圆水准器朝上将仪器平卧（望远镜物镜端朝下）放入箱中，轻轻旋紧垂直制动手轮，盖好箱盖并关上锁栓。

2. 安置仪器

将仪器安装在三脚架上，精确整平和对中，以保证测量成果的精度，应使用专用的中心连接螺旋的三脚架。对中、整平的操作步骤与光学经纬仪相同。

3. 打开和关闭电源

确认仪器已经整平，按 POWER 键打开电源开关，确认显示窗中有足够的电池电量，当显示“电池电量不足”（电池用完）时，应及时更换电池或对电池进行充电。仪器开机时应确认棱镜常数值（PSM）和大气改正值（PPM），并可通过按 F1（↓）或 F2（↑）键调节对比度，为了在关机后保存设置值，可按 F4（回车）键，旋转望远镜，使视准轴通过水平方向,蜂鸣声响过后进入角度测量模式界面,在开机状态下,按住 POWER 键 3 s 即关机。

特别注意,在进行测量的过程中,千万不能不关机拔下电池,否则测量数据将会丢失。

4. 键盘功能与信息显示

南方 NTS－352 型全站仪的操作界面板与键功能如图 4-23 所示。

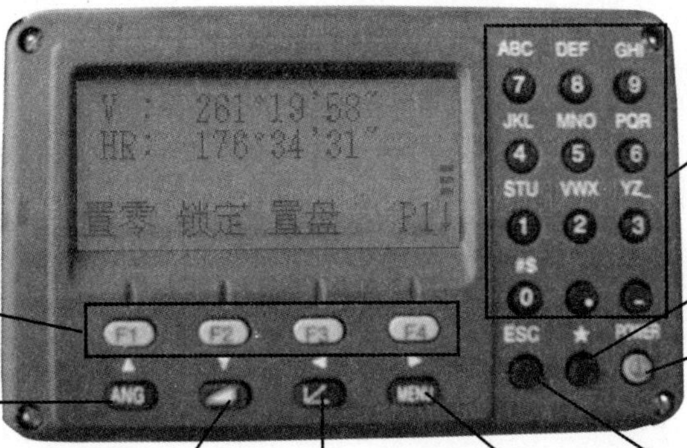

图 4-23　南方 NTS－352 型全站仪的操作界面板与键功能

(1)键盘符号的名称和功能:

ANG——角度测量键,进入角度测量模式;

◢——距离测量键,进入距离测量模式;

↙——坐标测量键,进入坐标测量模式;

MENU——菜单键,进入菜单模式;

ESC——退出键,返回上一级状态或返回测量模式;

POWER——电源开关键,电源开关;

F1 ~ F4——软键(功能键),对应于显示的软键信息;

0 ~ 9——数字键,输入数字和字母、小数点、负号;

★ ——星键,按下星键进入星键主菜单,可以对以下项目进行设置:

对比度调节:按星键后,通过按[▲]或[▼]键,可以调节液晶显示对比度。

照明:按星键后,通过按 F1 选择“照明”,按 F1 或 F2 选择开关背景光。

倾斜:按星键后,通过按 F2 选择“倾斜”,按 F1 或 F2 选择开关倾斜改正。

S/A:按星键后,通过按 F4 选择“S/A”,可以对棱镜常数和温度气压进行设置,并且可以查看回光信号的强弱。

(2)全站仪操作过程中显示符号的含义:

V%——垂直角(坡度显示);HR——水平角(右角);HL——水平角(左角);HD——水平距离;VD——高差;SD——倾斜距离;N——北向坐标;E——东向坐标;Z——高程;*——EDM(电子测距)正在进行;m——以米为单位;ft——以英尺为单位;fi——以英尺

与英寸为单位。

5. 字母数字的输入方法

全站仪中很多操作均需要进行字母数字的输入，如点号名称、仪器高、棱镜高、测站点和后视点等。例如，现要在数据采集模式中，“点号→”条目行输入测站点编码“SOUTHI”，如图 4-24(a)所示；按F1（输入）键，箭头即变成等号（＝），如图 4-24(b)；按F3可以切换到字母输入方式，如图 4-24(c)所示。

注：按F3键可以进行字母与数字的输入切换。

点号→			
标识符:			
仪高:		0.000 m	
输入	查找	记录	测站

(a)

点号 ＝______			
标识符:______			
仪高:		0.000 m	
回退	空格	字母	回车

(b)

点号＝SOUTHI			
标识符 :			
仪高:		0.000 m	
回退	空格	字母	回车

(c)

图 4-24　南方 NTS－352 型全站仪的字母输入过程

具体的输入过程为：

按STU键，显示“S”；

按▶键，光标显示到下一位，连续按三次MNO键，显示“O”；

按▶键，光标显示到下一位，连续按三次STU键，显示“U”；

按▶键，光标显示到下一位，连续按两次STU键，显示“T”；

按▶键，光标显示到下一位，连续按两次GHI键，显示“H”；

按▶键，光标显示到下一位，再按三次GHI键，显示“I”，回车。

注：修改字符，可以按[◀][▶]键将光标移到待修改的字符上，并再次输入。

然后在“数据采集模式”中输入测站仪器高，按[▲][▼]键上下移动箭头行，将→移动到仪高条目，如图 4-25(a)所示，具体的输入过程为：

按F1键进入输入菜单

按1输入“1”；

按 . 输入“. ”；

按 3输入“3 ”，回车。

此时仪高＝ __1.3__ m，仪器高输入为 1.3 m，如图 4-25(b)所示。

点号:	SOUTHI		
标识符 :			
仪高 →	0.000 m		
输入	查找	记录	测站

(a)

点号:	SOUTHI		
标识符 :			
仪高 ＝ 1.3 m			
回退	－－－	－－－	回车

(b)

图 4-25　南方 NTS－352 型全站仪的数字输入过程

（二）南方 NTS－352 型全站仪的菜单基本操作

仪器出厂设置的开机模式为“角度测量”，开机且望远镜视准轴过零后即进入图 4-26 所示的角度测量模式界面。

1. 测角模式

按 ANG 键进入测角模式，它有 P1、P2、P3 三页菜单，按 F4 键翻页，如图 4-26 所示，每一页菜单上所显示的功能需要按它所对应下方的软键来实现。

第一页菜单：

置零——功能为水平角置为 0°0′0″，须操作软键 F1；

锁定——功能为水平角读数锁定，须操作软键 F2；

置盘——功能为通过键盘输入数字设置水平角，须操作软键 F3；

P1↓——功能为显示第二页软键功能，须操作软键 F4。

第二页菜单：

倾斜——设置倾斜改正开或关，若选择开则显示倾斜改正，须操作软键 F1；

V%——功能为垂直角与百分比坡度的切换，须操作软键 F3；

P2↓——功能为显示第三页软键功能，须操作软键 F4。

第三页菜单：

H－蜂鸣——仪器转动至水平角 0°、90°、180°、270°是否蜂鸣的设置，须操作软键 F1；

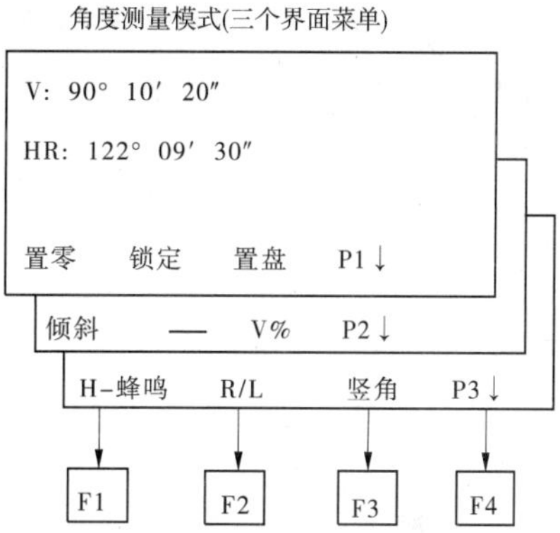

图 4-26　角度测量模式的界面菜单

R/L——功能为水平角右/左计数方向的转换，须操作软键 F2；

竖角——功能为垂直角显示格式（高度角/天顶距）的切换，须操作软键 F3；

P3↓——功能为显示第一页软键功能，须操作软键 F4。

全站仪角度观测的方法步骤与光学经纬仪相同，首先在测站点安置仪器，开机后在测角模式下，将仪器望远镜瞄准第一目标点后进行度盘设置，有三种方式可以设置度盘，分别为：

（1）置零：按 F1 键，度盘设置成 0°0′0″；

（2）锁定：用水平微动螺旋转到所需的水平角，按 F2 键；

（3）置盘：按 F3 键，通过键盘输入所要求的水平角。

然后精确瞄准第二目标点，屏幕上显示即为瞄准的第二目标点的方向角值。

2. 测距模式

按◢键进入测距模式，它有 P1、P2 两页菜单，按 F4 键翻页，如图 4-27 所示，各软键的功能简介如下。

距离测量模式(两个界面菜单)

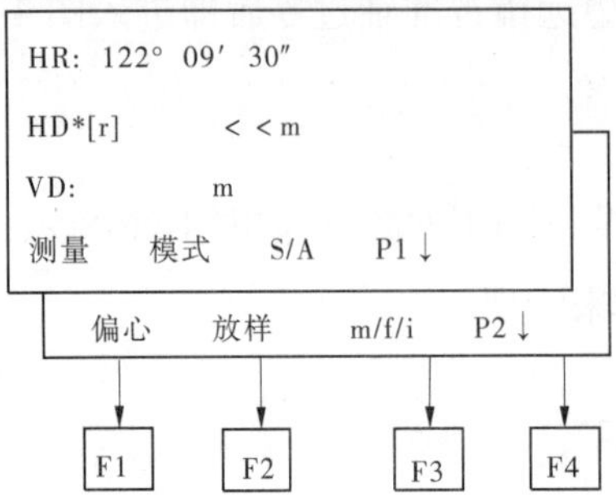

图 4-27 距离测量模式的界面菜单

第一页菜单：

测量——功能为启动距离测量，须操作软键[F1]；

模式——功能为设置测距模式为精测/跟踪，须操作软键[F2]；

S/A——功能为温度、气压、棱镜常数等设置，须操作软键[F3]；

P1↓——功能为显示第二页软键功能，须操作软键[F4]；

第二页菜单：

偏心——功能为偏心测量模式，操作软键[F1]；

放样——功能为距离放样模式，放样平距、高差与斜距，须操作软键[F2]；

m/f/i——功能为距离单位的设置米/英尺/英寸，须操作软键[F3]；

P2↓——功能为显示第一页软键功能，须操作软键[F4]。

在进行距离测量前通常需要确认大气改正的设置和棱镜常数的设置，再进行距离测量。

(1)大气改正的设置：由距离测量模式下按[F3]键，如图 4-28 所示，继续按[F2](PPM)键，显示当前设置值，可以按[F1]键输入大气改正值，按[F4]键确认。

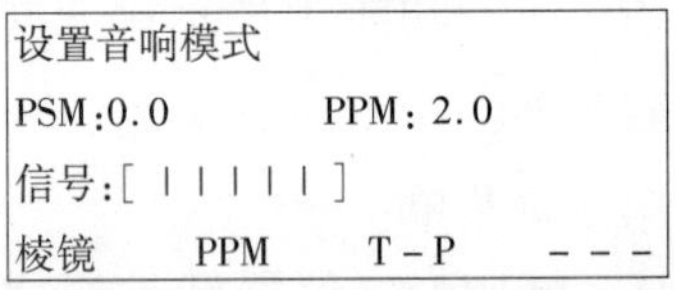

图 4-28 大气改正和棱镜常数设置

(2)反射棱镜常数的设置：南方全站仪的棱镜常数的出场设置为-30，若使用棱镜常数不是-30 的配套棱镜，则必须设置相应的棱镜常数。

在如图 4-28 所示页面状态下，按[F1](棱镜)键，进入棱镜常数设置页面，按[F1]键输入棱镜常数改正值，按[F4]键确认。

安置好仪器，照准棱镜中心，按◢键，距离测量开始，屏幕出现“*”标志，表示测距正在进行。屏幕显示水平角(HR)、平距(HD)和高差(VD)，再次按◢键，显示变为水平角(HR)、垂直角(V)和斜距(SD)。

在距离测量模式下，按[F2](模式)键来进行精测/跟踪模式设置，按[F1](精测)键进行精测，按[F2](跟踪)键进行跟踪测量。

(3)偏心测量模式。菜单当中的偏心测量模式，有角度偏心、距离偏心、平面偏心、圆柱偏心四种方法。下边分别给予简单介绍。

①角度偏心：如图 4-29(a)所示，当目标点 A_0 不便于安置棱镜时，可以在 A_0 点附近的 P 点安置棱镜，要求测站点距两点的水平距离相等，执行角度偏心测量命令，测量 P 点的

距离，然后照准 A_0 点方向，多次按◢键切换，屏幕依次显示测站点至 A_0 点的平距、高差与斜距；按↙键显示 A_0 点的坐标。

②距离偏心。如图 4-29(b)所示，当待测点 P_0 不便于安置棱镜时，可以在 P 点附近的 P_1 点安置棱镜，执行距离偏心测量命令，输入 P_0 点相列于 P_1 点的左右与前后偏距(左右偏距，右偏为正；前后偏距，后偏为正)，然后照准 P_1 点棱镜测量，多次按◢键切换，屏幕依次显示测站点至 P_0 点的平距、高差与斜距；按↙键显示 P_0 点的坐标。

③平面偏心。如图 4-29(c)所示，执行平面偏心测量命令，依次瞄准平面上不在一条直线上的任意三点 P_1、P_2、P_3 测量，然后瞄准 P_0 点，屏幕显示测站点至 P_0 点的平距与高差，多次按◢键切换显示内容；按↙键显示 P_0 点坐标。

④圆柱偏心。如图 4-29(d)所示，设 P_0 点为圆柱的圆心，P_1 点为直线 OP_0 与圆弧的交点，P_2、P_3 点分别为圆直径的左、右端点。执行圆柱偏心测量命令，瞄准 P_1 点测量，再瞄准 P_2，按 F4 键，最后瞄准 P_3，按 F4 键，屏幕显示测站至圆心 P_0 的水平方向值与平距，多次按◢键可以切换显示内容；按↙键显示圆心 P_0 点的坐标。

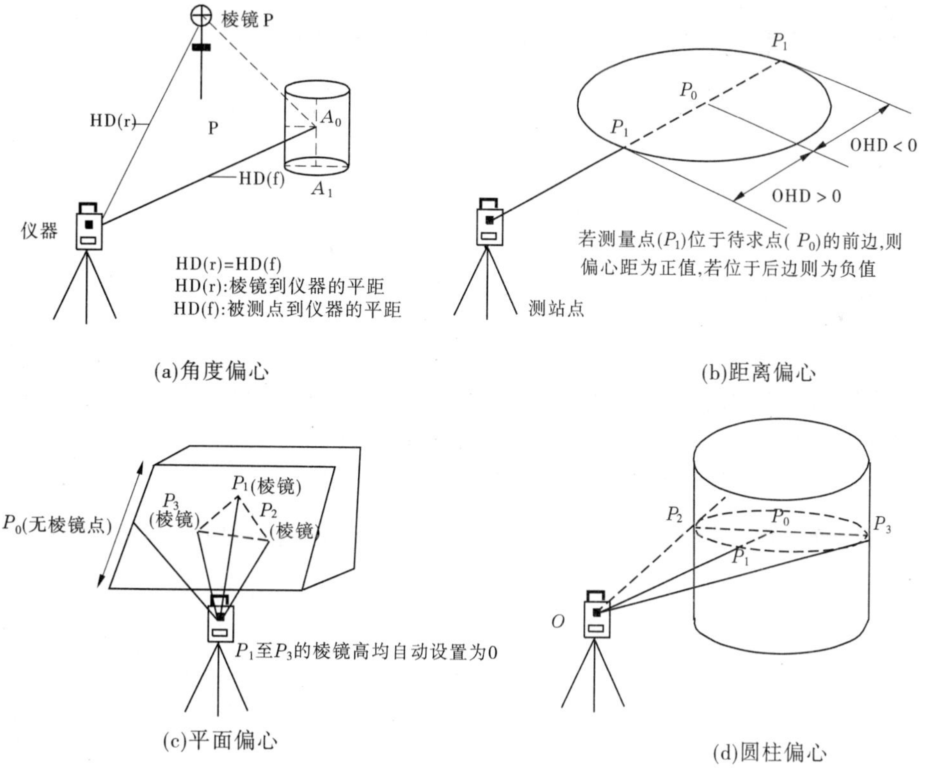

(a)角度偏心　(b)距离偏心　(c)平面偏心　(d)圆柱偏心

图 4-29　偏心测量

3. 坐标模式

按↙键进入坐标模式，它有 P1、P2、P3 三页菜单，按 F4 键翻页，如图 4-30 所示，各软键的功能简介如下。

第一页菜单：

测量——功能为启动测量,须操作软键F1;

模式——功能为设置测距模式为精测/跟踪,须操作软键F2;

S/A——功能为温度、气压、棱镜常数等设置,须操作软键F3;

P1↓——功能为显示第二页软键功能,须操作软键F4。

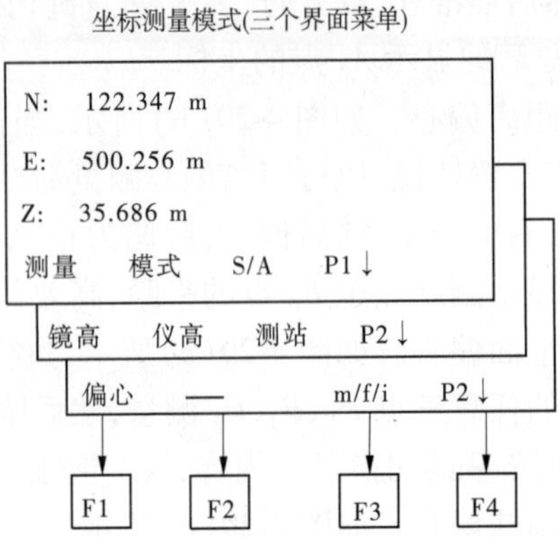

图 4-30 坐标距离测量模式的界面菜单

第二页菜单:

镜高——功能为设置棱镜高度,须操作软键F1;

仪高——功能为设置仪器高度,须操作软键F2;

测站——功能为设置测站坐标,须操作软键F3;

P2↓——功能为显示第三页软键功能,须操作软键F4。

第三页菜单:

偏心——功能为偏心测量模式,操作软键F1;

m/f/i——功能为距离单位的设置米/英尺/英寸,须操作软键F3;

P3↓——功能为显示第1页软键功能,须操作软键F4。

坐标测量在施测前应进行起始方向的设置,可以先在测角模式下,将后视方向水平度盘读数设置为该方向的方位角,在坐标测量模式下执行第二页的"测站"命令,键入测站点的坐标,开始坐标测量。下面来讲述它的操作过程。

首先在测角模式下,设置已知点的方向角,如图 4-31 所示。

然后照准后视点棱镜,按↙键,进入坐标测量模式下,按F4键,转到第二页菜单功能,如图 4-32(a)所示,按F3(测站)键,输入测站的 N、E 和 Z 坐标数据,如图 4-32(b)所示,然后按F4键回车,显示屏返回坐标测量显示。

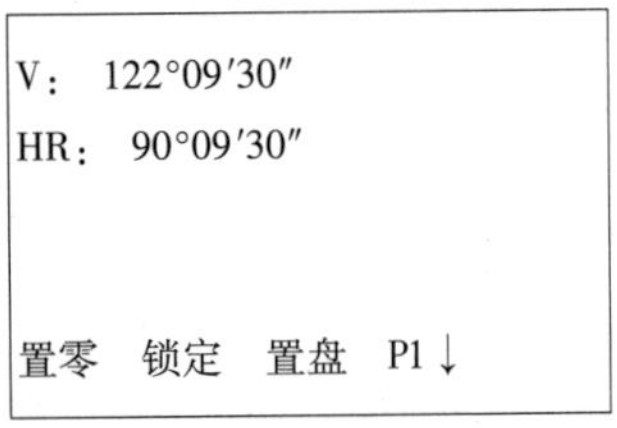

图 4-31 设置已知方向角

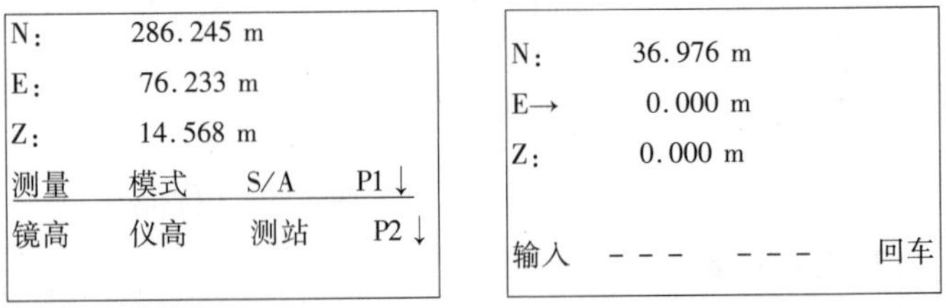

(a) (b)

图 4-32 坐标测量——输入测站点坐标

继续按F4键,再转到第二页菜单功能,按F2(仪高)键,显示当前值,输入仪器高,如

图 4-33(a)所示,然后回车;再转到第二页菜单功能,按 F1 (镜高)键,显示当前值,输入棱镜高,见图 4-33(b);然后回车,显示屏返回坐标测量显示后,瞄准待测目标点,按 F1 键(测量)开始坐标测量,完毕后,瞄准下一个待测目标点继续按 F1 键测量。

仪器高			
输入			
仪高	0.000 m		
输入	---	---	回车

(a)

镜高			
输入			
镜高	0.000 m		
输入	---	---	回车

(b)

图 4-33　坐标测量——输入仪器高和棱镜高

4. 测量程序

"测量程序"菜单下有五个命令,如图 4-34 所示,下面只介绍"对边测量"与"面积测量"命令的操作方法。

程序	1/2
F1: 悬高测量	
F2: 对边测量	
F3: Z 坐标	

(a)

程序	2 / 2
F1: 面积测量	
F2: 点到线测量	
	P1 ↓

(b)

图 4-34　测量程序

(1)对边测量。测量两个目标棱镜之间的水平距离(dHD)、斜距(dSD)、高差(dVD)和水平角(HR)。也可直接输入坐标值或调用坐标数据文件进行计算。必须设置仪器的方向角。

对边测量模式有两个功能。

①MLM－1(A－B,A－C):测量 A－B,A－C,A－D……

②MLM－2(A－B,B－C):测量 A－B,B－C,C－D……

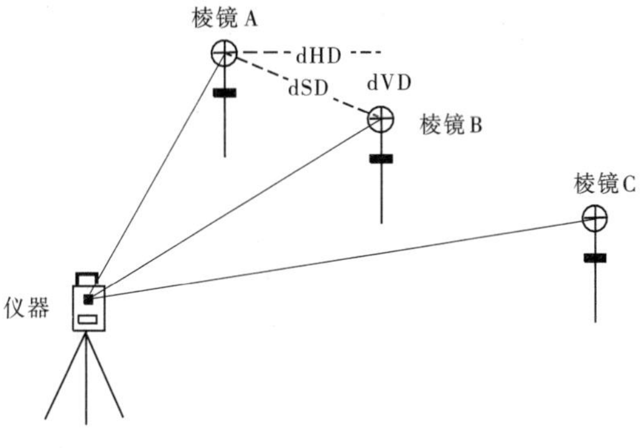

图 4-35　对边测量

按 MENU 键,再按 F4 (P1 ↓),进入程序菜单,按 F2 键执行"对边测量"命令,设置格网因子与选择对边测量模式 MLM1 后进入图 4-36(a)所示的界面。

照准棱镜 A,按 F1 (测量)键显示仪器至棱镜 A 之间的平距(HD),如图 4-36(b)所示。

照准棱镜 B,按 F1 (测量)键显示仪器到棱镜 B 的平距(HD),按 F4 键终止测距,显示棱镜 A 与 B 之间的平距(dHD)和高差(dVD),如图 4-36(c)所示。

按◢键,可显示斜距(dSD)和方位角(HR),如图 4-36(d)所示。

注意,要想使 HR 为方位角,对边测量前应先执行坐标测量并设置好测站点与后视方向。照准目标点 *C*,其后的操作与观测 *B* 点的操作方法相同,可求出 *A* 点至 *C* 点的平距、斜距、高差与方位角。

若要计算两个已知坐标点间的平距、斜距、高差与方位角,可在图 4-36(a)所示的界面下按 F3 键,键入或从文件中调用点的坐标以此代替上述操作中的照准目标测量即可。

MLM －1(A－B, A－C)
<第一步>
HD: m
测量 镜高 坐标 设置

(a)

MLM －1 (A－B,A－C)
<第一步>
HD* 287.882 m
测量 镜高 坐标 设置

(b)

MLM －1(A－B,A－C)
dHD: 21.416 m
dVD: 1.256 m
－－ －－ 平距 －－

(c)

MLM －1 (A－B, A－C)
dSD: 263.376 m
HR : 10°09′30″
－－ －－ 平距 －－

(d)

图 4-36 对边测量的操作过程

(2)面积测量。该模式用于计算闭合图形的面积,面积计算有如下两种方法:

①用坐标数据文件计算面积。

②用测量数据计算面积。

按 MENU 键,再按 F4 (P1↓)显示主菜单 2/3,按 F1 键,进入程序,按 F4 (P1↓)键,按 F1 (面积)键, 进入面积测量界面,如图 4-37(a)所示。

按 F1 (文件数据)键,输入文件名后,按 F4 确认,显示初始面积计算屏,如图 4-37(b)所示。

重复按 F4 (下点)键,设置所需要的点号,当设置 3 个点以上时,这些点所包围的面积就被计算,结果显示在屏幕上,如图 4-37(c)所示。

面积
F1:文件数据
F2:测量

(a)

面积 0000
m. sq
下点:DATA－01
点号 调用 单位 下点

(b)

面积 0000
156.144m. sq
下点:DATA－12
点号 调用 单位 下点

(c)

图 4-37 面积测量的操作过程

进行面积测量应该注意如下事项:如果图形边界线相互交叉,则面积不能正确计算;混合坐标文件数据和测量数据来计算面积是不可能的;面积计算所用的点数是没有限制的;所计算的面积不能超过 200 000m^2 或 2 000 000ft^2。

五、高端全站仪简介

高端全站仪一般是在普通全站仪的基础上,新增了一些更先进与实用的功能。

(一)索佳 SET－3110MV 系列 CCD 摄像自动照准对焦超站仪

图 4-38 所示为索佳 SET－3110MV 全新网络型全站仪。测角精度 ±3″;测距精度为 ±2mm＋$2\times10^{-6}\times D$;测程为 1.6 km(单棱镜)和 80 m(反射片);仪器能自动照准棱镜,自动切换广角/近焦 CCD;测量人员无须通过望远镜观测,只需预先在测量现场放置反射目标,然后在任何地方根据电脑显示的现场摄像图像,随时确认照准情况和测量状态,或直接用鼠标在屏幕上指挥,实现完全的单人放样操作;简便实用、界面友好的测量程序已经被预装入仪器;超大内存可存储约 20 000 点的数据。

(二)拓扑康 GPT－7000i 系列 WinCE 图像全站仪

图 4-39 所示为拓扑康 GPT－7000i 系列 WinCE 图像全站仪,测角精度分别为 ±1″、±2″、±3″和 ±5″;测距精度:±2 mm＋$2\times10^{-6}\times D$(有棱镜),±3 mm＋$2\times10^{-6}\times D$(无棱镜);测距范围:1.5～250 m(免棱镜),3 000 m(单棱镜)。

图 4-38　索佳 SET－3110 MV 全站仪

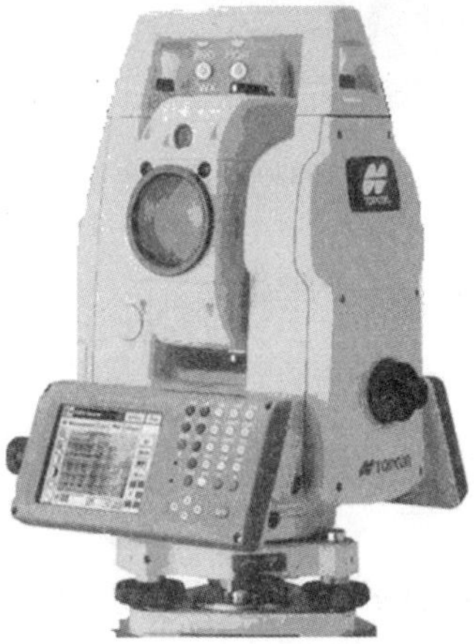

图 4-39　拓扑康 GPT－7000i WinCE 全站仪

仪器采用 WindowsCE. NET4.2 操作系统,图形化操作界面,触摸式彩色液晶显示屏,内置两个 30 万像素的 30°广角 CCD 和 1°长焦 CCD,具有 CF 卡、USB、蓝牙和 RC－232C 多种数据通信接口,配有功能强大的机载软件 T 迷 SURV;实现测量、放样点实时显示,影像同步记录,线特征自动提取等功能。

(三)徕卡 TPS2000 系列全站仪

该系列仪器广泛应用于变形监测等精密工程测量中,对测距、测角有严格的要求。配有 SurveyOffice,数据传输流畅;配有 GeoBASIC,可以根据自己的需要开发相应的应用程序;选配的 EGL1 电子导向光让持镜者迅速找到自己的位置;RCS1100 使使用者在镜站也能自如地操控仪器;适用于高精度自动测量系统,包括应用到机械引导系统中;Monitoring 机载监测程序,可以按自定义的时间间隔自动重复观测多达 50 个目标点,如图 4-40 所示。

(四)南方测绘 NTS－960 系列全站仪

图 4-41 所示为南方测绘公司的 NTS－960 系列全站仪，测程为 1.8 km(单个棱镜) 2.6 km(三个棱镜)，测距精度为 $\pm 2\ \mathrm{mm} + 2 \times D \times 10^{-6}$；精测 3 s，跟踪 1 s，视窗界面，精灵软件，用户可自编测量软件，Window CE. NET 4.2 中文操作系统，全站仪上实现电脑化操作，3.5 英寸超大液晶显示屏，240×320 点阵，一次显示大量的信息，视窗操作，测量简单明了。彩色触摸屏，无须通过键盘，可直接点击操作；高速 CPU 处理器，大容量的程序和数据存储空间。

图 4-40　徕卡 TPS2000 系列全站仪

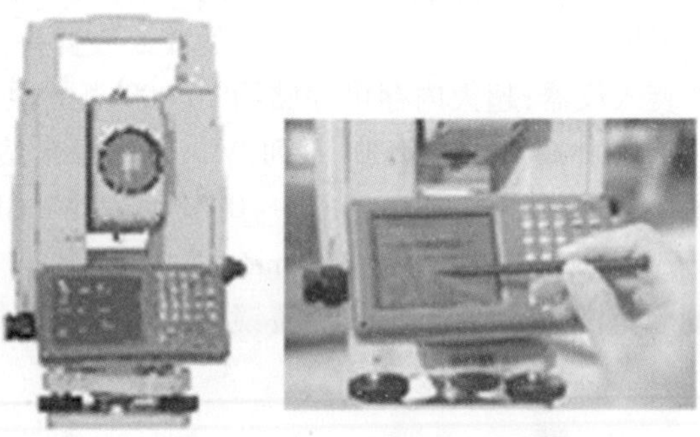

图 4-41　南方测绘 NTS－960 系列全站仪

第五节　GPS 定位原理

一、概述

GPS 是英文 Navigation Satellite Timing And Ranging/Global Positioning System 字头缩写 NAVSTAR/GPS 的简写，其含义是利用卫星定时和测距进行导航/全球定位系统。是美国国防部于 1973 年开始研制，经历方案论证、系统论证、生产实践三个阶段，于 1993 年建设完成。该系统是以卫星为基础的无线电导航定位系统，具有全能性、全球性、全天候、连续性及实时性的导航、定位和定时的功能，具有良好的抗干扰性和保密性，能为各类用户提供精密的三维坐标、速度和时间。

GPS 的研制最初主要用于军事，经过多年的发展，目前 GPS 已发展成为一种被广泛采用的系统。如智能交通系统中的车辆导航、车辆管理和救援，大气参数测定，地震和地球板块运动监测、地球动力学研究等。在测绘领域，GPS 最初主要用于高精度大地测量和控制测量，随着测绘工作者在 GPS 应用研究和各种实用软件的开发，在测量方面广泛用于各种类型的施工放样、测图、变形观测、航空摄影测量、地理信息系统中地理数据的采集等。尤其是在各种类型的测量控制网的建立方面，GPS 技术已基本上取代了常规测量手段。现在，我国采用 GPS 技术布设了新的国家大地测量控制网，很多城市也都采用 GPS 技术建立了城市控制网。

二、GPS 的组成

GPS 系统由 GPS 卫星星座、地面监控系统和用户设备三个部分组成,如图 4-42 所示。

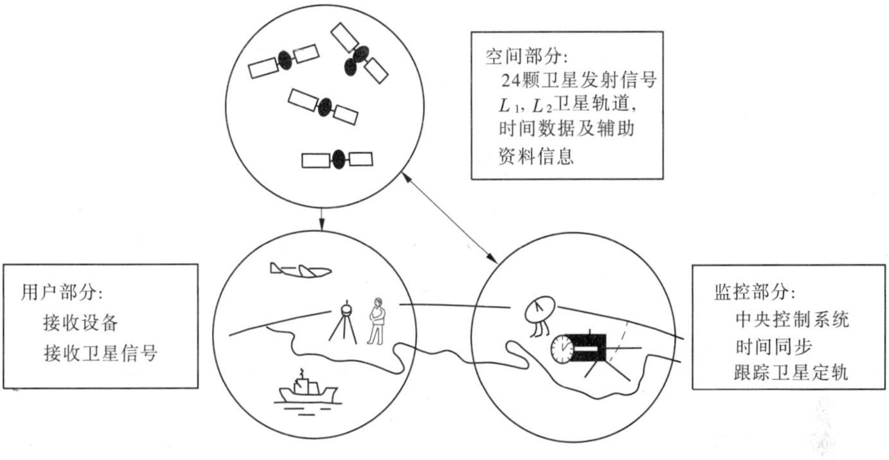

图 4-42　GPS 的组成部分

(一)GPS 卫星星座

GPS 卫星星座由 24 颗 GPS 卫星组成,其中包含 3 颗备用卫星,均匀分布在 6 个轨道面上,每个轨道上有 4 颗卫星,如图 4-43 所示。

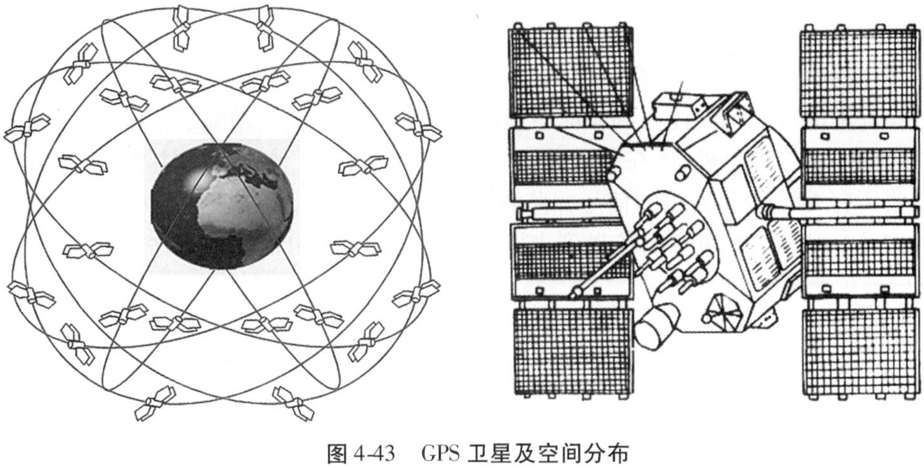

图 4-43　GPS 卫星及空间分布

卫星同时在地平线以上的情况至少为 4 颗,最多可达 11 颗。这样的分布方案既可以保证在世界任何地方、任何时间都可以进行实时三维定位,还可以获得它们的移动速度和移动方向等。星座参数见表 4-2。

在全球定位系统中,GPS 卫星的主要功能是:接收、储存和处理地面监控系统发射的控制指令及其他有关信息等;向用户连续不断地发送导航与定位信息,并提供时间标准、卫星本身的空间实时位置及其他在轨卫星的概略位置。

表 4-2　GPS 卫星星座基本参数

项　目	基本参数
卫星数(颗)	21 + 3
轨道数(个)	6
倾角	55°
轨道平面升交点的赤经差	60°
运行周期	11 h 58 min
卫星轨道高度	20 200 km
覆盖面	38%
载波频率	1 575 MHz、1 227 MHz

(二)地面监控系统

地面监控部分包括 1 个主控站、3 个注入站和 5 个监测站。主控站设在美国本土科罗拉多。主控站除负责管理和协调整个地面监控系统的工作外,其主要任务是收集、处理本站和监测站收到的全部资料,编算出每颗卫星的星历和 GPS 时间系统,将预测的卫星星历、钟差、状态数据以及大气传播改正编制成导航电文传送到注入站;主控站还负责调整偏离轨道的卫星,使之沿预定轨道运行,检验注入给卫星的导航电文,监测卫星是否将导航电文发送给了用户。必要时启用备用卫星以代替失效的工作卫星。三个注入站分别设在大西洋的阿森松岛、印度洋的迪戈加西亚岛和太平洋的卡瓦加兰。注入站的任务是将主控站发来的导航电文注入到相应卫星的存储器。五个监测站除了位于主控站和三个注入站之处的四个站以外,还在夏威夷设立了一个监测站。监测站的主要任务是连续观测和接收所有 GPS 卫星发出的信号并监测卫星的工作状态,将采集的数据和当地气象观测资料以及时间信息经处理后传送到主控站。地面监控部分的工作程序如图 4-44 所示。

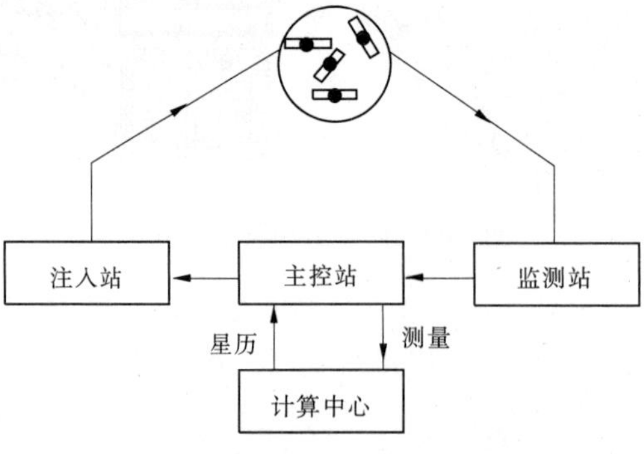

图 4-44　地面监控系统工作程序

整个 GPS 的地面监控部分,除主控站外均无人值守。各站间用现代化的通信网络联系起来,在原子钟和计算机的精确控制下,各项工作实现了高度的自动化和标准化。

（三）用户设备

用户设备由 GPS 接收机、数据处理软件和微处理机及其终端设备等组成。其主要任务是接收 GPS 卫星所发出的信号，利用这些信号进行导航、定位等工作。用户设备部分的核心是 GPS 信号接收机，一般由天线、主机和电源三部分组成。其主要功能是跟踪、接收 GPS 卫星发射的信号并进行变换、放大、处理，以便测量出 GPS 信号从卫星到接收机天线的传播时间；解译导航电文，实时地计算出测站的三维坐标、速度和时间。

GPS 接收机根据其用途可分为导航型、大地型和授时型；根据接收的卫星信号频率，又可分为单频（L_1）和双频（L_1、L_2）接收机等。在精密定位测量工作中，一般采用大地型双频接收机或单频接收机。单频接收机适用于 10 km 左右或更短距离的精密定位工作，其相对定位的精度能达 $5\ \text{mm} + 10^{-6} \cdot D$（$D$ 为基线长度，km）。而双频接收机由于能同时接收到卫星发射的两种频率的载波信号，可进行长距离的精密定位测量工作，其相对定位测量的精度可优于 $5\ \text{mm} + 10^{-6} \cdot D$，但其结构复杂，价格昂贵。用于精密定位测量工作的 GPS 接收机，其观测数据必须进行后期处理，因此必须配有功能完善的后处理软件，才能求得所需测站点的三维坐标。

三、GPS 信号与坐标时间系统

（一）GPS 信号

GPS 信号是 GPS 卫星向广大用户发送的用于导航定位的调制波，包括载波、测距码和数据码，这些调制波都是在一个原子钟频率 $f_0 = 10.23$ MHz 下产生的，如图 4-45 所示。

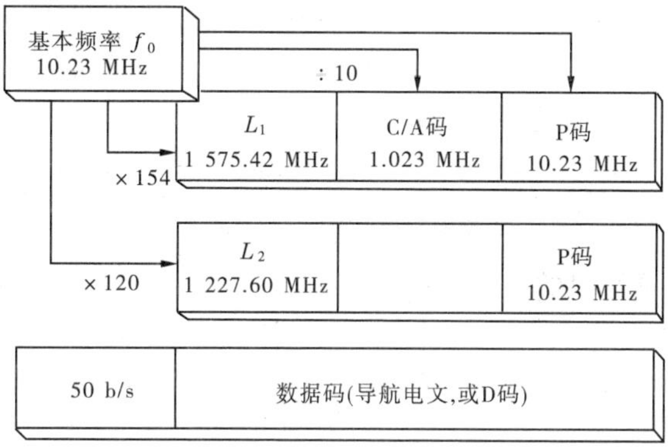

图 4-45　卫星信号的产生原理

1. 载波信号

GPS 卫星发射两种频率的载波信号。

载波 L_1：$f_1 = f_0 \times 154 = 1\ 575.42$ MHz，波长 $\lambda_1 = 19.03$ cm。

载波 L_2：$f_2 = f_0 \times 120 = 1\ 227.60$ MHz，波长 $\lambda_1 = 24.42$ cm。

在载波 L_1 上调制有 C/A 码、P 码（或 Y 码）和数据码，而在载波 L_2 上只调制有 P 码和数据码。

2. 测距码

GPS 卫星采用两种测距码，即 C/A 码、P 码（或 Y 码），它们都是伪随机噪声码（Pseudo Random Noise,PRN)简称伪随机码或伪码。伪随机码具有类似随机码的良好自相关特性,而且具有某种确定的编码规则,它是周期性的,方便复制。

(1)C/A 码:C/A 码是英文粗码/捕获码(Coarse/Acquisition code)的缩写。C/A 码精度较低,但码结构是公开的,可供具有 GPS 接收设备的广大用户使用。

(2)P 码:P 码又称为精码,是结构不公开的保密码,专供美国军方以及得到特许的盟国军事用户使用。

3.数据码

数据码又称导航电文或 D 码,是用户用来导航定位的数据基础。主要包含有卫星星历、时钟改正数、电离层时延改正、大气折射改正和工作状态信息等。导航电文是由卫星信号调解出来的数据码,这些信息以 50 b/s 的速率调制在载频上,数据采用不归零制(NRZ)的二进制码。利用此数据信息可以计算某一时刻 GPS 卫星在轨道上的位置。

值得指出的是,GPS 系统针对不同用户提供两种不同类型的服务:一种是标准定位服务(Standard Positioning Service,SPS);另一种是精密定位服务(Precision Positioning Service,PPS)。SPS 主要面向全世界的民用用户。PPS 主要面向美国及其盟国的军事部门以及民用的特许用户。

(二)GPS 坐标系统

由于 GPS 是全球性的定位导航系统,其坐标系统必然是全球性的。为了使用方便,它是通过国际协议确定的,通常称为协议地球坐标系(CTS)。目前,GPS 测量中所使用的协议地球坐标系统称为 WGS-84 世界大地坐标系(World Geodetic System)。WGS-84 世界大地坐标系的几何定义是:原点是地球质心,Z 轴指向国际时间局(BIH)1984.0 定义的协议地球北极(CTP)方向,X 轴指向 BIH1984.0 的零子午面和 CTP 赤道的交点,Y 轴与 Z 轴、X 轴构成右手坐标系,如图 4-46 所示。

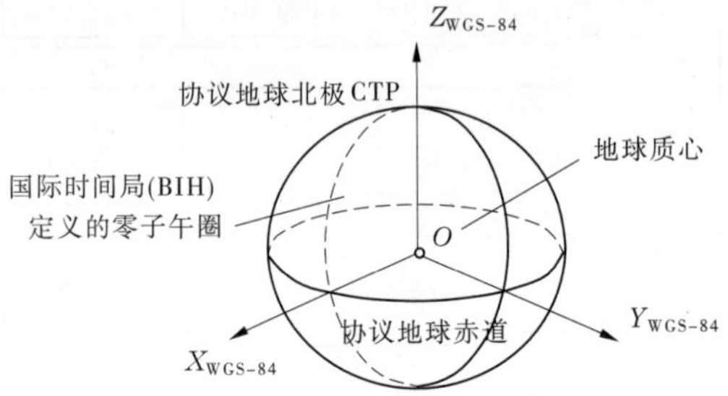

图 4-46　WGS-84 世界大地坐标系

WGS-84 椭球的主要参数采用国际大地测量和地球物理联合会第十七届年会推荐值:$a=6\ 378\ 137$ m,$\alpha=1/298.257\ 223\ 563$。

测量工作离不开基准,都需要一个特定的坐标系统。在常规大地测量中,各国都有自己的测量基准和坐标系统。例如,我国的 1954 年北京坐标系、1980 年国家大地坐标系或当地独立坐标系等。不同的坐标系统之间存在位置、方向及尺度上的差异,需要进行不同基准下坐标的转换,如把解算的 GPS 点 WGS-84 坐标转换成 C80 或当地坐标等。在实际测量定位工作中,虽然 GPS 卫星的信号依据于 WGS-84 坐标系,但求解结果则是测站之间的基线向量或三维坐标差。在数据处理时,根据上述结果,并以已知点(三点以上)的坐标值作为约束条件,进行整体平差计算,得到各 GPS 测站点在当地现有坐标系中的实用坐标,从而完成 GPS 测量结果向 C80 或当地独立坐标系的转换。

(三)GPS 时间系统

前述电磁波测距仪是采用双程测距原理,即借助于反射棱镜,测距仪测出电磁波在往返传播途中经历的时间,从而算得测距仪与棱镜之间的距离。而 GPS 测量是采用单程测距原理,即 GPS 接收机接收卫星信号的同时也获得卫星发射信号时刻至接收时刻的时间之差,这就要求卫星钟与接收机的时间系统保持严格同步,而且需要高精度的计时。

时间包含有“时刻”和“时间间隔”两个概念。所谓时刻,即发生某一现象时的瞬间,在卫星定位中,与所获数据对应的时刻也称为元历。而时间间隔,是指发生某一现象所经历的过程,即这一过程始末的时刻之差。一般来说,任何一个可观察、可复现、连续、稳定的周期运动现象,都可用做时间的基准。由于所选周期运动现象不同,便产生了不同的时间系统,例如恒星时、力学时和原子时等。

GPS 时间系统属于原子时,由 GPS 主控站的原子钟控制。所谓原子时,其秒长的定义为:位于海平面上的铯^{133}原子基态两个超精细能级,在零磁场中跃迁辐射振荡 9 192 631 770周所持续的时间,为一原子秒时,此秒亦为国际制秒的时间单位。

四、GPS 定位的基本原理

如图 4-47 所示,为了测定地面某点 P 的位置,将 GPS 接收机安置在 P 点,GPS 接收机在某一时刻同时接收三颗以上 GPS 卫星信号,测量出测站点(接收机天线中心)至三颗卫星的距离 $\rho_i(i=1,2,3,\cdots)$,卫星坐标$(X_i,Y_i,Z_i)(i=1,2,3,\cdots)$可以通过导航电文获得,按式(4-19)可求出测站点的坐标(X,Y,Z),GPS 定位方法的实质是空间距离后方交会。

$$\rho_i = \sqrt{(X-X_i)^2+(Y-Y_i)^2+(Z-Z_i)^2} \quad (i=1,2,3,\cdots) \tag{4-19}$$

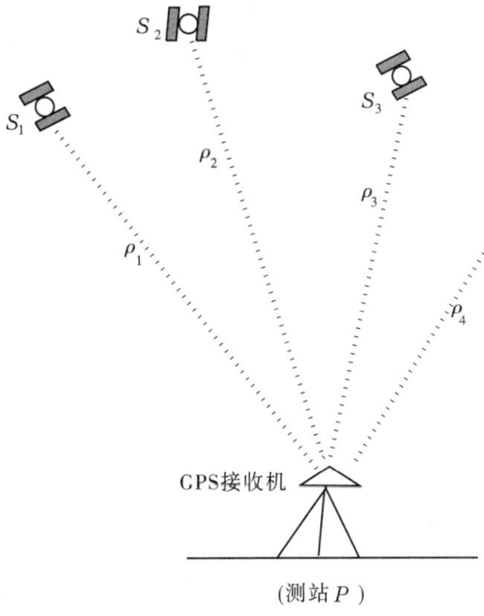

图 4-47　GPS 定位的基本原理图

为了获得距离观测量，主要采用两种方法：一是测量 GPS 卫星发射的测距码信号到达接收机的传播时间，即伪距测量；另一种是测量具有载波多普勒频移的 GPS 卫星载波信号与接收机产生的参考载波信号之间的相位差，即载波相位测量。

（一）伪距测量

从式(4-19)可知，欲求测站点的坐标(X,Y,Z)，关键的问题是要测定接收机天线至 GPS 卫星之间的距离，站星的距离可利用测距码从卫星发射至接收机天线所经历的时间乘以其在真空中的光速求得。但 GPS 采用的单程测距原理，它不同于电磁波测距仪中的双程测距，这就要求卫星时钟与接收机时钟要严格同步。实际上两者难于严格同步，因此存在不同步误差。则卫星至接收机的空间距离为

$$\rho' = c\Delta t + c(v_T - v_t) \tag{4-20}$$

式中 Δt——测距码从卫星传播到接收机的时间；

v_T——卫星钟差；

v_t——接收机钟差。

式(4-20)中的距离没有考虑大气电离层和对流层折射误差的影响，它不是卫星至接收机的真实几何距离，通常称其为“伪距”。

由于卫星钟差、大气电离层和对流层折射的影响可以通过导航电文中所给的有关参数加以修正，而接收机的钟差却难以预先准确地确定，所以把接收机的钟差当做一个未知数，与测站坐标一起解算。这样，在一个观测点上要解算出 4 个未知参数，即 3 个坐标分量和 1 个钟差参数，就至少需要同时观测 4 颗卫星。

伪距测量定位的精度与测距码的波长及其与接收机复制码的对齐精度有关。目前，接收机的复制码精度一般取 1/100，而公开的 C/A 码码元宽度（即波长）为 293 m，故上述伪距测量的精度最高仅能达到 3 m($293 \times 1/100 \approx 3$ m)，难以满足高精度测量定位工作的要求。

（二）载波相位测量

以 GPS 卫星发射的载波作为测距信号，由于载波的波长($\lambda_1 = 19$ cm，$\lambda_2 = 24$ cm)比测距码波长短很多，因此对载波进行相位测量，就可以获得很高的测距精度。实时单点定位，各坐标分量精度在 0.1 ~0.3 m。

假设在某一时刻接收机所产生的基准信号（即频率、初相都与卫星载波信号完全一致）的相位为 $\phi^0(R)$，接收到的来自卫星的载波信号的相位为 $\phi^0(S)$，二者之间的相位差为 $\phi^0(R) - \phi^0(S)$，已知载波的波长 λ 就可以求出该瞬间从卫星至接收机的距离：

$$\rho = \lambda[\phi^0(R) - \phi^0(S)] = \lambda(N_0 + \Delta\phi) \tag{4-21}$$

式中 N_0——整周数；

$\Delta\phi$——不足一整周的小数部分。

载波信号是一个余弦函波。在载波相位测量中，接收机的相位测量装置只能测出不足一周的小数部分 $\Delta\phi$，而整周数 N_0 无法测量，于是在载波信号测量中便出现了一个整周未知数 N_0（又称整周模糊度）。需要通过其他途径解算出 N_0 后，才能求得卫星至接收机的距离。

五、GPS 定位方法

GPS 定位的方法有多种，根据定位时接收机的运动状态分动态定位和静态定位；根据定位的模式分绝对定位和相对定位；根据获取定位结果的时间分实时定位和非实时定位（后处理定位）。

（一）绝对定位

绝对定位又称单点定位，它是利用 1 台接收机观测卫星，独立地确定接收机天线在 WGS－84 坐标系的绝对位置（见图 4-47）。这种定位外业方便，数据处理简单，可以单机作业，缺点是定位精度低，受各种误差的影响比较大，只能达到米级。绝对定位一般在导航和精度要求不高时应用。

（二）相对定位

相对定位又称差分定位，它是利用 2 台以上的接收机分别安置在基线两端，同步对一组相同的卫星进行观测，以确定基线端点上接收机天线间在 WGS－84 坐标系统中的相对位置或基线向量（基线两端坐标差）（见图 4-48）。由于同步观测相同的卫星，卫星的轨道误差、卫星的钟差、接收机的钟差，以及电离层、对流层的折射误差等对观测量具有一定的相关性，因此利用这些观测量不同组合，进行相对定位，可以有效地消除或削弱上述误差的影响，从而提高定位精度。缺点是至少需要 2 台精密测地型 GPS 接收机，并要求同步观测，外业组织和实施比较复杂。

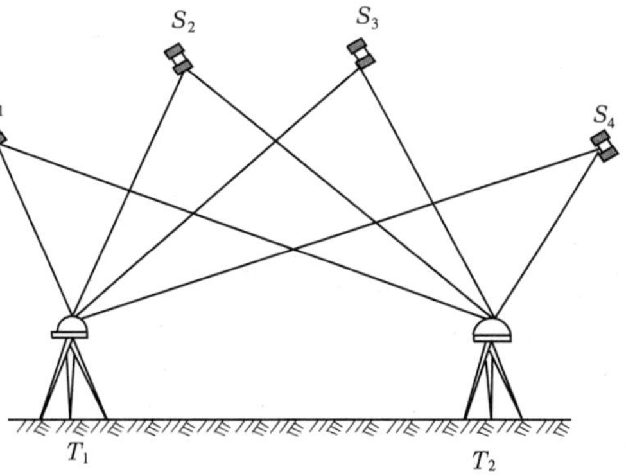

图 4-48　GPS 相对定位

（三）实时定位和后处理定位

对 GPS 信号的处理，从时间上可划分为实时处理及后处理。实时处理就是一边接收卫星信号一边进行计算，实时地解算出接收机天线所在的位置、速度等信息。后处理是指把卫星信号记录在一定的介质上，回到室内统一进行数据处理以进行定位的方法。

（四）静态定位和动态定位

动态定位就是在进行 GPS 定位时，认为接收机的天线在整个观测过程中的位置是变化的。也就是说，在数据处理时，将接收机天线的位置作为一个随时间改变的量。这种定位特点是多余观测量少，定位精度较低。

静态定位就是在进行 GPS 定位时，认为接收机的天线在整个观测过程中的位置是保持不变的。也就是说，在数据处理时，将接收机天线的位置作为一个不随时间改变的量。这种定位特点是可以进行大量的重复观测，所以可靠性强、定位精度高，在测量中静态定位一般用于高精度的测量定位。

静态相对定位的精度一般在几毫米至几厘米范围内，动态相对定位的精度一般在几厘米至几米范围内。

一般说来，静态定位多采用后处理，而动态定位多采用实时处理。

（五）实时动态定位测量

实时动态定位测量，即 GPS RTK 测量技术（RTK 是英文 Real Time Kinematic 的缩写）。这种定位方法是至少包含两台 GPS 接收机，其中一台安置在基准站上，另一台或若干台分别安置在不同的流动站上。在两台 GPS 接收机之间增加一套无线通信系统（又称数据链），将两台或多台相对独立的 GPS 接收机连成有机的整体。基准站通过电台将观测信息、测站数据传输给流动站，如图 4-49 所示。流动站将基准站传来的载波观测信号与流动站本身观测的载波观测信号进行差分处理，从而解算出两站间的基线向量。若事先输入相应的坐标转换参数和投影参数，即可实时得到流动站伪三维坐标及其精度，其作业流程如图 4-50 所示。

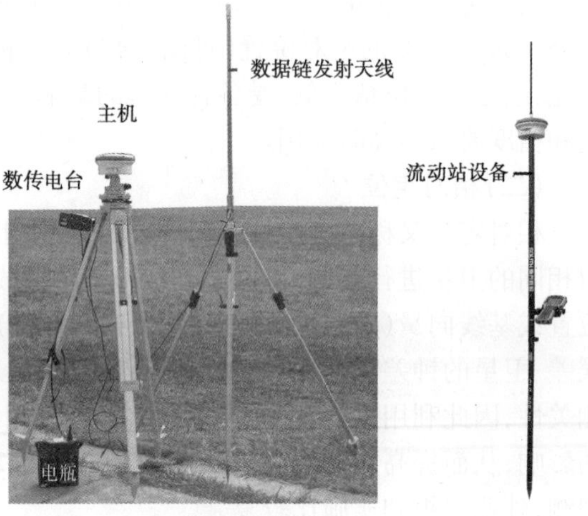

（a）基准站　　（b）流动站

图 4-49　南方测绘灵锐 S82 RTK GPS 接收机

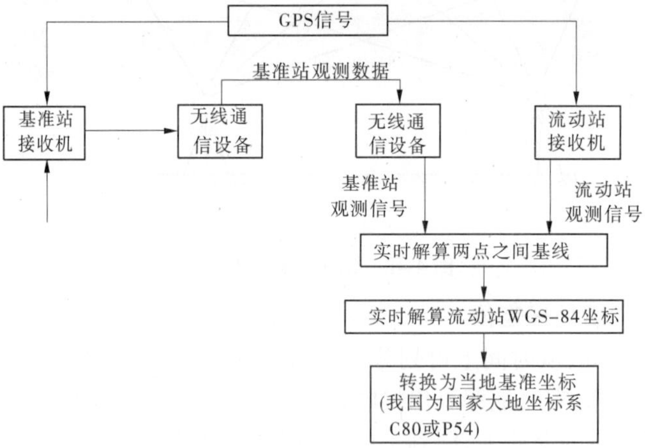

图 4-50　GPS RTK 测量作业流程图

常规的 GPS 测量方法，如静态、快速静态、动态测量都需要事后进行解算才能得到测量结果和相应的精度，而 RTK 是能够在野外实时得到厘米级定位精度的测量方法，RTK 的出现为各种控制测量、地形测量、工程施工放样带来了新变革，极大地提高了外业作业效率。

思考题与习题

1. 说明下列现象对距离丈量的结果是长了还是短了?

(1)所用钢尺比标准尺短 ;

(2)直线定线不准;

(3)钢尺未拉水平;

(4)读数不准。

2. 丈量 AB、CD 两段距离,AB 段往测为 137.770 m,返测为 137.782 m,CD 段往测为 234.422 m, 返测为 234.410 m,问两段距离丈量精度是否相同? 为什么? 两段丈量结果各为多少?

3. 根据下表数据,采用计算器计算水平距离和高程:

测站 A,定向方向为 B,仪高 $i=1.50$ m, 测站高程 $H_0=646.500$ m (竖盘为顺时针刻划)。

表 4-3 观测数据

点号	尺间隔 (m)	竖盘读数 (° ′)	竖直角 (° ′)	初算高差 (m)	$i-v$ (m)	高差 (m)	水平角 (° ′)	水平距离 (m)	高程 (m)
1	0.456	87 23					46 25		
2	0.654	88 41					85 31		
3	0.362	92 47					106 15		

4. 试述红外光测距仪的基本原理。红外光测距仪为什么要配置两把“光尺”?

5. 简述全站仪的基本结构、组成和基本功能。

6. 简述 GPS 系统的主要组成。

7. 简述 GPS 伪距测量和载波相位测量的基本原理。GPS 伪距测量和载波相位测量各有何优缺点?

第五章　测量误差的基本知识

第一节　测量误差及其分类

一、测量误差的概念

对未知量进行观测的过程称为测量,测量所得到的结果即为观测值。测量中的被观测量,客观上都存在一个真实值,简称真值。一般情况下,观测值与真值之间存在差异。例如,对同一个量进行多次观测时,每次观测结果总是不完全一致或与预期目标(真值)不一致;对三角形三个内角进行观测,三个内角观测值总和通常都不等于真值180°。这种观测值与真值之差,称为测量误差,也称观测误差,即

$$\Delta_i = l_i - X \quad (i = 1, 2, \cdots, n) \tag{5-1}$$

式中　l_i——观测值;

X——真值;

Δ_i——观测误差,通常称为真误差。

本章将介绍测量误差的基本性质,并从一系列带有误差的观测值中求得最合理、最接近真值的最或是值,消除观测值间的不符值,并计算出观测值的精度,用以鉴定测量成果的优劣。

二、测量误差的来源

测量工作中,产生误差的原因很多,主要有以下三方面:

(1)测量仪器。各种仪器具有一定限度的精密度,使观测结果的精度受到一定限制;仪器和工具本身的构造不可能十分完善,使用这样的仪器和工具进行测量,也会对观测结果造成误差。

(2)观测者。由于观测者感官的辨别力有着一定局限性,在仪器的安置、照准、读数等方面都会产生误差。

(3)外界条件。在观测过程中外界条件(如大气温度、湿度、能见度、风力、大气折光等)不断变化,使观测结果产生误差。

上述测量仪器、观测者、外界条件三个方面的因素是引起误差的主要根源,因此我们把这三个方面的因素综合起来称为观测条件。不难想象,观测条件的好坏与观测成果的质量有着密切关系。观测条件相同的各次观测,称为等精度观测,其对应的观测值称为等精度观测值;观测条件不同的各次观测,称为不等精度观测,其对应的观测值称为不等精度观测值。

三、测量误差的分类及特性

根据测量误差对测量结果影响的性质不同，测量误差可分为系统误差和偶然误差。

（一）系统误差

在相同的观测条件下，对某量作一系列观测，如果出现的误差其符号和大小相同或按一定规律变化，这种误差称为系统误差。产生系统误差的原因很多，主要是由于使用的仪器不够完善及外界条件所引起的。例如，用名义长度为 30 m，而实际长度为 30.005 m 的钢尺进行距离测量，则每丈量一个整尺段就会产生 −0.005 m 的误差。

系统误差具有同一性（误差的绝对值保持恒定）、单向性（误差的正负号相同）和累积性等特性。

系统误差的消除或削减方法如下：

（1）观测前对仪器进行检校。例如水准测量前，对水准仪进行三项检验校正，以确保水准仪几何轴线关系的正确性。

（2）采用合理的观测方法和观测程序，限制和削弱系统误差的影响。如水准测量时保持前、后视距相等，角度测量时采用盘左、盘右观测等。

（3）利用系统误差产生的原因和规律对观测值进行改正。如对距离测量值进行尺长改正、温度改正等。

（二）偶然误差

在相同的观测条件下，对某量进行一系列观测，如果出现的误差其符号和大小均不一致，即从表面上看，没有什么规律性，这种误差称为偶然误差，又称随机误差。偶然误差是由于人的感觉器官和仪器的性能受到一定的限制，以及观测时受到外界条件的影响等造成的。例如，在水准尺读数时，估读毫米位有时偏大、有时偏小，纯属偶然性。

从单个偶然误差来看，其符号和大小没有任何规律性，但是，当进行多次观测对大量的偶然误差进行分析，则呈现出一定的明显的统计规律性。下面通过实例来说明。

为了阐明偶然误差的规律性，设在相同观测条件下，独立地观测了 $n=217$ 个三角形的内角，由于观测有误差，每个三角形的内角和不等于 180°，而产生真误差 Δ_i，因按观测顺序排列的真误差，其大小、符号没有任何规律，为了便于说明偶然误差的性质，将真误差按其绝对值的大小排列于表 5-1 中，误差间隔 $d\Delta=3.0''$，K 为误差在各间隔内出现的个数，K/n 为误差出现在相应间隔内的频率。

表 5-1　真误差频率分布表

误差区间 $d\Delta$	Δ 为负值			Δ 为正值		
	个数 K	频率 K/n	$K/(n\cdot d\Delta)$	个数 K	频率 K/n	$K/(n\cdot d\Delta)$
0″~3″	29	0.134	0.044	30	0.138	0.046
3″~6″	20	0.092	0.031	21	0.097	0.032
6″~9″	18	0.083	0.028	15	0.069	0.023
9″~12″	16	0.074	0.025	14	0.064	0.022

续表 5-1

误差区间 dΔ	Δ 为负值			Δ 为正值		
	个数 K	频率 K/n	$K/(n \cdot d\Delta)$	个数 K	频率 K/n	$K/(n \cdot d\Delta)$
12″~15″	10	0.046	0.015	12	0.055	0.018
15″~18″	8	0.037	0.012	8	0.037	0.012
18″~21″	6	0.028	0.009	5	0.023	0.007
21″~24″	2	0.009	0.003	2	0.009	0.003
24″~27″	0	0	0	1	0.005	0.002
27″以上	0	0	0	0	0	0
$\sum$	109	0.503		108	0.497	

从表 5-1 可见,单个误差虽然呈现出偶然性(随机性),但就整体而言,却呈现出统计规律。为了形象地表示误差的分布情况,现以横坐标表示误差大小,纵坐标表示频率与误差间隔的比值,绘制成误差直方图(见图 5-1)。图中所有矩形面积的总和等于 1,每一矩形面积的大小表示误差出现在该间隔的频率。其中,有斜线的面积表示误差出现在 0″~3″区间的相对个数(频率)。这种图形能形象地显示误差的分布情况。它概括了偶然误差的如下特性:

(1)在一定的观测条件下,偶然误差的绝对值不会超过一定的限值,即超过一定限值的偶然误差出现的频率为零(有界性);

(2)绝对值小的误差比绝对值大的误差出现的几率大(单峰性);

(3)绝对值相等的正误差与负误差出现的几率相同(对称性);

(4)对同一量的等精度观测,其偶然误差的算术平均值随着观测次数的无限增加而趋近于零(抵偿性),即

$$\lim_{n\to\infty}\frac{\Delta_1+\Delta_2+\cdots+\Delta_n}{n}=0$$

测量上常以[ ]表示总和,上式也可写为

$$\lim_{n\to\infty}\frac{[\Delta]}{n}=0 \tag{5-2}$$

当误差间隔无限缩小,观测次数无限增多($n\to\infty$)时,各矩形上部所形成的折线将变成一条光滑、对称的连续曲线。这就是误差分布曲线,也称正态分布曲线。其函数形式为

$$y=f(\Delta)=\frac{1}{\sqrt{2\pi}\sigma}e^{-\frac{\Delta^2}{2\sigma^2}} \tag{5-3}$$

式中 e——自然对数的底;

σ——误差分布的标准差。

标准差 σ 决定了正态分布曲线的形状,σ 值越小,正态分布曲线的离散度就越小。从图 5-1 中可以看出,在相同观测条件下的一列观测值,其各个真误差彼此不相等,甚至相差很大,但它们所对应的误差分布曲线是相同的,所以称其为等精度观测值。不同精度

对应着不同的误差分布曲线，而曲线愈陡、峭峰顶愈高者(图 5-1 中 a 曲线)说明误差分布就愈密集或称离散度小，它就比曲线较平缓、峰顶较低者(图 5-1 中 b 曲线)精度高，所以常用标准差来衡量观测值的精度。标准差在分布图上的几何意义是分布曲线拐点的横坐标，即 $\sigma = \pm\Delta_{拐}$，可由 $f(\Delta)$ 的二阶导数等于零求得。

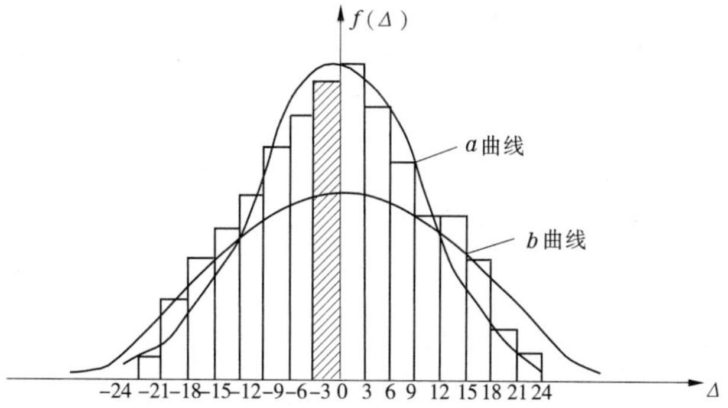

图 5-1　误差分布曲线

偶然误差不能用计算来改正或用一定的观测方法简单地加以消除。为了减小偶然误差的影响可采取以下措施：①提高仪器等级；②增加观测次数；②建立良好的网形结构等措施。

在测量工作中，系统误差和偶然误差总是同时产生，由于系统误差可采取一定的观测方法或通过计算的方法加以消除或减小到可以忽略的程度，所以在观测结果中偶然误差占主导地位。

除了上述两类性质的误差外，还可能发生错误，例如测错、记错、算错等。错误的发生是由于观测者在工作中粗心大意造成的，又称为粗差。凡含有粗差的观测值应舍去不用，并需重测。

第二节　衡量观测值精度的标准

精度又称精密度，它是指在对某一量的多次观测中，各个观测值之间的离散程度。由于精度主要取决于偶然误差，这样就可以把在相同观测条件下得到的一组观测误差排列起来进行比较，以确定精度高低。通常用以下几种精度指标作为评定精度的标准。

一、中误差

上一节中谈及用标准差衡量精度，观测误差的标准差 σ，其定义为

$$\sigma^2 = \lim_{n\to\infty}\frac{[\Delta\Delta]}{n} \tag{5-4}$$

用上式求 σ 值要求观测次数 n 趋近无穷大，但在实际测量工作中观测次数总是有限的，为了评定精度，一般采用下述公式

$$m = \pm\sqrt{\frac{[\Delta\Delta]}{n}} = \pm\sqrt{\frac{\Delta_1^2 + \Delta_2^2 + \cdots + \Delta_n^2}{n}} \tag{5-5}$$

式中　m——中误差；

Δ_i——一组等精度观测值的真误差；

n——观测次数。

标准差 σ 与中误差 m 的区别在于标准差为理论上的观测精度，而中误差则是观测次数 n 为有限时的观测精度指标。中误差实际上是标准差的近似值，随着观测次数 n 的增加，m 将趋近 σ。

【例 5-1】　设有两组等精度观测值，其真误差分别为

第一组：$-4''$、$-2''$、$0''$、$-4''$、$+3''$；

第二组：$+6''$、$-5''$、$0''$、$+1''$、$-1''$。

求其中误差，并比较其观测精度。

解：按式(5-5)得

$$m_1 = \pm\sqrt{\frac{(-4)^2 + (-2)^2 + 0^2 + (-4)^2 + 3^2}{5}} = \pm 3.0''$$

$$m_2 = \pm\sqrt{\frac{(+6)^2 + (-5)^2 + 0^2 + (+1)^2 + (-1)^2}{5}}$$

$$= \pm 3.5''$$

两组观测值的中误差为 $m_1 = \pm 3.0''$、$m_2 = \pm 3.5''$，显然，第一组的观测精度较第二组的观测精度高。第二组的观测误差比较离散，相应的中误差就大，精度就低。因此，在测量工作中，通常情况下采用中误差作为衡量精度的标准。

应该指出的是，中误差 m 是表示一组观测值的精度。即 m_1 是表示第一组观测值中每一观测值的精度，同样 m_2 表示第二组中每一次观测值的精度。

二、相对误差

中误差有时不能完全表达精度的优劣，例如，分别丈量了 1 000 m 及 100 m 的两段距离，设观测值的中误差均为 ±0.1 m，能否说两段距离的丈量精度相同呢？显然不能。因为，两者虽然从表面上看中误差相同，但就单位长度而言，两者的精度却并不相同。为了更客观地衡量精度，引入与被观测量大小有关的另一种衡量精度的方法，这就是相对中误差。

相对中误差就是中误差的绝对值与其相应的观测量之比，在测量中常用分子为 1 的分式来表示，即

$$K = \frac{|m|}{L} = \frac{1}{N} \tag{5-6}$$

本例中，丈量 1 000 m 的距离，其相对中误差为 $\frac{0.1}{1\,000} = \frac{1}{10\,000}$，而后者为 $\frac{0.1}{100} = \frac{1}{1\,000}$。前者分母大比值小，丈量精度高。

在相对误差的比值中，分子可以是距离测量时的往返测量所得两个结果的较差、闭合差或容许误差，这时分别称为相对误差、相对闭合差或相对容许误差。

三、极限误差与容许误差

极限误差表示一种限差，由偶然误差的性质可知，在一定的观测条件下，偶然误差的绝对值不会超过一定的限值。从大量的测量实践中得出，在一系列等精度的观测误差中，绝对值大于2倍中误差的偶然误差出现的概率为4.6%，绝对值大于3倍中误差的偶然误差出现的概率仅为0.3%，实际上是不可能出现的事件。即

$$\left.\begin{aligned} P(|\Delta| > 2\sigma) &= 1 - \int_{-2\sigma}^{2\sigma} f(\Delta)\mathrm{d}\Delta = 4.6\% \\ P(|\Delta| > 3\sigma) &= 1 - \int_{-3\sigma}^{3\sigma} f(\Delta)\mathrm{d}\Delta = 0.3\% \end{aligned}\right\} \tag{5-7}$$

所以，通常以3倍的中误差作为偶然误差的极限误差，即

$$\Delta_{极} = 3m \tag{5-8}$$

在测量规范中，对每一项测量工作，分别规定了容许误差值，通常取3倍或2倍中误差作为偶然误差的容许值，称为容许误差，即

$$\Delta_{容} = 3m \text{ 或 } \Delta_{容} = 2m \tag{5-9}$$

在进行测量工作时必须遵循。如果个别误差超过了容许值，就被认为是错误的，此时，应舍去相应的观测值，并重测或补测。

与相对误差相对应，中误差、极限（容许）误差等称为绝对误差。

第三节　误差传播定律

有些未知量往往不便于直接测定，而是由某些直接观测值通过一定的函数关系间接计算而得。例如水准测量中，测站的高差是由前、后视读数计算的，即 $h = a - b$。又如地面上两点间的坐标增量是根据直接测得的边长 D 与方位角 α，通过函数关系（$\Delta x = D\cos\alpha$，$\Delta y = D\sin\alpha$）间接计算的。前者的函数形式为线性函数，后者为非线性函数。

由于直接观测值包含有误差，因而它的函数必然受其影响而存在误差。阐述观测值中误差与函数的中误差之间关系的定律称为误差传播定律。下面就线性与非线性两种函数形式分别进行讨论。

一、线性函数

线性函数的一般形式为

$$Z = k_1x_1 \pm k_2x_2 \pm \cdots \pm k_nx_n \tag{5-10}$$

式中　$x_1, x_2, \cdots, x_n$——n 个独立观测值，其中误差分别为 $m_1, m_2, \cdots, m_n$；

$k_1, k_2, \cdots, k_n$——常数。

设函数 Z 的中误差为 m_Z，下面来推导观测值与函数值之间的中误差关系。为了推导简便，先以两个独立观测值进行讨论，则式(5-10)为

$$Z = k_1x_1 \pm k_2x_2 \tag{a}$$

若 x_1 和 x_2 的真误差为 Δx_1 和 Δx_2，则函数 Z 必有真误差 ΔZ，即

$$Z + \Delta Z = k_1(x_1 + \Delta x_1) \pm k_2(x_2 + \Delta x_2) \tag{b}$$

式(b) - 式(a)得

$$\Delta Z = k_1 \Delta x_1 \pm k_2 \Delta x_2 \tag{c}$$

对 x_1、x_2 均进行 n 次观测，可得

$$\left.\begin{aligned} \Delta Z_1 &= k_1(\Delta x_1)_1 \pm k_2(\Delta x_2)_1 \\ \Delta Z_2 &= k_1(\Delta x_1)_2 \pm k_2(\Delta x_2)_2 \\ &\vdots \\ \Delta Z_n &= k_1(\Delta x_1)_n \pm k_2(\Delta x_2)_n \end{aligned}\right\} \tag{d}$$

将式(d)两边平方求和，并除以 n 得

$$\frac{[\Delta Z^2]}{n} = \frac{k_1^2[\Delta x_1^2]}{n} + \frac{k_2^2[\Delta x_2^2]}{n} \pm \frac{2k_1k_2[\Delta x_1 \cdot \Delta x_2]}{n} \tag{e}$$

由于 Δx_1、Δx_2 均为独立观测值的偶然误差，因此乘积 $\Delta x_1 \cdot \Delta x_2$ 也必然呈现偶然性，根据偶然误差的第四特性，有

$$\lim_{n\to\infty} \frac{k_1k_2[\Delta x_1 \cdot \Delta x_2]}{n} = 0$$

根据中误差的定义，得中误差的关系式为

$$m_Z^2 = k_1^2 m_1^2 + k_2^2 m_2^2 \tag{5-11}$$

推广之，可得线性函数中误差的关系式为

$$m_Z^2 = k_1^2 m_1^2 + k_2^2 m_2^2 + \cdots + k_n^2 m_n^2 \tag{5-12}$$

二、非线性函数

非线性函数即一般函数，其形式为

$$Z = f(x_1, x_2, \cdots, x_n) \tag{5-13}$$

式中　$x_1, x_2 \cdots, x_n$——n 个独立观测值。

对式(5-13)取全微分，得

$$\mathrm{d}Z = \frac{\partial f}{\partial x_1}\mathrm{d}x_1 + \frac{\partial f}{\partial x_2}\mathrm{d}x_2 + \cdots + \frac{\partial f}{\partial x_n}\mathrm{d}x_n \tag{f}$$

因误差 Δx_i、ΔZ 都很小，故上式 $\mathrm{d}x_i$、$\mathrm{d}Z$ 可以用 Δx_i、ΔZ 代替，于是有

$$\Delta Z = \frac{\partial f}{\partial x_1}\Delta x_1 + \frac{\partial f}{\partial x_2}\Delta x_2 + \cdots + \frac{\partial f}{\partial x_n}\Delta x_n \tag{g}$$

式中　$\frac{\partial f}{\partial x_i}$——函数 Z 对各自变量的偏导数，以观测值代入，所得的值为常数，因此式(g)是线性函数的真误差关系式，仿式(5-12)，得函数 Z 的中误差为

$$m_Z^2 = \left(\frac{\partial f}{\partial x_1}\right)^2 m_1^2 + \left(\frac{\partial f}{\partial x_2}\right)^2 m_2^2 + \cdots + \left(\frac{\partial f}{\partial x_n}\right)^2 m_n^2 \tag{5-14}$$

常用函数的中误差关系式均可由一般函数中误差关系式导出，现将线性函数与一般函数中误差关系式列表，见表 5-2。

表 5-2　观测函数中误差

函数名称	函数关系式	k_i	中误差关系式
一般函数	$Z=f(x_1,x_2,\cdots,x_n)$	$\frac{\partial f}{\partial x_i}$	$m_Z^2=\left(\frac{\partial f}{\partial x_1}\right)^2 m_1^2+\left(\frac{\partial f}{\partial x_2}\right)^2 m_2^2+\cdots+\left(\frac{\partial f}{\partial x_n}\right)^2 m_n^2$
线性函数	$Z=k_1x_1\pm k_2x_2\pm\cdots\pm k_nx_n$	k_i	$m_Z^2=k_1^2m_1^2+k_2^2m_2^2+\cdots+k_n^2m_n^2$
倍数函数	$Z=kx$	k	$m_Z=km$
和差函数	$Z=x_1\pm x_2$	1	$m_Z^2=m_1^2+m_2^2$，当 $m_1=m_2=m$ 时，$m_Z=\pm\sqrt{2}m$
	$Z=x_1\pm x_2\pm\cdots\pm x_n$	1	$m_Z^2=m_1^2+m_2^2+\cdots+m_n^2$，当 $m_i=m$ 时，$m_Z=\pm\sqrt{n}m$
算术平均值	$Z=\frac{1}{n}(x_1+x_2\cdots+x_n)$	$\frac{1}{n}$	$m_Z=\frac{1}{n}\sqrt{m_1^2+m_2^2+\cdots+m_n^2}$，当 $m_i=m$ 时，$m_Z=\frac{m}{\sqrt{n}}$
	$Z=\frac{1}{2}(x_1+x_2)$	$\frac{1}{2}$	$m_Z=\frac{1}{2}\sqrt{m_1^2+m_2^2}$，当 $m_1=m_2=m$ 时，$m_Z=\frac{m}{\sqrt{2}}$

应用误差传播定律求观测值函数的中误差时，首先应根据问题的性质列出函数关系式，然后按上表中相应的公式来求解。应注意的是，各观测值必须是独立观测值，即函数式等号右边的各自变量是相互独立的，不包含共同的误差，否则应进行同类项合并处理。

【例 5-2】　在 1∶2 000 比例尺的地形图上量得某线段长度为 202.4 mm，其中误差 $m_d=\pm0.1$mm，求该线段的实际长度 D 及其中误差 m_D。

解：$D=M\cdot d=2\ 000\times202.4=404.8(\mathrm{m})$

$m_D=km_d=2\ 000\times(\pm0.1)=\pm0.2(\mathrm{m})$

最后结果写为 $D=404.8\ \mathrm{m}\pm0.2\ \mathrm{m}$

【例 5-3】　自水准点 BM_1 向水准点 BM_2 进行水准测量（见图 5-2），设各段所测高差及中误差分别为：$h_1=+3.584\ \mathrm{m}\pm5\ \mathrm{mm}$；$h_2=+5.234\ \mathrm{m}\pm4\ \mathrm{mm}$；$h_3=+7.265\ \mathrm{m}\pm3\ \mathrm{mm}$，求 BM_1、BM_2 两点间的高差及其中误差。

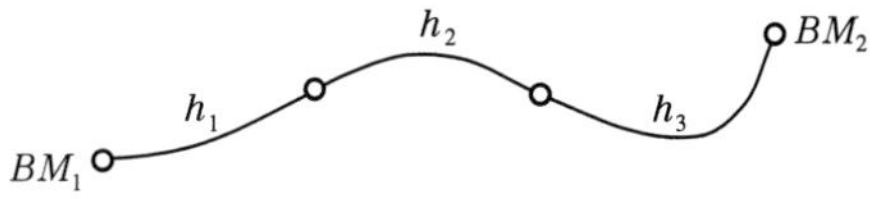

图 5-2　水准路线中误差算例图

解：BM_1、BM_2 之间的高差 $h=h_1+h_2+h_3=16.083$ m，两点间高差中误差为

$$m_h=\pm\sqrt{m_1^2+m_2^2+m_3^2}=\pm\sqrt{5^2+3^2+4^2}=\pm7.1(\mathrm{mm})$$

【例 5-4】　一直线 AB 的长度 $D=215.463\ \mathrm{m}\pm0.005\ \mathrm{m}$，方位角 $\alpha=119°45'00''\pm6''$，求直线端点 B 的点位中误差（图 5-3）。

解：坐标增量的函数式为 $\Delta x=D\cos\alpha$，$\Delta y=D\sin\alpha$，设 $m_{\Delta x}$、$m_{\Delta y}$、m_D、m_α 分别为 Δx、Δy、D 及 α 的中误差。将以上两式对 D 及 α 求偏导数，得

$$\frac{\partial(\Delta x)}{\partial D}=\cos\alpha;\frac{\partial(\Delta x)}{\partial\alpha}=-D\sin\alpha$$

$$\frac{\partial(\Delta y)}{\partial D}=\sin\alpha;\frac{\partial(\Delta y)}{\partial\alpha}=D\cos\alpha$$

由式(5-14)得

$$m_{\Delta x}^2=(\cos\alpha)^2 m_D^2+(-D\sin\alpha)^2\left(\frac{m_\alpha}{\rho''}\right)^2$$

$$m_{\Delta y}^2=(\sin\alpha)^2 m_D^2+(D\cos\alpha)^2\left(\frac{m_\alpha}{\rho''}\right)^2$$

由图 5-3 可知 B 点的点位中误差为

$$m^2=m_{\Delta x}^2+m_{\Delta y}^2=m_D^2+\left(D\frac{m_\alpha}{\rho''}\right)^2$$

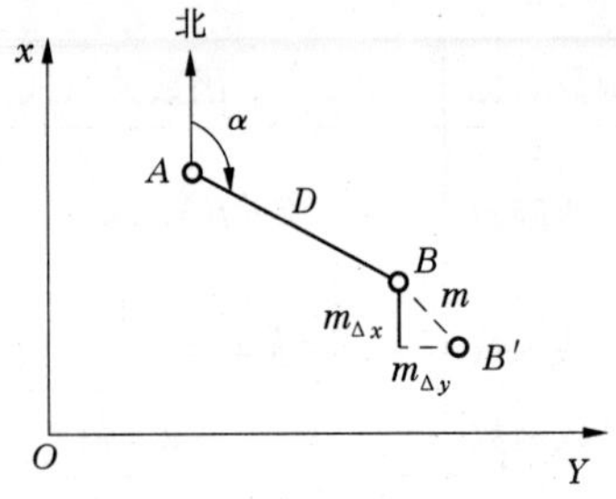

图 5-3　点位中误差示意图

故
$$m=\pm\sqrt{m_D^2+\left(D\frac{m_\alpha}{\rho''}\right)^2}$$

将 $m_D=\pm 5\ \text{mm}, m_\alpha=\pm 6'', \rho''=206\ 265'', D=215.463\ \text{m}$ 代入上式得

$$m=\pm\sqrt{5^2+(215.463\times 1\ 000\times\frac{6}{206\ 265})^2}\approx\pm 8(\text{mm})$$

第四节　等精度直接观测平差

一、最或是值——算术平均值的计算

设在相同观测条件下,某量的观测值为 $l_1,l_2,\cdots,l_n$,算术平均值为 x,则

$$x=\frac{l_1+l_2+\cdots+l_n}{n}=\frac{[l]}{n} \tag{5-15}$$

若该量的真值为 X,真误差为 Δ_i,则

$$\left.\begin{aligned}\Delta_1&=l_1-X\\ \Delta_2&=l_2-X\\ &\vdots\\ \Delta_n&=l_n-X\end{aligned}\right\} \tag{a}$$

将式(a)对应相加,得

$$[\Delta]=[l]-nX \tag{b}$$

将式(b)两边除以 n 得
$$\frac{[\Delta]}{n}=\frac{[l]}{n}-X=x-X \tag{5-16}$$

根据偶然误差的特性,当 $n\to\infty$ 时,$\frac{[\Delta]}{n}\to 0$,于是 $x\approx X$。即当观测次数 n 无限多时,算数平均值就趋向于未知量的真值。当观测次数有限时,可以认为算数平均值是根据已有的观测数据所能求得的最接近真值的近似值,称为最或是值或最或然值。因此,用最或是值作为该未知量真值的估值。

设对某量进行 n 次等精度观测,观测值 $l_i(i=1,2,\cdots,n)$,最或是值为 x,最或是值与观测值之差 $v_i(i=1,2,\cdots,n)$为观测值的改正数,则有

$$\left.\begin{aligned} v_1 &= x - l_1 \\ v_2 &= x - l_2 \\ &\vdots \\ v_n &= x - l_n \end{aligned}\right\} \tag{c}$$

将式(c)对应相加,得

$$[v] = nx - [l]$$

于是得

$$[v] = 0 \tag{5-17}$$

即改正数总和为零。可用式(5-17)作为计算中的校核。

二、评定精度

(一)等精度观测值的中误差

用公式 $m = \pm\sqrt{\frac{[\Delta\Delta]}{n}}$ 求等精度观测值中误差时,需要知道观测值的真误差 Δ_1, $\Delta_2, \cdots, \Delta_n$。真误差是各观测值与真值之差。在实际工作中,观测值的真值往往是难以得到的,因此用真误差来计算观测值的中误差是不可能的。但是,对于等精度的一组观测值的最或是值即算术平均值是可以求得的。如果在每一个观测值上加一个改正数,使其等于最或是值,则观测值的中误差就可以利用改正数来计算。

设在相同观测条件下,一个量的观测值为 $l_1, l_2, \cdots, l_n$,其真值为 X,最或是值(算术平均值)为 x,真误差为 Δ_i,改正数为 V_i,则

$$\left.\begin{aligned} \Delta_1 &= l_1 - X \\ \Delta_2 &= l_2 - X \\ &\vdots \\ \Delta_n &= l_n - X \end{aligned}\right\} \tag{d}$$

$$\left.\begin{aligned} v_1 &= x - l_1 \\ v_2 &= x - l_2 \\ &\vdots \\ v_n &= x - l_n \end{aligned}\right\} \tag{e}$$

将式(d)与式(e)两边对应相加,得

$$\left.\begin{aligned} \Delta_1 + v_1 &= x - X \\ \Delta_2 + v_2 &= x - X \\ &\vdots \\ \Delta_n + v_n &= x - X \end{aligned}\right\} \tag{f}$$

令 $x - X = \delta$,代入式(f),并整理,得

$$\left.\begin{aligned} \Delta_1 &= -v_1 + \delta \\ \Delta_2 &= -v_2 + \delta \\ &\vdots \\ \Delta_n &= -v_n + \delta \end{aligned}\right\} \tag{g}$$

式(g)两边分别平方,得

$$\left.\begin{aligned}\Delta_1^2 &= v_1^2 - 2v_1\delta + \delta^2\\ \Delta_2^2 &= v_2^2 - 2v_2\delta + \delta^2\\ &\vdots\\ \Delta_n^2 &= v_n^2 - 2v_n\delta + \delta^2\end{aligned}\right\} \tag{h}$$

式(h)两边相加,并同除以 n,得

$$\frac{[\Delta\Delta]}{n} = \frac{[vv]}{n} - 2\delta\frac{[v]}{n} + \delta^2 \tag{5-18}$$

由式(5-17)可知 $[v]=0$,于是式(5-18)可写成

$$\frac{[\Delta\Delta]}{n} = \frac{[vv]}{n} + \delta^2 \tag{5-19}$$

而

$$\begin{aligned}\delta^2 &= (x - X)^2 = \left(\frac{[l]}{n} - X\right)^2\\ &= \frac{1}{n^2}[(l_1 - X) + (l_2 - X) + \cdots + (l_n - X)]^2\\ &= \frac{1}{n^2}(\Delta_1 + \Delta_2 + \cdots + \Delta_n)^2\\ &= \frac{1}{n^2}(\Delta_1^2 + \Delta_2^2 + \cdots + \Delta_n^2 + 2\Delta_1\Delta_2 + 2\Delta_1\Delta_3 + \cdots)\\ &= \frac{[\Delta^2]}{n^2} + \frac{2(\Delta_1\Delta_2 + \Delta_1\Delta_3 + \cdots)}{n^2}\end{aligned}$$

式中 $\Delta_1\Delta_2$、$\Delta_1\Delta_3$、$\cdots$ 同样具有偶然误差的特性,即当 $n\to\infty$ 时,上式等号右边的第二项趋近于零。故式(5-19)可近似地写成

$$\frac{[\Delta\Delta]}{n} = \frac{[vv]}{n} + \frac{[\Delta\Delta]}{n^2}$$

由 $m = \pm\sqrt{\dfrac{[\Delta\Delta]}{n}}$,代入上式整理,得

$$m = \pm\sqrt{\frac{[vv]}{n-1}} \tag{5-20}$$

式(5-20)即为等精度观测时用观测值的改正数求观测值中误差的公式。

(二)算术平均值的中误差

设对某未知量进行了 n 次等精度观测,观测值为 $l_1, l_2, \cdots, l_n$,各观测值的中误差均等于 m,则算术平均值的函数式为

$$x = \frac{[l]}{n} = \frac{1}{n}l_1 + \frac{1}{n}l_2 + \cdots + \frac{1}{n}l_n \tag{5-21}$$

根据式(5-12)可得算术平均值 x 的中误差 M 为

$$M = \pm\sqrt{\left(\frac{1}{n}\right)^2 m^2 + \left(\frac{1}{n}\right)^2 m^2 + \cdots + \left(\frac{1}{n}\right)^2 m^2}$$

得

$$M = \pm \frac{m}{\sqrt{n}} \tag{5-22}$$

将式(5-20)代入式(5-22),即得用观测值改正数求算术平均值中误差的公式

$$M = \pm \sqrt{\frac{[vv]}{n(n-1)}} \tag{5-23}$$

观测值中误差 m 是表示等精度观测列中任一观测值的精度,而算术平均值中误差 M 则表示由观测值求得最后结果的精度。从式(5-22)可以看出,算术平均值中误差与观测次数的平方根成反比。因此,增加观测次数可以提高算术平均值的精度。

设 $m=1$,则 $M = \pm \frac{1}{\sqrt{n}}$, 将 $n=1,2,\cdots$代入式(5-22)中,得到相应的 M 值,现以纵坐标表示 M,横坐标表示 n,绘成曲线如图5-4 所示。由图可见,当 m 不变时,M 随着 n 增大而减小,但当观测次数达到一定数值后,中误差的减小逐渐缓慢。所以,为了提高观测结果的精度,除了适当增加观测次数外,还必须选用相应精度的观测仪器和适当的观测方法,才能获得最经济的效果。在一般情况下,观测 2 ~ 4 次,测量结果的精度已能明显地提高。

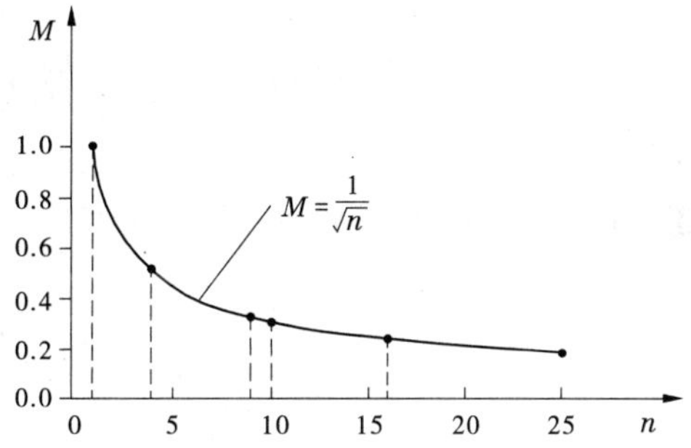

图 5-4　M 与 n 的关系

【例 5-5】　对某距离 AB 丈量了 5 次,其观测值列在表 5-3 中,求观测值的中误差 m 及算术平均值中误差 M。

计算过程及计算结果列于表 5-3 中。

表 5-3　观测值及算术平均值中误差计算表

观测次序	观测值 l_i(m)	v(cm)	vv(cm^2)	计算
1	242. 46	−2	4	$x=(242.46+242.41+242.42+242.45+242.46)/5=242.44$(m)
2	242. 41	3	9	
3	242. 42	2	4	$m = \pm\sqrt{\frac{[vv]}{n-1}} = \pm\sqrt{\frac{22}{5-1}} = \pm 2.35$(cm)
4	242. 45	−1	1	
5	242. 46	−2	4	$M = \frac{m}{\sqrt{n}} = \pm\frac{0.0235}{\sqrt{5}} = \pm 0.01$(m)
$\sum$	$L=242.44$	$[v]=0$	$[vv]=22$	观测成果:242. 44 m ±0. 01 m

【例 5-6】　用同一台经纬仪对某水平角观测了 6 个测回,得各测回水平角的观测值分别为 83°23′56″、83°24′56″、83°23′56″、83°23′54″、83°23′48″、83°24′02″。一测回测角中误差均为 ±8. 5″,试求该水平角的算术平均值及其中误差。

解:在实际工作中,计算算术平均值的公式可改写为

$$x = l_0 + \frac{1}{n}(l_1' + l_2' + \cdots + l_n')$$

式中　l_0——各观测值的基数；

l_i'——$l_i' = l_i - l_0$。

因此，该角的算术平均值为

$$x = 83°24'00'' + \frac{1}{6}[(-4'') + 6'' + (-4'') + (-6'') + (-12'') + 2''] = 83°23'57''$$

按式(5-22)得算术平均值的中误差

$$M = \pm\frac{8.5''}{\sqrt{6}} = \pm 3.5''$$

该角的最后观测结果为 83°23′57″±3.5″。

第五节　不等精度直接观测平差

一、权与中误差的关系

在实际测量中，除了等精度观测外，还有不等精度观测。如图 5-5 所示，当进行水准测量时，由高级水准点 A、B、C、D 分别经过不同长度的水准路线，测得 E 点的高程为 H_{E1}、H_{E2}、H_{E3}、H_{E4}。在这种情况下，即使所使用的仪器和方法相同，但由于水准路线的长度不同，测得 E 点的高程观测值中误差彼此也不相同，就是说，四个高程观测值的可靠程度不同。一般来说，水准路线愈长，可靠程度愈低。因此，不能简单地取四个高程观测值的算术平均值来作为最或是值。那么，怎样根据这些不同精度的观测结果来求 E 点的最或是值 H_E，又怎样来衡量它的精度呢？这就需要引入"权"的概念。

(一)权

测量上所谓的"权"，是一个表示观测结果可靠程度的相对性数值，用 p_i 来表示。

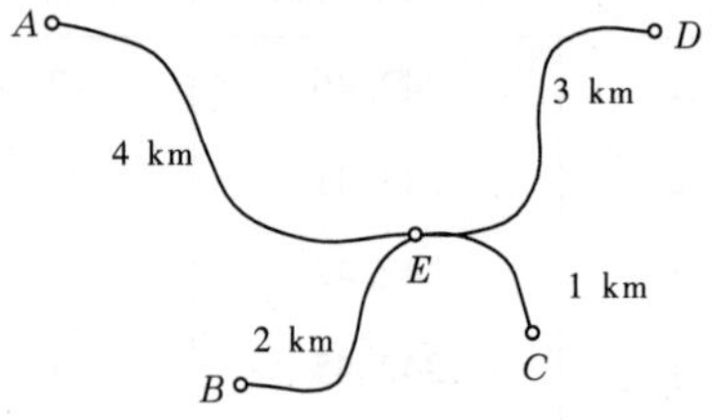

图 5-5　不等精度观测

(二)权的性质

权具有如下性质：

(1) 权愈大，表示观测值愈可靠，即精度愈高；

(2) 权始终取正号；

(3) 由于权是一个相对性数值，因此对于单独一个观测值来讲无意义；

(4) 同一问题中的权，可以用同一个数去乘或除，而不会改变其性质。

(三)确定权的常用方法

1. 利用观测值中误差来确定权的大小

设一组不等精度观测值为 $l_1, l_2, \cdots, l_n$，其相应的中误差为 $m_1, m_2, \cdots, m_n$。

由于中误差愈小，观测值精度愈高，权愈大，并根据权的性质，测量上权可以用下式来定义：

$$p_i = \frac{\lambda}{m_1^2} \quad (i = 1, 2, \cdots, n) \tag{5-24}$$

式中　λ——任意常数。

例如，某两个不等精度的观测值 l_1 的中误差 $m_1 = \pm 2''$，l_2 的中误差 $m_2 = \pm 8''$，则它们的权可以确定为

$$p_1 = \frac{\lambda}{m_1^2} = \frac{\lambda}{2^2} = \frac{\lambda}{4}$$

$$p_2 = \frac{\lambda}{m_2^2} = \frac{\lambda}{8^2} = \frac{\lambda}{64}$$

若取 $\lambda = 4$，则 $p_1 = 1, p_2 = \frac{1}{16}$；$\lambda = 64$，则 $p_1 = 16, p_2 = 1$。

而
$$p_1 : p_2 = 1 : \frac{1}{16} = 16 : 1$$

2. 从实际观测情况出发来确定权的大小

在水准测量中，由于实际上存在着水准路线愈长、测站数愈多、观测结果的可靠程度就愈低的情况，因此可以取不同的水准路线长度 L_i 的倒数或测站数 n_i 的倒数来定权，可记作：

$$p_i = \frac{C}{L_i} \quad (i = 1, 2, \cdots, n) \tag{5-25}$$

或

$$p_i = \frac{C}{n_i} \quad (i = 1, 2, \cdots, n) \tag{5-26}$$

式中　C——任意常数。

为说明上述关系，设水准测量每公里的高差中误差为 m_0，按和函数的误差传播关系可得各条水准路线的高差中误差为

$$\begin{aligned} m_1 &= m_0 \sqrt{L_1} \\ m_2 &= m_0 \sqrt{L_2} \\ &\vdots \\ m_n &= m_0 \sqrt{L_n} \end{aligned}$$

按中误差与权的关系 $p_i = \frac{\lambda}{m_i^2}$，得

$$p_1 = \frac{\lambda}{m_0^2 L_1}, p_2 = \frac{\lambda}{m_0^2 L_2}, \cdots, p_n = \frac{\lambda}{m_0^2 L_n}$$

若令任意常数 $\lambda = C m_0^2$，则

$$p_1 = \frac{C}{L_1}, p_2 = \frac{C}{L_2}, \cdots, p_n = \frac{C}{L_n}$$

同理可证明

$$p_1 = \frac{C}{n_1}, p_2 = \frac{C}{n_2}, \cdots, p_n = \frac{C}{n_n}$$

"权"表示的是不等精度观测值的相对可靠程度,因此可取任一观测值的权作为标准,以求其他观测值的权。在权与中误差关系式 $p_i=\frac{\lambda}{m_i^2}$中,若以 p_1 为标准,并令其值为1,即取 $\lambda=m_1^2$,则

$$p_1=\frac{m_1^2}{m_1^2}=1,p_2=\frac{m_1^2}{m_2^2},\cdots,p_n=\frac{m_1^2}{m_n^2}$$

二、最或是值——加权平均值的计算

设对某量进行 n 次不等精度观测,观测值为 $l_1,l_2,\cdots,l_n$,其相应的权值为 $p_1,p_2,\cdots,p_n$,测量上取加权平均值作为该量的最或是值,即

$$x=\frac{p_1l_1+p_2l_2+\cdots+p_nl_n}{p_1+p_2+\cdots+p_n}=\frac{[pl]}{[p]} \tag{5-27}$$

或

$$x=l_0+\frac{p_1l_1'+p_2l_2'+\cdots+p_nl_n'}{p_1+p_2+\cdots+p_n}=l_0+\frac{[pl']}{[p]} \tag{5-28}$$

式中 l_0——选取观测值的基数;

l_i'——$l_i'=l_i-l_0$。

不等精度观测值的改正数可按 $v_i=x-l_i$,代入下式:

$$[pv]=[p(x-l_i)]=[p]x-[pl]$$

考虑式(5-27),得

$$[pv]=0 \tag{5-29}$$

式(5-29)可作为计算校核。

三、评定精度

(一)单位权中误差

等于1的权称为单位权,权等于1的观测值中误差称为单位权中误差。设单位权中误差为 μ,则权与中误差的关系为

$$p_i=\frac{\mu^2}{m_i^2} \tag{5-30}$$

如 $\mu=m_1$ 时,$p_1=1$,即 l_1 的中误差 m_1 称为单位权中误差。

由(5-30)可写出单位权中误差与观测值中误差的关系式如下

$$\mu^2=p_1m_1^2=p_2m_2^2=\cdots=p_nm_n^2$$

得

$$n\mu^2=[pm^2]$$

所以

$$\mu=\sqrt{\frac{[pm^2]}{n}}$$

当 $n\to\infty$ 时,用真误差 Δ 代替中误差 m,则可将上式改写为

$$\mu=\pm\sqrt{\frac{[p\Delta\Delta]}{n}} \tag{5-31}$$

公式(5-31)为用中误差计算单位权观测值中误差的公式。类似公式(5-20)的推导,

可以求得用观测值改正数来计算单位权中误差的公式为

$$\mu = \pm\sqrt{\frac{[pvv]}{n-1}} \tag{5-32}$$

式中　v——观测值的改正数；

　　n——观测值的个数。

(二)加权平均值中误差

由式(5-27)得

$$x = \frac{[pl]}{[p]} = \frac{p_1}{[p]}l_1 + \frac{p_2}{[p]}l_2 + \cdots + \frac{p_n}{[p]}l_n$$

按中误差传播定律，加权平均值 L 的中误差如下

$$M^2 = \frac{1}{[p]^2}(p_1^2 m_1^2 + p_2^2 m_2^2 + \cdots + p_n^2 m_n^2) \tag{5-33}$$

式中　$m_1, m_2, \cdots, m_n$——相应观测值的中误差。

将式(5-30)代入式(5-33)得

$$M^2 = \frac{p_1}{[p]^2}\mu^2 + \frac{p_2}{[p]^2}\mu^2 + \cdots + \frac{p_n}{[p]^2}\mu^2 = \frac{\mu^2}{[p]}$$

则

$$M = \pm\frac{\mu}{\sqrt{[p]}} = \pm\sqrt{\frac{[pvv]}{[p](n-1)}} \tag{5-34}$$

【例5-7】　对某一角度，采用不同测回数，进行了4次观测，其观测值列于表5-4中，求该角度的观测结果及其中误差。

表5-4　不同精度观测最后结果及其中误差计算表

次数	观测值 L	测回数 n	权 p	改正数 v	pv	pvv
1	63°44′54″	6	6	+5″	+30	150
2	63°45′02″	5	5	−3″	−15	45
3	63°44′59″	4	4	0″	0	0
4	63°45′04″	3	3	−5″	−15	75
	63°44′59″		$[p]=18$		$[pv]=0$	$[pvv]=270$

$$x = 63°44'54'' + \frac{6\times0'' + 5\times8'' + 4\times5'' + 3\times10''}{6+5+4+3} = 63°44'59''$$

$$\mu = \pm\sqrt{\frac{[pvv]}{n-1}} = \pm\sqrt{\frac{270}{4-1}} = \pm9.5''$$

$$M = \pm\frac{\mu}{\sqrt{[p]}} = \pm\frac{9.5''}{\sqrt{18}} = \pm2.2''。$$

该角的最后观测结果为 63°44′59″ ±2.2″。

思考题与习题

1. 什么是系统误差？什么是偶然误差？它们具有哪些特性？

2. 用钢尺丈量距离，有下列几种情况，使量得的结果产生误差，试分别判定误差的性质及符号。

(1)尺长不准确；

(2)测钎插位不准确；

(3)估计小数不准确；

(4)尺面不水平；

(5)尺端偏离直线方向。

3. 在水准测量中，有下列几种情况，使水准尺读数带有误差，试判别误差的性质。

(1)视准轴与水准轴不平行；

(2)仪器下沉；

(3)读数不正确；

(4)水准尺下沉。

4. 衡量观测值精度的标准是什么？衡量角度观测值与距离观测值的标准有何不同？为什么？

5. 为鉴定经纬仪的精度，对已知精确测定的水平角($\beta = 62°00'00.0''$)作 n 次观测，结果为

62°00′03″	61°59′57″	61°59′58″	62°00′02″
62°00′02″	62°00′03″	62°00′01″	61°59′58″
61°59′58″	61°59′57″	62°00′04″	62°00′02″

试计算：

(1)若 β 为真值，求观测值的中误差；

(2)若 β 不是真值，求观测结果、观测值的中误差及算术平均值的中误差。

6. 用经纬仪观测水平角，测角中误差为 $\pm 9''$。欲使角度结果的精度达到 $\pm 5''$，问需要观测几个测回？

7. 在水准测量中，设一个测站的高差中误差为 ± 9 mm，若 1 km 设 9 个测站，求 1 km 高差中误差是多少？若水准路线长为 4 km，其高差中误差是多少？

8. 由一函数 $h = D \cdot \tan\alpha$，其距离观测值为 $D = 100\ \text{m} \pm 0.001\ \text{m}$，角度观测值为 $\alpha = 30° \pm 6''$，则函数值 h 的中误差是多少？

9. 用同一台仪器以不同的测回数观测某角，观测值为 $\beta_1 = 123°13'36''$(4 测回)、$\beta_2 = 123°13'30''$(6 测回)、$\beta_3 = 123°13'36''$(8 测回)。试求单位权中误差、加权平均值和中误差，以及一测回观测值的中误差。

第六章　小地区控制测量

第一节　概　述

绪论中曾经述及测量工作的基本原则，即“从整体到局部、先控制后碎部、由高级到低级”，在地形测量或工程施工测量时，为了限制误差的累计，保证测图或施工精度，同时也便于分区、分阶段进行观测，首先必须在测区内建立控制网，进行控制测量，然后以此为基础或依据进行碎部测量或工程测设。

控制网按范围的大小可分为国家控制网、城市控制网和小地区控制网等。国家控制网是在全国范围内建立的控制网，它是测绘全国各种比例尺地形图和工程施工测量的基本控制，并为研究地球的形状和大小提供研究资料；城市控制网是在国家控制网的基础上，根据城区大小布设成的不同等级的控制网，用于城市规划和各种市政建设等；小地区控制网是在小于10 km^2 的范围内建立的控制网，它直接用于各种工程建设及大比例尺测图等。

控制网按功能可分为平面控制网和高程控制网两种。测定控制点平面位置(X,Y)的工作，称为平面控制测量；测定控制点高程 H 的工作，称为高程控制测量。

一、平面控制测量

平面控制网的布设方法主要有三角网、导线网、GPS网等形式。在地面上选定一系列点构成以三角形相互连接的网称为三角网，三角形顶点称为三角点。三角网又包括测角网、测边网、边角网等。若测量各三角形顶点的水平角，并至少知道一个点的坐标、一条边的方位角和边长，即可根据几何关系推求各顶点平面位置，称为测角网；若测量各三角形的边长与起始边的方位角，再根据已知点的坐标来推求各顶点的平面位置，称为测边网；在三角网中既测量角度又测量边长，然后根据已知点的坐标推求各顶点的平面位置，称为边角网。将地面选定的控制点依次连成折线形式或构成多边形，测量折线边长和转折角，再根据已知点的坐标推求各点平面位置的测量方法，称为导线测量，其控制网为导线网，控制点为导线点。利用全球定位系统建立的控制网称为GPS网，其控制点称为GPS点。

国家平面控制网主要按三角网的形式布设，按精度从高到低依次分为一、二、三、四这四个等级。如图6-1所示，一等三角网沿着经纬线方向布设，又称一等三角锁，是国家平面控制网的骨干；二等三角网布设于一等三角锁内，是国家平面控制网的全面基础；三、四等三角网为一、二等控制网的进一步加密，是测绘各种比例尺地形图和进行各种工程建设的基础。在某些局部地区，如果采用三角测量有困难，也可布设成同级的导线，其中一、二等导线测量又称为精密导线测量。

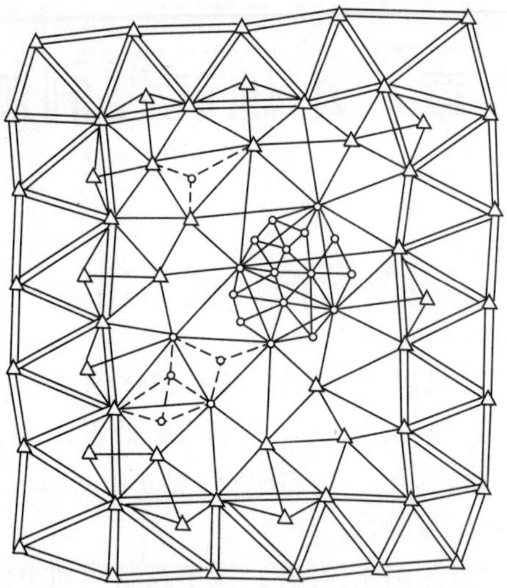

图 6-1　国家平面控制网

城市平面控制网的布网原则与国家网相同，但精度等级较多，要根据工程的具体情况和要求而定。三角网分为二、三、四等和一级、二级小三角，导线网分为三、四等和一级、二级、三级导线，在此基础上再布设直接为测绘大比例尺地形图所用的图根小三角或图根导线。无论哪一级网，若符合工程要求均可作为测区的首级控制。关于各级网的主要技术要求在《工程测量规范》（GB50026—2007）中均有明确的规定，见表 6-1 和表 6-2。

表 6-1　三角测量的主要技术要求

等级		平均边长（km）	测角中误差（″）	起始边边长相对中误差	最弱边边长相对中误差	测回数			三角形最大闭合差（″）
						DJ_1	DJ_2	DJ_6	
二等		9	±1.0	1/250 000	1/120 000	12	—	—	3.5
三等	首级	4.5	±1.8	1/150 000	1/70 000	6	9	—	7
	加密			1/120 000					
四等	首级	2	±2.5	1/100 000	1/40 000	4	6	—	9
	加密			1/70 000					
一级小三角		1	±5	1/40 000	1/20 000	—	2	4	15
二级小三角		0.5	±10	1/20 000	1/10 000	—	1	2	30
图根		≤1.7L_{max}	±20	1/1 000	—	—	—	1	60

注：L_{max} 为测图最大视距。

表 6-2　导线测量的主要技术要求

等级	导线长度(km)	平均边长(km)	测角中误差(″)	测距中误差(mm)	测距相对中误差	测回数			角度闭合差(″)	导线全长相对闭合差
						DJ_1	DJ_2	DJ_6		
三等	14	3	±1.8	±20	1/150 000	6	10	—	$\pm 3.6\sqrt{n}$	1/55 000
四等	9	1.5	±2.5	±18	1/80 000	4	6	—	$\pm 5\sqrt{n}$	1/35 000
一级	4	0.5	±5	±15	1/30 000	—	2	4	$\pm 10\sqrt{n}$	1/15 000
二级	2.4	0.25	±8	±15	1/14 000	—	1	3	$\pm 16\sqrt{n}$	1/10 000
三级	1.2	0.1	±12	±15	1/7 000	—	1	2	$\pm 24\sqrt{n}$	1/5 000
图根	$\leqslant 1.0M$	$\leqslant 1.5L_{max}$	首级:20	—	1/4 000	—	—	1	$\pm 40\sqrt{n}$	1/2 000
			一般:30		1/3 000				$\pm 60\sqrt{n}$	

注:①n 为测站数,M 为测图比例尺分母,L_{max} 为测图最大视距;

②当测区测图的最大比例尺为 1/1 000 时,一、二、三级导线的平均边长及总长可适当放长,但最大长度不应大于表中规定的 2 倍。

小地区平面控制网应尽量与国家(或城市)已建的高级控制网联测,将高级控制点的坐标作为起算数据。若附近没有高级控制点,也可建立独立控制网。在进行地形测量时,根据测区面积的大小,小地区平面控制可以分级建立首级控制和图根控制。直接用于测图的控制点称为图根控制点,简称图根点。测量图根点位置的工作,称为图根控制测量。图根控制测量可在高级控制点的基础上,布设图根小三角或图根导线,若测区面积较大,可布设两级图根点。在小区域范围内进行平面控制测量时,可将水准面视为水平面,不需要将测量成果归算到高斯平面上,直接采用平面直角坐标系计算控制点坐标。

二、高程控制测量

高程控制网建立的方法有水准测量和三角高程测量,其中,水准测量适用于平坦地区和微丘陵地区,三角高程测量适用于山区。

国家高程控制网主要采用水准测量方法建立,按精度从高到低依次分为一、二、三、四等这四个等级,并逐级控制,逐级加密,如图 6-2 所示。一等水准网是国家高程控制网的骨干;二等水准网布设于一等水准环内,是国家高程控制网的基础;三、四等高程控制网是国家高程控制网的加密,主要为测绘各种比例尺地形图和各项工程建设提供高程的起算数据。

城市水准控制网按精度从高到低依次分为二、三、四、五等这四个等级,电磁波测距三角高程网分为四、五等两个等级,各等级的主要技术要求见表 6-3 和表 6-4。

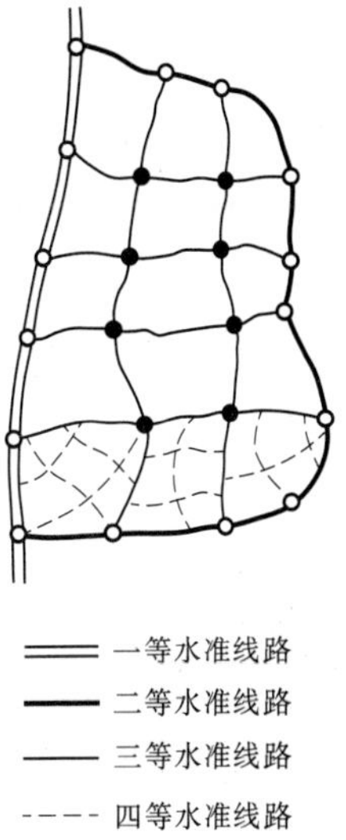

图 6-2　国家高程控制网

表 6-3　水准测量的主要技术要求

等级	每千米高差全中误差(mm)	路线长度(km)	水准仪的型号	水准尺	观测次数		往返较差、附合或环线闭合差	
					与已知点联测	附合或环线	平地(mm)	山地(mm)
二等	±2	—	DS_1	铟瓦	往返各一次	往返各一次	$\pm4\sqrt{L}$	—
三等	±6	≤50	DS_1	铟瓦	往返各一次	往一次	$\pm12\sqrt{L}$	$\pm4\sqrt{n}$
			DS_3	双面		往返各一次		
四等	±10	≤16	DS_3	双面	往返各一次	往一次	$\pm20\sqrt{L}$	$\pm6\sqrt{n}$
五等	±15	—	DS_3	单面	往返各一次	往一次	$\pm30\sqrt{L}$	—
图根	±20	≤5	DS_{10}	单面	往返各一次	往一次	$\pm40\sqrt{L}$	$\pm12\sqrt{n}$

注:L 为往返测段、附合或环线的水准路线长度(km);n 为测站数。

表 6-4　三角高程测量的主要技术要求

等级	仪器	测回数		指标差较差(″)	垂直角较差(″)	对向观测高差较差(mm)	附合或环线闭合差(mm)
		三丝法	中丝法				
四等	DJ_2	—	3	≤7	≤7	$\pm40\sqrt{D}$	$\pm20\sqrt{\sum D}$
五等	DJ_2	1	2	≤10	≤10	$\pm60\sqrt{D}$	$\pm30\sqrt{\sum D}$
图根	DJ_6		1			$400D$	$\pm100H_d\sqrt{n}$

注:D 为边长(km),H_d 为等高距(m),n 为边数。

小地区高程控制网可采用分级建立的方法。例如,以国家(或城市)水准点为基础,在整个测区内建立三、四等水准网,再以三、四等水准点为基础,测定图根点的高程。小地区高程控制网也应和国家控制网联测,以保证控制点成果的通用及工程建设的总体规划等。若测区内或其附近无国家或城市高级已知控制点,或者联测不便,可建立独立的高程控制网。

本章主要介绍小地区平面控制网建立的有关问题。着重介绍用导线测量建立小地区平面控制网的方法,用三、四等水准测量和三角高程测量建立小地区高程控制网的方法,以及 GPS 在控制测量中的应用。

第二节　直线定向与坐标正反算

一、直线定向

为了确定地面点在平面上的相对位置,需要测定两点间的水平距离与两点所连直线的方向。测量工作中,一条直线的方向是依据某一标准方向来确定的。确定地面直线与标准方向间的水平夹角称为直线定向。

(一)标准方向的种类

测量上常用的标准方向有真子午线方向、磁子午线方向和坐标纵轴方向。

1. 真子午线方向

地球表面某点的真子午线的切线方向,称为该点的真子午线方向,真子午线北端所指的方向为真北方向。可以应用天文测量方法来测定地表任一点的真子午线方向。

2. 磁子午线方向

地球表面某点上磁针所指的方向为该点的磁子午线方向,磁针北端所指的方向为磁北方向。可以应用罗盘仪来测定地表任一点的磁子午线方向。

3. 坐标纵轴方向

测量工作中采用的高斯平面直角坐标系的坐标纵轴方向,坐标纵轴的北端所指的方向为坐标北方向。

上述三个标准方向,在一般情况下,它们是不一致的,如图 6-3 所示,我们都知道,地球磁场的南北极与地球的南北极并不是一致的,这就使地球表面某点的磁子午线方向和真子午线方向间有一个夹角,我们称它为磁偏角,用 δ 表示。如图 6-4 所示,磁子午线偏向真子午线以东为东偏,δ 为正,以西为西偏,δ 为负。我国各地的磁偏角的变化范围在 $-10° \sim 6°$。

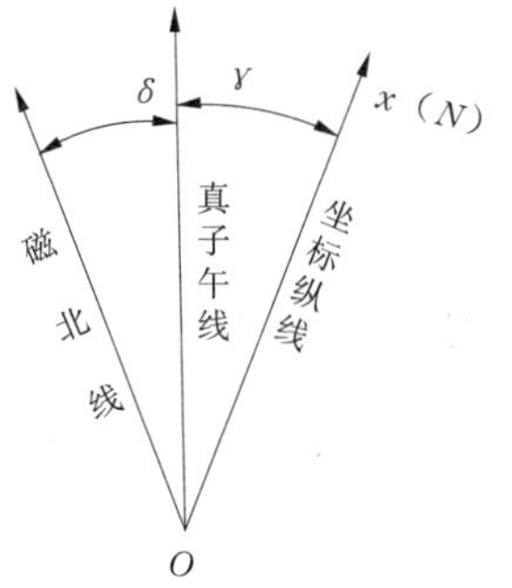

图 6-3　三个标准方向之间的关系

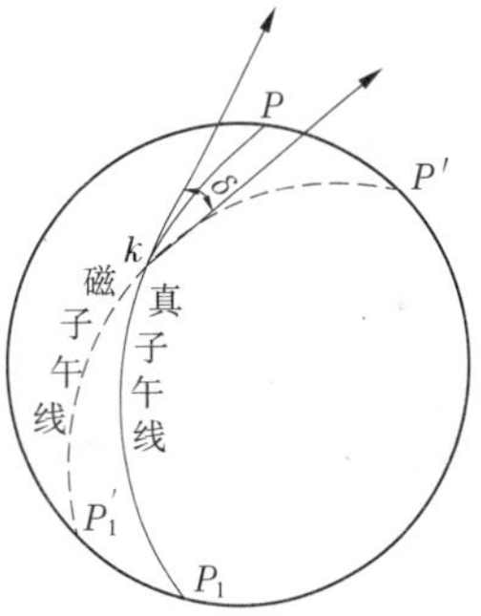

图 6-4　磁偏角示意图

磁偏角的大小随地点的不同而变化,就是在同一地点因受外界条件的影响也有变化。所以,采用磁子午线方向作为标准方向,其精度是比较低的。

地球表面某点的真子午线北方向与该点坐标纵轴北方向的夹角,称为子午线收敛角,用 γ 表示,如图 6-5、图 6-6 所示。坐标纵轴偏向真子午线以东为东偏,γ 为正,以西为西偏,γ 为负。

子午线收敛角有严密的计算公式,在普通测量中可按如下近似公式计算:

$$\gamma = \Delta L \sin B \tag{6-1}$$

式中　ΔL——某点与中央子午线的经度差;

　　B——某点经度。

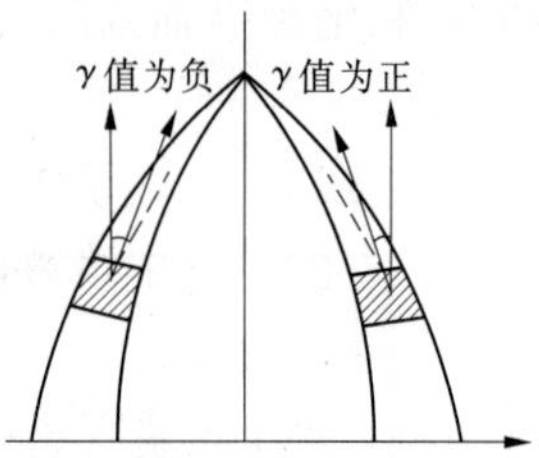

图 6-5　子午线收敛角

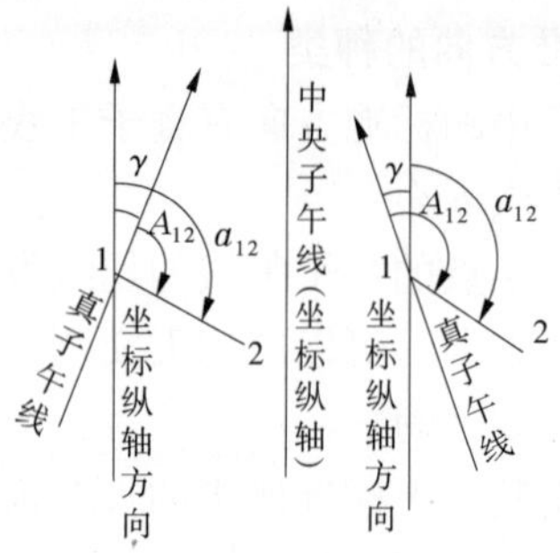

图 6-6　真方位角与坐标方位角的换算

(二)表示直线方向的方法

在测量工作中,常采用方位角或象限角来表示直线的方向。

1. 方位角

由标准方向的北端起,顺时针到某直线的水平夹角称为方位角。方位角的取值范围是 0°~360°,如图 6-7 所示。

利用上述介绍的三个标准方向,可以对地表任一直线定义三个方位角。即:

(1)若标准方向为真子午线方向,则称为真子午线方位角,用 A 表示。

(2)若标准方向为磁子午线方向,则称为磁子午线方位角,用 A_m 表示。

(3)若标准方向为坐标纵轴方向,则称为坐标方位角,用 α 表示。

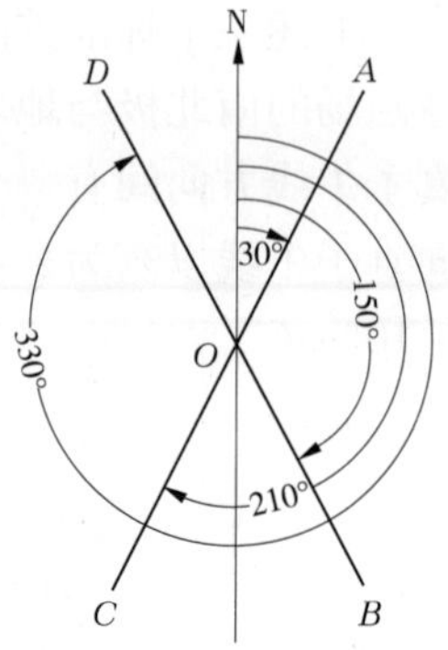

图 6-7　方位角的定义

三种方位角之间的关系为

$$A = A_m + \delta \tag{6-2}$$

$$A = \alpha + \gamma \tag{6-3}$$

在测量工作中,由于同一个高斯投影带内,各点的坐标纵轴方向相互平行,不同直线之间坐标方位角的推算比较方便,因此坐标方位角最常用,如果不特别指出,本书中的方位角一般是指坐标方位角。

2. 象限角

直线与标准方向线的北端或南端所夹的锐角称为象限角。象限角的取值范围为 0°~90°,用 R 表示。平面直角坐标系分四个象限,以Ⅰ、Ⅱ、Ⅲ、Ⅳ表示。由于象限角可以自北端或南端量起,所以表示直线的方向时,不仅要注明角度的大小,而且还要注明其所在的象限。如图 6-8 所示,直线 OA、OB、OC、OD 分别位于四个象限中,其名称分别为北东(NE)、南东(SE)、南西(SW)、北西(NW)。

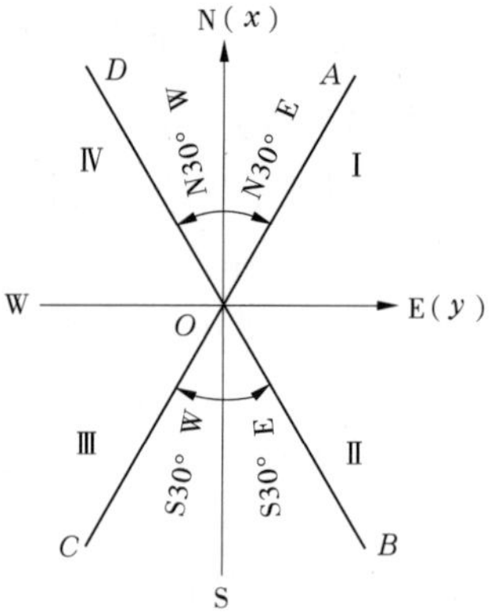

图 6-8　象限角示意图

用方位角和象限角均能表示直线的方向，若知道某一直线的方位角可以换算出该直线的象限角，反之亦可，换算方法见表6-5。

表 6-5　方位角与象限角的换算

象限		由方位角 α 求象限角 R	由象限角 R 求方位角 α
编号	名称		
Ⅰ	北东(NE)	$R=\alpha$	$\alpha=R$
Ⅱ	南东(SE)	$R=180°-\alpha$	$\alpha=180°-R$
Ⅲ	南西(SW)	$R=\alpha-180°$	$\alpha=180°+R$
Ⅳ	北西(NW)	$R=360°-\alpha$	$\alpha=360°-R$

3. 正、反坐标方位角

由两点连成的直线是有方向的，而直线的方向是相对的。如图 6-9 所示，α_{12} 表示 P_1P_2 方向的坐标方位角，α_{21} 表示 P_2P_1 方向的坐标方位角。α_{12} 和 α_{21} 互称为正、反坐标方位角。由图 6-9 可知 $\alpha_{21}=\alpha_{12}+180°$，$\alpha_{12}=\alpha_{21}-180°$，由此可见，一条直线正、反坐标方位角的换算关系为

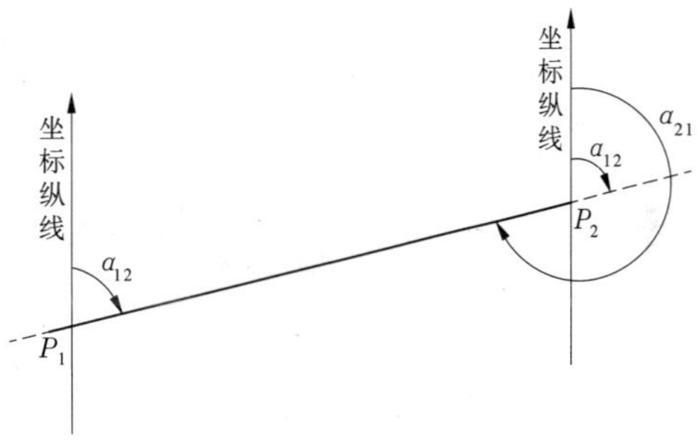

图 6-9　正反坐标方位角的关系

$$\alpha_{反}=\alpha_{正}\pm180° \tag{6-4}$$

式中“$\pm180°$”的“$\pm$”选取，当 $\alpha_{正}>180°$时，取“$-$”；$\alpha_{正}<180°$时，取“$+$”。

4. 坐标方位角的推算

为了整个测区坐标系统的统一，测量的实际工作中并不直接测定每条边的方向，而是通过与已知坐标点的联测，测定各相邻边之间的水平夹角 β_i 来推算出各边的坐标方位角。在推算时，β_i 角分左角和右角，所谓左角(右角)是指该角位于直线前进方向左侧(右侧)的水平夹角。

如图 6-10 所示，已知直线 12 的方位角 α_{12}，直线 12 与直线 23 在 2 点处的水平夹角为 $\beta_{2左}$ 或 $\beta_{2右}$，先用 $\beta_{2左}$ 推算 23 边的坐标方位角为

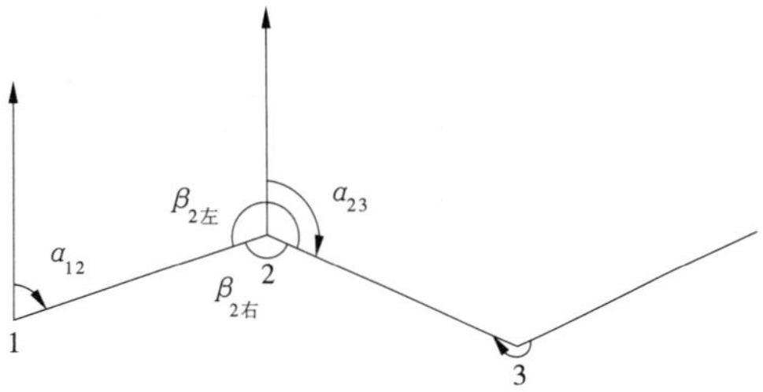

图 6-10　坐标方位角推算

$$\alpha_{23}=\alpha_{21}+\beta_{2左}$$
$$\alpha_{21}=\alpha_{12}\pm180°$$

所以有　$$\alpha_{23}=\alpha_{12}\pm180°+\beta_{2左} \tag{6-5}$$

若用 $\beta_{2右}$ 推算 23 边的坐标方位角为

$$\alpha_{23}=\alpha_{21}-\beta_{2右}$$
$$\alpha_{21}=\alpha_{12}\pm180°$$

所以有　$$\alpha_{23}=\alpha_{12}\pm180°-\beta_{2右} \tag{6-6}$$

因此，坐标方位角推算的通用公式为

$$\alpha_{i,i+1}=\alpha_{i-1,i}\pm\beta_i\pm180° \tag{6-7}$$

式中　$\alpha_{i-1,i}$、$\alpha_{i,i+1}$——直线前进方向上相邻边中后一边的坐标方位角和前一边的坐标方位角；

$\pm\beta_i$——β_i 为左角时取“+”，右角时取“-”；

$\pm180°$——$\alpha_{i-1,i}\pm\beta_i>180°$时，取“-”；$\alpha_{i-1,i}\pm\beta_i<180°$时，取“+”。

用上式算得的 α 值若超过 360°，应减去 360°；若为负值，应加上 360°。

（三）罗盘仪及使用

罗盘仪是用于测定直线的磁方位角或磁象限角的仪器。

1. 罗盘仪的构造

罗盘仪的仪器构造简单，使用方便，但精度不高，外界环境对仪器的影响较大，如钢铁建筑和高压电线都会影响其精度。当测区内没有国家控制点可用，需要在小范围内建立假定坐标系的平面控制网时，可用罗盘仪测量磁方位角，作为该控制网起始边的坐标方位角；陀螺经纬仪精确定向时，也需要用罗盘仪进行粗定向。

罗盘仪主要由望远镜、罗盘盒和基座三部分组成，如图 6-11 所示。

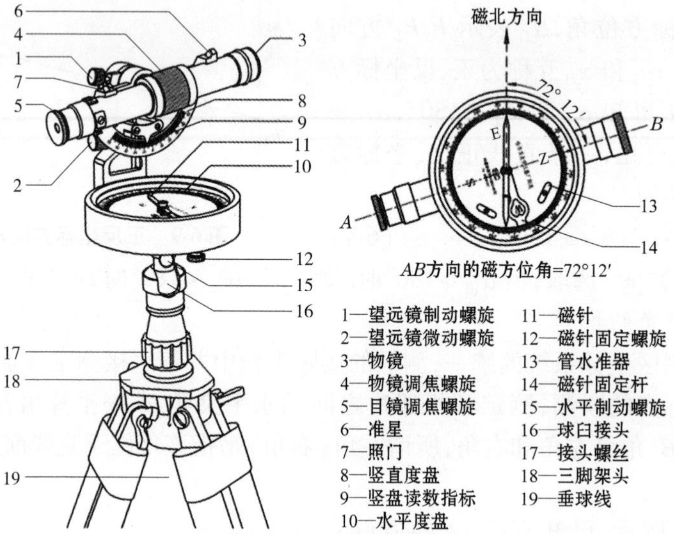

图 6-11　罗盘仪结构图

1）望远镜

罗盘仪的望远镜与经纬仪的望远镜结构基本相似，也有物镜对光螺旋、目镜对光螺旋和十字丝分划板等，望远镜的一侧附有一个竖直度盘，可以粗略测竖直角。

2）罗盘盒

罗盘盒包括磁针和刻度盘。磁针在度盘中心的顶针尖上可自由转动。为了减轻顶针尖的磨损，不用时，可用磁针固定螺旋升高磁针固定杆，将磁针固定在玻璃盖上。刻度盘是用钢或铝制成的圆环，随望远镜一起转动，每隔 10°有一注记，按逆时针方向从 0°注记到 360°，最小分划为 1°，刻度盘内装有一个圆水准器或者两个相互垂直的管水准器，用手控制气泡居中，使罗盘仪水平。

3）基座

采用球臼结构，松开接头螺旋，可摆动刻度盘，使水准气泡居中，然后拧紧接头螺旋，使度盘处于水平位置。

2. *罗盘仪的使用方法*

欲测直线 AB 的磁方位角，将罗盘仪安置在直线起点 A，挂上锤球对中后，松开球臼接头螺旋，用手前、后、左、右转动刻度盘，使水准器气泡居中，拧紧球臼接头螺丝，使仪器处于对中和整平的状态。松开磁针固定螺旋，让它自由转动，然后转动罗盘，用望远镜照准 B 点标志，待磁针静止后，按磁针北端所指的度盘分划值读数，即为 AB 边的磁方位角，如图 6-12 所示。

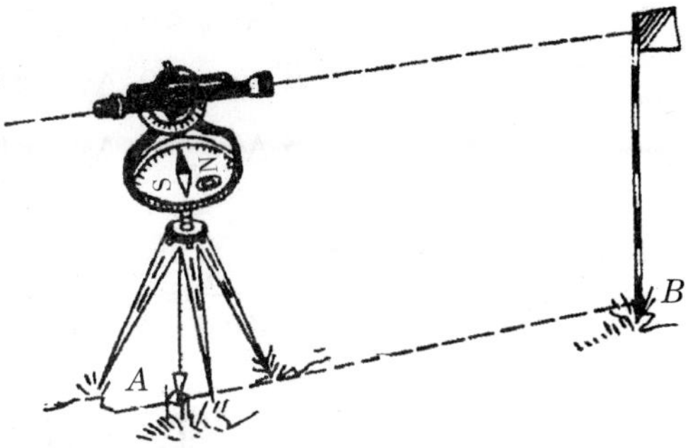

图 6-12　罗盘仪测定直线方向

使用罗盘仪时，应避开高压电线和避免铁质物体接近仪器，测量结束后，要旋紧固定螺旋将磁针固定在玻璃盖上。

二、坐标正反算

（一）坐标正算

A 点的坐标(X_A,Y_A)、AB 边的边长 D_{AB} 及坐标方位角 α_{AB} 均为已知，现求 B 点的坐标(X_B,Y_B)，如图 6-13 所示，则有：

$$\left.\begin{aligned} X_B &= X_A + \Delta x_{AB} \\ Y_B &= Y_A + \Delta y_{AB} \end{aligned}\right\} \tag{6-8}$$

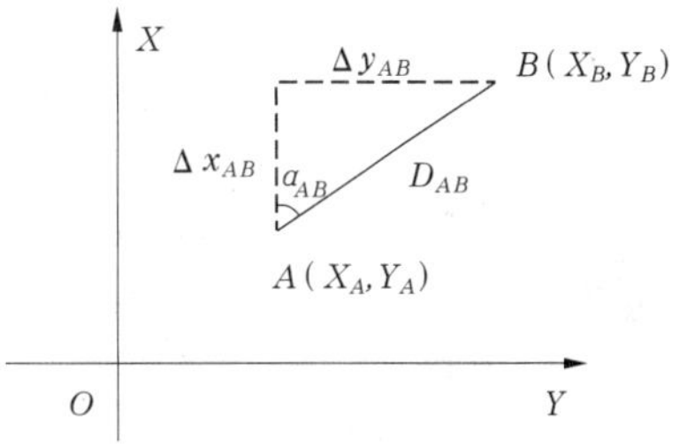

图 6-13　坐标计算

其中坐标增量为

$$\left.\begin{aligned} \Delta x_{AB} &= D_{AB} \cdot \cos\alpha_{AB} \\ \Delta y_{AB} &= D_{AB} \cdot \sin\alpha_{AB} \end{aligned}\right\} \tag{6-9}$$

则有

$$\left.\begin{aligned} X_B &= X_A + D_{AB} \cdot \cos\alpha_{AB} \\ Y_B &= Y_A + D_{AB} \cdot \sin\alpha_{AB} \end{aligned}\right\} \tag{6-10}$$

式(6-10)为坐标正算的基本公式，即根据两点间的边长和坐标方位角，计算两点间的坐标增量，再根据已知点的坐标，计算另一未知点的坐标。

（二）坐标反算

坐标反算是已知两个点的坐标，求两点间的水平距离和坐标方位角。

A、B 点的坐标(X_A,Y_A)、(X_B,Y_B)均为已知，现计算 α_{AB} 和 D_{AB}。由图 6-13 可知，首先取反正切函数计算该直线的象限角，然后判定直线所在的象限，再将其象限角换算成直线的坐标方位角值，公式为

$$R_{AB} = \left| \arctan \frac{\Delta y_{AB}}{\Delta x_{AB}} \right| = \left| \arctan \frac{Y_B - Y_A}{X_B - X_A} \right| \tag{6-11}$$

式(6-11)为求直线的象限角的公式。还应根据 Δx_{AB}、Δy_{AB} 的“+”、“-”符号来确定直线 AB 所在的象限。

$$
\left.\begin{array}{l}
\text{当 } \Delta x_{AB}>0,\Delta y_{AB}>0 \text{ 时}, \alpha_{AB}=R_{AB} \\
\text{当 } \Delta x_{AB}<0,\Delta y_{AB}>0 \text{ 时}, \alpha_{AB}=180^\circ-R_{AB} \\
\text{当 } \Delta x_{AB}<0,\Delta y_{AB}<0 \text{ 时}, \alpha_{AB}=180^\circ+R_{AB} \\
\text{当 } \Delta x_{AB}>0,\Delta y_{AB}<0 \text{ 时}, \alpha_{AB}=360^\circ-R_{AB}
\end{array}\right\} \tag{6-12}
$$

求解直线 AB 的长度公式为

$$
D_{AB}=\frac{\Delta x_{AB}}{\cos\alpha_{AB}}=\frac{\Delta y_{AB}}{\sin\alpha_{AB}}=\sqrt{(X_B-X_A)^2+(Y_B-Y_A)^2} \tag{6-13}
$$

第三节　导线测量

导线测量是控制测量的一种方法，由于其布设灵活、要求通视方向少、精度均匀、数据处理简单等优点，在图根控制测量方面应用极为普遍。导线按测量边长方法的不同有钢尺量距导线、电磁波测距导线等。二者仅测距方法不同，其余工作完全相同。

一、导线的布设形式

（一）闭合导线

闭合导线指自某一已知点出发经过若干点的连续折线仍回至原来一点，形成一个闭合多边形，如图 6-14 所示。

（二）附合导线

附合导线指自某一高一级的控制点（或国家控制点）出发，附合到另一个高一级的控制点上的导线。如图 6-15 所示，A、B、C、D 为高一级的控制点，从控制点 B（作为附合导线的第 1 点）出发，经 2、3、4、5 等点附合到另一控制点 C（作为附合导线的最后一点 6），布设成附合导线。

（三）支导线

支导线指仅有一端连接在高一级控制点上的伸展导线，如图 6-15 中的 4—支$_1$—支$_2$，4 点对支$_1$、支$_2$ 来讲是高一级的控制点。支导线在测量中若发生错差，无法校核，故一般只允许从高一级控制点引测一点，对 1∶2 000、1∶5 000 比例尺测图可连续引测两点。

用导线测量的方法建立小地区平面控制网，其主要技术指标列入表 6-2 中。

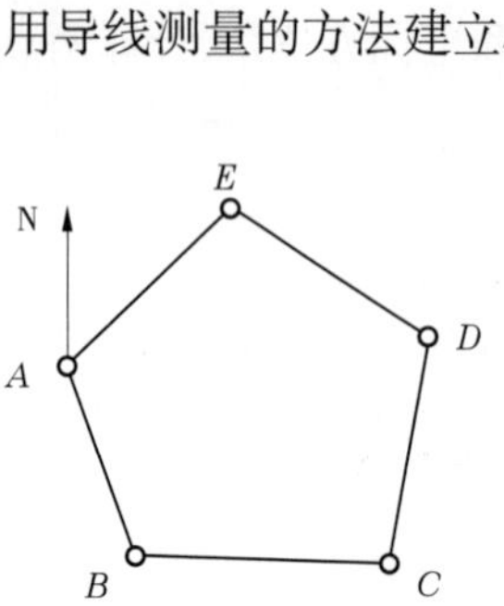

图 6-14　闭合导线

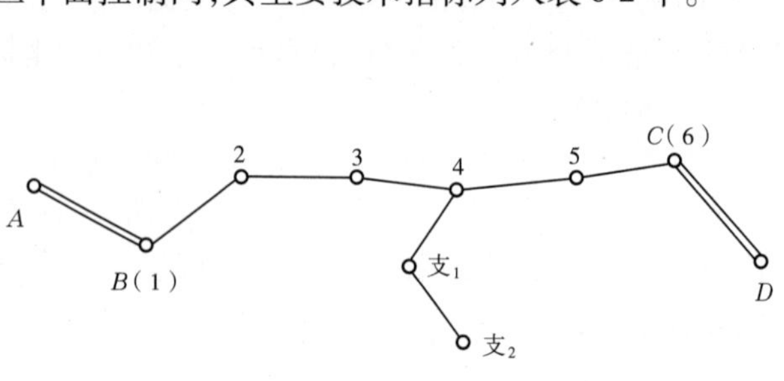

图 6-15　附合导线与支导线

二、导线测量的外业工作

导线测量的外业工作包括踏勘选点、测角、量边和联测等。

(一)踏勘选点

测量前应广泛搜集与测区有关的测量资料,如原有三角点、导线点、水准点的成果,各种比例尺的地形图等;然后做出导线的整体布置设计,并到实地踏勘,了解测区的实际情况;最后根据测图的需要,在实地选定导线点的位置,并埋设点位标志,给予编号或命名。选点时应注意做到:

(1)导线应尽量沿交通线布设,相邻导线点间应通视良好,地势平坦,便于丈量边长。

(2)导线点应选择在有利于安置仪器和保存点位的地方,最好选在土质坚硬的地面上。

(3)导线点应选在视野比较开阔的地方,不应选在低洼、闭塞的角落,这样便于碎部测量或加密。

(4)导线边长应大致相等或按表6-2规定的平均边长。尽量避免由短边突然过渡到长边。短边应尽量少用,以减小照准误差的影响和提高导线测量的点位精度。

(5)导线点在测区内应有一定的数量,密度要均匀,便于控制整个测区。

导线点选定后,要用明显的标志固定下来,通常是用一木桩打入土中,桩顶高出地面1~2 cm,并在桩顶钉一小钉,作为临时性标志。当导线点选择在水泥、沥青等坚硬地面时,可直接钉一钢钉作为标志,需要长期保存使用的导线点要埋设混凝土桩,桩顶刻"十"字,作为永久性标志。导线点选定后,应进行统一编号。为了方便寻找,还应对每个导线点绘制"点之记",如图6-16所示,注明导线点与附近固定地物点的距离。

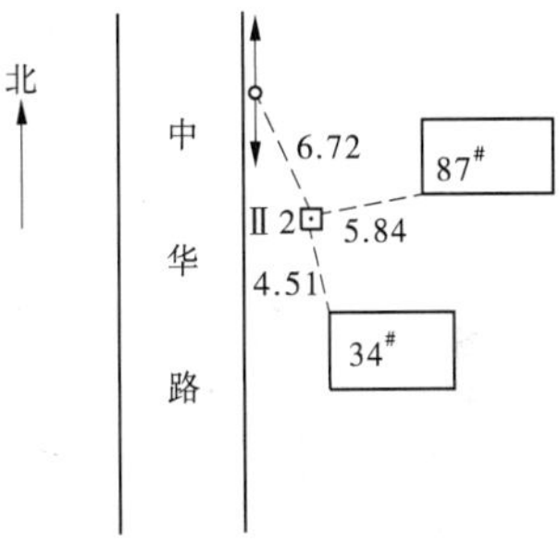

图6-16 点之记 (单位:mm)

(二)测角

用测回法观测导线的转折角,导线的转折角分左角和右角,附合导线中,通常测量导线的左角,闭合导线中均测内角,若闭合导线按逆时针方向编号,则其内角也就是左角,这样便于坐标方位角的推算。对于图根导线,一般用DJ_6级光学经纬仪观测一个测回,其角度闭合差按导线测角技术要求见表6-2。

(三)量边

用来计算导线点坐标的导线边长应是水平距离。边长可以用测距仪单程观测,也可用检定过的钢尺丈量。对于等级导线,要按钢尺量距的精密方法丈量。对于图根导线,用一般方法直接丈量,可以往、返各丈量1次,也可以同一方向丈量2次,取其平均值,其相对误差不应大于1/3 000。

(四)联测

导线必须与高一级控制点连接,以取得坐标和方位角的起始数据。闭合导线的联测分两种情况:一是没有高一级控制点可以连接,或在测区内布设的是独立闭合导线，这时，需要在第 1 点上测出第一条边的磁方位角，并假定第 1 点的坐标，就具有起始数据，如图 6-17(a)所示。第二种情况如图 6-17(b)所示，A、B 为高一级控制点，1、2、3、4、5 等点组成闭合导线，则需要测出连接角 β' 及 β''，以及连接边长 D_0，才具有起始数据。

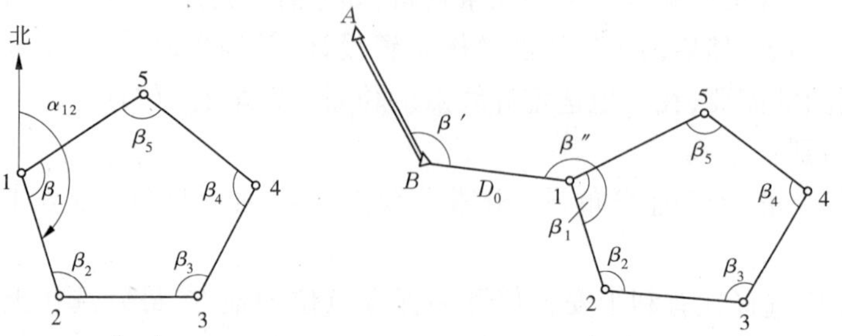

图 6-17　闭合导线联测

附合导线的两端点均为已知点，如图 6-18 所示，只要在已知点 B 及 C 上测出连接角 β_1 及 β_6，就能获得起始数据。

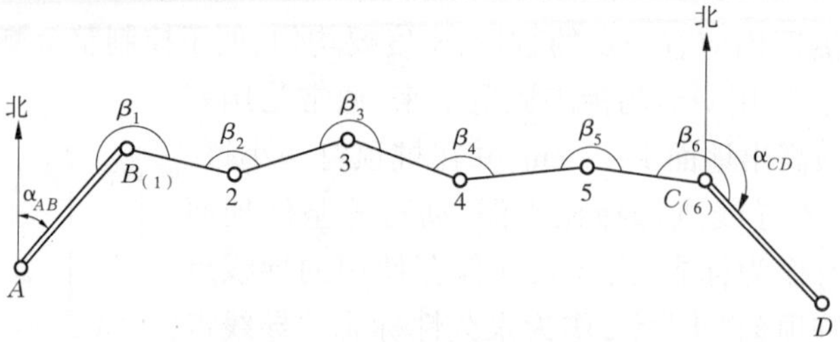

图 6-18　附合导线的联测

三、导线测量的内业计算

在外业工作结束后，首先应整理外业测量资料，导线测量内业计算所必须具备的资料有：各导线边的水平距离；导线各转折角和导线边与已知边所夹的连接角；高级控制点的坐标。当导线(闭合导线)不与高级控制点联测时，应假定一起始点的坐标，并用罗盘仪测定起始边的坐标方位角。

导线测量内业计算的目的是计算各导线点的坐标，计算前应对上述数据进行检查复核，当确认无误后，可绘制导线草图，注明已知数据和观测数据，并填入闭合导线坐标计算表(见表 6-6)。

(一)闭合导线坐标计算

闭合导线是由各导线点组成的一多边形，因此它必须满足两个条件，一是多边形内角和条件，二是坐标条件。多边形内角和条件要求实测多边形内角和应与多边形内角和的理论值相符，坐标条件要求各边纵、横坐标增量之和与纵、横坐标增量的理论值相符。现以表 6-6 中草图为例，说明其计算步骤。

表 6-6　闭合导线坐标计算表

点号	观测角（左角）（° ′ ″）	改正数（″）	改正角（° ′ ″）	方位角（° ′ ″）	距离（m）	坐标计算量 Δx（m）	坐标计算量 Δy（m）	改正后增量 $\Delta x'$（m）	改正后增量 $\Delta y'$（m）	坐标值 x（m）	坐标值 y（m）
1	2	3	4 = 2 + 3	5	6	7	8	9	10	11	12
1										500.00	800.00
				144 36 00	77.38	−0.02 −63.07	−0.01 44.82	−63.09	44.81		
2	89 33 47	+16	89 34 03							436.91	844.81
				54 10 03	128.05	−0.03 74.96	−0.02 103.81	74.93	103.79		
3	72 59 47	+16	73 00 03							511.84	948.60
				307 10 06	79.38	−0.02 47.96	−0.01 −63.26	47.94	−63.27		
4	107 49 02	+16	107 49 18							559.78	885.33
				234 59 24	104.16	−0.02 59.76	−0.02 −85.31	59.78	−85.33		
1	89 36 20	+16	89 36 36							500.00	800.00
				144 36 00							
2											
总和	359 58 56	+64	360 00 00		388.97	+0.09	+0.06	0.00	0.00		

辅助计算

$$f_\beta = \sum \beta_{测} - \sum \beta_{理} = 359°58'56'' - 360° = -64''$$

$$f_{\beta容} = \pm 60''\sqrt{4} = \pm 120''$$

$$f_x = \sum \Delta x = +0.09$$

$$f_y = \sum \Delta y = +0.06$$

$$f_D = \sqrt{f_x^2 + f_y^2} = 0.11$$

$$K = \frac{f_D}{\sum D} = \frac{0.11}{388.97} = \frac{1}{3\ 500} \leqslant \frac{1}{2\ 000}$$

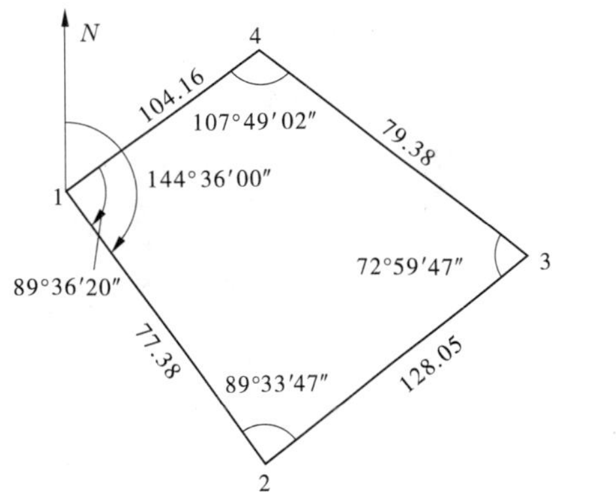

1. 角度闭合差的计算与调整

具有 n 条边的闭合导线，内角总和理论上应满足下列条件：

$$\sum \beta_{理} = (n-2) \times 180° \tag{6-14}$$

设内角观测值的总和为 $\sum \beta_{测}$，则角度闭合差

$$f_\beta = \sum \beta_{测} - (n-2) \times 180° \tag{6-15}$$

角度闭合差是角度观测质量的检验条件，各级导线角度闭合差的容许值按表 6-2 的规定计算。若 $f_\beta \leqslant f_{\beta容}$ 说明该导线水平角观测的成果可用，否则，应返工重测。

由于角度观测的精度是相同的，角度闭合差的调整往往采用平均分配原则，即将角度闭合差按相反符号平均分配到各角中（计算到秒），其分配值称角改正数 V_β，用下式计算

$$V_\beta = -\frac{f_\beta}{n} \tag{6-16}$$

调整后的角值为

$$\hat{\beta} = \beta_{测} + V_\beta \tag{6-17}$$

调整后的内角和应满足多边形内角和条件。

2. 坐标方位角推算

用起始边的坐标方位角和改正后的各内角可推算其他各边的坐标方位角，按式(6-7)推算。

以表 6-6 中的图为例，按 1—2—3—4—1 逆时针方向推算，使多边形内角即为导线前进方向的左角。为了检核，还应推算回起始边。

3. 坐标增量闭合差的计算与调整

根据导线各边的边长和坐标方位角，按坐标正算公式计算各导线边的坐标增量（见式(6-9)）。对于闭合导线，其纵、横坐标增量代数和的理论值应分别等于零（见图 6-19），即

$$\left.\begin{aligned}\sum \Delta X_{理} = 0\\ \sum \Delta Y_{理} = 0\end{aligned}\right\} \tag{6-18}$$

由于量边的误差和角度闭合差调整后的残余误差，使得由起点 1 出发，经过各点的坐标增量计算，其纵、横坐标增量的总和 $\sum \Delta X_{测}$、$\sum \Delta Y_{测}$ 都不等于零，这就存在着导线纵、横坐标增量闭合差 f_x 和 f_y，其计算式为

$$\left.\begin{aligned}f_x &= \sum \Delta X_{测} - \sum \Delta X_{理} = \sum \Delta X_{测}\\ f_y &= \sum \Delta Y_{测} - \sum \Delta Y_{理} = \sum \Delta Y_{测}\end{aligned}\right\} \tag{6-19}$$

如图 6-20 所示，由于坐标增量闭合差 f_x、f_y 的存在，从导线点 1 出发，最后不是闭合到出发点 1，而是 1′点，期间产生了一段差距 1—1′，这段距离称为导线全长闭合差 f_D，即

$$f_D = \sqrt{f_x^2 + f_y^2} \tag{6-20}$$

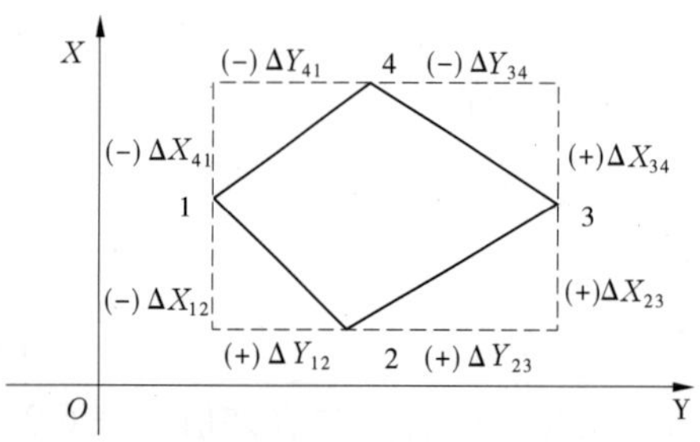

图 6-19　坐标增量

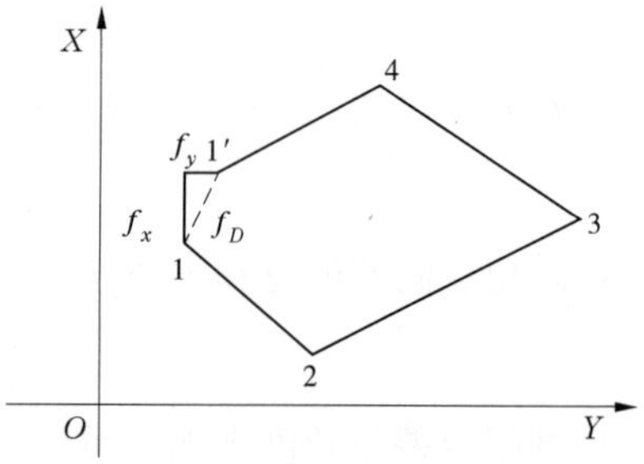

图 6-20　坐标增量闭合差

导线全长闭合差是由测角误差和量边误差共同引起的，一般说来，导线越长，全长闭合差就越大。因此，要衡量导线的精度，可用导线全长闭合差 f_D 与导线全长 $\sum D$ 的比值来表示，得到导线全长相对闭合差 K，且化成分子是 1 的分数形式：

$$K = \frac{f_D}{\sum D} = \frac{1}{\sum D/f_D} \tag{6-21}$$

不同等级的导线其导线全长相对闭合差有着不同的限差，见表 6-2。当 $K \leqslant K_{容}$ 时，说明该导线符合精度要求，可对坐标增量闭合差进行调整。调整的原则是将 f_x、f_y 反符号与边长成正比例分配到各边的纵、横坐标增量中去，即

$$\left.\begin{aligned} V_{xi} &= -\frac{f_x}{\sum D} \times D_i \\ V_{yi} &= -\frac{f_y}{\sum D} \times D_i \end{aligned}\right\} \tag{6-22}$$

式中 V_{xi}、V_{yi}——第 i 条边的坐标增量改正数；

D_i——第 i 条边的边长。

计算坐标增量改正数 V_{xi}、V_{yi}时，其结果应进行凑整，满足

$$\left.\begin{aligned} \sum V_{xi} &= -f_x \\ \sum V_{yi} &= -f_y \end{aligned}\right\} \tag{6-23}$$

4. 导线点坐标计算

根据起始点的坐标和改正后的坐标增量 $\Delta X_i'$、$\Delta Y_i'$，可以依次推算各导线点的坐标，即

$$\left.\begin{aligned} \Delta X_i' &= \Delta X_i + V_{xi} \\ \Delta Y_i' &= \Delta Y_i + V_{yi} \end{aligned}\right\} \tag{6-24}$$

$$\left.\begin{aligned} X_{i+1} &= X_i + \Delta X_i' \\ Y_{i+1} &= Y_i + \Delta Y_i' \end{aligned}\right\} \tag{6-25}$$

最后还应推算起始点的坐标，其值应与原有的数值一致，以作校核。

（二）附合导线计算

附合导线的计算方法与闭合导线的计算方法基本相同，但由于计算条件有些差异，致使角度闭合差与坐标增量闭合差的计算有所不同，现叙述如下：

如图 6-21 所示，1—2—3—…—$(n-1)$—n 为一附合导线，它的起点 1 和终点 n 分别与高一级的控制点 A、B 和 C、D 连接，后者的坐标已知，因此可按坐标反算公式(6-13)，计算起始边和终了边的方位角 α_{AB} 和 α_{CD}。

1. 角度闭合差的计算

附合导线的角度闭合条件是方位角条件，即由起始边的坐标方位角 α_{AB} 和 β_i（左角或

右角)，推算得终了边的坐标方位角 α'_{CD}应与已知 α_{CD}一致，否则，就存在角度闭合差。现以图 6-21 为例(β_i 为左角)推算角度闭合差f_β 如下：

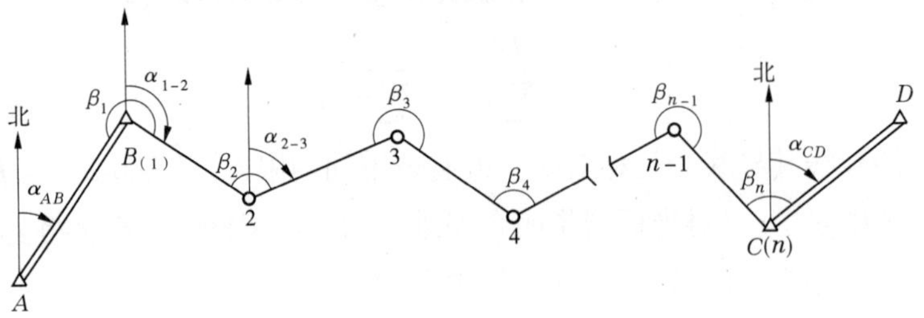

图 6-21　附合导线计算

$$
\left.\begin{aligned}
\alpha_{12} &= \alpha_{AB} + \beta_1 \pm 180^\circ \\
\alpha_{23} &= \alpha_{12} + \beta_2 \pm 180^\circ \\
&\vdots \\
\alpha'_{CD} &= \alpha_{(n-1)n} + \beta_n \pm 180^\circ (+ \\
\hline
\alpha'_{CD} &= \alpha_{AB} + \sum \beta_{测} \pm n \times 180^\circ
\end{aligned}\right\} \tag{6-26}
$$

当β_i 为右角时，$\alpha'_{CD} = \alpha_{AB} - \sum \beta_{测} \pm n \times 180^\circ$，上式算得的方位角应减去若干个 360°，使其角在 0° ~ 360° 之间。附合导线的角度闭合差为

$$f_\beta = \alpha'_{CD} - \alpha_{CD} \tag{6-27}$$

附合导线角度闭合差容许值的计算公式与闭合导线相同，角度闭合差的调整方法为：当β_i 为左角时，与闭合导线相同；当β_i 为右角时，角改正数 V_β 的符号与f_β 的符号相同。

2. 坐标增量闭合差计算

附合导线两个端点——起点 B 及终点 C，都是高一级的控制点，它们的坐标值精度较高，误差可忽略不计，故

$$
\left.\begin{aligned}
\sum \Delta X_{理} &= X_{终} - X_{始} \\
\sum \Delta Y_{理} &= Y_{终} - Y_{始}
\end{aligned}\right\} \tag{6-28}
$$

由于测角和量距含有误差，坐标增量不能满足理论上的要求，产生坐标增量闭合差，即

$$
\left.\begin{aligned}
f_x &= \sum \Delta X_{测} - \sum \Delta X_{理} = \sum \Delta X_{测} - (X_{终} - X_{始}) \\
f_y &= \sum \Delta Y_{测} - \sum \Delta Y_{理} = \sum \Delta Y_{测} - (Y_{终} - Y_{始})
\end{aligned}\right\} \tag{6-29}
$$

求得坐标增量闭合差后，闭合差的限差和调整以及其他计算与闭合导线相同。附合导线坐标计算的全过程见表 6-7 的算例。

表 6-7　附合导线坐标计算表

点号	观测角（右角）（° ′ ″）	改正数（″）	改正角（° ′ ″）	方位角（° ′ ″）	距离（m）	坐标计算量		改正后增量		坐标值	
						Δx(m)	Δy(m)	Δx′(m)	Δy′(m)	x(m)	y(m)
1	2	3	4 = 2 + 3	5	6	7	8	9	10	11	12
A											
				127 20 30							
B	128 57 32	+6	128 57 38							509.580	675.890
				178 22 52	40.510	+0.007 −40.494	+0.007 +1.144	−40.487	+1.151		
1	295 08 00	+6	295 08 06							469.093	677.041
				63 14 46	79.040	+0.014 +35.581	+0.015 +70.579	+35.595	+70.594		
2	177 30 58	+6	177 31 04							504.688	747.635
				65 43 42	59.120	0.010 +24.302	+0.011 +53.894	+24.312	+53.905		
C	211 17 36	+6	221 17 42							529.000	801.540
				34 26 00							
D											
总和	812 54 06	+24	812 54 30		178.67	+19.389	+125.617	+19.420	125.650		

辅助计算

$\alpha'_{CD} = \alpha_{AB} - \beta_{测} \pm n \cdot 180°$

$= 127°20'30'' - 812°54'06'' \pm 4 \times 180°$

$= 34°26'24''$

$f_\beta = \alpha'_{CD} - \alpha_{CD} = \pm 24''$

$f_{\beta容} = \pm 60''\sqrt{4} = \pm 120''$

$f_x = \sum \Delta x_{测} - (x_{终} - x_{始}) = -0.031$

$f_y = \sum \Delta y_{测} - (y_{终} - y_{始}) = -0.033$

$f_D = \sqrt{f_x^2 + f_y^2} = 0.045$

$K = \frac{f_D}{\sum D} = \frac{0.045}{178.67} = \frac{1}{3\,900} \leqslant \frac{1}{2\,000}$

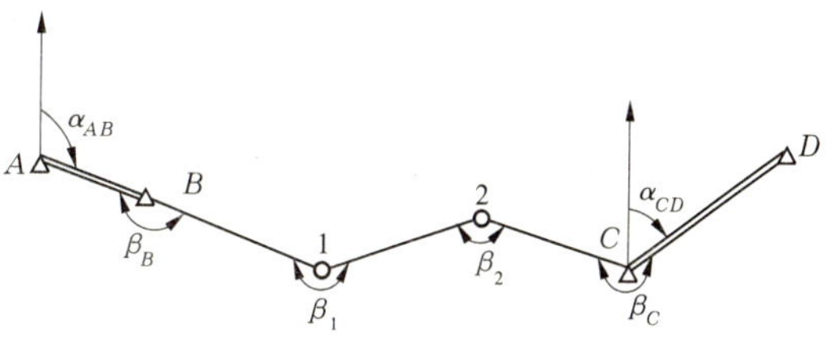

注：β_i 为右角时，改正数的符号与 f_β 相同。

第四节　交会定点

当控制点的密度不能满足测图或工程施工测量需要时，可采用交会定点的方法加密

$$\cos A=\frac{D_{AB}^2+D_{AP}^2-D_{BP}^2}{2D_{AB}D_{AP}} \tag{6-33}$$

则 P 点的坐标可表示为

$$\left.\begin{aligned} x_p&=x_A+l\cdot\cos\alpha_{AB}+h\cdot\sin\alpha_{AB}\\ y_p&=y_A+l\cdot\sin\alpha_{AB}-h\cdot\cos\alpha_{AB}\end{aligned}\right\} \tag{6-34}$$

式中　l、h——AP 边在已知边 AB 上的投影长度和 ΔABP 之 AB 边的高。

若考虑式(6-32)中 $\cos\alpha_{AB}$、$\sin\alpha_{AB}$与坐标增量 Δx_{AB}、Δy_{AB}的关系，则 P 点的坐标计算公式为

$$\left.\begin{aligned} x_p&=x_A+(l\cdot\Delta x_{AB}+h\cdot\Delta y_{AB})/D_{AB}\\ y_p&=y_A+(l\cdot\Delta y_{AB}-h\cdot\Delta x_{AB})/D_{AB}\end{aligned}\right\} \tag{6-35}$$

式(6-35)较式(6-34)的优点是不需反算 AB 边的坐标方位角，均是线量计算。应用计算公式时，要注意 A、B、P 的点号必须是按逆时针的次序排列。

为了校核和提高 P 点的精度，测边交会通常在第三个已知点测定至 P 点的距离，然后分两组交会形式各自按式(6-35)计算 P 点的坐标。坐标检核计算的方法同测角前方交会，此处不再赘述。测边交会计算实例见表 6-9。

表 6-9　测边交会计算表

<table>
<tr><td rowspan="7">观测略图</td><td colspan="3" rowspan="7">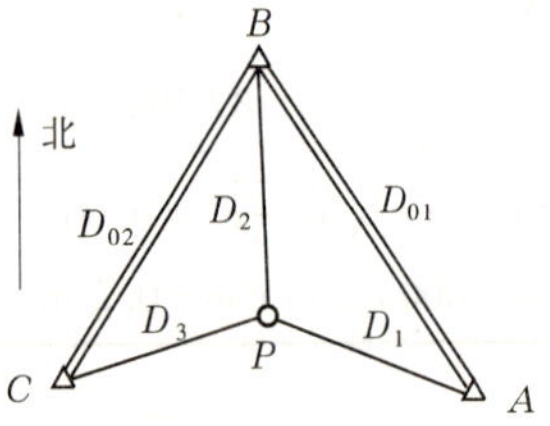
</td><td rowspan="4">坐标值</td><td>x_P</td><td>64 657.74</td><td>y_P</td><td>66 074.30</td></tr>
<tr><td>x_A</td><td>64 374.87</td><td>y_A</td><td>66 564.14</td></tr>
<tr><td>x_B</td><td>65 144.96</td><td>y_B</td><td>66 083.07</td></tr>
<tr><td>x_C</td><td>64 512.97</td><td>y_C</td><td>65 541.71</td></tr>
<tr><td rowspan="3">观测值</td><td>D_{AP}</td><td colspan="3">565.658</td></tr>
<tr><td>D_{BP}</td><td colspan="3">487.299</td></tr>
<tr><td>D_{CP}</td><td colspan="3">551.926</td></tr>
<tr><td>x_B-x_A</td><td>770.09</td><td>y_B-y_A</td><td colspan="2">−481.07</td><td>D_{AB}</td><td colspan="3">908.002</td></tr>
<tr><td>l</td><td>499.435</td><td>h</td><td colspan="2">265.582</td><td>x_P</td><td>64 657.74</td><td>y_P</td><td>66 074.29</td></tr>
<tr><td>x_C-x_B</td><td>−631.99</td><td>y_C-y_B</td><td colspan="2">−41.36</td><td>D_{BC}</td><td colspan="3"></td></tr>
<tr><td>l</td><td>375.723</td><td>h</td><td colspan="2">310.310</td><td>x_P</td><td>64 657.74</td><td>y_P</td><td>66 074.31</td></tr>
<tr><td>计算公式</td><td colspan="4">$l=\frac{D_{AB}^2+D_{AP}^2-D_{BP}^2}{2D_{AB}}$
$h=\sqrt{D_{AP}^2-l^2}$</td><td colspan="4">$x_p=x_A+\frac{l\cdot\Delta x_{AB}+h\cdot\Delta y_{AB}}{D_{AB}}$
$y_p=y_A+\frac{l\cdot\Delta y_{AB}-h\cdot\Delta x_{AB}}{D_{AB}}$</td></tr>
<tr><td>校核</td><td colspan="8">$\delta_x=0.00\ \text{m}$，　$\delta_y=0.02\text{m}$
$e=\sqrt{\delta_x^2+\delta_y^2}=0.02\ \text{m}$
$e_{容}=2\times0.1M=2\times0.1\times1\ 000=200\ \text{mm}=0.2\ \text{m}$</td></tr>
</table>

三、边角联合后方交会

如图 6-24 所示，边角联合后方交会是在待定点 P 置站，对其周围至少两个已知点分别测量距离和水平角，从而计算 P 点的坐标。

计算方法与测边交会计算方法基本相同，即利用坐标反算的已知边 D_{AB} 和测量边 D_{PA}、D_{PB} 按余弦定理来解求三角形 ABP 的内角 A（或 B），再由反算的已知边方位角 α_{AB} 推算 AP 边的方位角 α_{AP}，最后用坐标正算公式计算 P 点的坐标。关于角 A 和 P 点坐标的计算公式见式(6-34)和式(6-35)。

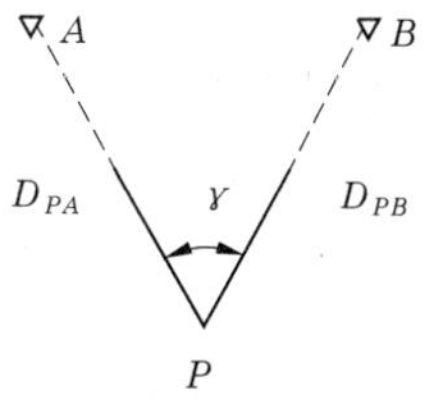

图 6-24　边角联合后方交会

检核测量质量：利用 P 点的计算坐标和已知点 A、B 的坐标，反算出 PA、PB 边的方位角 α_{PA}、α_{PB}；计算与观测角 γ 对应的计算角 $\gamma_{算}$（$\gamma_{算}=\alpha_{PB}-\alpha_{PA}$），并计算二者较差 $\Delta\gamma=\gamma_{算}-\gamma$；若 $\Delta\gamma$ 影响 P 点的横向误差不超过规定的要求，则取用 P 点的计算坐标，否则应检查计算或重算。

若交会点 P 为图根点时，$\Delta\gamma$ 的容许值为 $\pm 40''$。边角联合后方交会的计算实例见表 6-10。

表 6-10　边角联合后方交会计算表

<table>
<tr><td rowspan="6">观测略图</td><td rowspan="6" colspan="3">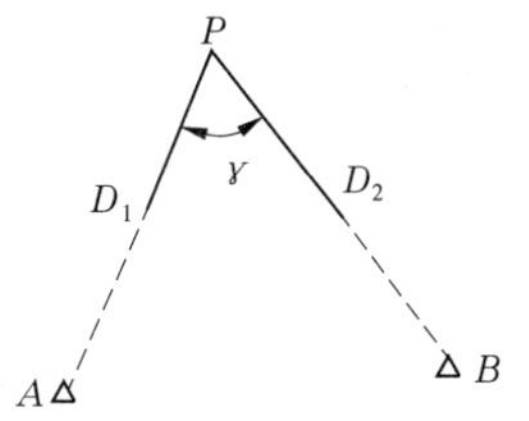
</td><td rowspan="3">坐标值</td><td>x_P</td><td>1 737. 701</td><td>y_P</td><td>2 642. 471</td></tr>
<tr><td>x_A</td><td>1 035. 147</td><td>y_A</td><td>2 601. 295</td></tr>
<tr><td>x_B</td><td>1 501. 710</td><td>y_B</td><td>3 270. 053</td></tr>
<tr><td rowspan="3">观测值</td><td>D_{PA}</td><td colspan="3">703. 760</td></tr>
<tr><td>D_{PB}</td><td colspan="3">670. 486</td></tr>
<tr><td>γ</td><td colspan="3">72°45′12″</td></tr>
<tr><td>x_B-x_A</td><td>466. 563</td><td>y_B-y_A</td><td colspan="2">668. 758</td><td>D_{AB}</td><td colspan="3">8 015. 425</td></tr>
<tr><td>α_{AB}</td><td>55°05′54″</td><td>$\angle A$</td><td colspan="2">51°44′39″</td><td>x_P</td><td>1 737. 701</td><td>y_P</td><td>2 642. 471</td></tr>
<tr><td>α_{PA}</td><td>183°21′15″</td><td>α_{PB}</td><td colspan="2">110°36′28″</td><td>$\gamma_{算}$</td><td colspan="3">72°44′47″</td></tr>
<tr><td>计算公式</td><td colspan="4">$\cos A=\dfrac{D_{AB}^2+D_{PA}^2-D_{PB}^2}{2D_{AB}D_{PA}}$
$\alpha_{AP}=\alpha_{AB}-A$</td><td colspan="4">$x_P=x_A+D_{PA}\cdot\cos\alpha_{AP}$
$y_P=y_A+D_{PA}\cdot\sin\alpha_{AP}$</td></tr>
<tr><td>校核</td><td colspan="8">$\Delta\gamma=\gamma_{算}-\gamma=-25''$</td></tr>
</table>

边角联合后方交会在全站仪测量中又称“自由设站”。主要作业过程是：在待定点 P 置站，观测前调出全站仪的自由设站功能，并键入各已知点的坐标；然后对各已知点进行

距离和水平角测量,同时存储各观测数据。全站仪会利用内部的计算程序自动解算出交会点 P 的坐标。若输入已知点的高程、目标高及测站的仪器高,并对已知点观测竖直角,还可计算出 P 点的高程。

第五节　三、四等水准测量

三、四等水准测量除用于国家控制网的加密外,还用做小地区的首级高程控制,以及工程建设中工程测量的基本控制。

一、技术要求

三、四等水准路线的布设形式可采用附合、闭合水准路线或结点、网状水准路线形式。三、四等水准测量的主要技术要求见表 6-3,每测站水准观测的主要技术要求见表 6-11。

表 6-11　水准观测的主要技术要求

等级	视线长度(m)	前后视距差(m)	前后视距累积差(m)	视线距地面高度(m)	黑红面读数差(mm)	黑红面高差之差(mm)
三	75	3	6	0.3	2.0	3.0
四	100	5	10	0.2	3.0	5.0

二、观测方法

三、四等水准测量主要采用双面水准尺观测法,除各种限差和观测顺序有所不同外,记录与计算方法基本相同。现以三等水准测量的观测方法和限差进行叙述。

每一测站上,首先安置仪器,调整圆水准器使气泡居中。分别瞄准后、前视水准尺,估读视距,使前、后视距离差不超过 2m。如超限,则需移动前视尺或水准仪,以满足要求。然后按下列顺序进行观测,并记于手簿中(见表 6-12)。

(1) 读取后视尺黑面读数:下丝(1),上丝(2),中丝(3)。

(2) 读取前视尺黑面读数:下丝(4),上丝(5),中丝(6)。

(3) 读取前视尺红面读数:中丝(7)。

(4) 读取后视尺红面读数:中丝(8)。

测得上述 8 个数据后,随即进行计算,如果符合规定要求,可以迁站继续施测;否则应重新观测,直至所测数据符合规定要求时,才能迁站。

三、计算与校核

测站上的计算有下面几项(参见表 6-12)。

(1)视距部分:

表 6-12　三(四)等水准测量观测手簿

测自 A 至 B　　日期:2005 年 7 月 12 日　　仪器:S3　No:86606

开始: 7 时 25 分　　天气:晴、微风　　观测者:王清泉

结束: 8 时 20 分　　成像:清晰、稳定　　记录者:张国庆

测站编号	后尺 下丝 / 上丝	前尺 下丝 / 上丝	方向及尺号	标尺读数		(K+黑)减红	高差中数	备注
	后视距	前视距		黑面	红面			
	视距差 d	$\sum d$						
	(1)	(4)	后	(3)	(8)	(14)	(18)	$K_1=4.687$
	(2)	(5)	前	(6)	(7)	(13)		$K_2=4.787$
	(9)	(10)	后－前	(15)	(16)	(17)		
	(11)	(12)						
1	1576	0923	后 101	1295	5981	+1	+0656	
	1015	0351	前 102	0638	5426	－1		
	56.1	57.2	后－前	+0657	+0555	+2		
	－1.1	－1.1						
2	1294	2167	后 102	1431	6218	0	－0426	
	0613	1547	前 101	1856	6544	－1		
	63.6	62.0	后－前	－0425	－0326	+1		
	+1.6	+0.5						
3	1127	1938	后 101	1347	6035	－1	－0310	
	0569	1377	前 102	1657	6446	－2		
	55.8	56.1	后－前	－0310	－0411	+1		
	－0.3	+0.2						
4	1741	0986	后 102	1519	6305	+1	+0758	
	1298	0535	前 101	0761	5448	0		
	44.3	45.1	后－前	+0758	+0857	+1		
	－0.8	－0.6						
5	1623	2250	后 101	1320	6008	－1	－0630	
	1016	1653	前 102	1951	6738	0		
	60.7	59.7	后－前	－0631	－0730	－1		
	+1.0	－0.4						

后距　(9) = [(1) - (2)] × 100。

前距　(10) = [(4) - (5)] × 100。

后、前视距离差(11) = [(9) - (10)]，绝对值不超过 3 m。

后、前视距离累积差(12) = 本站的(11) + 前站的(12)，绝对值不应超过 6 m。

(2)高差部分：

后视尺黑、红面读数差(13) = K_1 + (3) - (8)，绝对值不应超过 2mm。

前视尺黑、红面读数差(14) = K_2 + (6) - (7)，绝对值不应超过 2mm。

上两式中的 K_1 及 K_2 分别为两水准尺的黑、红面的起点差，亦称尺常数。

黑面高差 (16) = (3) - (6)。

红面高差 (17) = (8) - (7)。

黑红面高差之差(15) = [(16) - (17) ± 0.100] = [(13) - (14)]，绝对值不超过 3 mm。

由于两水准尺的红面起始读数相差 0.100 m，即 4.787 与 4.687 之差，因此红面测得的高差应为(17) ± 0.100 m，"加"或"减"应以黑面高差为准来确定。

每一测站经过上述计算，符合要求，才能计算高差中数(18) = $\frac{1}{2}$[(16) + (17) ± 0.100]，作为该两点测得的高差。

表 6-12 为三等水准测量手簿，( ) 内的数字表示观测和计算校核的顺序。当整个水准路线测量完毕，应逐页校核计算有无错误，校核方法是：

先计算 $\sum(3)$，$\sum(6)$，$\sum(7)$，$\sum(8)$，$\sum(9)$，$\sum(10)$，$\sum(16)$，$\sum(17)$，$\sum(18)$，而后用下式校核

$\sum(9) - \sum(10) = (12)$ 末站

$\frac{1}{2}[\sum(16) + \sum(17) \pm 0.100] = \sum(18)$　(当测站总数为奇数时)

$\frac{1}{2}[\sum(16) + \sum(17)] = \sum(18)$　(当测站总数为偶数时)

最后算出水准路线总长度 $L = \sum(9) + \sum(10)$。

四等水准测量一个测站的观测顺序，可采用后(黑、)后(红)、前(黑)、前(红)，即读取后视尺黑面读数后随即读红面读数，而后瞄准前视尺，读取黑面及红面读数。

四、三、四等水准测量的成果整理

当一条水准路线的测量工作完成后，首先应将手簿的记录计算进行详细检查，并计算高差闭合差是否超限，确实无误后，才能进行高差闭合差的调整和高程的计算，否则要局部返工，甚至全部返工。

单一水准路线高差闭合差应符合表 6-3 规定的限差要求。闭合差的调整及高程计算与第二章普通水准测量中的方法相同。

第六节 三角高程测量

当地面高低起伏变化较大不便于施测水准测量时，可应用三角高程测量的方法测定两点间的高差，从而求得待定点的高程。

一、三角高程测量原理

三角高程测量是根据两点间的水平距离和观测的竖直角来计算两点间的高差。如图 6-25 所示，已知点 A 的高程为 H_A，待求点 B 的高程为 H_B。将经纬仪或全站仪安置在 A 点，B 处竖立观测目标或架设棱镜，观测 B 处目标某一特定位置 M 的竖直角 α，量取仪器高 i 和 B 点至 M 点的高度 v（目标高）。若已知或测得 A、B 两点间的水平距离 D，则高差 h_{AB} 为

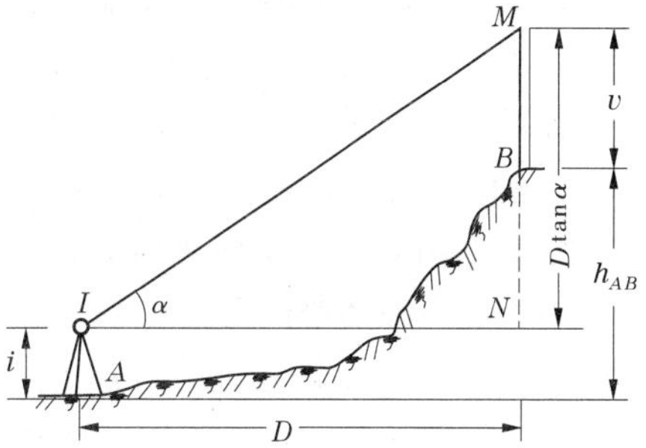

图 6-25 三角高程测量原理

$$h_{AB} = D\tan\alpha + i - v \tag{6-36}$$

公式(6-36)是在假定地球表面为水平面，观测视线为直线的条件下导出的，地面上两点间距离较近时（一般在 300 m 以内）可以运用。如果两点间的距离大于 300 m，就要考虑地球曲率及观测视线由于大气垂直折光的影响，前者为地球曲率差，简称球差，后者为大气垂直折光差，简称气差。由第二章式(2-24)，得球气差的改正数 $f = C - r = 0.43\dfrac{D^2}{R}$。用不同的 D 值为引数，计算出改正值列于表 6-13。考虑球气差改正时，三角高程测量的高差计算公式为

$$h = D\tan\alpha + i - v + f \tag{6-37}$$

那么，B 点的高程为

$$H_B = H_A + D\tan\alpha + i - v + f \tag{6-38}$$

表 6-13 地球曲率与大气折光改正值表

D(m)	$f=0.43\dfrac{D^2}{R}$(cm)	D(m)	$f=0.43\dfrac{D^2}{R}$(cm)
100	0. 1	600	2. 4
200	0. 3	700	3. 3
300	0. 6	800	4. 3
400	1. 1	900	5. 5
500	1. 7	1 000	6. 8

施测仅从 A 点向 B 点观测，称为单向观测。如果不仅由 A 点向 B 点观测，而且又从 B 点向 A 点观测，则称为双向观测或对向观测。因为两次观测取平均值可以自行消减地球

曲率和大气垂直折光的影响，所以一般采用对向观测。另外，为了减少大气垂直折光的影响，观测视线应高出地面或障碍物 1 m 以上。

二、三角高程测量的观测和计算

三角高程测量根据采用的仪器不同而分为电磁波测距仪三角高程测量和经纬仪三角高程测量。三角高程测量的主要技术要求见表 6-4。三角高程测量在每个测站需要盘左、盘右观测竖直角 α，量取仪器高 i 和目标高 v，用测距仪（或全站仪）测定两点间的水平距离或用三角测量方法计算两点间的水平距离。

三角高程测量路线应布设为闭合或附合路线，且每边均应对向观测。对向观测的高差要加球气差改正，经球气差改正后的对向高差之差要符合规范的要求，图根为 $0.4D$，单位 m（D 为以 km 为单位的边长）。由对向高差的中数计算附合或闭合三角高程路线的高差闭合差 f_h，其值不许超过容许值 $f_{h容}$，图根的容许值为

$$f_{h容} = 0.1H_d\sqrt{n} \tag{6-39}$$

式中　H_d——等高距，m；

n——计算路线的边数。

有关三角高程测量路线的计算和水准测量路线的计算相似，此处不再赘述。

第七节　GPS 小地区控制测量

GPS 小地区控制测量是指应用 GPS 技术建立小地区控制网。一般说来，GPS 控制网的建立与常规地面测量方法建立控制网相类似，按其工作性质可以分为外业工作和内业工作。外业工作主要包括选点、建立测站标志、野外观测数据以及成果质量检核等；内业工作主要包括 GPS 控制网的设计、数据处理及技术总结等。也可以按照 GPS 测量实施的工作程序大体分为 GPS 控制网的技术设计、仪器检验、选点与建立标志、外业观测与成果检核、GPS 网的平差计算以及技术总结等若干阶段。下面以 GPS 静态相对定位方法为例，简要地说明一下 GPS 控制测量的实施过程。

一、GPS 控制网的技术设计

GPS 控制网的技术设计是建立 GPS 网的第一步，其原则上包括以下几个方面。

（一）充分考虑建立控制网的应用范围

应根据工程的近期、中期、长期的需要确定控制网的应用范围。

（二）GPS 测量的精度标准与密度标准

GPS 网的精度主要取决于网的用途，设计时要依据实际需要和设备条件，恰当地选定精度等级。GPS 网的精度指标通常是以网中相邻点之间的距离中误差 m_D 来表示，即

$$m_D = a + b \times D \tag{6-40}$$

式中　a——GPS 接收机标称精度中的固定误差，mm；

b——GPS 接收机标称精度中的比例误差系数，$\times 10^{-6}$；

D——GPS 网中相邻点间的距离，km。

不同用途的 GPS 网的精度要求不同。用于地壳变形及国家基本大地测量的 GPS 网可参照《全球定位系统(GPS)测量规范》中的规定执行;用于城市或工程的 GPS 网可根据相邻点间的平均距离和精度参照《全球定位系统城市测量技术规程》中的规定执行,见表 6-14。

表 6-14　城市或工程 GPS 控制网的精度指标

等级	平均距离(km)	固定误差(mm)	比例误差系数($\times10^{-6}$)	最弱边相对中误差
二	9	≤10	≤2	1/12 万
三	5	≤10	≤5	1/8 万
四	2	≤10	≤10	1/4.5 万
一级	1	≤10	≤10	1/2 万
二级	≤1	≤15	≤20	1/1 万

注:当边长小于 200 m 时,以边长中误差小于 20 mm 来衡量。

GPS 网的点位分布与密度要求视测量任务和服务对象的不同而有别。对于城市或工程的 GPS 网,相邻点的最大、最小、平均间距可参照表 6-15 中的 C、D、E 等级执行。

表 6-15　GPS 控制网中相邻点间距　(单位:km)

等级	AA	A	B	C	D	E
相邻点最小距	300	100	15	5	2	1
相邻点最大距	2 000	1 000	250	40	15	10
相邻点平均距	1 000	300	70	10 ~ 15	5 ~ 10	2 ~ 5

(三)坐标系统与起算数据

GPS 测量获得的是 GPS 基线向量(两点的坐标差),其坐标基准为 WGS - 84 坐标系,而实际工程中,需要的是国家坐标系或地方独立坐标系的坐标。为此,在 GPS 网的技术设计中,必须明确 GPS 网的成果所采用的坐标系统和起算数据。

WGS - 84 系统与我国的 1954 年北京坐标系统和 1980 年国家大地坐标系相比,彼此之间采用的椭球、定位、定向均不相同。因此,GPS 测量获得的坐标是不同于我们常用的大地坐标的。为了获得大地坐标,必须在两坐标之间进行转换。为解决两坐标系间的转换,可采用类似区域网平差中绝对定向的方法,即在该需要转换区域内选择 3 个以上均匀分布的控制点,已知它们在两个坐标系中的坐标,通过空间相似变换求得 7 个待定系数:3 个平移参数、3 个旋转参数和 1 个缩放参数。但在我国的大部分地区,转换精度较低。常用的方法是首先对 GPS 网在 WGS - 84 坐标中单独平差处理,然后再以两个以上的地面控制点作为起始点,在大地坐标系(1954 年北京坐标系或 1980 年国家大地坐标系)中进行一次平差处理,可以获得较高的控制测量精度。

(四)GPS 点的高程

GPS 测定的高程是 WGS - 84 坐标系中的大地高,与我国采用的 1985 年国家高程基准正常高之间也需要进行转换。为了得到 GPS 点的正常高,应使一定数量的 GPS 点与水准点重合,或者对部分 GPS 点联测水准。若需要进行水准联测,则在进行 PS 布点时应对此加以考虑。

(五)GPS 网的图形设计

常规测量中对控制网的图形设计是一项非常重要的工作,而 GPS 测量因无需相邻点间互相通视,故在 GPS 图形设计时具有较大的灵活性。GPS 网的图形布设通常有点连式、边连式、网连式及边点混合连接这四种基本形式。

1. 点连式

点连式是指相邻同步图形(同步环)之间仅用一个公共点连接,如图 6-26(a)所示。这样构成的图形其检核条件少、几何强度弱,一般不单独使用。

2. 边连式

边连式是指相邻同步图形之间由一条公共边连接,如图 6-26(b)所示。这样构成的图形其几何强度高,有较多的复测边,非同步图形的观测边可组成异步观测环(异步环),异步环常用于观测成果质量的检查。因此,边连式较点连式可靠。

3. 边点混合连接式

边点混合连接式是把点连式和边连式有机地结合,组成 GPS 网,如图 6-26(c)所示。这种网的布设特点是周围的图形尽量采用边连式,在图形内部形成多个异步环,这样既能保证网的几何强度和提高网的可靠性,又能减少外业工作量和降低成本,是一种较为理想的布网方法。

4. 网连式

网连式是指相邻同步图形之间两个以上的公共点连接。这种方法需要 4 台以上的接收机。这种布网方法的几何强度和可靠性指标相当高,但花费的时间和经费多,一般用于布设高精度的控制网。

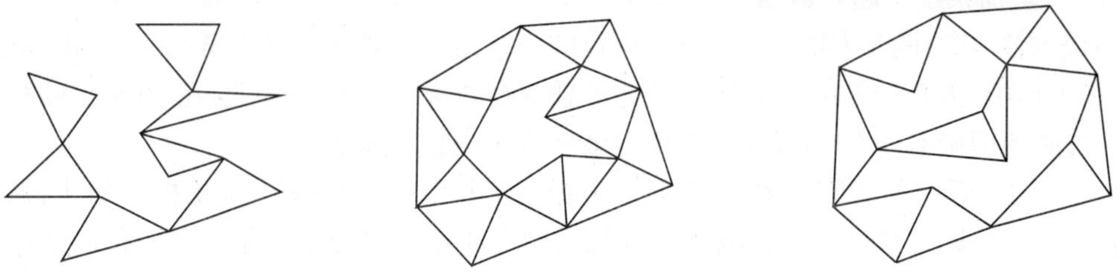

(a)点连式　　(b)边连式　　(c)边点混合连接式

图 6-26　GPS 网的布设形式

二、选点和建立点位标志

选点前应根据测量任务和测区状况,收集有关测区的资料(包括测区小比例尺地形图、已知各类大地点的资料等),以便恰当地选定 GPS 点的点位。在实地选定 GPS 点位时,应遵循以下几点原则:

(1)点位要稳定,便于保存和安置仪器;视野要开阔,便于联测、控制加密和使用。

(2)点位目标要显著,视场周围15°以上不应有障碍物,以减小 GPS 信号被阻或被障碍物吸收。

(3)点位要远离大功率无线电发射源(200 m)、高压输电线(50 m)等,以避免电磁场对 GPS 信号的干扰。

(4)点位附近不要有大面积的水域或强烈干扰卫星信号接收的物体,以减弱多路径效应的影响。

(5)要适当地保持点间的通视,以便于其他测量手段的方位定向等。

点位选定后,应按要求埋石作标志,并绘制点之记、测站环视图和 GPS 选点图等。

三、外业观测

外业观测的作业步骤是天线安置、接收机操作和观测记录。为了保证观测的精度和作业的效率,出测前必须严格地对接收机设备进行检验,观测时要严格地执行规范、规程的规定和技术设计的规定,要严格地整置仪器、量取天线高和看守仪器。由于目前 GPS 接收机操作的智能化程度很高,因此必须严格按照仪器的操作使用说明程序作业,并将观测记录存储到介质上。

四、数据处理

GPS 数据处理主要分为数据预处理和平差处理这两个过程。

数据预处理就是对两台及以上 GPS 接收机的同步观测值进行独立基线向量(坐标差)的解算,也称基线解算。其主要目的是对原始数据进行编辑、加工整理、分流并产生各种专用信息文件,为进一步的平差计算作准备。在数据预处理过程中可以进行重复观测边、同步环、异步环的观测成果质量检核,核定同步环、异步环的分量闭合差和闭合差等是否满足要求。

GPS 网平差处理就是用所有的独立基线组成闭合图形,以三维基线向量及其相应的方差协方差阵作为观测信息,以一个点 WGS－84 系的三维坐标作为起算数据,进行 GPS 网的无约束平差;并在无约束平差确定的有效观测量的基础上,以国家坐标或城市独立坐标等为起算数据,进行约束平差或二维约束平差。GPS 网经过平差处理后,可以最终确定各基线向量值及各点的位置(三维或二维坐标),评定外业观测质量、点位精度和相邻点位精度等。

思考题与习题

1. 为什么要建立控制网,平面控制网和高程控制网各有哪几种形式?

2. 导线的布设形式有几种?选择导线点应注意哪些事项?导线测量的外业工作包括哪些内容?

3. 如图 6-27 所示,(a)已知 $\alpha_{12}=56°06'$,求其余各边的坐标方位角;(b)$\alpha_{AB}=156°24'$,求其余各边的坐标方位角?

4. 何谓直线的正、反坐标方位角?如图 6-28 所示,已知 $\alpha_{AB}=15°36'27''$,$\beta_1=49°54'56''$,

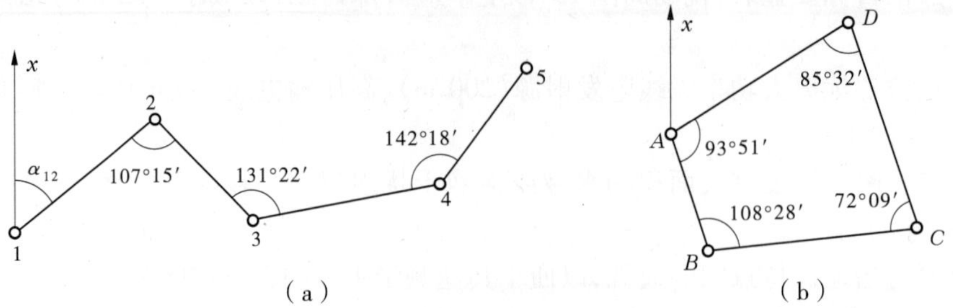

图 6-27　习题 3 图

$\beta_2 = 203°27'36''$,$\beta_3 = 82°38'14''$,$\beta_4 = 62°47'52''$,$\beta_5 = 114°48'25''$,求 DC 边的坐标方位角 α_{DC}。

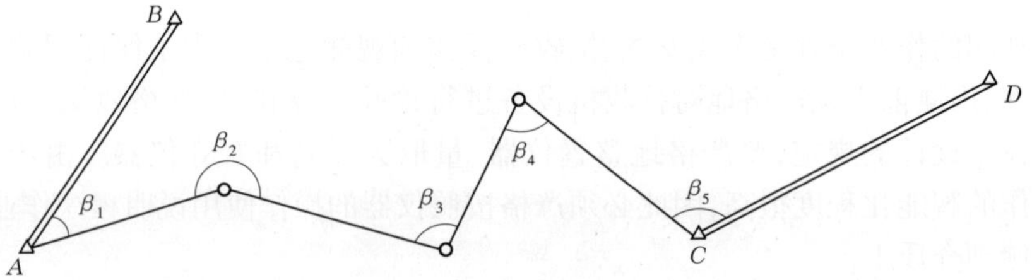

图 6-28　习题 4 图

5. 什么是坐标的正算、反算,怎样进行坐标正算和反算?

6. 计算附合、闭合导线的主要步骤有哪些?

7. 交会定点有哪几种形式?各种形式怎样计算交会点的坐标及怎样检核外业观测的成果质量?

8. 怎样进行三、四等水准测量?三、四等水准测量一个测站观测的数据都有哪些检核,其限差是多少?

9. 简述三角高程测量的原理。

10. 有一条附合导线,如图 6-29 所示。各已知点的坐标分别为 A(513. 261, 258. 172)、B(653. 162,401. 097)、C(510. 989,923. 280)、D(653. 315,1 049. 150),其他观测数据见图。试用表格计算各导线点的坐标。

11. 前方交会(见图 6-30)中已知点 A、B 的坐标分别为 A(500. 000,500. 000)、B(526. 825,433. 160),观测数据为 $\alpha = 69°03'24''$、$\beta = 60°35'23''$。试计算 P 点的坐标。

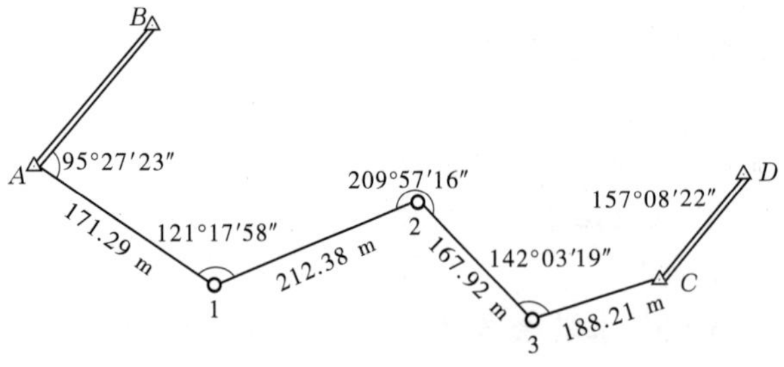

图 6-29　习题 10 图

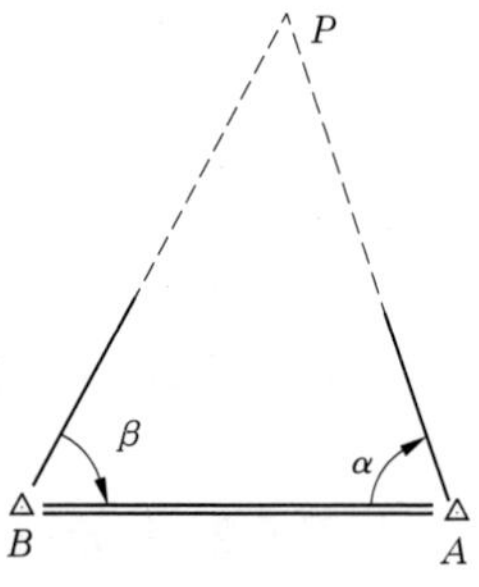

图 6-30　习题 11 图

12. 一条闭合导线的已知观测数据见表6-16。试在表中计算各导线点的坐标。

表6-16 导线坐标计算表

点号	观测角(左角)(° ′ ″)	坐标方位角(° ′ ″)	水平距离(m)	坐标增量(m)		坐标(m)		点号
				ΔX	ΔY	X	Y	
1	2	3	4	5	6	7	8	9
D								*D*
		135 46 10						
A	87 30 06					525.432	897.653	*A*
			239.889					
B	107 19 53							*B*
			232.378					
C	75 55 58							*C*
			299.331					
D	89 15 09							*D*
			239.182					
A								*A*
$\sum$								

辅助计算：

$f_\beta = \sum\beta_i - (n-2)\cdot 180°$

$=$

$f_{\beta容} = \pm 40'' \sqrt{N} =$

f_β　　$f_{\beta容}$

纵、横坐标增量闭合差：$f_x = \sum \Delta x =$　　$f_y = \sum \Delta y =$

导线全长绝对闭合差：$f_D = \sqrt{f_x^2 + f_y^2} =$

导线全长相对闭合差：$K = \dfrac{f_D}{\sum D} =$　　$K_{容} = \dfrac{1}{2\ 000}$

13. 后方交会(见图6-31)中已知点A、B、C的坐标分别为：A(1 001.542,1 620.616)、B(840.134,844.422)、C(659.191,1 282.629)，观测数据为$\alpha = 54°16'50''$、$\beta = 57°20'40''$。试用表格计算P点的坐标。

14. 测边交会(图6-32)中已知点A、B的坐标分别为A(500.000,500.000)、B(615.186,596.653)，观测边长数据见图。试计算P点的坐标。

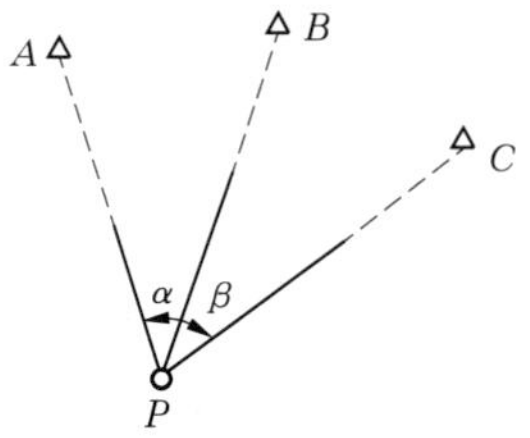

图6-31 习题13图

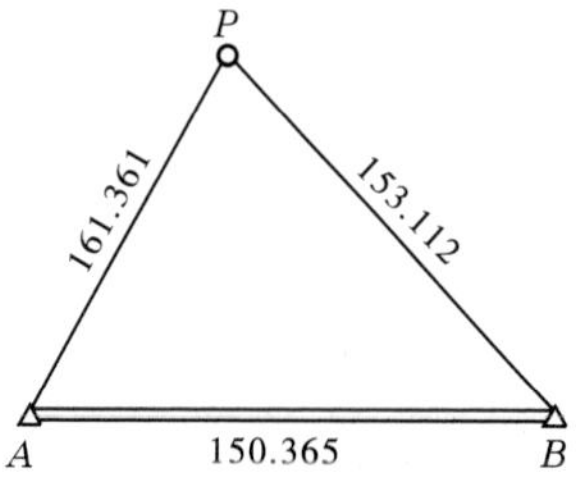

图6-32 习题14图

15. 表6-17为三角高程测量的观测数据，试计算A点至B点的高差h_{AB}。

表 6-17 三角高程的高差计算

测站点	A	B
目标点	B	A
竖直角 α	$+8°12'25''$	$-8°10'50''$
水平距离 D(m)	395.672	395.675
仪器高 i(m)	1.564	1.608
$D\tan\alpha$(m)		
目标高 v(m)	1.673	1.697
球气差 f(m)		
高差 h(m)		
平均高差(m)		

16. 简述 GPS 外业观测的主要工作。

第七章　大比例尺地形图测绘

地面的高低起伏形态如高山、丘陵、平原、洼地等称为地貌，而地表面天然形成或人工修建的具有一定轮廓的固定物体如河流、森林、房屋、道路等称为地物。地形图是将一定范围内的地物和地貌按规定的图式符号和比例尺测绘到图纸上，形成的正射投影图。

本章主要介绍小区域内大比例尺(1∶500、1∶1 000、1∶2 000、1∶5 000)地形图的测绘方法。

第一节　地形图的基本知识

一、地形图的比例尺

(一)比例尺及其表示

图上任一线段的长度与其地面上相应线段的水平距离之比，称为地形图的比例尺。比例尺的表示形式主要有数字比例尺和图式比例尺两种。

(1)数字比例尺。以分子为1，分母为整数的分数形式表示的比例尺称为数字比例尺。设图上一直线段长度为d，其相应的实地水平距离为D，则该图的比例尺为

$$\frac{d}{D}=\frac{1}{M} \tag{7-1}$$

式中　M——比例尺分母。

M越小，比例尺越大，地形图表示的内容越详尽。

(2)图示比例尺。常用的图示比例尺是直线比例尺。在绘制地形图时，通常在地形图上同时绘制图示比例尺，图示比例尺一般绘于图纸的下方，具有随图纸同样伸缩的特点，以便于量长。如图7-1所示为1∶2 000的直线比例尺，其基本单位为2 cm。使用时从直线比例尺上直接读取基本单位的1/10，估读到1/100。

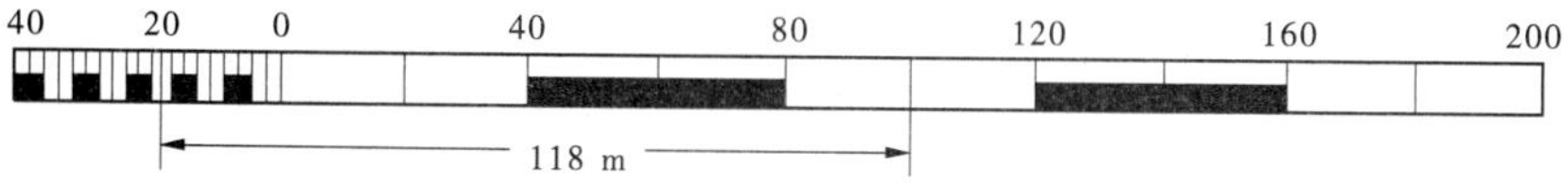

图7-1　直线比例尺

(二)比例尺精度

一般人们在图上可分辨的最小距离为0.1 mm，因此把图上0.1 mm所对应的实地水平距离称为比例尺精度。比例尺大小不同，其比例尺精度也不同，表7-1列出了不同比例尺的精度。

表 7-1　地形图比例尺精度及用途

比例尺	1∶500	1∶1 000	1∶2 000	1∶5 000	1∶10 000
比例尺精度(m)	0.05	0.1	0.2	0.5	1.0
用途	工程设计、施工、竣工图等	城市详规、施工、竣工图等	城市详规、工程项目初步设计	城市总体规划、厂址选址、道路总体规划	

因此,比例尺精度决定了实测地形图时的精度要求和地形图中地物测绘的详细程度。例如在测 1∶2 000 图时,实地只需取到 0.2 m,因为量的再精细在图上也表示不出来。又如在设计用图时,要求在图上能反映地面上 0.1 m 的精度,则所选的比例尺不能小于 1∶1 000。实践中,地形图比例尺的选择,应根据地形图的用途而定。

(三)比例尺的分类

通常把 1∶500、1∶1 000、1∶2 000、1∶5 000、1∶10 000 比例尺的地形图称为大比例尺图;1∶2.5 万、1∶5万、1∶10 万比例尺的地形图称为中比例尺图;1∶20 万、1∶50 万、1∶100 万比例尺的地形图称为小比例尺图。

二、地形图的分幅与编号

为了便于测绘、管理和使用地形图,需将同一地区的各种比例尺地形图进行统一分幅和编号。地形图的分幅与编号有两种形式:一种是按经纬线分幅的梯形分幅法,主要适用于中、小比例尺地形图;另一种是按坐标格网划分的矩形分幅法,主要适用于大比例尺地形图。

(一)梯形分幅与编号

我国于 1992 年颁布的《国家基本比例尺地形图分幅和编号》(GB/T13989—92)国家标准,自 1993 年 3 月起实行。它是以 1∶100 万比例尺地形图的分幅与编号为基础,后接相应比例尺图的行和列代码,并附有比例尺代码。

1. 1∶100 万地形图的分幅与编号

1∶100 万地形图的分幅与编号在国际上是统一的。它按经差 6°和纬差 4°进行分幅,整个地球椭球南北半球各分成 22 行 60 列。行从赤道开始,向南北按字母 A、B、C…顺序进行编号;列从 180°经线开始,自西向东按自然序数 1、2、3…编号,每一梯形格为一幅 1∶100万地形图。其编号由其所在的“行号列号”组成,如图 7-2 所示。

上述规定适用于纬度在 60°以下的情况,当纬度在 60°~76°时,则以经差 12°、纬差 4°分幅;纬度在 76°~88°时,则以经差 24°、纬差 4°分幅;88°以上为一幅。

我国地处北半球,图幅范围在东经 72°~138°、北纬 0°~56°内。包括行号 A、B、C…N 的 14 行,列号 43、44、…、53 的 11 列。例如北京某地的经纬度分别是东经117°25′00″、北纬 39°56′30″,则其在 1∶100 万地形图的编号是 J50,如图 7-3 所示。

由于南北半球的经度相同而纬度对称,为了区别南北半球对应图幅的编号,规定在行号前冠以 S 和 N(我国地处北半球,图号前的 N 全部省略)。

2. 1∶50 万~1∶5 000 地形图的分幅和编号

1∶50 万~1∶5 000 地形图的分幅和编号均以 1∶100 万地形图为基础。将一幅 1∶100

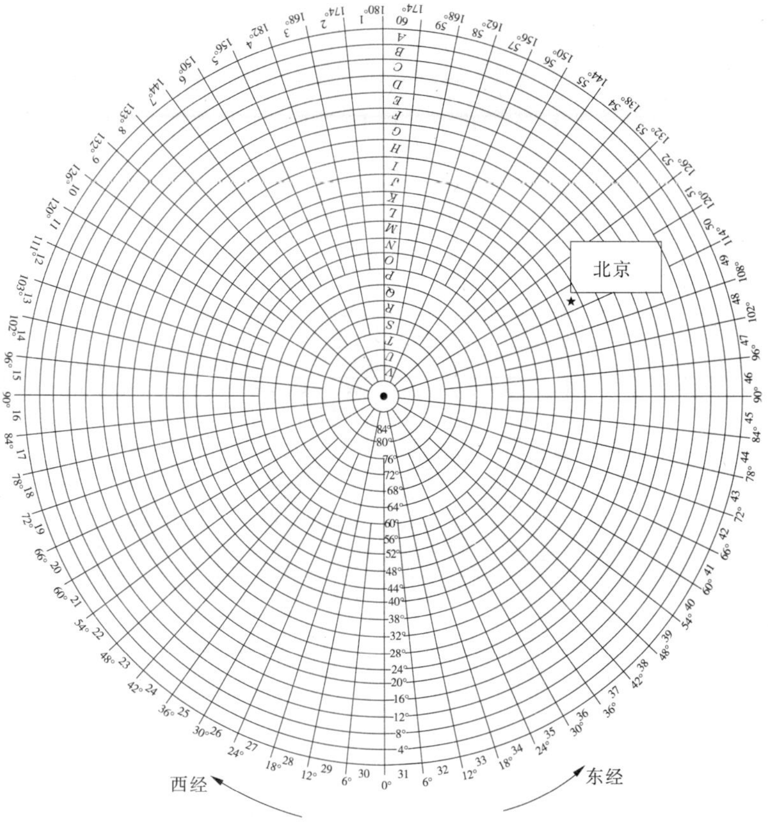

图 7-2　1∶100 万地形图的分幅与编号

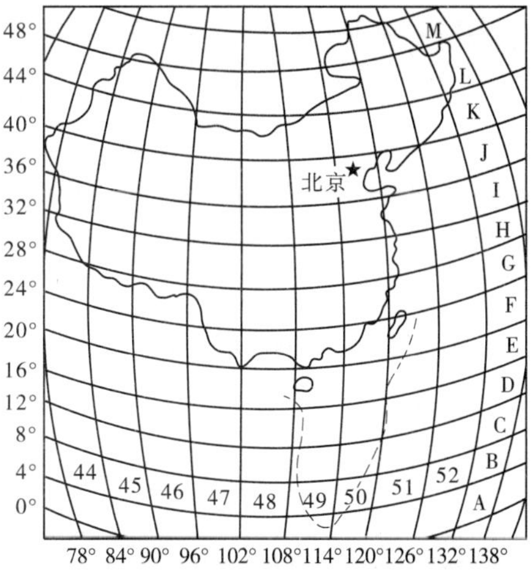

图 7-3　我国 1∶100 万地形图的分幅与编号

万地形图分成若干行和列，按横行从上到下、纵列从左到右的顺序分别用 3 位阿拉伯数字表示，不足 3 位时前补 0，并附有比例尺代码。1∶50 万～1∶5 000 地形图的编号由其所在

1∶100 万地形图图号、比例尺代码、行号、列号共 10 位码组成，如图 7-4 所示。

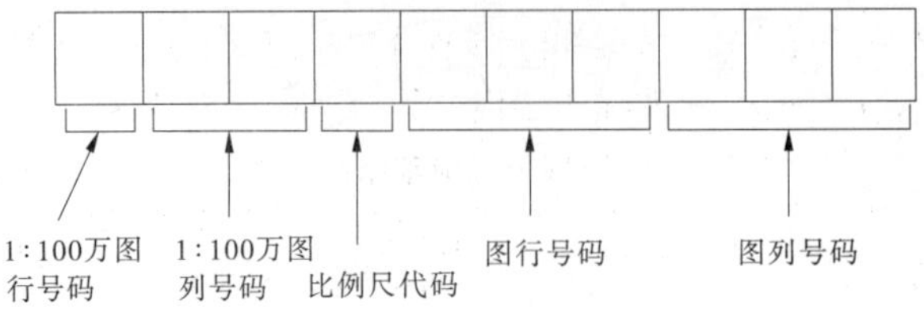

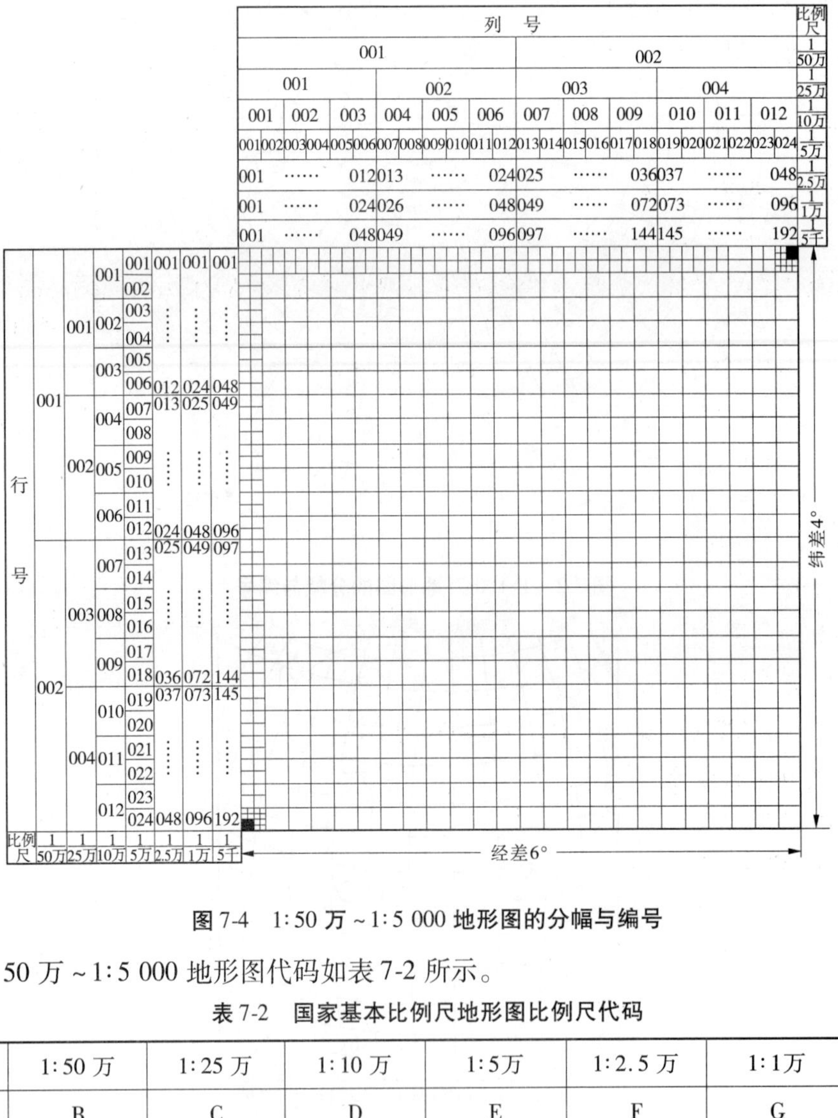

图 7-4　1∶50 万～1∶5 000 地形图的分幅与编号

1∶50 万～1∶5 000 地形图代码如表 7-2 所示。

表 7-2　国家基本比例尺地形图比例尺代码

比例尺	1∶50 万	1∶25 万	1∶10 万	1∶5万	1∶2.5 万	1∶1万	1∶5 000
代码	B	C	D	E	F	G	H

例如，编号 G12C002003 的地形图属于 1∶25 万比例尺的地形图，在编号为 G12 的1∶100 万比例尺地形图之中，其行号为 2，列号为 3。编号 G12G081054 的地形图属于1∶1万比例尺

地形图,在编号为 G12 的 1∶100 万比例尺地形图之中,其行号为 81,列号为 54。

(二)矩形分幅与编号

大比例尺地形图一般采用矩形分幅,通常 1∶5 000 比例尺地形图的图幅大小为 40 cm×40 cm,1∶2 000、1∶1 000、1∶500 为 50 cm×50 cm,见表 7-3。

表 7-3　大比例尺地形图图幅的大小

比例尺	图幅大小(cm×cm)	实地面积(km^2)	1∶5 000 图幅内的分幅数
1∶5 000	40×40	4	1
1∶2 000	50×50	1	4
1∶1 000	50×50	0.25	16
1∶500	50×50	0.062 5	64

矩形分幅的编号方法如下。

1. 按本幅图的西南角坐标进行编号

按图幅西南角坐标千米数,x 坐标在前,y 坐标在后,中间用短线连接。图号的小数位:1∶500取至 0.01 km;1∶1 000、1∶2 000 取至 0.1 km;1∶5 000 取至 1 km。例如 1∶2 000、1∶1 000、1∶500 三幅图的西南角坐标分别为 x = 20.0 km,y = 10.0 km;x = 21.5 km,y = 11.5 km;x = 20.00 km,y = 10.75 km。则它们的对应编号为 20.0 – 10.0;21.5 – 11.5;20.00 – 10.75。

2. 按 1∶5 000 比例尺的图号进行编号

一幅 1∶5 000 比例尺图分成 4 幅 1∶2 000 比例尺图,一幅 1∶2 000 比例尺图分成 4 幅 1∶1 000比例尺图,一幅 1∶1 000 比例尺图分成 4 幅 1∶500 比例尺图,1∶5 000 比例尺图的编号取图幅西南角坐标千米数作为其编号,而其他大比例尺图在其后缀罗马数字进行编号,如图 7-5(a)所示。例如,编号 20 – 30 – Ⅲ为 1∶2 000 比例尺地形图;20 – 30 – Ⅱ – Ⅲ为 1∶1 000 比例尺地形图;20 – 30 – Ⅰ – Ⅱ – Ⅰ为 1∶500 比例尺地形图。

3. 按行列进行编号

将测区内的图幅行与列分别进行编号,如行以 A、B、C…由上到下排列,列以 1、2、3…由左到右排列,如图 7-5(b)所示。例如,阴影区的图号为 B2。

4. 按某种自然序号进行编号

这种编号通常按从上至下、从左到右的顺序,用自然序号(常用阿拉伯数字)进行编排,如图 7-5(c)所示。例如,阴影区的图号为 7。当测区面积较小图幅数量不多时,可采用此方法。

三、地形图的图外注记

对于一幅标准的大比例尺地形图,图廓外应注有图名、图号、接图表、比例尺、图廓、坐标格网和其他图廓外注记等,如图 7-6 所示。

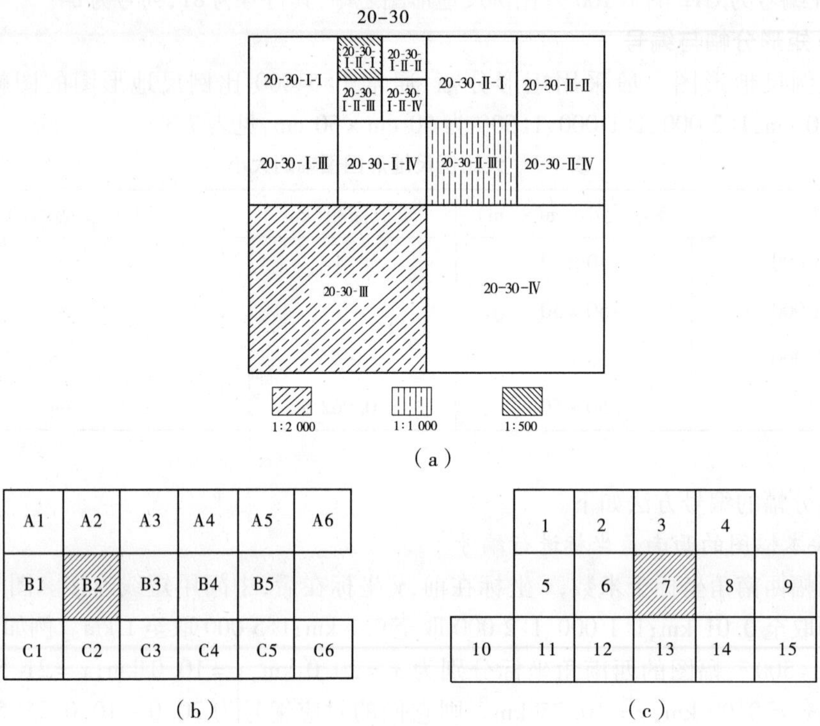

图 7-5　矩形分幅及编号

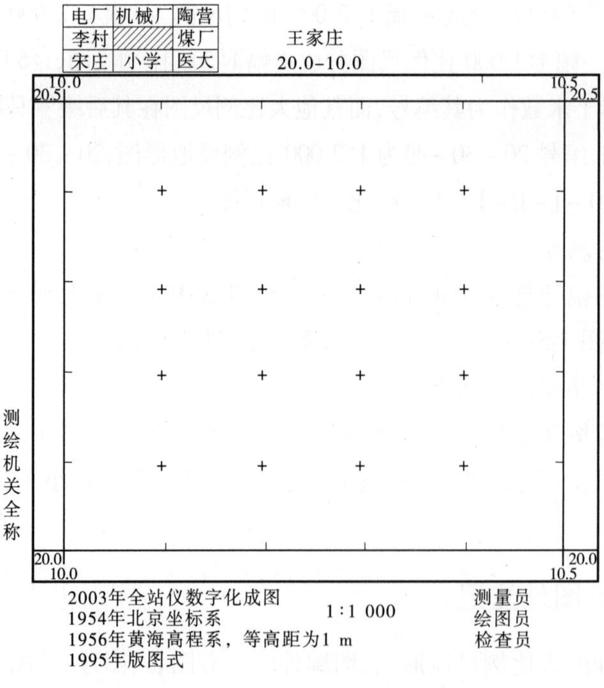

图 7-6　地形图的图外注记

(一)图名和图号

图名通常是用图幅内具有代表性的地名、村庄或企事业单位名称命名,图名和图号均标注在北图廓上方的中央,见图 7-6 上部。

(二)接图表

接图表在图幅外图廓线的左上角,表示本图幅与相邻图幅的连接关系。接图表中画有斜线的代表本图幅,各邻接图幅均注有图名或图号,如图 7-6 所示。

(三)图廓

图廓是地形图的边界线,有内、外图廓之分。内图廓线是坐标格网线,也是地形图的界址线,用细实线绘制;外图廓线是图幅的外围边线,是加粗的装饰线。如图 7-6所示。

此外,在地形图的下方还标注坐标、高程系统和成图时间、测绘单位、绘图员等;对于中小比例尺地形图,在地形图的南图廓下方,还绘有三北方向线,表示真子午线、磁子午线和轴子午线三者之间的角度关系。

四、地物符号

地形是地物和地貌的总称,人们通过地形图去了解地形信息,那么地面上的不同地物、地貌就必须按统一规范的符号表示在地形图上,这个规范就是由国家测绘主管部门颁发的《地形图图式》。其中地物符号根据地物的大小、测图比例尺的不同,可分为以下四类。

(一)比例符号

有些地物的轮廓较大,其形状和大小均可依比例尺缩绘在图上,同时配以规定的符号表示,这种符号称为比例符号。如房屋、河流、湖泊、森林等。

(二)半比例符号

对于一些带状延伸地物,按比例尺缩小后,其长度可依测图比例尺表示,而宽度不能依比例尺表示,这种符号称为半比例尺符号。符号的中心线一般表示其实地地物的中心线位置。如铁路、通信线、管道等。

(三)非比例符号

地面上轮廓较小的地物,按比例尺缩小后,无法描绘在图上,应采用规定的符号表示,这种符号称为非比例符号。如水准点、路灯、独立树、里程碑等。

(四)注记符号

用文字、数字或特有符号对地物加以说明,称为注记符号。例如,村、镇、道路的名称,楼房的层数、结构,地形点高程,江河的名称、流向,森林、果树的类别等。

常见的大比例尺地形图部分图式,见表 7-4。

表 7-4　1∶500、1∶1 000、1∶2 000 比例尺地形图图式

符号说明	符号	符号说明	符号	符号说明	符号
小三角点 横山-点名 95.93-高程	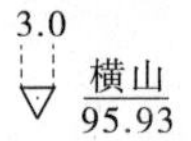	土墙	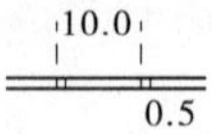	水渠	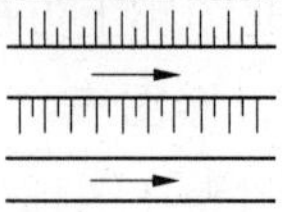
图根点 N 25-点名 62.74-高程	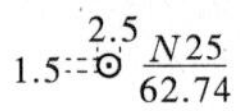	栅栏，栏杆	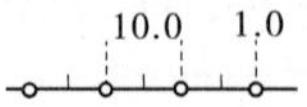	车行桥	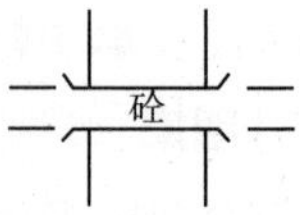
水准点 Ⅱ京石5-点名 32.804-高程	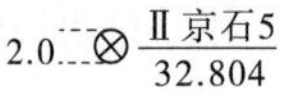	篱笆	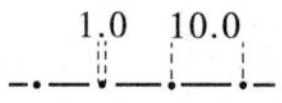	人行桥 （非比例）	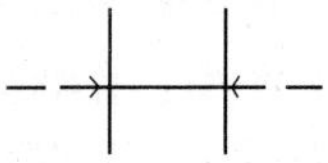
一般房屋 （四层）	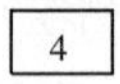	铁丝网	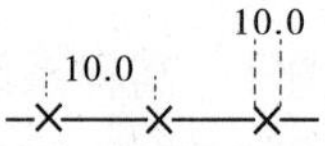	地类界	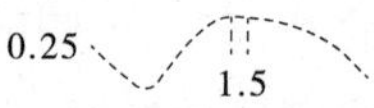
简单房屋	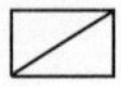	铁路	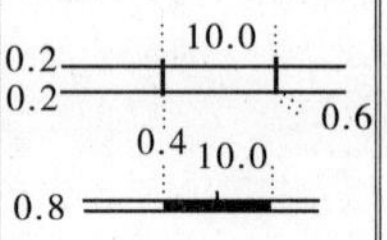	旱地	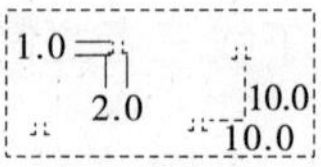
厕所		公路		竹林（大面积的）	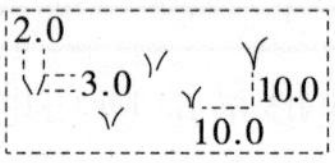
水塔	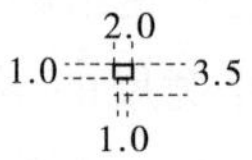	简易公路	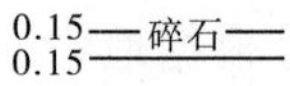	草地	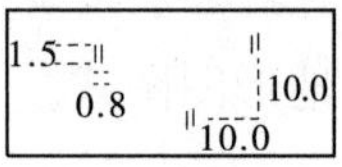
烟囱	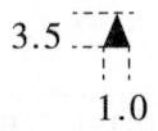	大车路	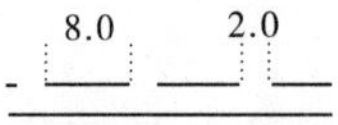	耕地 （水稻田）	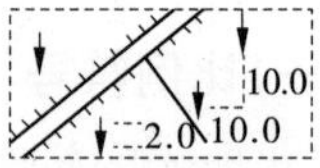
电力线 （高压）	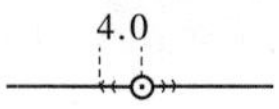	小路	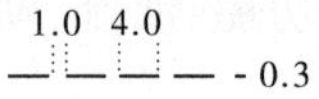	菜地	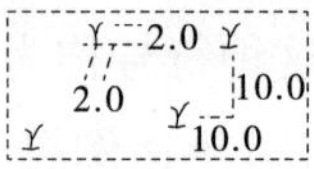
电力线 （低压）	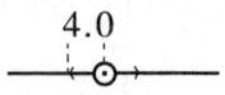	阶梯路	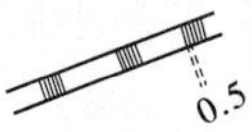	等高线	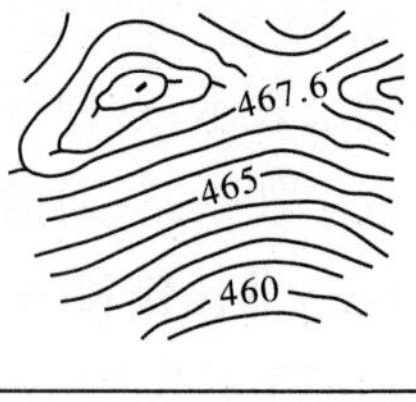
围墙（砖石及混凝土墙）	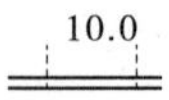	河流、湖泊水涯线及流向	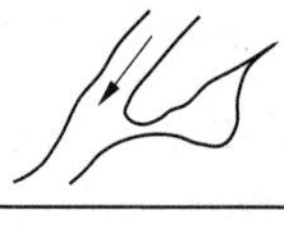		

五、地貌符号

地貌在地形图上通常用等高线表示。用等高线表示地貌，不仅能表示地面的起伏状态，还能表示出地面的坡度和地面点的高程。

（一）等高线

地面上高程相等的相邻点连接的闭合曲线，称为等高线。如图 7-7 所示，假设有在不同高度静止的水平面，将这些水平面与地貌的交线投影到水平面 H 上，并按一定的比例

尺缩绘，所形成的闭合光滑曲线即为一组等高线。

（二）等高距和等高线平距

相邻等高线之间的高差称为等高距，常以 h 表示。图 7-7 中的等高距为 5m。在同一幅地形图上，等高距 h 是相同的。相邻等高线之间的水平距离称为等高线平距，常以 d 表示。h 与 d 的比值就是地面的坡度 i，即

$$i = \frac{h}{d \cdot M} \tag{7-2}$$

式中　M——比例尺分母。

坡度 i 一般以百分率表示，向上为正，向下为负。

同一张地形图内的等高距 h 相同，所以地面坡度与等高线平距 d 的大小有关。等高线平距越小，地面坡度就越大；平距越大，则坡度越小；平距相等，则坡度相同。因此，可以根据地形图上等高线的疏、密来判定地面坡度的缓、陡。

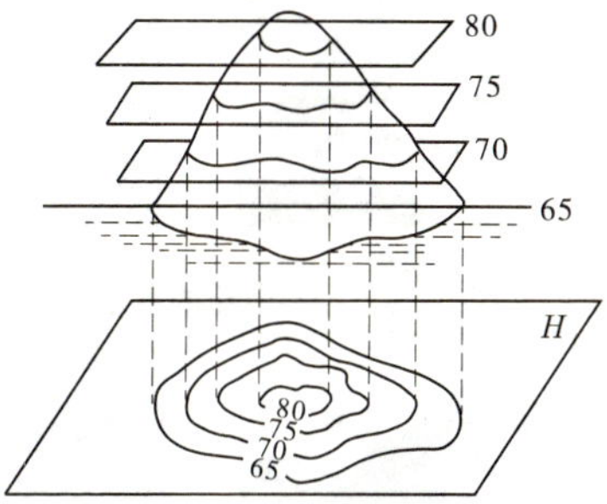

图 7-7　用等高线表示地貌的方法

等高距的大小，直接影响地形图的效果，因此在测图时，根据测图比例尺的大小，以及测区的实际情况确定绘制等高线的基本等高距，参见表 7-5。

表 7-5　等高线的基本等高距　（单位：m）

比例尺	地形类别			
	平地	丘陵	山地	高山
1∶500	0.5	0.5	0.5 或 1.0	1.0
1∶1 000	0.5	0.5 或 1.0	1.0	1.0 或 2.0
1∶2 000	0.5 或 1.0	1.0	2.0	2.0

（三）等高线的种类

（1）首曲线：在同一幅地形图上，按规定的基本等高距描绘的等高线统称为首曲线，也称基本等高线。用宽度为 0.15 mm 的细实线表示。

（2）计曲线：为便于看图，每隔四条首曲线描绘一条加粗的等高线，称为计曲线。用 0.3 mm 的粗实线表示，计曲线的高程均为 5 倍基本等高距的整倍数。

（3）间曲线和助曲线：当地面的坡度非常平缓，基本等高线不能很好地显示地貌特征，或者在绘制等高线时有特殊要求，按二分之一、四分之一基本等高距分别加密的等高线，称为间曲线和助曲线。通常用长虚线表示间曲线，用短虚线表示助曲线。

（四）几种典型地貌等高线的特征

地面形态各不相同，但主要由山丘、盆地、山脊、山谷、鞍部等基本地貌构成。要用等高线表示地貌，关键在于掌握等高线表达基本地貌的特征。

1. 山丘与洼地（盆地）

如图 7-8（a）表示山丘及其等高线，图 7-8（b）表示盆地及其等高线。等高线的特

表 7-7　碎部点间距和视距长度限值

比例尺	地形点间距(m)	最大视距(m)	
		主要地物点	地貌点和次要地物点
1∶500	15	60	100
1∶1 000	30	100	150
1∶2 000	50	180	250
1∶5 000	100	300	350

(三)经纬仪测绘法

经纬仪测绘法是在控制点上安置经纬仪,测量碎部点的数据(水平角、距离、高程),利用绘图工具(量角器和比例尺)将碎部点展绘到图纸上(在点的右侧要注明高程),再对照实地绘制地形图的一种方法。如图 7-12 所示。具体操作步骤如下:

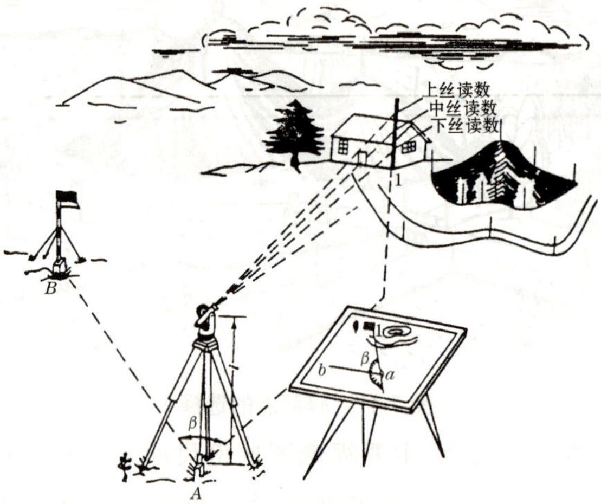

图 7-12　经纬仪测绘法

(1)安置仪器。将经纬仪安置于控制 A 点上,量取仪器高 i,并填入碎部测量手簿(见表 7-8)。

(2)定向。盘左照准另一控制点 B,设置水平度盘读数为 0°00′00″。

(3)立尺。立尺员依次将标尺立在地物和地貌特征点上。立标尺前,立尺员应弄清实测范围和实地情况,选定立尺点,并与观测员、绘图员共同商定跑尺路线。

(4)观测。转动照准部,瞄准 1 点的标尺,读取视距间隔 l,中丝读数 v,竖盘读数 L 及水平角 β。

(5)记录。将测得的各数据依次填入手簿,如表 7-8 所示。对于有特殊作用的碎部点,如房角、山头、鞍部等,应在备注中加以说明。

(6)计算。先由竖盘读数 L 计算竖直角,用计算器计算出碎部点的水平距离和高程,公式如下。

水平距离计算公式:　$D = kl\cos^2\alpha$　(7-3)

高程计算公式：

$$H_{点} = H_{站} + \frac{1}{2}Kl\sin 2\alpha + i - v \tag{7-4}$$

(7)展绘碎部点。用细针将量角器的圆心插在图纸上测站点 a 处。转动量角器，将量角器上等于 β 值的刻划线对准起始方向线 ab，此时量角器的零方向便是碎部点 1 的方向，然后用测图比例尺按测得的水平距离在该方向上定出点 1 的位置，并在点的右侧注明其高程。

同上方法，测出其余各碎部点的平面位置与高程，绘于图上，并随测随绘等高线和地物。

为了检查测图质量，仪器搬到下一测站时，应先观测前站所测的某几个明显碎部点，以检查由两个测站测得同一点的平面位置和高程是否相符。如相差较大，则应查明原因，纠正错误，再继续测绘。

若测区面积较大，可分成若干图幅，分别测绘，最后拼接成全区地形图。为了相邻图幅的拼接，每幅图应测出图廓外 2 ~ 3 cm。

表 7-8　碎部测量手簿

______测区　观测者______　记录者______　______年____月____日　天气______

测站<u>A</u> 零方向<u>B</u>　测站高程<u>46.54</u>　仪器高 i = <u>1.42</u>　乘常数<u>100</u>　加常数<u>0</u>　指标差 x = <u>0</u>

测点	水平角	尺上读数(m)		视距间距 l(m)	竖直角 α		高差 h (m)	水平距离 (m)	测点高程 (m)	备注
	° ′	中丝	下丝 / 上丝		竖盘读数 ° ′	竖直角 ° ′				
1	44 34	1.42	1.520 / 1.300	0.220	88 06	+1 54	+0.73	22.0	47.27	
2	56 43	2.00	2.871 / 1.128	1.743	92 32	−2 32	−8.28	174.0	38.26	
3	175 11	1.42	2.000 / 0.895	1.105	72 19	+17 41	+33.57	105.3	80.11	

三、地形图的绘制

(一)地物的绘制

在外业工作中，当碎部点展绘在图上之后，就可对照实地随时描绘地物和等高线。如果测区较大，由多幅图拼接而成，还应及时对各图幅衔接处进行拼接检查，最后再进行图的清绘与整饰。

地物要按《地形图图式》规定的符号表示。如房屋轮廓需用直线连接，而道路、河流的弯曲部分则是逐点连成光滑的曲线；对于不能按比例描绘的地物，要用相应的非比例符号表示。

(二)等高线勾绘

当图纸上测得一定数量的地形点后，即可勾绘等高线。先用铅笔轻轻地将有关地貌特征点连起勾出地性线(虚线),然后在两相邻点之间,按其高程内插等高线,如图 7-13 所示。由于地形坡度、方向变化处已由特征点表示,因此可认为图上相邻点之间的地面坡度是均匀的,在内插等高线时可按平距与高差成正比的关系处理。如图 7-14 所示,A、B 两点的高程分别为 21.2 m、27.6 m,高差为 6.4 m;量得图上两点间距为 48 mm。当等高距 h 为 1 m 时,就有 22、23、24、25、26、27 m 这六条等高线通过。内插时先算出一个等高距在图上的平距,然后计算其余等高线通过的位置,即

(1)计算等高距为 1 m 的平距 $d=\frac{48}{6.4}=7.5$ mm;

(2)计算最小 22 m、最大 27 m 两根等高线至 A、B 点的平距 x_1 和 x_2,定出 a、b 两点;

$$x_1=0.8\times7.5\ \text{mm}=6.0\ \text{mm},\ x_2=0.6\times7.5\ \text{mm}=4.5\ \text{mm}。$$

(3) 将 ab 分成 5 等份,各等分点对应为 23、24、25、26 m 等高线通过的位置。

同法可定出其他各相邻碎部点间等高线的位置。将高程相同的点连成平滑曲线,即为等高线(见图 7-13)。

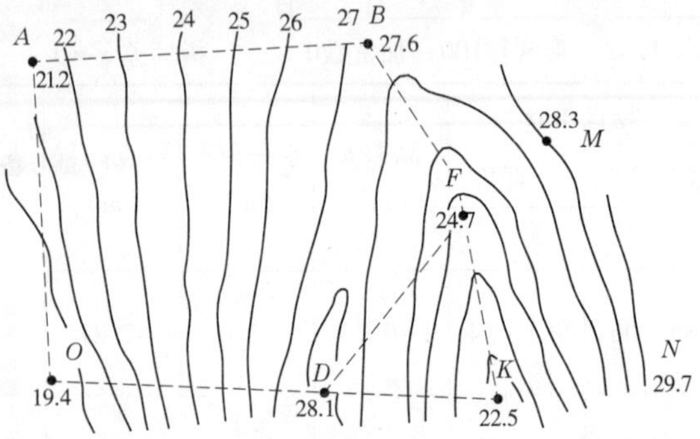

图 7-13　等高线勾绘

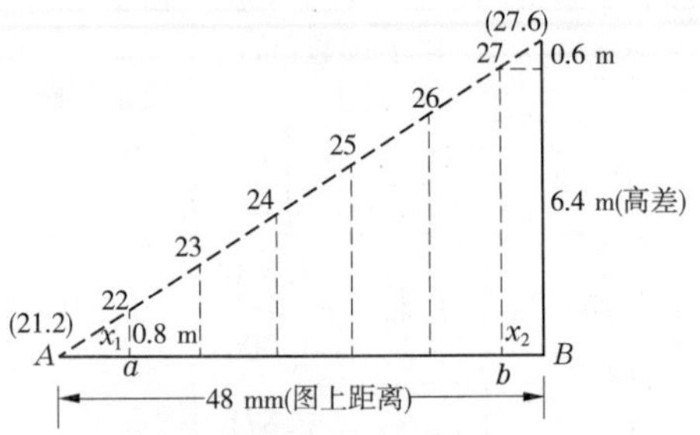

图 7-14　等高线内插原理

在实际工作中,根据内插原理一般采用目估法勾绘。如图 7-14 所示,即先按比例关系估计图上 A 点附近 22 m 及 B 点附近 27 m 等高线的位置,后 5 等分求得 23 m、24 m、25 m、26 m 等高线的位置,若发现比例关系不协调时,可进行适当的调整。

四、地形图的拼接、整饰、检查及验收

(一)地形图的拼接

由于分幅测量和绘图误差的存在,在相邻图幅的连接处,地物轮廓线和等高线都不会完全吻合,如图 7-15 所示。为了整个测区地形图的统一,必须对相邻的地形图进行拼接。规范规定每幅图应测出图廓外一定范围(一般 2 ~ 3 cm),以使相邻图幅有一条重叠带,便于拼接检查。对于聚酯薄膜图纸,由于是半透明的,将纸的坐标格网对齐,就可以检查接边处的地物和等高线的偏差情况。如果测图用的是白纸,则用透明纸条将其中一幅图的接边附近处的地物、等高线等描下来,然后与另一幅图拼接检查。

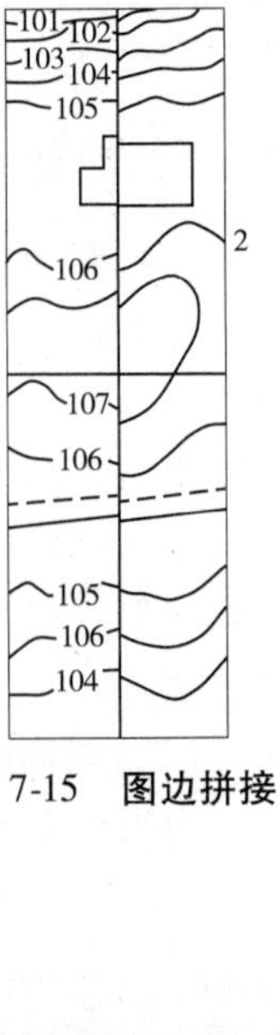

图 7-15　图边拼接

图的接边误差不应大于规定的碎部点平面、高程中误差的 $2\sqrt{2}$ 倍。在大比例尺测图中，关于碎部点的平面位置和按等高线内插求高程的中误差，见表 7-9。图的拼接误差小于限差时可以平均配赋（即在两幅图上各改正一半），改正时应保持地物、地貌相互位置和走向的正确性。拼接误差超限时，应到实地检查后再改正。

表 7-9　地物点位和等高线内插求点位中误差

<table>
<tr><th rowspan="2">地区类别</th><th rowspan="2">点位中误差（mm）</th><th rowspan="2">相邻地物点间距中误差（mm）</th><th colspan="4">等高线高程中误差（等高距）</th></tr>
<tr><th>平地</th><th>丘陵地</th><th>山地</th><th>高山地</th></tr>
<tr><td>山地、高山地和实测困难的旧街坊内部</td><td>0.75</td><td>0.6</td><td rowspan="2">1/3</td><td rowspan="2">1/2</td><td rowspan="2">2/3</td><td rowspan="2">1</td></tr>
<tr><td>城市建筑区和平地、丘陵地</td><td>0.5</td><td>0.4</td></tr>
</table>

（二）地形图的检查

为了确保地形图质量，除在施测过程中加强检查外，在地形图测完后，必须对成图质量作全面检查。地形图的检查包括图面检查、外业检查。

1. 图面检查

检查图面上各种符号、注记是否正确，包括地物轮廓线有无矛盾、等高线是否清楚，等高线与地形点的高程是否相符，有无矛盾可疑的地方、图边拼接有无问题、名称注记是否弄错或遗漏。如发现错误或疑点，应到野外进行实地检查修改。

2. 外业检查

野外巡视检查：根据室内图面检查的情况，有计划地确定巡视路线，进行实地对照查看。野外巡视中发现的问题，应现场在图上进行修正或补充。

设站检查：根据室内检查和巡视检查发现的问题，到野外设站实测。检查时，除对发现问题进行修正和补测外，还要对本测站所测地形进行检查，看所测地形图是否符合要求，如果发现点位的误差超限，应按正确的观测结果修正。

（三）地形图的整饰与验收

地形图经过拼接、检查和修正后，还应进行清绘和整饰，使图面更为清晰、美观。地形图整饰的次序是先图框内、后图框外，先注记后符号，先地物后地貌。图上的注记、地物符号以及高程等均应按地形图图式进行描绘和书写。最后，在图框外按图式要求写出图名、图号、接图表、比例尺、坐标系统及高程系统、施测单位、测绘者及测绘日期等，见图 7-6。

经过以上步骤所绘制的地形图，要上报当地测绘成果主管部门。在此部门组织的成果验收通过之后，图纸备案，方可在工程中使用。

第三节 数字测图

一、概述

数字测图(Digital Surveying Mapping,简称 DSM)是近 20 年发展起来的一种全新的机助测图技术,随着全站仪和 GPS 等现代测量仪器的广泛应用,以及计算机硬件和软件技术的迅猛发展,使数字测图技术日新月异,极大地促进了测绘行业的自动化和现代化进程。

传统的地形图是将测得的观测数据(角度、距离、高差),用模拟的方法——图形表示。数字测图就是将图形模拟量(地面模型)转换为数字量,经由计算机对其进行处理,得到内容丰富的电子地图,需要时由计算机输出设备恢复地形图或各种专题图。与传统的测图方法相比,数字测图具有以下几方面优点。

(1)点位精度高。传统的测图方法点位误差的来源有:图根点的展绘误差和测定误差,测定地物点的视距误差、方向误差、刺点误差等。数字测图的精度主要取决于对地形点的野外数据采集的精度,其他因素的影响很小。

(2)便于成果更新。数字测图的成果是以点定位信息(三维坐标 x、y、H)和绘图信息存入计算机,当实地有变化时,只需输入变化信息,经过编辑处理,即可得到更新的图,从而可以确保地面形态的可靠性和现势性。

(3)避免图纸伸缩影响。图纸上的地理信息随着时间的推移图纸产生变形而产生误差。数字测图的成果以数字信息保存,可以直接在计算机上进行量测、绘图等作业,无须依赖图纸。

二、数字测图的作业模式

数字测图根据软硬件设备的不同,方法也不一样,图 7-16 反映了数字测图的主要方法和关系。下面就第一种方法进行介绍。

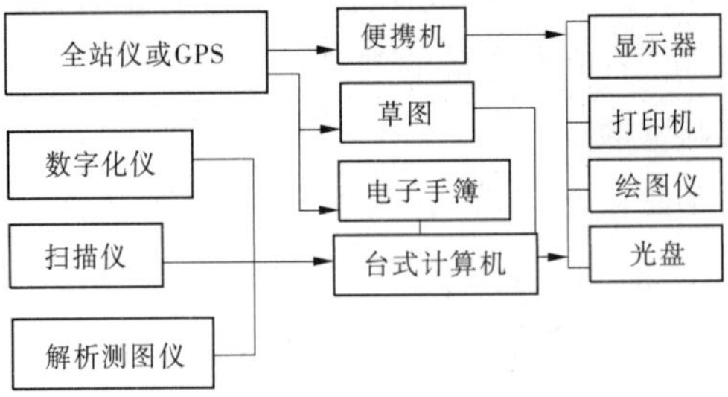

图 7-16 数字测图流程示意图

(一)电子平板模式

电子平板模式是将全站仪与安装有相关测图软件的笔记本电脑或掌上电脑通过通信电缆进行连接,全站仪测定的碎部点实时展绘,作业员利用笔记本电脑或掌上电脑作为电子平板进行连线编辑。在现场即测即绘,其特点是直观性强,可及时发现错误,进行现场修改。这种测图模式对设备要求较高，当作业环境较差（如有风沙）时，容易损坏电脑，所以目前一般应用于地形图的修补工作，如图 7-17 所示。

（二）草图法模式

草图法的作业流程是用全站仪（或 GPS）在野外测定碎部点的三维坐标，并利用全站仪（或 GPS）内存存储碎部点的观测数据，同时在现场绘制测区草图，内容包括：地物的相对位置、地貌地性线，同时标上碎部点点号（应与仪器记录的点号一一对应），转到内业，下载全站仪（或 GPS）内存的外业数据后，通过数字测图软件将碎部点展绘，利用软件提供的编辑功能及编码系统，根据现场草图编辑成图，见图 7-18。这种测图模式简单、实用且方便，是当前数字测图的主要作业模式。

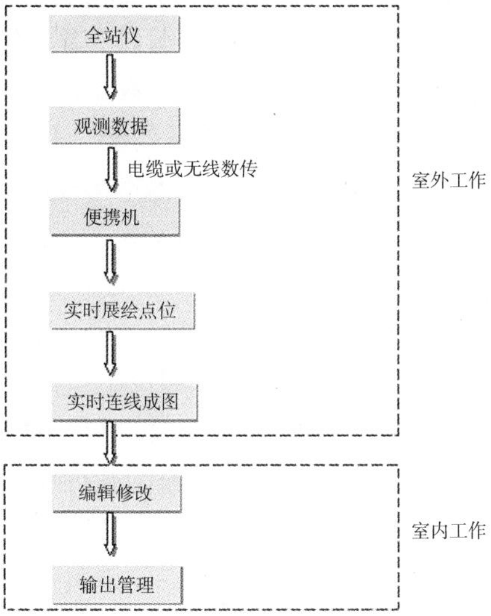

图 7-17　电子平板测图模式流程

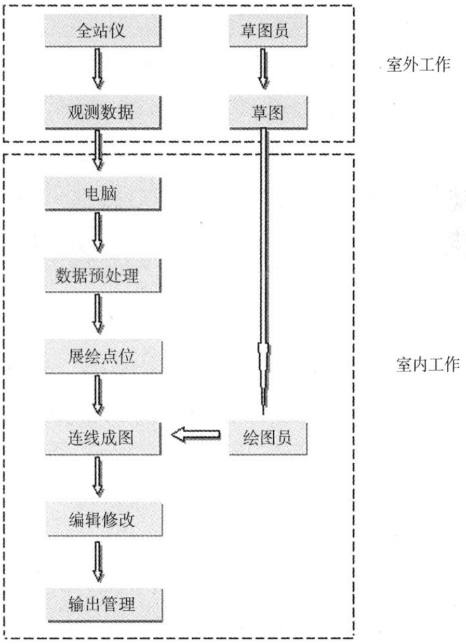

图 7-18　草图法测图模式流程

数字测图软件则是基于不同的数字测绘模式设计的。不同的数字测图软件所使用的绘图平台也不尽相同。以国内为例，较流行的数字测图软件有南方 CASS 测图软件和威远 WELTPOP 测图软件，均是基于 AutoCAD 绘图平台开发的软件，它们均支持上述两种最常见的数字测图作业模式（即电子平板成图和草图法成图），而清华山维的 EPSW 则是自主开发的绘图平台。

三、数据编码

为了便于计算机生成图形文件，进行图形处理，在野外采集点位信息（即测点坐标）的同时还应该采集该点的属性信息及连线信息，即对野外采集的数据用一定规则构成的符号串来表示地物的属性和连线关系等信息，这种有一定规则的符号串习惯上称为数据编码。不同的数字测图软件在数据采集方法、数据记录格式、图形文件格式和图形编辑功能等方面会有所不同。

数据编码中对采集点的属性信息用地物要素码（或称地物特征码、地物属性码、地物代码)表示,而连线信息主要用连线关系码(或连接点号、连接序号、连接线型)、面状地物填充码等表示。

《大比例尺地形图机助制图规范》(GB14912—94)规定,野外数据采集编码的总形式为:地形码+信息码。地形码是表示地形图要素的代码。地形图要素代码由四位数字码组成,从左到右,第一位是大类码,用0~9表示;第二位是小类码;第三、四位分别是一、二级代码。信息码是表示某一地形要素测点与测点之间的连线关系代码。根据数据采集的方式不同,其信息编码的方法各不相同。目前,国内开发的数字测图软件一般都是根据各自的需要、作业习惯、仪器设备及数据处理方法等设计自己的数据编码方案,有的全部用数字表示,有的用数字、字符混合表示。

目前测绘行业使用的数字测图系统的数据编码方案较多,从结构和输入方式上区分,主要有简编码、全要素编码、块结构编码和二维编码。无论采用何种编码方案,都需要作业人员记忆。现在不少测图系统采用"无码"输入方案,即在野外采集数据时,不输入编码,而是通过一些快捷键和菜单的操作,或根据现场将地物、地貌关系勾绘一份含顺序点号的草图编制"编码引导文件",内业处理通常采用引导文件法和直接编图法进行成图。

四、全站仪(GPS)+CASS测图系统——草图法

(一)外业数据采集

白纸测图必须"先控制,后碎部",而数字测图时,碎部测量虽然理论上也应在控制测量后进行,但在测区面积不大的条件下,也可先碎部后控制或两者同时进行。这时,碎部测量先采用任意假定坐标设站观测,通过联测已知坐标点,可以运用绘图软件中的坐标转换工能将假定坐标系统观测数据转换为实际坐标系统。

1. 全站仪数据采集

利用全站仪极坐标法野外采集碎部点的三维坐标,测量前先建立一个作业名,上传或手工输入测区内已有的控制点坐标数据。具体操作如下:

(1)在控制点上安置全站仪,完成对中、整平后,量取仪器高i。

(2)进行"测站设置"。若使用有内存的全站仪,其操作步骤为:"选择数据文件"⇒"输入测站点号、仪器高"⇒"输入照准点号"⇒"照准定向点,按键确定";若使用电子手簿其步骤为:"功能选择菜单"⇒"选择测点功能"⇒"选择仪器类型"⇒"输入测站点号、仪器高"⇒"输入定向点号"⇒"照准定向点,在手簿上按键确定"。

(3)测点开始。观测员照准立于碎部点上的反射棱镜,并输入所测碎部点点号、棱镜高,在全站仪或电子手簿上按操作键完成测量及记录工作,同时向棱镜处的记录员报告全站仪或电子手簿按测点顺序自行生成的测点号,记录员在棱镜处记录测点点号及属性信息编码,或通过绘制草图的方法记录测点所测内容及与其他碎部点之间的相互关系。

(4)草图绘制就是把测量现场的主要地物轮廓,用手工的方法绘制在一张白纸上。绘制时要遵循清晰、易读、相对位置准确、比例一致的原则。绘制者必须把所有观测地形点的属性和各种勘测数据在图上表示出来,主要包括地物、地貌观测点的点号、点与点之间形成的线、面关系等,以及对应的点、线、面的属性,以供内业处理、图形编辑时用,草图示例如图7-19所示。

(5)当记录员确定当前测站所能测得点已全部测完后,通知观测员迁站,一个测站的工作结束。作业过程中应注意定向检查,搬站后应进行重复点检测,绘制草图者应与观测者经常对照碎部点点号。

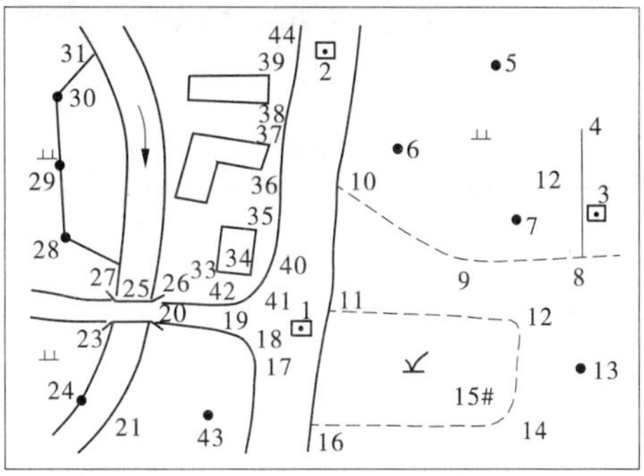

图 7-19　野外绘制的草图

2. GPS－RTK 数据采集

目前我国许多测绘单位普遍使用 GPS 技术进行控制测量,而随着 GPS 软硬件设备发展,它的应用已扩展到工程测量和大比例尺地形图测绘中。

GPS 定位测量方法包括伪距法和载波相位两种方法。由于数字地形测量要求定位精度较高,通常采用载波相位的方法进行定位。利用载波相位差分技术的实时动态定位方法 RTK(Real Time Kinematic),由于可以实时和高精度提供未知点的三维坐标,因而在数字地形图测绘中的作用日益突出。

当用 RTK 技术进行定位时,需要至少两台 GPS 接收机。一台接收机作为基准站固定在已知坐标的某一点上,另一台接收机作为流动站安放在需要测量其位置的点位上。基准站上的接收机接收来自卫星的信号,并连同其位置信息一同发送给流动站。流动站接收机接收卫星信号的同时,接收来自基准站的信息,然后计算出相对于基准站的坐标。

利用双频 GPS 接收机进行 RTK 实时动态定位模式,就目前的技术发展水平,选择同步模式时,其水平方向精度可以达到 $1\ cm+1\times10^{-6}D$,垂直方向精度 $2\ cm+2\times10^{-6}D$。选择低延迟模式时,水平方向精度可达到 $2\ cm+2\times10^{-6}D$,垂直方向精度 $3\ cm+2\times10^{-6}D$。RTK 测量距离范围一般可以达到 10 km。当采用后处理模式(RTD)时,测量距离范围可以达到 50 km。数据采集频率可以达到 1～10 Hz,延迟率为 0.02～5 s 之间,接收机间数据传输率为2 400波特以上。

当数据采集工作结束后,可以利用 GPS 接收机提供的附加软件把数据下载到计算机中。

(二)内业数字成图

南方 CASS 系统为数字测图提供了多种成图方法:屏幕坐标定位成图法、测点点号定位成图法、引导文件自动成图法、简码自动成图法等。其中使用屏幕坐标定位法、测点点号定位法和引导文件自动法三种方法时,外业在采集每一个碎部点坐标时不用在全站仪或电子手簿里输入地物编码,故又称“无码方式”。

1. 南方 CASS7.0 软件

CASS7.0 的主界面如图 7-20 所示,其主要功能有:①顶部下拉菜单区:包括了 CASS7.0 和 AutoCAD 的所有图形编辑命令;②右侧屏幕菜单:是一个测绘专用交互测图菜单,在使用该菜单的交互编辑功能绘制地形图时,必须先确定定点方式;③工具栏:主要包括各种 AutoCAD 命令和 CASS7.0 中的常用功能;④图形区:是主要工作区,显示图形及其操作;⑤命令提示区:命令记录区,提示用户操作。

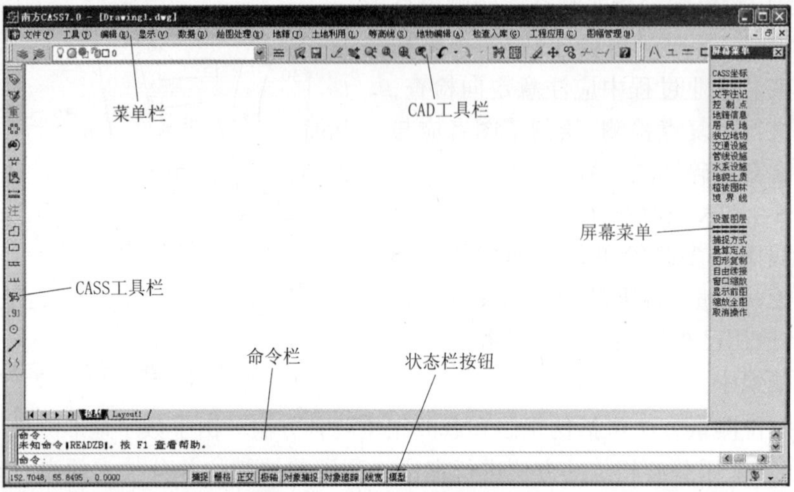

图 7-20　CASS7.0 的操作界面

2. 数据输入

（1）将全站仪通过适当的通信电缆与计算机连接好，选择菜单中的“数据”处按左键，便出现如图 7-21 所示的下拉菜单。

（2）移动鼠标至“读取全站仪数据”，该处以高亮度（深蓝）显示，按左键，这时，便出现如图 7-22 所示的对话框。

图 7-21　CASS7.0 下拉菜单——“数据”项

图 7-22　全站仪内存数据转换

(3)在“仪器”下拉列表中选择所使用的全站仪类型,图中为选择“南方中文 NTS600 系列”全站仪。根据不同仪器的型号设置好通信参数,使之与全站仪的通信参数相一致,再选取好要保存的数据文件名,点击“转换”按钮。

如果想将以前传过来的数据(比如用超级终端传过来的数据文件)进行数据转换,可先选好仪器类型,再将仪器型号后面的“联机”选项取消。这时你会发现,通信参数全部变灰。接下来,在“通讯临时文件”选项下面的空白区域填上已有的临时数据文件,再在“CASS 坐标文件”选项下面的空白区域填上转换后的 CASS 坐标数据文件的路径和文件名,点击“转换”按钮即可。

3. 绘制平面图

“草图法”在内业工作时,根据作业方式的不同,分为坐标定位、点号定位、编码引导几种方法。下面介绍其成图过程。

1)利用屏幕坐标定位法绘制平面图

屏幕坐标定位法成图是将“坐标数据文件”中的碎部点展在计算机屏幕上,利用对象捕捉功能,对草图上标明的点号、地物属性和连线关系,用鼠标在屏幕上捕捉点位完成平面图的绘制。

图 7-23 “定显示区”菜单

(1)定显示区。定显示区的作用是根据输入坐标数据文件的数据大小定义屏幕显示区域的大小,以保证所有碎部点都能显示在屏幕上。选择“绘图处理”菜单项下的“定显示区”项,使之以高亮显示,如图 7-23 所示,按左键,弹出一对话框,需要选择输入坐标数据文件名,选择相应的数据文件,单击打开后系统将自动检索文件中所有点的坐标,找到最大和最小坐标值,并在命令区显示:

最小坐标(米):X = 31293.320,Y = 53306.220

最大坐标(米):X = 31558.090,Y = 53623.180

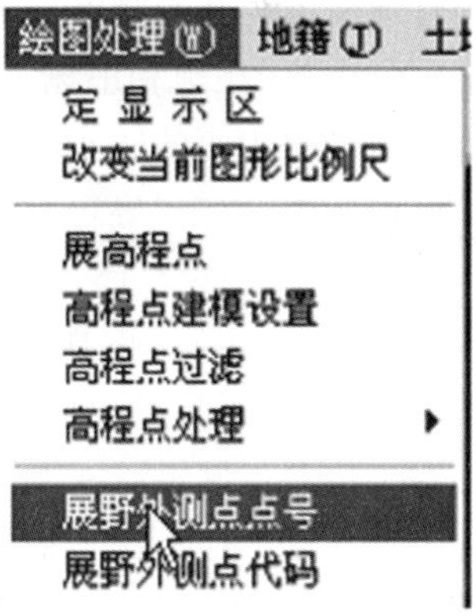

图 7-24 选择“展野外测点点号”

(2)展点。展点是将坐标数据文件中的各个碎部点点位及其属性(如点号、代号或高程等)显示在计算机屏幕上,以便绘图过程中能够更加直观地在图形编辑区看到各测点之间的关系。选择“绘图处理”菜单项下“展野外测点点号”项,如图 7-24 所示,这时命令行窗口会提示要求输入绘图比例尺,直接输入比例尺分母,回车后在弹出的“输入坐标数据文件名”对话框中选择或输入要展出的坐标数据文件,然后单击“打开”按钮,则数据文件中所有点以注记点号形式展现在屏幕上。如图 7-25 所示。

(3)选择“坐标定位法”。移动鼠标至屏幕右侧菜单区选定“坐标定位”项,即进入“坐标定位”项的绘图菜单。

(4)绘制地物。CASS 软件将所有地物要素细分为如文字注记、控制点、居民地等菜单,系统中所有地形图图示符号都是按照图层来管理的,每一个菜单都对应一个图层,如沟渠、湖泊、池塘、水井等地物均放在“水系设施”这一层，所有表示植被的符号都放在“植被园林”这一层。绘图时根据野外作业时绘制的工作草图，首先选择右侧屏幕菜单中对应的选项，然后从该选项所弹出的界面中选择相应的地形图图示符号，点击后根据弹出的提示进行绘制，在绘制过程中为了定位准确要启用对象捕捉中的捕捉节点功能来拾取点，其他捕捉模式如捕捉端点、交点等可根据实际情况选择。另外也可以直接输入该点的坐标。下面举例说明。

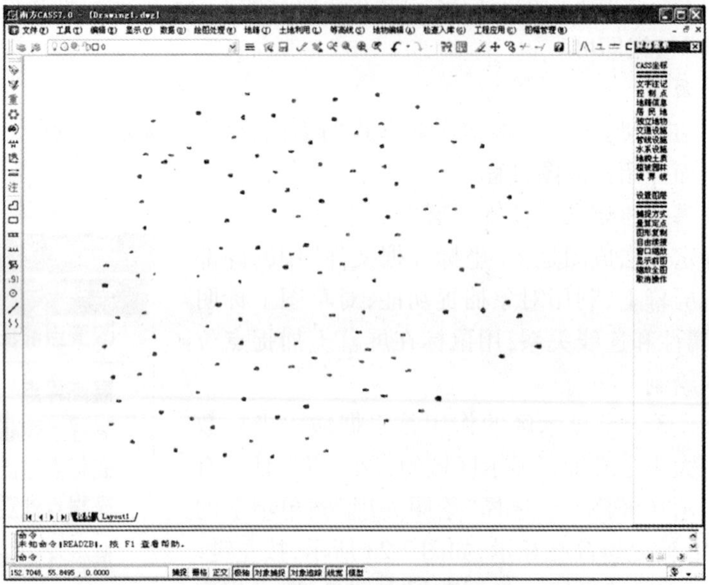

图 7-25　坐标数据文件展点图

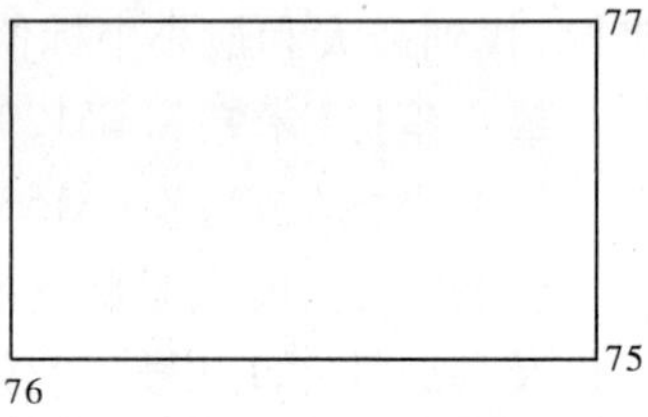

图 7-26　外业草图房屋编号

①绘制普通矩形房屋。如图 7-26 所示是外业草图中的普通房屋。在右侧屏幕菜单处选择“居民地”，此时，屏幕中弹出“居民地和垣栅”对话框，如图 7-27 所示。从中选择与草图相应的图示“四点房屋”，图标变亮表示该图记已被选中，单击“确定”，这时命令区提示：

1. 已知三点/2. 已知两点及宽度/3. 已知四点 <1> ：

“已知三点”是指测矩形房子时测了三个点；“已知两点及宽度”则是指测矩形房子时测了两个点及房子的一条边；“已知四点”则是测了房子的四个角点。这里输入 1，回车（或直接回车默认选 1）。

输入点：首先选择“捕捉方式”中的“NOD”（节点）捕捉方式，然后移鼠标至绘图区 76 号点附近，出现黄色标记（不同的捕捉方式会出现不同形式的黄颜色光标），单击鼠标左键，完成捕捉工作。

输入点：同上操作捕捉 75 号点。

输入点：同上操作捕捉 77 号点。

这样，即将 75、76、77 号点连成一间普通房屋。

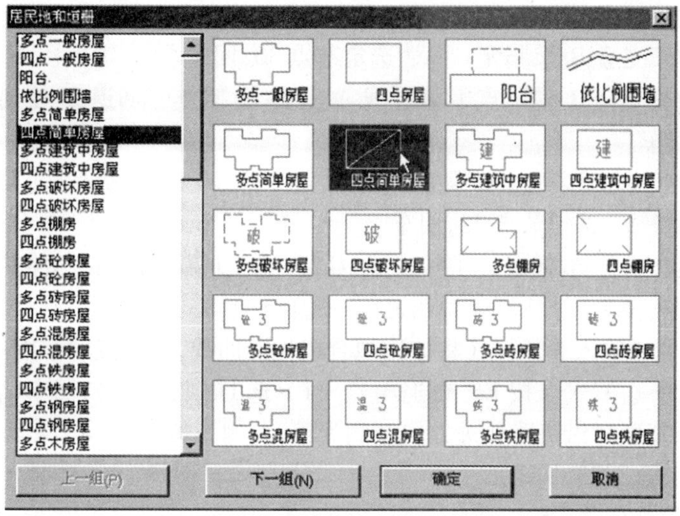

图 7-27 “居民地和垣栅”对话框

这里需要注意的是，绘制已知三点的房屋时，捕捉点的顺序不同生成的图形可能不同。图中的房屋在绘制的时候三点必须连续顺时针或逆时针连接才能生成对应的图形。若选择“已知两点及宽度”绘制四点房屋，在连接已知两点后输入宽度时，沿连接两点时的前进方向，若该房屋在连线的左侧（或上侧）则宽度输入正值，若该房屋在连线的右侧（或下侧）则宽度输入负值。

②绘制平行等外公路。如图 7-28 所示为外业草图绘制的平行等外公路。结合草图，移动鼠标至右侧屏幕菜单“交通设施”处按左键，系统便弹出如图 7-29 所示的对话框。然后选择“平行等外公路”，命令区提示：

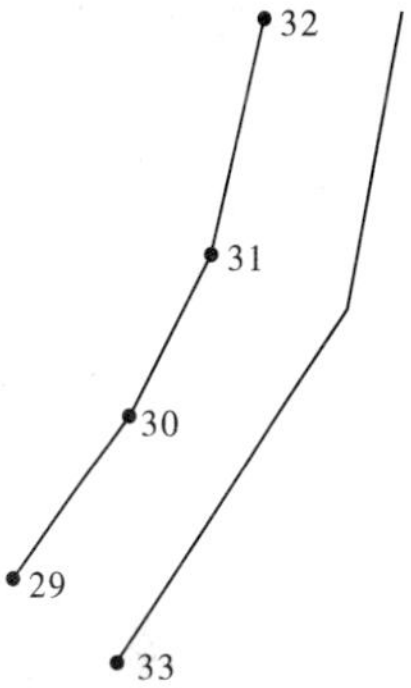

图7-28 平行等外公路草图

图 7-29 “交通及附属设施类”对话框

第一点:使用对象捕捉选定节点 29,回车。

曲线 Q/边长交会 B/ <指定点>: 选定节点 30,回车。

曲线 Q/边长交会 B/隔一点 J/微导线 A/延伸 E/插点 I/回退 U/换向 H <指定点>: 选定节点 31,回车。

曲线 Q/边长交会 B/闭合 C/隔一闭合 G/隔一点 J/微导线 A/延伸 E/插点 I/回退 U/换向 H < 指定点 >:选定节点 32,回车。

曲线 Q/边长交会 B/闭合 C/隔一闭合 G/隔一点 J/微导线 A/延伸 E/插点 I/回退U/换向 H < 指定点 >: 直接回车(说明道路一边已绘制完毕)。

拟合线 <N>?输入 Y,回车(将该边拟合成光滑曲线,若直接回车则不拟合该线)。

1. 边点式/2. 边宽式/(按 Esc 键退出): <1> 选 1(缺省为 1),回车(若选 2,要求输入公路宽度,输入宽度时沿道路前进方向左侧为正,右侧为负。)

对面一点: 输入 33,回车。

这时平行等外公路就绘好了。

③绘制陡坎。陡坎的坎毛是沿前进方向的左侧自动生成的,故在绘制陡坎时一定要注意拾取点的先后顺序。绘制方法和绘制房屋、道路相同。在右侧屏幕菜单中选择"地貌土质"项,系统弹出"地貌和土质"对话框。然后选择"未加固陡坎",对照草图输入坎高并依次连续拾取各点,完毕后对于下一个提示:

"曲线 Q/边长交会 B/闭合 C/隔一闭合 G/隔一点 J/ 微导线 A/延伸 E/ 插点 I/回退 U/换向 H < 指定点 >"直接按回车键即可。当命令行提示是否拟合时,如果要把点间连线拟合成光滑曲线,则键入"Y",否则键入"N"或直接回车确认。若坎毛的方向画反还可以通过"地物编辑"菜单下的"线型换向"命令改正过来,不必要重新绘制。

④植被填充。上面三个例子是线状符号的绘制方法,对于点状符号只需从右侧屏幕菜单选择相应的地物后在绘图区捕捉拾取单个点,系统根据该地物的代码自动生成相应的符号,而植被填充属于面状符号的绘制,下面以绘制一块果园为例进行讲解。

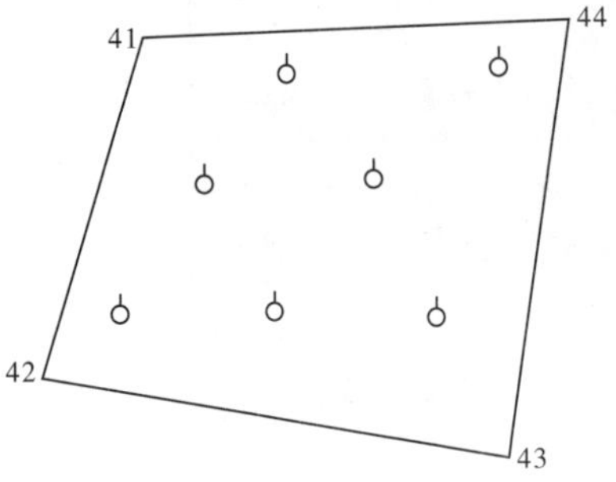

图 7-30 果园外业草图

如图 7-30 所示为外业草图绘制的一片果园,结合草图,移动鼠标至右侧屏幕菜单选择"植被园林",系统便弹出如图 7-31 所示的植被类对话框。然后选择"果园",这时命令行提示:

请选择:1. 绘制区域边界 2. 绘出单个符号3. 查找封闭区域 <1>

三种绘制方法可根据实际情况选择,这里直接回车(缺省为 1)。

第一点:拾取节点 41。

曲线 Q/边长交会 B/ <指定点>拾取节点 42。

曲线 Q/边长交会 B/闭合 C/隔一闭合 G/隔一点 J/微导线 A/延伸 E/插点 I/回退 U/换向 H <指定点>拾取节点 43。

曲线 Q/边长交会 B/闭合 C/隔一闭合 G/隔一点 J/微导线 A/延伸 E/插点 I/回退 U/换向 H <指定点>拾取节点 44。

曲线 Q/边长交会 B/闭合 C/隔一闭合 G/隔一点 J/ 微导线 A/延伸 E/ 插点 I/回退 U/换向 H <指定点>拾取节点 41(或直接输入 C 闭合)。

此时命令行会提示“是否需要拟合”,如果要把点间连线拟合成光滑曲线,则键入“Y”,否则,键入“N”或直接回车确认,最后选择“是否要保留边界”后确认,这样果园就绘成了。

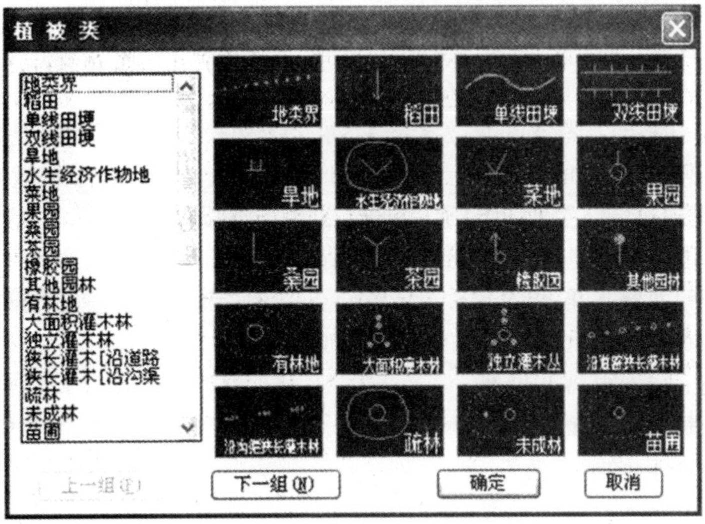

图 7-31 “植被类”对话框

2)利用测点点号定位法绘制平面图

测点点号定位法成图原理类似于屏幕坐标定位成图法,所不同的是测点点号定位法成图时点位的获取是通过点号而不是利用“捕捉”功能直接在屏幕上捕捉所展的点。利用该法绘制平面图,只需把上述“坐标数据文件”中的碎部点点号展在屏幕上,利用屏幕测点点号,对照草图上标明的点号、地物属性和连接关系,将每个地物绘出。方法如下。

(1)定显示区。具体操作同前所述。

(2)展点。具体操作同前所述。

(3)选择“测点点号法”。在“定位方式”的菜单中选取“测点点号”项,系统将弹出一个对话窗,提示选择点号对应的坐标数据文件名。输入外业所测的坐标数据文件名,确认后,系统将所有数据读入内存,并且命令行会提示“读点完成,共读入多少个点”。

(4)绘制地物。“点号定位成图法”绘制地物,就是根据野外草图选择右侧屏幕菜单中各种地物图层里的地物符号,再依据命令提示,输入相应的点号绘制成图。下面以图 7-32 为例绘制一个多点砖房屋,测定了 65、66、67、68 四点点位,同时又丈量了两条边长。在右侧屏幕菜单处选择“居民地”,在弹出的“居民地和垣栅”对话框中选择与草图相对应的图示符号“多点砖房屋”,单击“确定”键,命令行提示及操作如下:

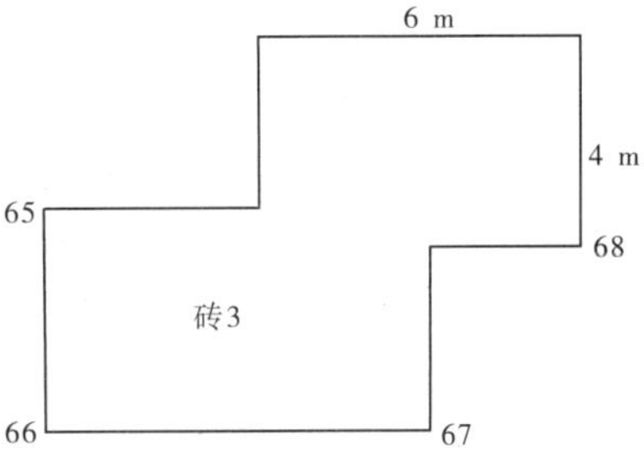

图 7-32 多点砖房外业草图

鼠标定点 P/ <点号>输入点号 65,回车。

曲线 Q/边长交会 B/点 P/ <点号>输入点号 66,回车。

闭合 C/隔一闭合 G/隔一点 J/微导线 A/曲线 Q/边长交会 B/回退 U/点 P/ <点号>输入点号 67,回车。

闭合 C/隔一闭合 G/隔一点 J/微导线 A/曲线 Q/边长交会 B/回退 U/点 P/ <点号>这时 67 和 68 之间隔了一个点,不能直接输入点号 68,需要使用“隔一点 J”命令,输入 J 回车后,命令行提示:

鼠标定点 P/ <点号>输入点号 68,回车。

闭合 C/隔一闭合 G/隔一点 J/微导线 A/曲线 Q/边长交会 B/回退 U/点 P/ <点号>接下来两个点都是通过直角量距确定的,类似于测支导线,此时需使用“微导线 A”命令,微导线功能就是通过输入当前点至下一点的左角(°)和距离(m)后计算机自动连成线的,它适合于知道角度和距离但看不到位置的情况。输入 A 回车后,命令行继续提示:

微导线 - 键盘输入角度(K)/ <指定方向点(只确定平行线和垂直方向)> 这时输入角度 90 回车或者用鼠标点击直线的前进方向。

距离 <m>:输入距离 4,回车。

微导线 - 键盘输入角度(K)/ <指定方向点(只确定平行线和垂直方向)> 输入 90 回车或者用鼠标点击确定。

距离 <m>:输入距离 6,回车。

闭合 C/隔一闭合 G/隔一点 J/微导线 A/曲线 Q/边长交会 B/回退 U/点 P/ <点号>输入 G 隔一点闭合,回车后命令行提示输入层数,这时只需键入 3,回车,系统自动生成注记“砖 3”。

这样一个三层的多点砖房就绘制好了。

在实际工作中,屏幕坐标定位法和测点点号定位法可以结合使用,例如在绘制一些独立地物(如路灯)时,由于它都是单个的点,不用考虑各点间连线正确与否,因此在绘制过程中我们就可以选择测点点号法,不需要在绘图区找寻与草图对应的点位,只用输入点号即可。这样既提高了工作效率,又不容易出错。绘图过程中可以通过点击屏幕菜单顶部的“CASS 坐标”或“CASS 点号”返回到主菜单后进行切换。

绘制平面图时,可以灵活使用工具栏中的缩放工具进行局部放大、缩小和平移工具,以方便编图。

用鼠标左键点取右侧屏幕菜单的“文字注记”项,弹出如图 7-33 的界面,给所绘制的地物添加上文字注记。

3)利用引导文件自动成图法绘制平面图

利用该法成图作业时,需要在内业人工编辑一个“引导文件”。引导文件是一个包含了地物编码、地物的连接点号和连接顺序的文本文件,它是根据草图在室内人工编辑而成的。然后将引导文件和坐标数据文件合并,生成一个包含地物全部信息的“简码数据文件”,利用“简码数据文件”即可把各种地物自动绘制成图。具体操作步骤如下。

(1)编辑引导文件。在绘图之前应编辑一个编码引导文件,该文件的主文件名一般取与坐标数据文件相同的文件名,后缀一般用“*. YD”,以区别其他文件项。编写引导文

图 7-33　文字注记对话框

件时，有以下要求：

①每一行只表示一个地物，如一幢房子、一条道路、一个独立地物、一个控制点。

②每一行的第一个数据位为地物代码，以后按照地物各点的连接顺序依次输入各顺序点点号，格式如下：代码，点号 1，点号 2，…，点号 n。

③同一行的各个数据之间必须用逗号“，”隔开。

④地物代码的输入，需参考 CASS 的野外操作码，且第一个字母必须大写。

控制点写法为：CO－ABC，18——第 18 点是图根点，点名为 ABC（点名为空）。

编写引导文件时，单击下拉菜单“编辑”下的“文件编辑”或在命令行键入命令“EDIT”并回车后，系统提示输入要编辑的文件名，确定合适的路径和文件名，此处以 C：\CASS70\DEMO\WMSJ. YD 为例，回车，文本编辑器便打开，键入引导文件，编辑完成（见图 7-34）后存盘退出。

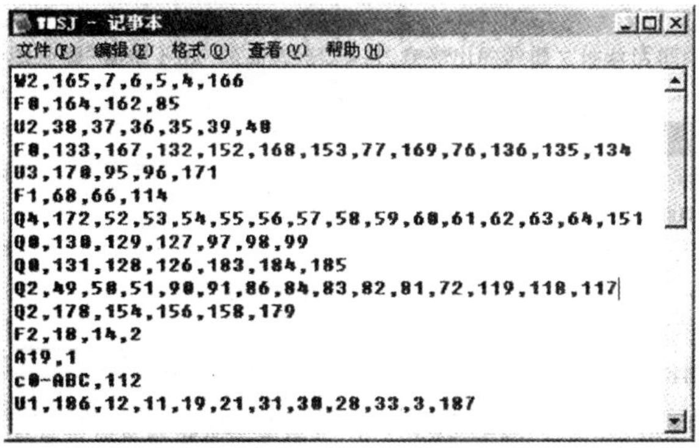

图 7-34　编辑引导文件

（2）定显示区。具体操作同前所述。

(3)展点。为了使图形显示更加直观,便于进行图形的检查与编辑,最好把测点点号展在屏幕上。具体操作同前所述。

(4)编码引导。“编码引导”的功能是自动将坐标数据文件(如为 WMSJ. DAT)和前面编辑好的引导文件(如 WMSJ. YD)通过点号建立联系,在读取数据的过程中生成简码坐标文件并以此自动完成平面图的绘制。

由引导文件得到的简码坐标数据文件在形式上与野外采集的简码坐标数据文件相同,但其实质有所不同,该文件每一行最前面的数字仅仅是顺序号,而不是点号。前者各个点已经经过重新排序,把同一地物点均放在一块,变成一个地物存放,很有规律,其实质是把引导文件和坐标数据文件合二为一,包含了各个地物的全部信息。后者各个坐标是按采集时的观测顺序进行记录,同一地物点不一定放在一块,多个地物点可能相互混杂。其每行最前面的数字表示该点点号。

编码引导时,具体操作如下:选择“绘图处理”下拉菜单的“编码引导”命令,在弹出的“输入编码引导文件名”对话框中输入路径和编码引导文件名 C:\CASS70\DEMO\WMSJ. YD,或通过 WINDOWS 窗口操作找到此文件,然后用鼠标左键选择“打开”按钮。当命令行提示简码引导完毕时系统已自动生成图形,如图 7-35 所示。

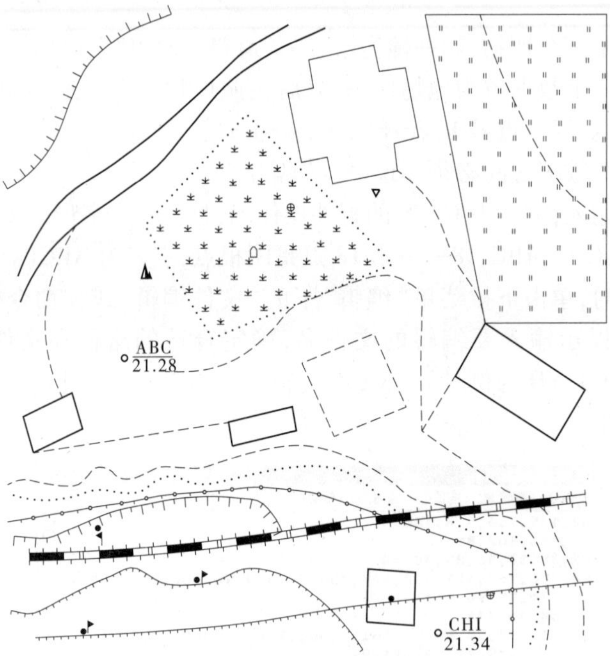

图 7-35 编码引导成图

4. 绘制等高线

在地形图中,等高线是表示地貌起伏的一种重要手段。在数字化自动成图系统中,等高线由计算机自动勾绘,首先由离散点和一套对地表提供连续的算法构建数字地面模型(DTM),即规则的矩形格网或不规则的三角形格网(TIN),然后在矩形格网或不规则的三角形网上跟踪等高线通过点,最后再利用适当的光滑函数对等高线通过点进行光滑处理,从而形成光滑的等高线。

1）展高程点

选择“绘图处理”菜单下的“展高程点”项目，在弹出的数据文件对话框中选择相应的坐标数据文件，选择“打开”，命令区提示：

注高程点的距离（米）：直接回车，表示不对高程点注记进行取舍，全部展出来。这里注记高程点的距离实际就是注记高程点的密度，也可根据实际输入相应的数值。

2）建立数字地面模型

数字地面模型（DTM），是以数字形式按一定的结构组织在一起，表示实际地形特征的空间分布，是地形属性特征的数字描述。使用 CASS 软件在 DTM 的基础上绘制等高线的方法：用鼠标左键点取“等高线”菜单下“建立 DTM”命令，将会弹出“建立 DTM”对话框，如图 7-36（a）所示，然后选择“生成 DTM 的方式”、“坐标数据文件名”（或直接输入），“结果显示”以及“是否考虑陡坎地形线”等项目。

这里如果要考虑坎高因素，则在建立 DTM 前系统自动沿着坎毛的方向插入坎底点（坎底点的高程等于坎顶线上已知点的高程减去坎高），这样新建坎底的点便参与建立三角网的计算。地性线主要是指山脊线和山谷线，等高线在通过不同的地性线时弯曲的方向不同。如果建三角网时考虑坎高或地性线，系统在建三角网时速度会减慢。

点击确定后，系统自动生成 DTM 三角网，如图 7-36（b）所示。

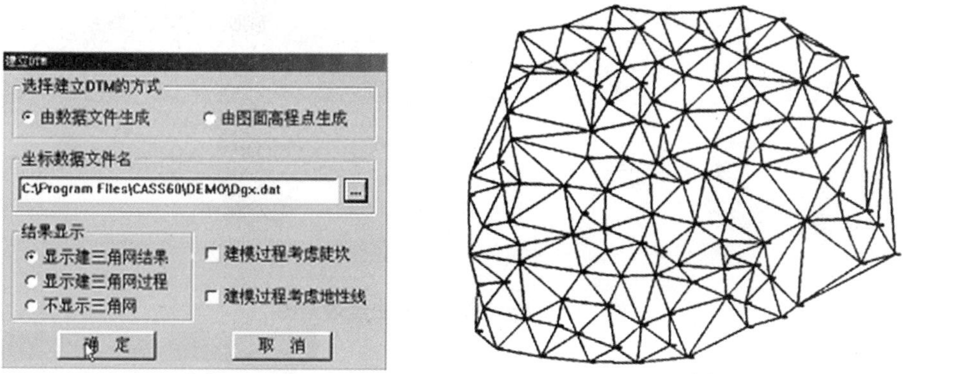

（a）　　　　　　　　　　（b）

图 7-36　DTM 对话框及 DTM 三角网

3）修改数字地面模型

由于地形条件的限制，一般情况下利用外业采集的碎部点很难一次性生成理想的等高线，如楼顶上控制点、桥面上的点等，不能反映真实地面高程；另外还因现实地貌的多样性和复杂性，自动构成的数字地面模型与实际地貌不一致，这时可以通过修改三角网来修改这些局部不合理的地方。修改三角网命令操作菜单如图 7-37 所示。

图 7-37　选择“过滤三角形”修改三角网

4）绘制等高线

等高线的绘制可以在绘平面图的基础上叠加，也可以在“新建图形”的状态下绘制，操作过程如下：用鼠标选择“等高线”下拉菜单的“绘制等高线”项,在弹出“绘制等值线”对话框(如图7-38所示)中,输入“最小高程”、“最大高程”、“等高距”以及拟合方式等后便自动生成等高线。直到命令区显示“绘制完成”便完成等高线的绘制。如图7-39(a)所示。同时,还可以用“三维模型”命令,绘制三维图,如图7-39(b)所示。

5. 图形整饰

以上工作初步完成了数字地形图的绘制,但是由于实际地物、地貌的复杂性,漏测、错测是难以避免的,这时就需要对所测地形图进行屏幕显示和人机交互图形编辑,在保证精度情况下消除相互矛盾的地形、地物,对于漏测或错测的部分,及时进行外业补测或重测。同时,地形图上的许多地物、地貌还需要注记文字说明,最后还要进行图形的分幅与整饰。

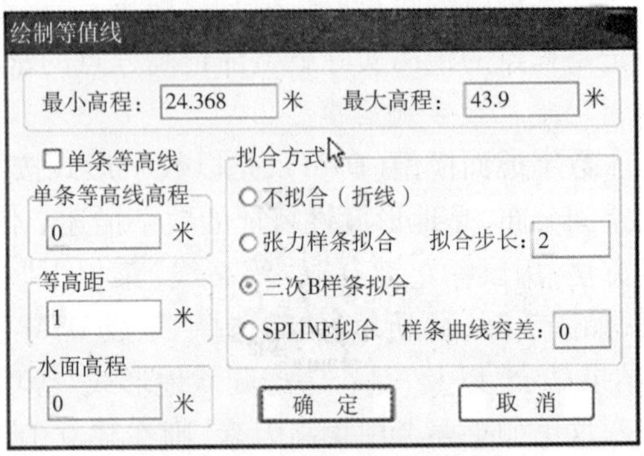

图7-38　绘制高等线对话框

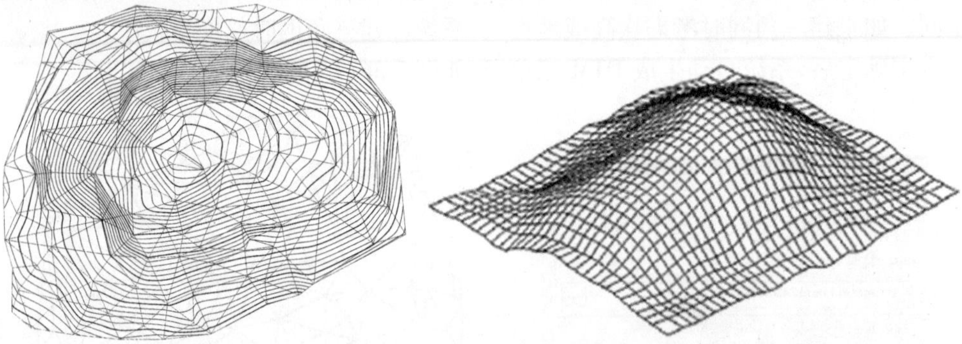
(a)　(b)

图7-39　绘制等高线及三维效果图

6. 数据输出

1)加图框

用鼠标左键点击“绘图处理”菜单下的“标准图幅(50×40)”,弹出如图7-40的界面。

在相应栏里,输入相关信息,然后按确认,这样这幅图就作好了。

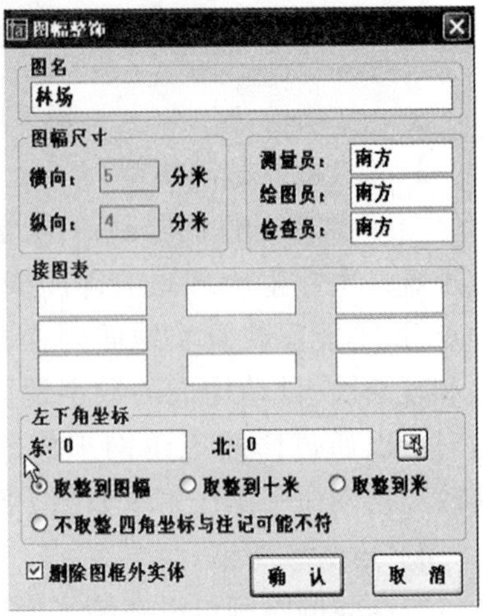

图7-40　输入图幅信息

2)图形数据输出

数字地形图绘制完毕,可以以屏幕、光盘、绘图仪以及适合其他需要的存储格式输出。其中打印输出时,要事先定义输出图幅的分幅方式、比例等。由CASS生成的数字图可以转入GIS管理数据库中,并输出ARCINFO、MAPINFO、国家空间矢量格式等能够使用的CASS交换文件(*.CAS)。

以上介绍的是用 CASS7.0 草图法测图的实现过程，内业部分详细的操作方法可参照"数字化地形地籍成图系统 CASS7.0"《用户手册》。

第四节　水下地形测量

在水利、桥梁、港口码头以及沿江河的铁路、公路等工程中都需要进行水下地形图的测绘。水下地形主要以反映水下地貌的等深线、潮位线、礁石以及水上航行标志等组成，其内容比陆上地形要少。

水下地形高程有两种表示方法：一是用航运基准面为基准的等深线表示的航道图，用以显示水道的深浅、暗礁、浅滩、深潭、深槽等水下地形情况，我国沿海各港口测量均采用各自的理论深度基准面为基准（按当地水文验潮资料推算，一般以理论最低潮水面为理论深度基准面）；二是用与陆上高程一致的等高线表示的水下地形图，即以大地水准面为基准，目前基本采用 1985 年国家高程基准。

测量水下地形，是根据陆地上布设的控制点，利用船艇行驶在水面上，按等时间间隔或距离间隔来测定水下地形点（简称测深点）的水深（结合水面高程信息获得水下地形高程）和其平面位置来实现的。

一、水下测量

水下地形测量包括河道、库区、近海测量及大洋测量等，对不同测量对象来说，其基本测量工作均包括水位、测深及定位观测等。

（一）水位观测及计算

水下地形点的高程等于测深时的水面高程（称为水位）减去测得的水深，因此在测深的同时，必须进行水位观测。

观测水位首先要设置水尺，再把已知水准点联测到水尺，得其零点高程 H。定时读取水面在水尺上的读数 $a(t)$，则此时刻水面高程 H' 为

$$H' = H_0 + a(t) \tag{7-5}$$

水尺观测可以采用人工读数方法，如果观测时间较长或作为永久观测项目，可以设立水位自动观测站。

水位观测的时间间隔，一般按测区水位变化大小而定，观测结束后绘出水位与观测时间的曲线，以用于各测点采样时瞬时水位的内插获取。

如果测量的河道较长，应在一定距离范围内增设观测水尺，并利用水尺间水位落差和距离（或水位落差和时间）的关系换算出测量时刻某点对应的水位。

如果测区附近有水文站，可向水文站索取水位资料，不必另设水尺进行水位观测；如果是小河或水位变化不大，可直接测定水面（水边线）的高程，而不必设置水尺。

随着 GPS – RTK 技术的发展，基于 GPS – RTK 无验潮模式下的水深测量正在实践中得到应用。

(二)水深测量

测深工具主要有测深杆、测深锤和回声测深仪等。测深杆用直径4～5 cm、长4～6 m的松木等制成,杆底装有重为0.5～1.0 kg的铁垫。测深锤又称水砣,由铅砣和砣绳组成,铅砣重3.5～5.0 kg,砣绳长约10 m。在测深杆上、测深锤的绳索上每10 cm有一小标志,每1 m有一大标志,以便测深读数。测深杆、测深锤分别适用于水深4 m、10 m以内且流速不大的区域作业。

回声测深仪在水深测量中已广泛使用,其基本原理是:测量声波由水面至水底往返的时间间隔 t,从而推算出水深 h,即

$$h = \frac{t}{2}v \tag{7-6}$$

式中 v——声波在水中的传播速度,约为1 500 m/s。

如图7-41所示,回声测深仪由换能器和控制仪两大部分组成。在控制仪指挥下发射换能器按预定的时间间隔发生短促的电脉冲,并转换成超声波向水下发射。该声波传至水底向上反射,其中一部分反射波被接收换能器接收,并转换为电脉冲,经放大后输入控制仪。测定发射脉冲与接收脉冲的时间间隔 t,从而求出水深。

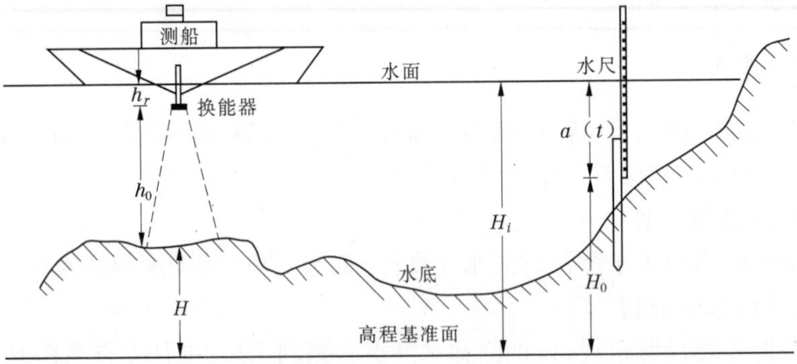

图7-41 水下高程测量

(三)测深点间距要求

由于水下地形是看不见的,不能采用先选择地形特征点,再对其进行测量的方法进行。因此,必须布设适当的断面点或按一定间距散点,由点的密度来保证水下地形图的质量。测深断面、测深点间距要求,见表7-10。

表7-10 测深断面与测深点间距

测图比例尺	测深断面间距(m)	测深点间距(m)	等高距(m)
1:1 000	15～20	12～15	0.5
1:2 000	20～50	15～25	1
1:5 000	80～130	40～80	1
1:10 000	200～250	60～100	1

在水下地形测量之前,应根据测区内航道(或河道)的走向、水面的宽窄、水流缓急等情况,在实地预先布设一定数量的测深断面线(简称测线),如图 7-42 所示。若河面窄、流速大或险滩礁石多,船艇在垂直于河道中心线的方向上行驶很困难,这时通常采用散点法测量,如图 7-43 所示。

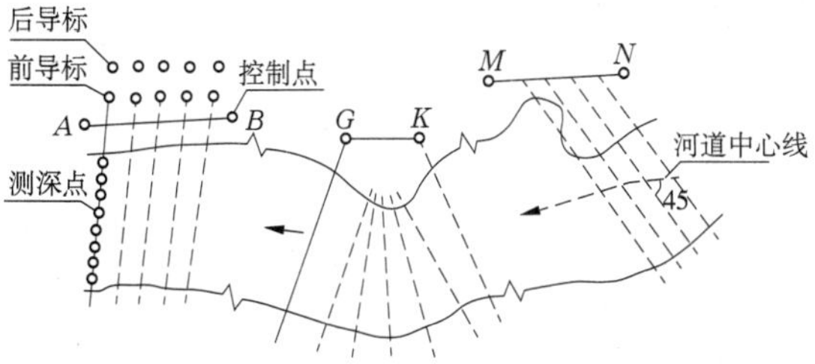

图 7-42　测深断面

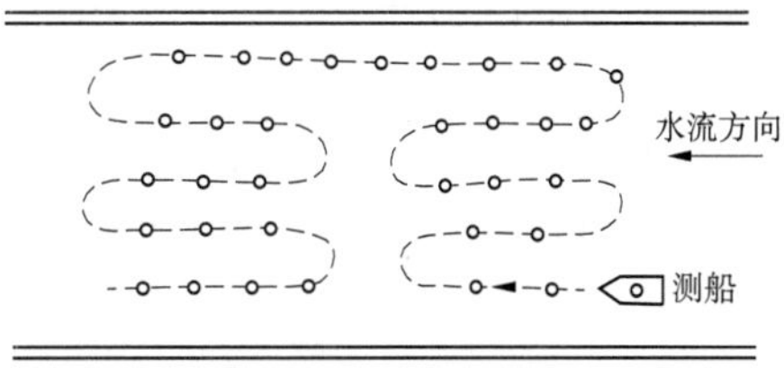

图 7-43　测深散点

(四)定位测量

测深点除了需要水深、瞬时水面高程数据外,还须测定其平面位置。测量方法有断面索法、经纬仪角度前方交会法、微波定位法及 GPS 定位等。

1. 断面索法

在河岸按一定间距设置断面点,经纬仪置于断面点上,照准对岸相应的断面点,或以同岸点定向拨角确定断面方向,小船从水边开始,沿断面方向行驶,按一定间距选取测点,用测深工具测定水深,同时由经纬仪定位,即可确定水下断面点位。

2. 经纬仪前方交会法

将经纬仪架设在岸上的两个控制点上,经定向后,同时观测船上的测点目标,即用前方交会法定出测点的水面位置;同时,在测点处测量水深,即可确定水下断面点位。

受交会距离的限制,即当距离过远时,经纬仪将难以精确跟踪瞄准目标,其交会精度降低。另外,实际作业时,此法所需的人员多、工作分散(在岸上有观测水平角的两个测角组,搬移导标指引施测断面线方向的导标组,观测水位的水位组;在船上有指挥员、发令员、旗号员、测深员及船员等),必须共同研究计划,明确分工,加强联系,使全体作业人员步调一致,共同协作完成任务。

3. 微波定位法

微波定位是根据无线电距离交会或距离差交会来确定测船位置的,前者称为圆系统定位,后者称为双曲线系统定位。

(1)圆系统定位。在岸上两个控制点上各设置一部微波电台(称为副台),每个电台上设有接收机、发射机和定向天线。在测船上也设有一部微波电台(称为主台),并设有发射机、接收机、全方向天线和显示设备。圆系统定位的原理是:测船沿测线行驶时,船上主台产生一定频率的微波信号,经由天线以速度 v(电磁波传播速度)向外发射,当微波信号到达副台后,经副台接收、放大又向船上主台发射应答信号;主台接收到应答信号后,借助于发射与接收时间段的脉冲计数,就能精确地测定出发射信号和应答信号之间的时间间隔 t,从而可以算得主台和副台之间的距离 $D=vt$,此值可在仪器的显示器上直接读出。为了使岸上的每个电台都能应答预先规定的微波信号,船上电台的发射机应发射两种不同频率的信号,而岸上电台的接收机各自也调到相应的频率,通过从显示器上读出的两个距离值,就可以在预先绘制好的图板上交会出船的位置。

(2) 双曲线系统定位。由解析几何知,一动点到两定点距离之差为定值时,其轨迹为双曲线。根据此原理,在岸上设立三个电台,船上设立一个电台,通过测量船上电台至三个岸上电台两两的距离之差,即可得知测船位于哪两条双曲线(根据岸上的三个控制点预先在图板上绘制好两组双曲线)的交点上,从而得知测船的平面位置。

4. GPS 定位

目前,利用 GPS 实时动态定位技术进行水下地形测量,具有工作灵活、不受距离和气候的限制、自动化程度高,可以实现与测深点的同步自动采集和记录等特点,因此应用广泛。

进行水下地形测量,若选用合适的 GPS 软件,可以提供波浪平滑测量和海洋潮汐的数据采集,这对于高精度的水上测量来说意义更加重要。

水上测量的测区范围一般比较大,应用常规仪器在距离方面是一个不可克服的缺陷,而用 GPS - RTK 作业,其作用距离可达 10 ~ 30 km,且精度较高。

二、内业成图

水下地形图的绘制方法与陆上的基本一致,但需要由水位的换算及水深来计算测点的高程。有时还需绘制专用图,如河道纵断面图、等深线图等。

目前,大范围的水下地形图绘制均用专用的成图软件完成,可同时解决各种计算与专题地图等问题,如美国 TRIMBLE 公司开发的 HYDROPRO 软件等。

第五节　地籍图、房产图及其测量

一、概述

土地勘测定界工作是国土资源管理部门一项重要的技术性工作,同时也是一门技术综合学科。土地勘测定界获得的数据是土地征用、划拨、出让、使用的界线和权属、地类界线,以及土地面积的科学记录,为杜绝申报建设用地中的权属界址不清、地类不实、面积不准等问题,为依法审批土地提供科学、准确、可靠的技术资料,同时其成果资料包括地籍图通过有权批准该项目用地的土地行政主管部门的审批后具有法律效力,可作为后续地籍变更调查、土地登记发证工作的技术依据和权源材料。有利于补充土地动态变化信息,为地籍信息系统的建立提供及时、准确的基础资料。

我们可以把土地及其附属物的权属信息,称为地籍。地籍测量则指对权属土地及附属物的边界及界址点,利用各种测量技术进行精确测定,并用各种形式包括地籍图形式予以记录。

土地勘测定界包括如下 3 个主要工作:

(1)地籍调查:由相关人员实地共同指认界址点的位置及对界址点做出正确描述并经本宗邻宗指界人员签名确认。

(2)地籍测量:运用科学手段测定界址点的位置、测算宗地的面积、绘制地籍图等。

(3)地籍成图:将地籍调查和地籍测量的工作形成计算机存储的数字、图形、文字信息 。

二、地籍调查

按照国家法律,采用科学方法,对土地及附属物的位置、质量、利用情况等基本状况所进行的调查与记录称为地籍调查。由于土地权属及附属物权属会随时间不断变动,因此将地籍调查分为以下几类。

(一)初始地籍调查

初始地籍调查指对调查区域内所有土地在登记记录前的全面调查。它涉及许多部门,且工作量大。

(二) 变更地籍调查

变更地籍调查指为了了解土地最新状况而进行的经常性的调查,因而是动态的。地籍调查不仅应如实和全面反映土地状况,保持地籍各种记录与数据的完整性、一致性和一一对应性,也应严格遵循有关国家法律,并与相关政府机构的资料保持一致和统一。

在介绍地籍调查的主要内容前,首先介绍与地籍调查有关的几个概念:

街道:以行政区内行政界线、主干道路、河沟等线状地物所封闭的大地块。

街坊:"街道"内互通的小巷、沟渠等封闭起来的地块。

宗地:地籍调查的基本单元。凡是被权属界线封闭的、有明确权属主和利用类别的地块称为一宗地。宗地编号必须在行政区划管辖范围内进行统一编号。

界址点:指宗地权属界线的转折点,即拐点,它是标定宗地权属界线的重要标志。

界址线:指宗地四周的权属界线,即界址点连线构成的折线或曲线。

地籍调查主要包括两个部分。

1. 土地权属的调查

土地权属指与土地相关的权利范畴的确定。土地权属内容包括土地所有权、土地使用权、土地租赁权、土地抵押权、土地继承权等。土地权属调查的内容主要是查清界址点、界址线及其位置。土地权属调查时应填写地籍调查表,并附宗地草图。宗地草图内容包括宗地号、门牌号、界址点、界址线、界址线长、相邻宗地状况等。

2. 土地利用现状和土地等级的调查

土地利用现状调查的外业工作内容包括将地类界线、权属界线、线状地物等调绘到底图上或航摄像片上。内业工作包括外业调绘成果的内业转绘,并绘制土地利用现状图。在作业中要严格遵循《土地利用现状调查技术规程》中规定的土地利用现状各类的内容。对于土地利用现状的调查和分类,一定要按照国家有关部门颁布的规范进行,不许随意改变,以便于全国、区域或部门进行统计和研究。

三、地籍测量

地籍测量是对相关地籍数量指标的测绘工作,是地籍调查的一部分。由于地籍的法律效力和政府效力,地籍测量必须准确和精确,并具时效性。地籍测量涉及几乎所有测绘技术和方法，如普通测量学、航空摄影测量与遥感、大地测量学、误差理论、空间技术、计算机数字技术等。地籍测量内容包括界址点、界址线的测量，各类土地地籍图的测绘，各类房产地籍图的测绘等。

下面叙述几项主要的地籍测量工作。

（一）地籍控制测量

地籍控制测量程序包括设计、选点、埋石、外业测量、外业成果计算和整理。地籍控制点作为测量界址点、地籍图的依据，其精度及分布与地形测量有所区别，必须满足地籍精度要求。通常界址点的测量精度要高于地籍图的比例尺精度，因此测量控制点精度要求与地籍图比例尺无关。地籍控制测量也采用分级布设、逐级控制的原则。测量中要遵循《地籍控制测量技术规范》的技术要求。

（二）界址点的测量

界址点是土地权属范围界线上的点。测量界址点前应先进行土地权属的调查，确定界址点的位置，并进行野外踏勘。界址点的测量可以采用下面几种方法。

（1）解析法。即在实地利用全站仪、测距仪等工具直接测定界址点的位置。

（2）图解法。在图上用距离交会等方法进行坐标的量算。由于精度低，只适合于农村地区等要求精度不高的界址点类的测量。

（3）航空摄影测量方法。当需要大规模测量界址点，且界址点空中通视良好时，可采用航空摄影测量加密界址点的方法。

（4）利用 GPS－RTK 技术。利用 GPS－RTK 技术可以快速、高精度测定界址点位置，尤其适合于农村等较开阔地区。

四、地籍成图

地籍图是将地籍调查中各种地籍要素和地物要素反映到图上的表现形式，它应与地籍数据档案保持一致。地籍图可分成许多种类，按内容分为基本地籍图和专题地籍图，按用途分为税收地籍图、产权地籍图、多用途地籍图等，按地域分为城镇地籍图和农村地籍图。

地籍图的测绘方法与普通地形图的测绘相似，包括选择比例尺和投影方式、对测区区域进行分幅和编号、选择测图方法、外业控制测量、外业碎部测量及绘图或外业调绘及内业转绘绘图等程序。

在成图内容或要素上，地籍图与地形图是有区别的。

地籍图与地形图相比，其内容以各类界址点、界址线、土地类别、土地面积、宗地号、门牌号等地籍要素为主，对于很多地物要素可以舍弃。此外，地籍图一般不测绘等高线。地籍图具有法律效力，应与各类文字和数据记录档案保持一致，并保持现实性。地籍图的测绘以地籍调查为基础，因而不像地形图测绘那样，通常只是依自然状态予以测绘。

地籍图的种类繁多，我国目前主要测绘的地籍图有城镇地籍图、农村地籍图、宗地图、土地利用现状图、土地所有权属图、各种房产地籍图等。图 7-44 所示为地籍宗地图样例。

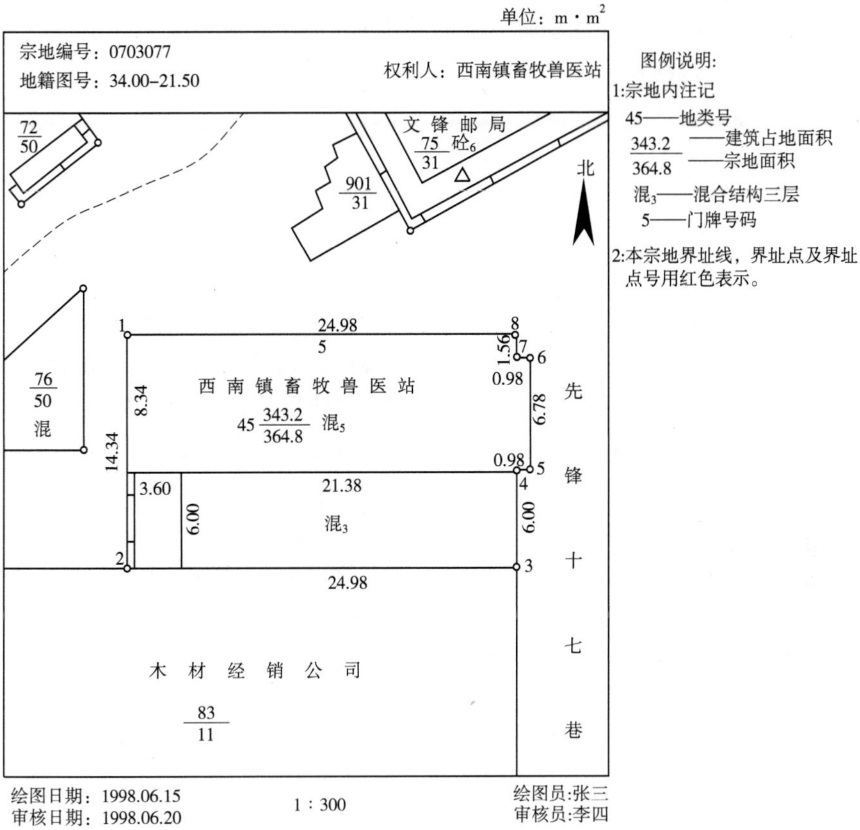

图 7-44 地籍宗地图样例

五、房产调查与房产测绘

房产调查分为房产用地调查和房屋调查两项内容，具体内容包括房屋权主名，产权性质、产权来源，产别，房屋用途，房屋结构、房屋数量、建成年代，房屋层次，房屋层数，占地面积，用地分类，房屋面积，房产区号、街道号、宗地号、栋号、门牌号、权号、户号等。房产调查时还要测绘各类房产图，包括房产分幅图、房产分宗图和房产分户图。

其中房产分户图包括了本户房屋所在地的地名及门牌号、图幅号、丘号、栋号、所在楼层、户号、房屋权界线、楼梯、走道等公用部分，毗邻墙体的归属、房屋边长、房屋建筑面积及分摊共有公用面积。

房产测量一般采用全站仪辅以钢尺、手持测距仪等进行，并按上述数字成图方法绘制满足《房地产测量规范》的各类图。

另外，房地产面积测算是房产测绘的重要内容，它是房地产产权管理、核权发证、征收房地产税等必不可少的资料。房屋面积的量算方法主要是解析法和图解法。

房地产面积测算包括房屋面积的量算和房屋用地面积的量算。房屋面积的量算包括房屋建筑面积的测算和共有公用面积的测算与分摊。房屋用地面积的量算包括房屋占地面积测算和丘面积的量算。

房屋建筑面积是指房屋外墙勒脚以上的外围水平面积,但还应包括阳台、走廊、室外楼梯等附属设施的建筑面积。

第六节　摄影测量与航片成图

一、概述

摄影测量学是通过对从飞机乃至卫星上所拍摄像片或数字影像,利用专门的设备或软件进行判读与量测,以获取目标物空间坐标及属性信息的一门学科。由于影像信息比地形图更加真实,内容更加丰富,因而在相关软件、硬件技术发展的今天,包括采用卫星空间技术及遥感技术、GPS 技术、计算机数字技术,使得基于摄影测量学下的海量地学信息提取成为现实。

从采用的载机平台说,摄影测量可分成许多种类,如按摄影方式分成地面摄影测量、航空摄影测量、航天摄影测量、近景摄影测量等。由于所拍摄到的像片或影像含有各种误差,除用于判读外,当用于进行量测时,要进行一系列纠正及计算,以获取目标物的真实信息。

随着传感器技术的发展,传统的可见光光谱段摄影测量已发展到更广谱域的摄影测量区域,也就是遥感技术,它是使用某种遥感器,不直接接触被研究的目标,感测目标在能源作用下辐射(反射)出来的某种载有目标特征的信息,经过传输、处理,从中提取对了解目标有用的信息(包括空间信息)。传统的摄影测量技术属于遥感的分支,其使用的传感器包括了各种光学相机,表 7-11 为遥感技术中采用的各类传感器。

表 7-11　RS 传感器分类

图像形式									非图像形式
光学照相				光电成像			微波成像		
框幅式相机	航带式相机	全景式相机	多光谱相机	电视摄像机	红外扫描仪	多光谱扫描仪	侧式雷达	微波扫描仪	摄谱仪附上仪

二、航空像片

(一)航空像片的拍摄

航空像片是用专门的航摄仪在飞机上进行拍摄的,为了获取航空像片,在进行航空摄影前,应制定详细的计划,包括确定摄影区域、摄影时的航高、摄影倾斜程度、所拍摄像片的种类等。在测区进行航摄时,飞机通常沿 S 形路线飞行,如图 7-45(a)所示。为了利用像片进行立体观察和量测,相邻像片影像应有重叠区域。重叠有航向重叠和旁向重叠两种。航向重叠一般要求重叠度为 60% ~65%,或更大,旁向重叠一般应达到 30% ~40%,如图 7-45(b)所示。拍摄像片可以是垂直摄影方式,也可以倾斜摄影方式进行。航空像片一般为正方形,常用尺寸有 18 cm×18 cm 和 23 cm

×23 cm 两种像幅。胶片或底片可以处理成全色黑白片、彩色片、红外黑白片、红外假彩色片等。量测用像片大多是黑白片。

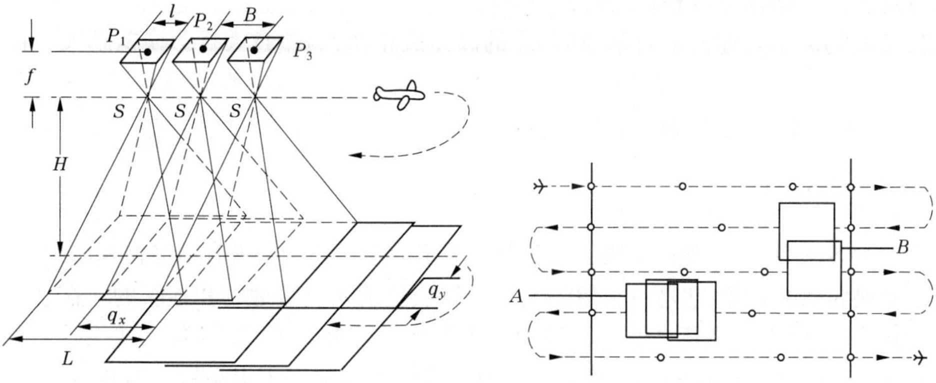

（a）立体效果　　（b）平面效果

图 7-45　航测摄影示意图

（二）航空像片比例尺

如图 7-46 所示，相机焦距为 f，航高 H，当像片水平时，像片上一线段 ab 与基准面上相应线段长度 AB 之比，称为像片比例尺，用 $1/M$ 表示。

$$\frac{f}{H}=\frac{ab}{AB}=\frac{1}{M} \tag{7-7}$$

式中　f——航摄仪的焦距；

H——航高（指相对航高）。

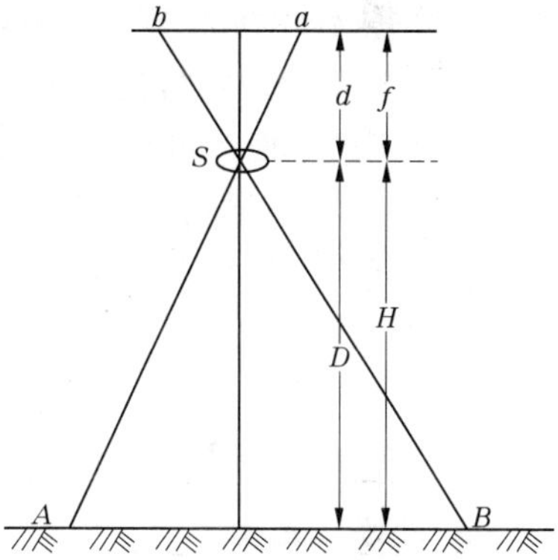

图 7-46　航摄像片比例尺

当像片和地面水平时，同一张像片上的比例尺是一个常数，当地面有起伏或像片对地面有倾斜时，像片上各部分的比例尺就不一致了。对一架航摄仪来说，f 是固定值，要使各像片比例尺一致，还必须保持同一航高。但飞机受气流波动等影响，在平静的大气条件下，同一航线的航高差别应保持在 ±20 m 以内，对不利情况，一般不允许超过 ±50 m。

（三）航空像片与地形图的区别

1. 投影方面的差别

地形图是正射投影，测图比例尺是一个常数且各处均相同。航摄像片是中心投影，只有当地面绝对平坦，并且摄像时像片又能严格水平时，像片上各处的比例尺才一致，中心投影才与地形图所要求的垂直投影保持一致。

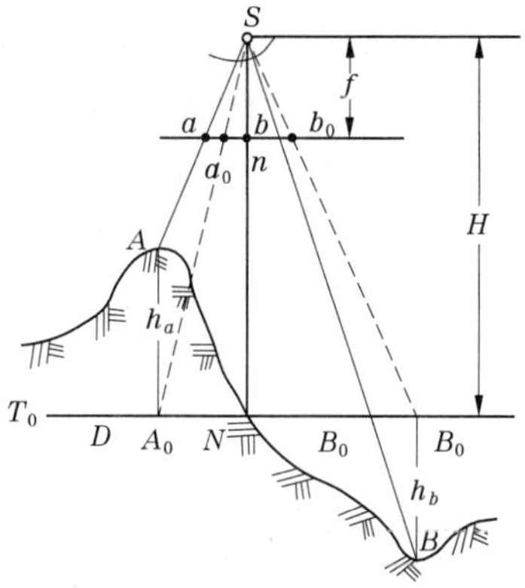

图 7-47　航测投影差

地面起伏引起像点在像片上的位移所产生的误差，称为投影差。如图 7-47 所示，A、B

为两个地面点，它们对基准面 T_0 的高差为 $+h_a$ 和 $-h_b$，A_0 和 B_0 为地面点在基准面 T_0 上的垂直投影，点 a、b 为地面点在像片上的投影，线段 aa_0、bb_0 即为地面起伏引起的在中心投影像片上产生的像点位移，亦称为投影差。

投影差的大小与地面点对基准面 E_0 的高差成正比，高差越大投影误差越大。在基准面上的地面点，投影误差为零。由此可见，投影误差可随选择基准面高度的不同而改变。因此，在航测内业中，可根据少量的地面已知高程点，采取分层投影的方法，将投影误差限制在一定的范围内，使之不影响地形图的精度。

2. *表示方法和表示内容不同*

在表示方法上：地形图是按成图比例尺所规定的地形图符号来表示地物和地貌的，而像片则是反映实地的影像，它是由影像的大小、形状、色调来反映地物和地貌的。在表示的内容上：地形图常用注记符号对地物符号和地貌符号作补充说明，如村名、房屋类型、道路等级、河流的深度和流向、地面的高程等，而这些在像片上是表示不出来的。因此，对航空像片必须进行航测外业的调绘工作。利用像片上的影像进行判读、调查和综合取舍，然后按统一规定的图式符号，把各类地形元素真实而准确地描绘在像片上。所谓像片判读，就是在航摄像片上根据物体的成像规律和特征，识别出地面上相应物体的性质、位置和大小。

（四）航空像片的方位元素

当利用航空像片进行解算时，即要通过计算来精确获得地面点或目标物的空间坐标时，需要确定摄影瞬间摄影中心的位置和摄影姿态。而对其进行描述所用的参数，称为像片的方位元素。像片方位元素分为内方位元素和外方位元素。

1. *内方位元素*

内方位元素用来描述摄影中心与像片之间的相对位置，包括摄影中心 S 到像片的垂距 f，以及像主点在像平面坐标系中的坐标 x_0 和 y_0，如图 7-48 所示。

2. *外方位元素*

外方位元素用来描述摄影瞬间、摄影中心的位置和摄影姿态，包括摄影中心在所选定的地面坐标系中的坐标 X_S、Y_S、Z_S，它们被称为三个线元素；摄影机主光轴从铅垂位置沿坐标轴 X、Y 的两个旋转角（φ，ω）及像片本身沿主光轴的一个旋转角（k），被称为三个角元素，如图 7-49 所示。其中第一个坐标轴称为主轴，第二个坐标轴称为副轴。转角的正负号，一般规定，绕轴逆时针旋转为正，反之为负。从图可以看出，Y 轴为主轴，X 轴为副轴。

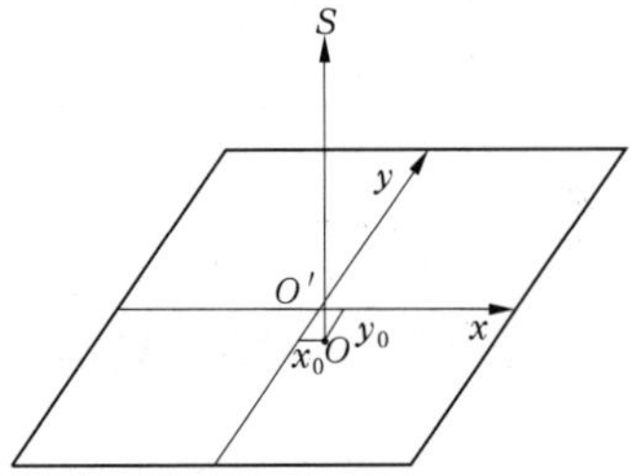

图 7-48　影像内方位元素

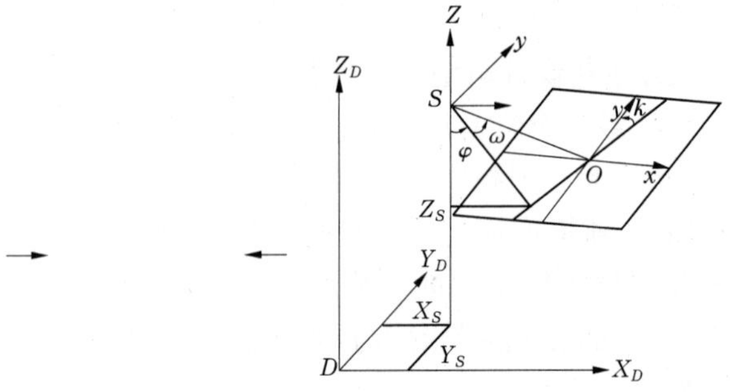

图 7-49　影像外方位元素

3. 共线方程

如果地面点 A 在所选定地面坐标系中的坐标为 (X,Y,Z)，相应像点 a 在以像主点为原点 (x_0,y_0) 的像平面坐标系中的坐标为 (x,y)，则这两个坐标之间的关系如下：

$$\left.\begin{aligned} x-x_0 &= -f\frac{a_1(X-X_S)+b_1(Y-Y_S)+c_1(Z-Z_S)}{a_3(X-X_S)+b_3(Y-Y_S)+c_3(Z-Z_S)} \\ y-y_0 &= -f\frac{a_2(X-X_S)+b_2(Y-Y_S)+c_2(Z-Z_S)}{a_3(X-X_S)+b_3(Y-Y_S)+c_3(Z-Z_S)} \end{aligned}\right\} \tag{7-8}$$

这两个公式称为共线方程，是摄影测量解算的基础公式，其中 a_i、b_i、c_i 为与外方位角元素有关的函数，其他符号意义同上。

三、影像的立体观测与量测

在航空摄影测量中，立体观测与量测具有很重要的作用。虽然目前的全数字摄影测量系统可以不进行立体观测，但立体观测在对影像进行判读和解译方面，仍起着重要作用。

人们看物体时，具有立体感，是指物体具有远近的感觉。这是由于物体远近不同时，看同一物体时的两眼视线形成的交角不同，引起视网膜上的生理视差，并在大脑中形成感应与判断，如图 7-50(a)所示。物体 A、B 在视网膜上构像为 a_1、a_2、b_1、b_2，我们称 $a_1b_1-a_2b_2$ 为生理视差。假设在两眼 O_1 和 O_2 处拍摄像片，然后把物体 A 和 B 移走，而两眼利用立体观测设备(如图 7-50(b))分别观看对应的两张像片 P_1 和 P_2，其效果将与直接观看真实物体时一样，这就是立体观测的原理，所形成的立体视觉称为人造立体视觉。为了进行立体观测，应满足下列条件：

(1)由两个摄站点处，对同一物体进行摄影，形成像对。

(2)两眼分别观看像对的两张像片或影像。

(3)两条同名像点形成的视线与眼基线构成一个平面，即两个同名像点形成的视线对对相交。

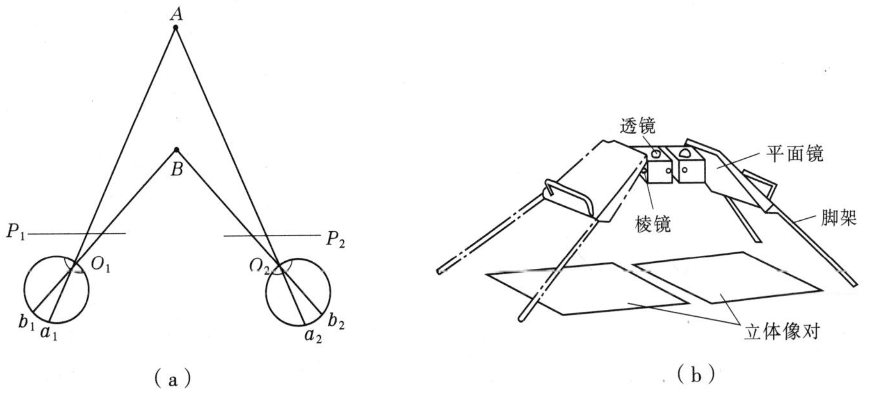

图 7-50　影像立体观察原理

当人们观看具有重叠影像的像对时，所看到的立体影像，称为立体模型。所谓立体量测是指对立体模型进行量测。当利用仪器恢复立体模型后，对其进行量测，其结果可以是同名像点在两像平面坐标系中的像点坐标，如用立体坐标量测仪，也可以通过立体量测，直接测绘地形图，如用精密立体测图仪。

四、像片的纠正、判读和调绘

（一）像片的纠正

判读航空像片的信息较之地形图要丰富得多，但是航空像片属于中心投影，如前所述，其影像不仅含有地面起伏引起的像点位移，也有因像片倾斜引起的像点位移，因而不能作为平面图直接进行量测之用。将普通像片转化成正射投影像片的过程，称为像片纠正。像片经纠正后，不仅可以当平面图使用，还可以在正射像片上套绘等高线，则可以准确地获取地貌信息。通过制作立体匹配片，还可以制作立体正射像片对，不仅可以观看立体影像，还可以量测高程，在非测量部门中也有着广泛的用途，包括农业部门、林业部门、规划部门、交通道路设计部门等。正射像片的制作可以利用正射投影仪，也可以采用数字微分纠正方法。

（二）像片的判读

像片判读是指对像片影像进行识别、分析和解译，以判断被摄物体的性质和形态。判读所用像片，既可以是普通像片，也可以是多光谱像片及遥感像片。像片判读既可以直接用人眼或用立体观察方法进行，也可先将像片进行光学处理和数字处理，以利于判读。进行判读时，既要了解像片成像规律，也应了解不同物体的构像规律。像片判读的内容包括物体的形状、大小、色调、阴影、纹理图案结构和相关特征等的分析。像片的判读既要在野外现场进行，一些内容也可以在室内进行。按目的，像片判读可以分为：

（1）专业判读——如土壤、森林、水系、地质及其他专业部门的分析调查工作。

（2）地形判读——是为测绘地形图而进行的，对地物、地貌的分析调查。

（三）像片的调绘

像片调绘指将像片上的内容及未显示的内容，按绘制地形图的要求进行判读、调查的过程，其内容包括：

（1）地物、地貌的综合及取舍。

（2）地理名称的调查和注记。

（3）新增或未显示地物的现场补测。

五、基于航片的数字成图

目前我国相关测绘部门已由模拟摄影测量成图过渡到解析摄影测量成图或数字摄影测量成图，精度已可达测绘 1∶500 的大比例尺地形图的水平，表 7-12 中就反映了摄影测量成图三个发展阶段的特点。

表 7-12　摄影测量成图三个发展阶段

发展阶段	原始资料	投影方式	仪器	操作方式	产品
模拟摄影测量	像片	物理投影	模拟测图仪	作业员操作	模拟产品
解析摄影测量	像片	数字投影	解析测图仪	机助作业员操作	模拟产品 数字产品
数字摄影测量	像片 数字化影像 数字影像	数字投影	计算机	自动化操作 + 作业员干预	模拟产品 数字产品

根据使用的测量设备和成图方法，基于航片的摄影测量有如下几种方式。

（一）模拟测图法

1. 综合法

首先在室内用纠正仪消除影像倾斜误差，并限制投影误差在允许范围内，把目标物的中心投影转换为正射投影，同时将其归化到规定的比例尺，确定目标物的平面位置，然后在野外进行影像调绘，用地形测绘的方法在影像图上测绘地貌。它适用于平坦地区，用单幅近似垂直的影像进行图解测图。

2. 分工法

在外业控制测量和影像调绘的基础上进行电算加密。首先利用立体量测仪测绘地貌，所获得的曲线仍是中心投影，然后用投影转绘仪对曲线按照规范要求垂直分带进行转绘，对其进行影像纠正，消除倾斜误差，按高差分带限制投影误差，使中心投影的地物和地貌变换为正射投影的地形图。由于此测图过程是把目标物的高程和平面位置用两种仪器分两道工序完成，因此称为分工法，适用于丘陵地区。

3. 全能法

在外业控制测量、影像调绘和内业电算加密的基础上，用精密测图仪在室内建立与实地相似的缩小模型，利用影像控制点和地面测量坐标系将影像模型归化到规定比例尺，参照影像调绘结果，在模型上一次完成地形图的测绘，此法适用于丘陵、山地以及高山地区。

（二）解析测图法

解析测图法是在模拟测图法的基础上，将精密立体坐标量测仪、计算机、数控绘图仪等集成到一起，直接解算测点坐标，自动生成数字地图或纸质地图。

（三）数字测图法

数字测图法是解析测图法的进一步发展，它采用数字摄影影像或数字化影像，在计算机上利用立体观测系统，构成数字立体模型，从而进行各种数值、图形和图像处理，根据目标的几何和物理特性，直接获得各种形式的地图产品，如数字地图、数字高程模型、测量数据库、地理信息系统等的数字化产品和断面图、透视图、正射影像图及动画地图等可视化产品。

思考题与习题

1. 什么是地形图的比例尺精度,1∶5 000 地形图的比例尺精度是多少?

2. 编号为 J51F043031 地形图的比例尺是多少? 它所在图幅的图廓线经度和纬度是多少?

3. 地物符号有哪几种? 它们各表示什么样的地物?

4. 典型地貌有哪几种? 等高线特性是什么?

5. 何谓等高距和等高线平距? 等高距的大小对地形图有何影响? 等高线平距与地面坡度有何关系?

6. 测图前有哪些准备工作? 平面控制点展绘后,如何检查其正确性?

7. 简述利用经纬仪测绘法测绘地形图的过程及注意事项。

8. 简述 CASS 数字成图作业的主要步骤。

9. 水下地形测绘时,测深仪的读数为 12.83 m,水尺的读数为 2.47 m,已知换能器的吃水为 0.80 m,水尺零点的高程为 1.56 m,试求测量时水底的深度(以大地水准面为基准面)。

10. 何谓航摄像片的投影误差和倾斜误差? 在航测成图时,如何消除这两项误差?

11. 地籍图与地形图的差异是什么?

第八章　地形图的应用

第一节　地形图的识读

地形图的识读是对地形图内容和知识的综合了解与运用，其目的是正确有效地使用地形图，为各种工程的规划设计提供合理、准确的服务。

一、图外注记识读

拿到一幅地形图，首先应了解测图日期，以此判定地形图的新旧程度和地面变化情况。对于地形图的一些数学要素的了解也是读图的关键，这些数学要素包括测图比例尺、坐标系统、高程系统和基本等高距，等等。另外，图幅正上方注有该图的图名、图号，左上角的接图表注明了相邻图幅的名称（或图号），若是矩形分幅，图幅四角注有直角坐标（或高斯平面直角坐标）。如图 8-1 所示，外围注记反映的信息包括：图名为沙湾屯，测图日期为 1991 年，比例尺 1∶2 000，测图方法为经纬仪测图，平面坐标系统为任意直角坐标系，高程为 1985 年国家高程基准等。

除以上内容外，在中、小比例尺地形图上还绘有图示比例尺、三北方向线关系图和坡度比例尺，并标注有经纬度和梯形坐标格网。

二、地物识读

地形图中的地物是以《地形图图式》（新版《1∶500、1∶1 000、1∶2 000 地形图图式》（GB/T7929—1995）由国家测绘总局组织制定、国家技术监督局发布，1996 年 5 月 1 日开始实施）中规定的符号绘制的，所以在读图前，应对一些常用的地物符号有所了解。大部分人工地物都建在平坦地区，而地物的核心部分是居民地，有了居民地则有电力线、通信线等相应的设施和通往的道路。因此，识读地图时以居民地为线索，即可了解一些主要地物的来龙去脉。同样以图 8-1 为例，沙湾是唯一的居民点，各级道路由沙湾向四周辐射；有贯穿东西方向的大车路，通向北图边的简易公路，还有一条乡村路向南经过白沙河徒涉场通往金山。横跨全图的大兴公路，其支线通过白沙河的公路桥向北出图，其主干线从东南出图，通往岔口和石门。

图内另一主要地物为白沙河，自图幅西北进入本图，流经沙湾南侧，至东北出图；菜园和耕地多分布在居民地附近和地势平坦地区；森林则多生长在山区。如本幅图的白沙河北岸和通过沙湾的大车路之间的植被是菜地，图幅中部的干山谷和东部的山脚平缓处都是耕地和小块梯田，自金山至西图边的北山坡分布有零星树木和灌木。不同地区的地形图有不同的特点，要在识图实践中熟悉地形图所反映的地形变化规律，从中摘取满足工程

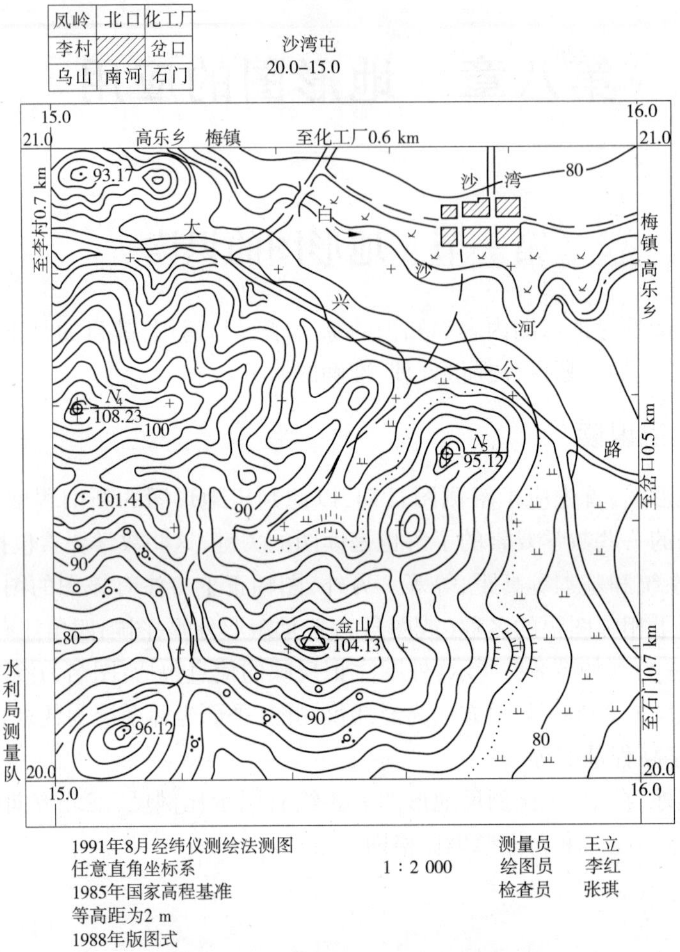

图 8-1 沙湾屯 1∶2 000 地形图

要求的地形,为工程建设服务。由于国民经济和城乡建设的迅速发展,新增地物不断出现,有时当年测绘的地形图也会落后于现实的地形变化;因此,通过地形图的识读,了解到所需要的地形情况后,仍需到实地勘察对照,才能对所需地形作出切合实际的了解。

三、地貌识读

地貌识读主要是根据地形图了解地形的高低起伏变化,如山势走向、高差、山脊、山谷、鞍部及沟、坎,等等。

在图 8-1 中,由等高线形状和密集程度可以看出,图幅内大部分地貌为丘陵地,东北部白沙河两岸为平坦地,东部山脚至图边为缓坡。由于丘陵地内小山头林立,山脊、山谷交错,沟壑纵横,地貌显得有些破碎;但从图中的高程注记和等高线注记来看,最高的山顶为图根点 N_4,其高程为 108.23 m,最低的等高线为 78 m,图内最大高差仅 30 m。图内丘陵地的一般坡度为 10% 左右,这种坡度的地形对各种工程的施工并不很困难。在图的中部有一宽阔的长山谷,底部很平缓,也是工程建设可以利用的地形。

第二节　地形图的基本用法

一、在地形图上求某点的坐标

如图 8-2 所示，欲求图上 p 点坐标。首先利用图廓坐标格网找出 P 点所在小方格的西南角坐标 X_0、Y_0，图中 $X_0 = 30.100$ m，$Y_0 = 20.200$ m。然后过 p 点做坐标格网 ab、cd 的平行线，再按测图比例尺（$1:M = 1:1\ 000$）量算 ak、af 的长度，则

$$\left.\begin{aligned} X_p &= X_0 + af \times M \\ Y_p &= Y_0 + ak \times M \end{aligned}\right\} \qquad (8\text{-}1)$$

如果考虑到图纸伸缩量，还应量出 ab、ad 的长度（理论上均为 10 cm），则

$$\left.\begin{aligned} X_p &= X_0 + af \times M \times ab/10 \\ Y_p &= Y_0 + ak \times M \times ad/10 \end{aligned}\right\} \qquad (8\text{-}2)$$

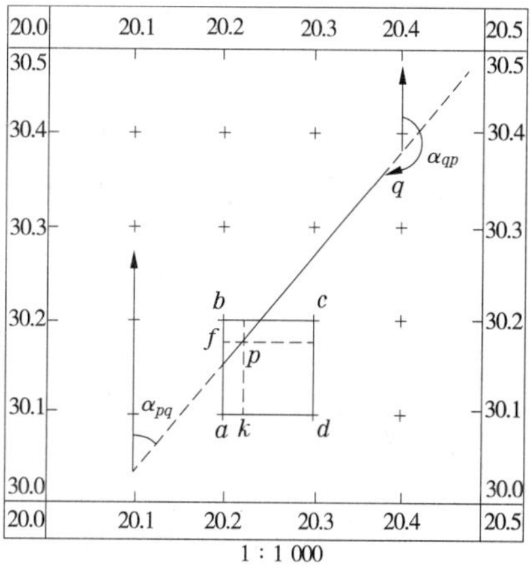

图 8-2　在地形图上确定某点的坐标

二、求两点间的水平距离

（一）图解法

在图上直接量取 AB 两点间的长度，然后乘以比例尺分母 M 即为 AB 的实际水平长度。也可以用卡规在图上直接卡出 AB 线段的长度，再与图示比例尺比量而得出其实际水平长度。

（二）解析法

当所量取的两点距离较长甚至两端点不在同幅图内的两点或者图纸伸缩较大时，一般应用此法。先分别按上述方法量算 p、q 两点的坐标，然后用下式计算出 pq 的水平距离。

$$D = \sqrt{(Y_p - Y_q)^2 + (X_p - X_q)^2} \qquad (8\text{-}3)$$

三、确定直线的方位角

（一）图解法

采用量角器在地形图上直接量取坐标方位角。如图 8-2 所示，求 pq 的方位角 α_{pq}，首先过 p、q 两点分别做坐标纵轴的平行线（若线段 pq 较短，可在直线两端分别延长），然后用量角器分别量出 α_{pq}、α_{qp}，然后按（$\alpha_{pq} + \alpha_{qp} \pm 180°$）/2 计算得到。

（二）解析法

如图 8-2 所示，欲求出 p、q 段直线的坐标方位角，可先量算出直线两端点 A、B 的坐标，然后用式（6-11）求得 pq 边的象限角 R_{pq} 后，判定其所在象限，换算出求其坐标方位角，即

$$\left.\begin{aligned}&\Delta X_{pq}>0,\Delta Y_{pq}>0\text{ 时},\alpha_{pq}=R_{pq}\\&\Delta X_{pq}<0,\Delta Y_{pq}>0\text{ 时},\alpha_{pq}=180°-R_{pq}\\&\Delta X_{pq}<0,\Delta Y_{pq}<0\text{ 时},\alpha_{pq}=180°+R_{pq}\\&\Delta X_{pq}>0,\Delta Y_{pq}<0\text{ 时},\alpha_{pq}=360°-R_{pq}\end{aligned}\right\}\tag{8-4}$$

四、在地形图上求某点的高程

在地形图上任意一点的高程都可以根据等高线或高程注记来确定。如图 8-3 所示，a 点正好在等高线上，则 a 点的高程即为所在等高线的 高程。如果所求高程的点不在等高线上，例如图中的 k 点，则可过该点作一条大致垂直于两相邻等高线的线段 mn，从图上量取平距 $mn=d$，$mk=d_1$，则 k 点的高程可用下式求得：

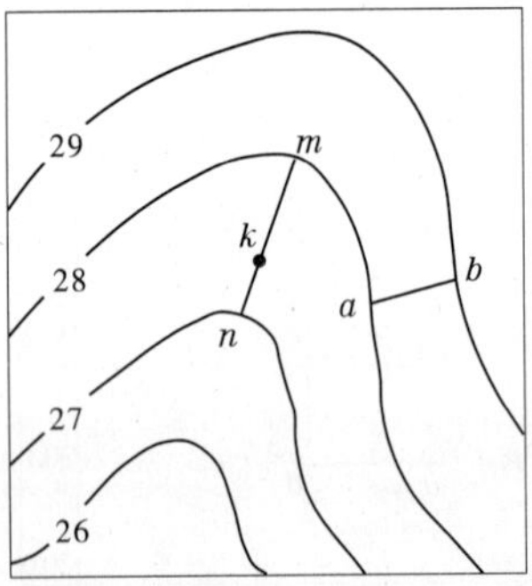

图 8-3　在地形图上确定点的高程

$$H_k=H_m-h\frac{d_1}{d}\tag{8-5}$$

式中　H_m——m 点的高程；

h——等高距。

五、求直线的坡度

地面两点间的高差与水平距离之比称为坡度，用 i 表示。设 D 为地面两点间的水平距离，h 为高差，则坡度 i 由下式计算。

$$i=\frac{h}{D}=\frac{h}{d\cdot M}\tag{8-6}$$

式中　d——两点在图上的长度，m；

M——地形图比例尺分母。

坡度 i 常用百分率表示。如果两点间的距离较长，中间通过疏密不等的等高线，则上式所求地面坡度为两点间的平均坡度。

六、按坡度限值选定最短路线

在道路、管线、渠道等工程设计时，常常要求线路在不超过某一坡度限值的条件下，选定一条最短路线。如图 8-4(a)所示，现要求从 A 点设计一条坡度不超过 8% 的道路到 B 点，设计用的地形图比例尺为 1∶1 000，等高距为 1 m。设计时，首先应根据坡度的定义式计算出该道路经过相邻两条等高线时允许的最短水平距离 $D=h/i=1/8\%=12.5$ m，将其换算成图上距离 $d=D/1\ 000=12.5$ mm。然后从 A 点开始，以 A 点为圆心，以 $d=12.5$ mm 为半径(A 点恰好在等高线上)画弧，弧线与至 B 点方向的相邻等高线相交于点 1；再以点 1 为圆心，仍以 $d=12.5$ mm 为半径继续画弧，弧线与另一 B 点方向上的相邻等高线相交于点 2，依此类推直至 B 点，然后将 A、1、2、…、B 点相连即为一条坡度不超过 8% 的最短线路。这里需注意的是，有时在画弧线时，如遇相邻两条等高线之间的平距大于 d，则所画圆弧与等高线将无交点，这说明地面坡度小于坡度限值，在这种情况下，可从圆心沿到 B 点的方向直接画线与等高线相交。

以上方法在应用时，有时会出现几条可能的最短路线情况，例如图中的最短路线 A、$1'$、$2'$、…、B，这时可综合考虑地形、地质、造价等因素，选择一条最佳路线。

七、按指定方向绘制纵断面图

在各种线路工程设计中，为了进行填挖方量的概算，以及合理地确定线路的纵坡，都需要了解沿线路方向的地面起伏情况，为此，常需利用地形图绘制沿指定方向的纵断面图。如图 8-4(a)所示，欲沿 MN 方向绘制断面图，可在绘图纸或方格纸上绘制 MN 水平线，过 M 点作 MN 的垂线作为高程轴线，构成一定比例尺的平面坐标系统 MNQ；然后在地形图上用卡规自 M 点分别卡出 M 点至 a、b、c、…、N 各点的距离，并分别在图 8-4(a)上自 M 点沿 MN 方向截出相应的 a、b、c、…、N 等点。再在地形图上读取各点的高程，按高程轴线向上画出相应的垂线。最后，用光滑的曲线将各高程线顶点连接起来，即得 MN 方向的断面图，如图 8-4(b)所示。

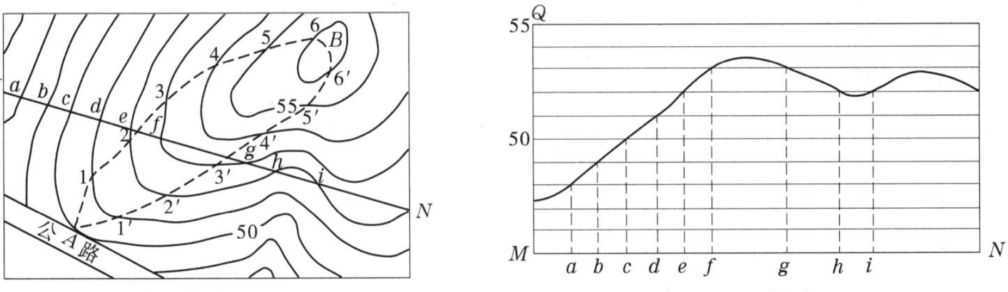

(a)　　(b)

图 8-4　选定最短线路和断面图的绘制方法

因为断面长度一般远大于断面内地形高差，为了突出地形起伏形态，断面图的高程比例尺通常比平距比例尺大 10～20 倍。

八、确定汇水面积

修筑道路时有时要跨越河流或山谷，这时就必须建桥梁或涵洞，兴修水库必须筑坝拦水。而桥梁、涵洞孔径的大小，水坝的设计位置与坝高，水库的蓄水量等，都要根据汇集于这个地区的水流量来确定。汇集水流量的面积称为汇水面积。

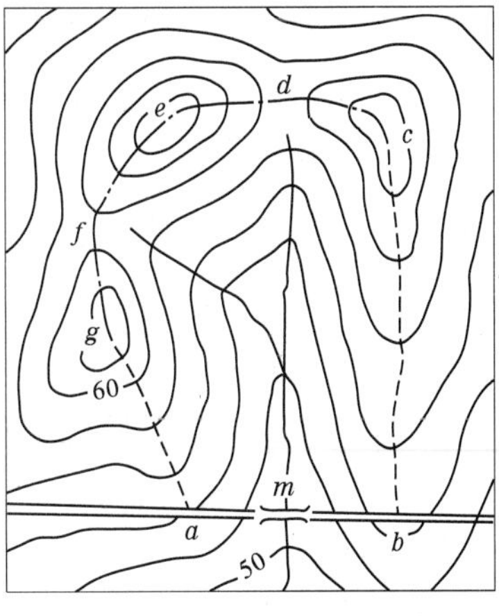

图 8-5　确定汇水面积

如图 8-5 所示，一条公路东西横跨山谷，需在 m 处架桥或修涵洞，其孔径大小及结构形式应根据该处的流水量而定，水流量的计算与汇水面积有关。由于雨水是沿山脊线（又称分水线）向山坡两侧分流的，所以汇水面积的边界线是由一系列的山脊线连接而成的。从图中可以看出，由山脊线 bc、cd、de、ef、fg、ga 与公路上的 ab 线段所围成的面积，就是此处的汇水面积。求出汇水面积后，再根据当地气象水文资料中的降水量，便可确定流经公路 m 处的水量，从而为桥梁或涵洞的孔径及结构的设计提供依据。

确定汇水面积的边界线时，还应注意以下几点：

（1）边界线（除公路 ab 段外）应与山脊线一致，且与等高线垂直；

（2）边界线是经过一系列的山脊线、山头和鞍部的曲线，并与河谷的指定断面（公路或水坝的中心线）闭合。

第三节　面积量算与电子求积仪

在规划设计时，常需要在地形图上量算一定轮廓范围内的面积。下面介绍几种常用的方法。

一、透明方格纸法

如图 8-6 所示，用透明方格网纸（方格边长为 1 mm、2 mm、5 mm 或 10 mm）覆盖在图形上，先数出图形内完整的方格数，然后将不完整的方格用目估折合成整方格数，两者相加，乘以每格所代表的面积值，即为所量图形的面积。计算公式为

$$S = n \cdot A \tag{8-7}$$

式中　S——所量图形的面积；

n——方格总数；

A——1 个方格的实地面积。

二、平行线法

如图 8-7 所示，将绘有等距平行线的透明纸覆盖在图形上，使两条平行线与图形边缘相切，则相邻两平行线间截割的图形面积可近似视为梯形。梯形的高为平行线间距 d，图内平行虚线是梯形的中线。量出各中线的长度，就可以按下式求出图上面积：

$$S = l_1 \times d + l_2 \times d + \cdots + l_n \times d = d \times \sum l \tag{8-8}$$

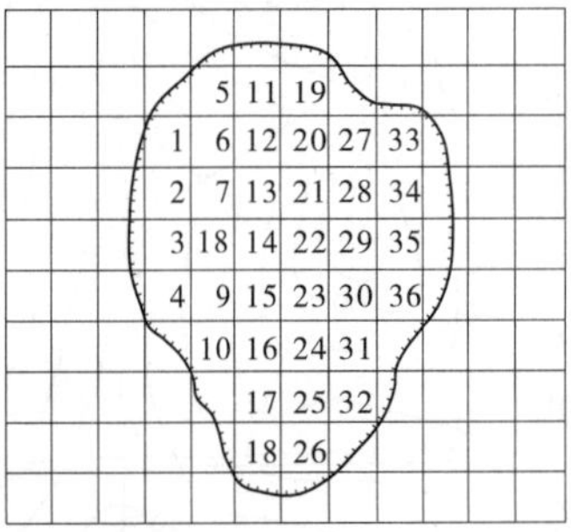

图 8-6　透明方格纸法

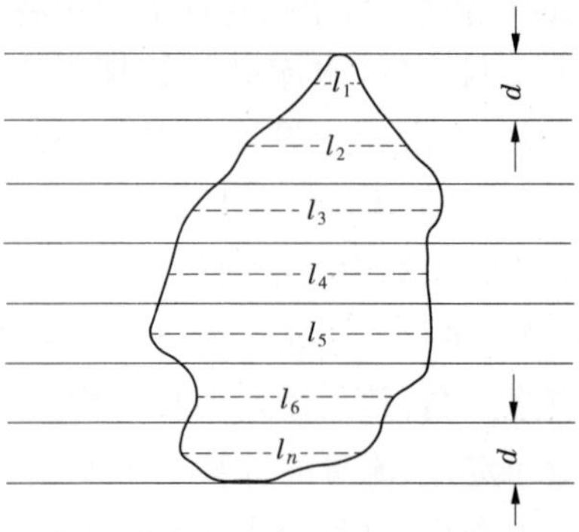

图 8-7　平行线法

将图上面积化为实地面积时，如果是地形图，应乘上比例尺分母的平方；如果是纵横比例尺不同的断面图，则应乘上纵横两个比例尺分母之积。

三、解析法

如果图形为任意多边形，且各顶点的坐标已在图上标出或已在实地测定，可利用各点坐标以解析法计算面积。

如图 8-8 所示，为一任意四边形面积 1234，各顶点坐标为(x_1,y_1)、(x_2,y_2)、(x_3,y_3)、(x_4,y_4)。可以看出，面积 1234(S)等于面积 $ab41$(S_1)加面积 $bd34$(S_2)再减去面积 $ac21$(S_3)和面积 $cd32$(S_4)，即

$$S=S_1+S_2-S_3-S_4$$

$$=\frac{1}{2}[(x_1+x_4)(y_4-y_1)+(x_3+x_4)(y_3-y_4)-(x_1+x_2)(y_2-y_1)-(x_2+x_3)(y_3-y_2)]$$

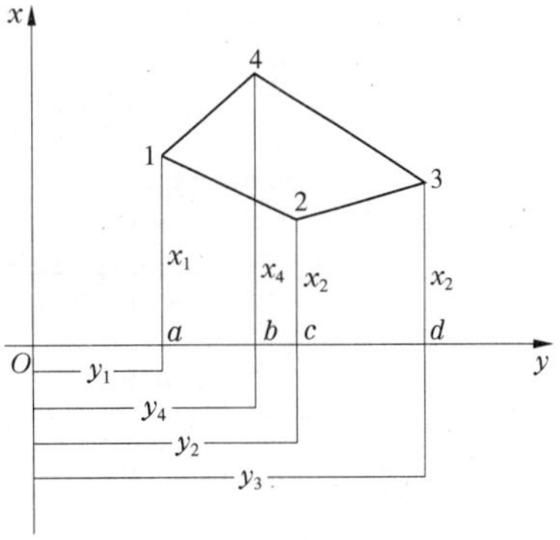

图 8-8　解析法

整理得

$$S=\frac{1}{2}[x_1(y_4-y_2)+x_2(y_1-y_3)+x_3(y_2-y_4)+x_4(y_3-y_1)]$$

若图形有 n 个顶点，其公式的一般形式为

$$S=\frac{1}{2}\sum_{i=1}^{n}x_i(y_{i+1}-y_{i-1}) \tag{8-9}$$

或

$$S=\frac{1}{2}\sum_{i=1}^{n}y_i(x_{i-1}-x_{i+1}) \tag{8-10}$$

注意，当 $i=1$ 时，$i-1=n$；当 $i=n$ 时，$i+1=1$。

四、求积仪法

求积仪是一种专门供图上量算面积的仪器。其优点是操作简便、速度快、适用于任意曲线图形的面积量算。求积仪分机械求积仪和数字求积仪。现以日本生产的 KP－90N 型(如图 8-9 所示)为例，介绍数字求积仪的使用。

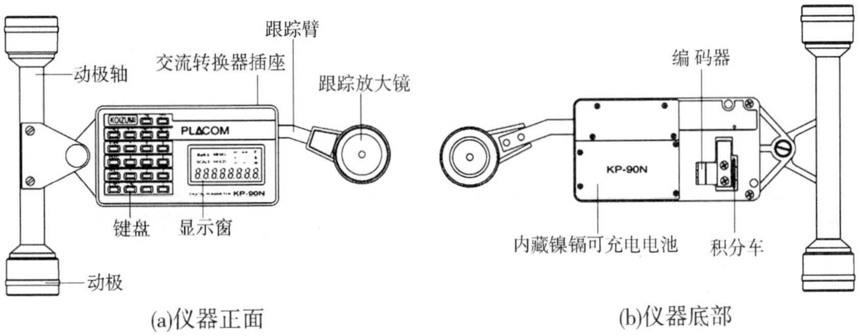

图 8-9　数字求积仪结构图

(一) KP－90N 型数字求积仪的构造

KP－90N 数字求积仪由三大部分组成：动极和动极轴、微型计算机、跟踪臂和跟踪放大镜。仪器面板上(见图 8-10)设有 22 个键和一个显示窗，其中显示窗上部为状态区，用来显示电池状态、存储器状态、比例尺大小、暂停状态及面积单位；下部为数据区，用来显示量算结果和输入值。各键的功能和操作见表 8-1。

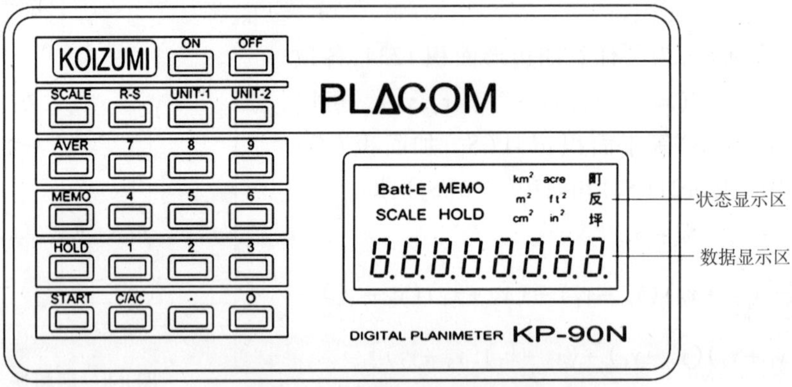

图 8-10 数字求积仪面板图

表 8-1 数字求积仪操作键及其功能

操作键	名称	功能
ON	电源键	打开电源
OFF	电源键	关闭电源
SCALE	比例尺键	用来设置图形的纵、横比例尺
R－S	比例尺确认键	配合 SCALE 键使用
UNIT－1	单位键 1	每按一次都在国际单位制、英制、日制三者间转换
UNIT－2	单位键 2	如在国际单位制状态下，按该单位键可以在 km^2、m^2、cm^2、脉冲计数(P/C)四个单位间顺序转换
0～9	数学键	用来输入数字
·	小数点键	用来输入小数点
START	启动键	在测量开始及在测量中再启动时使用
HOLD	固定键	测量中按该键则当前的面积量算值被固定，此时移动跟踪放大镜，显示的面积值不变。当要继续量算时，再按该键，面积量算再次开始。该键主要用于累加测量
AVER	平均值键	按该键，可以对存储器中的面积量算值取平均
MEMO	存储键	按该键，则将显示窗中显示的面积存储在存储器中，最多可以存储 10 个值
C/AC	清除键	清除存储器中记忆的全部面积量算值

（二）KP－90N 型数字求积仪的使用

（1）准备。将图纸水平地固定在图板上，把跟踪放大镜放大在图形中央，并使动极轴与跟踪臂成 90°，然后用跟踪放大镜沿图形边界线运行 2～3 周，检查是否能平滑移动，否则，调整动极轴位置。

（2）开机。按 ON 键，显示“0”。

（3）单位设置。用 UNIT－1 键设定单位制；用 UNIT－2 键设定同一单位制的单位。

（4）比例尺设置与确定。①比例尺 1∶M 的设定：用数字键输入 M，按 SCALE 键，再按 R－S 键，显示 M^2，即设定好；②横向 1∶X、纵向 1∶ Y 的设定：输入 X 值，按 SCALE 键；再输入 Y 值，按 SCALE 键，然后按 R－S 键，显示“$X \cdot Y$”值，即设定好；③比例尺 X∶1设定：输入$\frac{1}{X}$，按 SCALE 键，再按 R－S 键，显示“$\left(\frac{1}{X}\right)^2$”，即设定好。

（5）面积测量。将跟踪放大镜的中心照准图形边界线上某点，作为开始起点，然后按 START 键，蜂鸣器发出音响，显示“0”，用跟踪放大镜中心准确地沿着图形的边界线顺时针移动，回到起点后，若进行累加测量，按下 HOLD 键；若进行平均值测量，按下 MEMO 键；测量结束时，按 AVER 键，则显示所定单位和比例尺的图形面积。

（6）累加测量。在进行两个以上图形的累加测量时，先测量第 1 个图形，按 HOLD 键，将测定的面积值固定并存储；将仪器移到第 2 个图形，按 HOLD 键，解除固定状态并进行测量。同样可测第 3 个……直到测完。最后按 AVER 或 MEMO 键，显示出累加面积值。

（7）平均值测量。为了提高精度，可以对同一图形进行多次测量（最多 10 次），然后取平均值。具体做法是每次测量结束后，按下 MEMO 键，最后按 AVER 键，则显示 n 次测量的平均值。注意每次测量前均应按 START 键。

第四节　场地平整时的土方量计算

在各种工程建设的规划设计阶段，除对建筑物做合理的平面布置外，往往还要对拟建地区的原有地貌做必要的改造，平整场地，以便于布置各类建筑物和排水系统，满足交通运输和敷设地下管线的要求。在平整场地时，常需利用地形图预算填挖土方的工程量。根据测量资料和求算对象及土方估算精度不同，方法也有多种，下面介绍常用的几种方法。

一、等高线法

这个方法简单易求，适合场地地面起伏较大，且地形不太复杂的情况。

如图 8-11 所示，等高距 h 为 1 m，在 $ABCD$ 范围内，要求场地平整成高程为 17 m 的平地。其土方量估算方法如下。

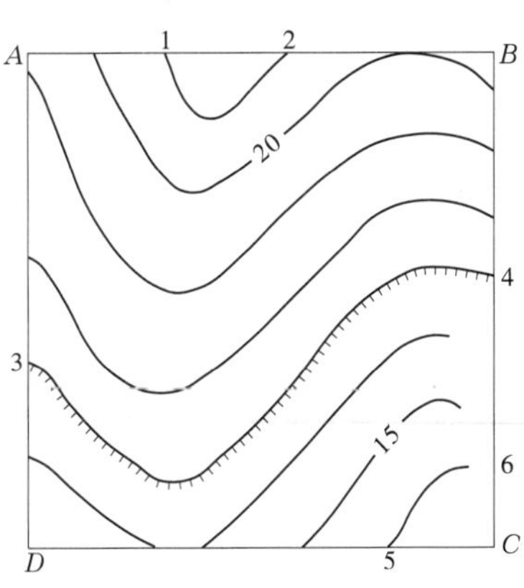

图 8-11　等高线法

（一）绘出填挖边界线

由于场地平整后的高程为17 m（设计高程），所以图上17 m的等高线就是填挖边界线，高程大于17 m的地面应挖去，小于17 m的地方应填入，为此在17 m的等高线上加绘指向填方的短线作为填挖边界线的位置。如果场地设计高程不在等高线上，可用目估法按设计高程绘出等高线，即得填挖边界线。

（二）测定相邻各条等高线所围的填挖面积

如图8-11所示，挖方面积包括5条等高线（17 m到21 m）及与外围边框所围的5部分面积。而所围的填方面积包括4条等高线（17 m到14 m）及与外围边框所围的4部分面积。面积计算可选择上节介绍的各种方法。

（三）计算填挖方量

以填挖边界线为界，用下式分别计算相邻等高线面积间的填挖方量 V_i。即

对于挖方：$V_{Wi}=\frac{1}{2}(A_k+A_{k+1})\times h \quad (i=1\sim5,k=17\sim21)$ （8-11）

对于填方：$V_{Ti}=\frac{1}{2}(A_k+A_{k-1})\times h \quad (i=1\sim4,k=17\sim14)$ （8-12）

式中 A_k——某条等高线与边框围成的闭合图形面积；

h——等高距。

最后将所有的填挖方量分别相加，即得总的填挖方量。

二、断面法

如图8-12（a）所示，按设计要求，将场地 *ABCD* 平整成由 *AB* 向 *CD* 倾斜、坡度为2%的斜面，其土方估算方法如下。

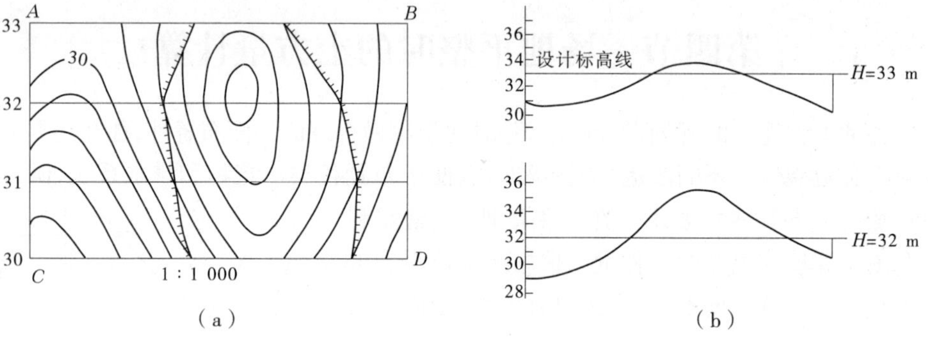

图8-12 断面法

（一）绘制倾斜面的设计等高线

按设计等高线的等高距与所用地形图等高距相同，方向与斜边垂直的原则，定出设计等高距 $h=1$ m，根据坡度与平距的关系式，则设计等高线平距 d 应为

$$d=\frac{h}{i\times M}=\frac{1}{0.02\times1\ 000}=0.05(\mathrm{m})$$

设 *A*、*B* 点的设计高程为33 m，若从 *A* 点开始，沿 *AC* 直线以0.05 m间距可定出32 m、31 m、30 m各高程点，再过这些点分别作垂直于 *AC* 的直线，便绘出倾斜面上的各设计等

高线，它们是一组平行线。

（二）绘出填挖边界线

连接同名高程的地形等高线与设计等高线的交点，即得填挖边界线。并用加绘短线的方法区别，短线指向填方。

（三）绘制断面图

首先，确定断面的方向和间距：平整成斜面时，断面方向应与设计等高线平行；平整成水平面时，断面方向应与地形等高线垂直。断面间距应依地形复杂程度和土方估算精度而定。地形复杂或估算精度要求较高，则间距宜小，反之可大，一般可选 20 ~ 50 m。本例地形不复杂，以平距 50 m 作为断面间距。绘制断面图的方法基本同本章第二节“按指定方向绘制纵断面图”介绍，但为了方便计算填挖面积，图的纵横坐标数轴的比例尺应相同，每个断面图上还要绘出对应设计标高线图，如图 8-12（b）中为设计标高为 32 m、33 m 的断面图，其中在设计标高线之上是挖方面积，之下是填方面积，面积可用本章第三节介绍的方法测定。

（四）计算土方量

如图 8-12（a）所示，由 AB 或 CD 开始，按下式分段计算相邻断面间的填挖量：

$$\text{对于挖方：}V_{wi}=\frac{1}{2}(A_{w1}+A_{w2})\times l \tag{8-13}$$

$$\text{对于填方：}V_{Ti}=\frac{1}{2}(A_{T1}+A_{T2})\times l \tag{8-14}$$

式中　A_w、A_T——挖、填面积；

　　l——相邻断面的间距。

将所有的填挖方量分别相加，即得总的填挖量。

本方法适合线状工程土石方量的计算。如道路断面法土方估算，但在应用时要考虑道路边坡存在的削坡土方量部分。

三、方格网法

由方格网来计算土方量是根据实地测定的方格格网点及其对应地面高程，首先将方格的四个角上的高程相加，取平均值与设计高程相减。然后通过方格边长得到每个方格的面积，再用长方体的体积计算公式得到填挖方量。方格网法简便直观，易于操作，因此这一方法在实际工作中应用非常广泛。用方格网法算土方量，设计面可以是平面，也可以是斜面。尤其可以方便地进行场地填挖平衡条件下的土方估算。

所谓填挖平衡，是指场地平整时，填方量与挖方量相等，这样既不从场地外取土，也不将场地内的土运出去。如图 8-13 所示，要求将原地貌按填挖土方量平衡的原则改造成一水平场地，其填挖土方量的估算方法如下。

（一）绘制方格网

在地形图上欲平整的场地内绘制方格网，方格网边长的大小取决于地形的复杂程度、比例尺的大小和土方量估算的精度要求。例如，当采用 1∶500 地形图估算土方量时，方格网边长通常为 10 m 或 20 m，对应方格面积 S。

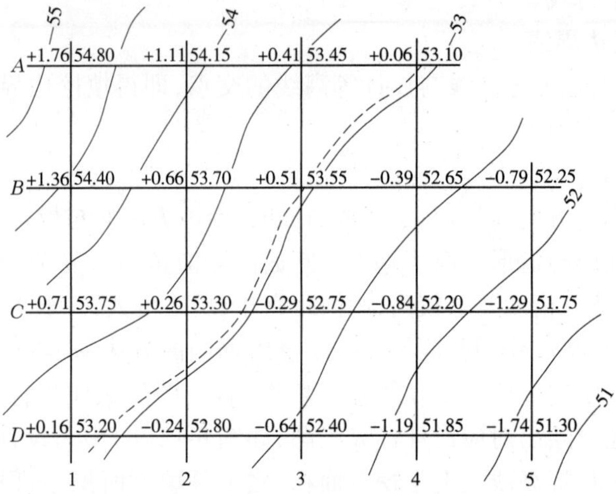

图 8-13　方格网法

(二)填挖边界线

方格网绘制好后,根据前述用等高线内插高程的方法,求出各方格顶点的地面高程,并将其标注于相应顶点的右上方。

所谓设计高程,即平整后场地的高程。先将每一方格的各顶点高程加起来取平均,得到每一方格的平均高程,然后将所有方格的平均高程相加除以方格总数,就得到设计高程 H_0,即

$$H_0 = (H_1 + H_2 + \cdots + H_i + \cdots + H_n)/n$$

式中　H_i——每一方格的平均高程;

n——方格总数。

根据每个方格角点参与重复计算的次数,上式可改写为

$$H_0 = (\sum H_{角} + 2\sum H_{边} + 3\sum H_{拐} + 4\sum H_{中})/4n \tag{8-15}$$

这里,$H_{角}$ 为方格网纵横交线的角点(如 A_1、A_4、B_5、D_1、D_5)的高程,$H_{边}$ 为方格网的边点(如 A_2、A_3、B_1、C_1…)的高程,$H_{拐}$ 为方格网的拐点(如 B_4)的高程,$H_{中}$ 为方格网的中点(如 B_2、B_3、C_2…)的高程。将各方格顶点的高程代入式(8-15),即可算出设计高程为 53.04 m。在图上内插出 53.04 m 的等高线(图中虚线)即为满足"填挖平衡"下的填挖边界线。

(三)计算填挖高度

将各方格顶点的地面高程减去设计高程,即为各方格顶点的填挖高度 h,即

$$h = 地面高程 - 设计高程$$

将 h 标注在相应顶点的左上方,h 为"+"时表示挖,h 为"-"时表示填。

(四)计算填挖方量

将各方格四顶点填挖高度取平均作为此方格的平均填挖高度,用平均填挖高度乘以方格面积即得此方格的填挖方量。同样,这种计算方法可改写为

$$
\begin{aligned}
V_{角} &= (h_{角} \times S)/4 \\
V_{边} &= (h_{边} \times S \times 2)/4 \\
V_{拐} &= (h_{拐} \times S \times 3)/4 \\
V_{中} &= h_{中} \times S
\end{aligned} \tag{8-16}
$$

式中，$h_{角}$、$h_{边}$、$h_{拐}$、$h_{中}$ 分别表示对应角点、边点、拐点和中间点的填挖高度。计算时，应按式(8-16)分别计算填方量和挖方量，计算结果应满足“填挖平衡”的原则，即总的填方量与总的挖方量大致相等。

$$
V = \sum (V_{角} + V_{边} + V_{拐} + V_{中}) \tag{8-17}
$$

第五节　规划设计时的用地分析

在对城市进行规划设计时，首先要按城市建设项目的特点、功能以及对地形的要求并结合实际地形进行分析，以便充分、合理地利用和改造原有地形。规划设计要根据城市建设用地的规模、范围来选用不同比例尺的地形图。例如在总体规划阶段，常选用1∶10 000或1∶5 000比例尺地形图；在详细规划阶段，为了满足建筑物总平面设计和各种配套工程设计的需要，常选用1∶1 000或1∶500比例尺的地形图。规划设计的用地分析主要需考虑以下几方面的问题。

一、地面坡度分析

在地形图上进行用地分析时，首先要将用地的区域划分为各种不同坡度的地段。由于地形的复杂程度不同，划分起来也有很大的难度。区域划分时只能依据图上等高线平距的大小来大致地划分，并用不同的颜色或不同的符号来表示不同坡度的地段。根据《城市用地竖向规划规范》(JJ—83—99)规定，城市主要建设用地适宜规划坡度见表8-2。

表8-2　城市主要建设用地适宜规划坡度

用地名称	适宜坡度(%)	用地名称	适宜坡度(%)
工业用地	0.2~10	城市道路用地	0.2~8
仓储用地	0.2~10	居住用地	0.2~25
铁路用地	0~2	公共设施用地	0.2~30
港口用地	0.2~5	其他	—

二、建筑通风分析

对于山地或丘陵地带的建筑通风设计，除考虑季风的影响外，还应考虑建筑区域因地貌及温差产生的局部风的影响。在某些时候，这种地方小气候对建筑通风起着主要作用，因此在山地或丘陵地域做规划设计时，风向与地形的关系是一个不容忽视的问题。

如图8-14所示，当风吹向小山丘时，由于地形的影响，在山丘周围会产生不同的风向变

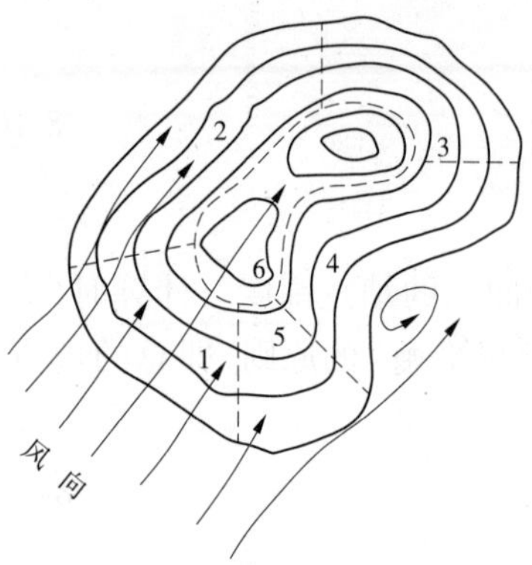

图 8-14 建筑通风分析

化。整个山丘根据受风方向及形式不同可分为 6 个区。

(1)迎风坡区:风向大致垂直于等高线,在此布置建筑物时,宜将建筑物平行或斜交等高线布置。

(2)顺风坡区:风向大致平行于等高线,如果将建筑物垂直或斜交等高线布置,则通风良好。

(3)背风坡区:风吹不到的坡区,可根据不同季节风向转化的具体情况,布置建筑物。

(4)涡风区:风向是漩涡状的地方,可布置一些通风要求不高的建筑。

(5)高压风区:迎风区与涡风区相遇的地方,该地段不宜布置高层建筑,以免产生更大的涡流。

(6)越山风区:山顶部分风力较大,通风良好,宜建通风要求较高的建筑,如亭阁类建筑。

以上风区的划分是随不同风向和季节变化而改变的。例如在我国大部分地区,冬季以西北风为主,而夏季多为东南风。因此,建筑规划设计时应考虑主流风向。

三、建筑日照分析

建筑日照是规划建筑物布置时要考虑的一项重点内容,在我国北方地区尤为重要。在山区或丘陵地带,建筑日照的间距受其坡向影响较为明显。我国位于北半球,无论什么季节太阳总处于南天空,随着地理纬度的增加,太阳对室内照射角度的变化随季节变化也增大。如在我国南方,冬至日和夏至日太阳的高度角变化较小,每天的日照时间也变化较小。而北方地区冬至日和夏至日的太阳高度角变化很大,每天的日照时间差值也比较大。一般情况下,在设计建筑物时,首先要考虑冬至日建筑及山体挡光问题。合理利用地形,形成建筑高度梯次,可缩小建筑间距,节约用地,并保证住户有合理的日照时间。在向阳坡布置建筑时,要比背阳坡节省用地。

四、交通流量分析

在进行用地分析时,除要考虑建筑日照、建筑通风等因素外,还要考虑交通情况。交通道路设计与地形的关系很大,尤其在崇山峻岭地或丘陵地进行规划设计时,应首先考虑交通网络设计。在道路和建筑物布置时,应既要尽量减少土石方的工程量,节约建筑投资,又要考虑居民出行和交通方便。机动车车行道规划纵坡见表 8-3。

表 8-3 机动车车行道规划纵坡

道路类别	最小纵坡(%)	最大纵坡(%)	最小坡长(m)
快速路	0.2	4	290
主干路		5	170
次干路		6	110
支(街坊)路		8	60

五、市政管网分析

市政管网是建筑物不可分割的一部分，在进行规划设计时，管网设计也是一项主要工作。例如，在建设一个居民小区时，要同时设计排水、给水、暖气、供电、煤气、电视、电话等管线，而这些管线与地形的关系十分紧密，尤其是排水管网。利用水重力作用进行的排水系统，必须根据地形的高差进行设计，而其他管线也涉及埋深、交叉、防冻、抗压等问题，应充分考虑利用地形。

六、土石方工程量分析

在建设项目的规划设计阶段，需要确定各种建筑物、道路、管网等的平面位置、室内外标高、坡度等，这些都必须依靠地形图来完成。设计好这些建筑物的平面位置和标高可减少土（石）方工程量，而利用好地形的高低变化和自然地貌中的冲沟、坎地、台地等，不但可以节约土地资源，又可减少建设项目的经济造价。

利用地形图进行规划设计是一门综合科学，不但要考虑上述几方面综合因素，还应该考虑公共设施、社区服务、气候气象、雨水排放、绿化、运动、停车场等具体问题。

第六节　数字地形图与地理信息系统（GIS）

近年来，随着空间信息采集与管理技术的发展，地理信息系统（GIS）技术与应用也得到了长足的发展。同时，社会对空间信息的采集、动态更新的速度要求越来越快，特别是对城市建设所需的大比例尺地形图空间数据方便获取方面的要求越来越高，与空间信息获取密切相关的测绘行业在近十年来也发生了巨大而深刻的变化。基于 GIS 对空间数据的新要求，测绘数字成图软件也正由单纯的“电子地图”功能转向全面面向 GIS 数据服务，从数据采集、数据质量控制到数据无缝进入 GIS 系统，数字地形图将扮演越来越重要的角色。

一、GIS 基本原理

对地球空间的各种信息进行存储、检索、显示、描述、模拟、绘制、分析和综合应用的计算机软件系统，称为地理信息系统（Geographic Information System，简称 GIS）。地理信息系统是测绘、遥感、计算机、应用数学等学科的有机结合，是以上多学科技术集成的基础平台，目前地理信息系统已广泛应用于资源环境管理、城市规划管理、政府宏观决策、企业管理、交通运输、军事指挥及商业管理等诸多领域。

地理信息系统不同于一般的管理信息系统。管理信息系统（如财务管理系统、档案管理系统等）只对属性数据库进行管理，它没有图形数据库，即使存储了图形，也是以文件形式管理，其中各图形要素不能分解、查询，也没有拓扑关系。而地理信息系统可以对属性数据库和图形数据库进行共同管理、分析与应用，其软硬件设备要求更高，系统功能也更强。

（一）地理信息系统的功能

地理信息系统一般具有以下 6 项功能。

1. 数据输入与编辑

地理信息系统可对各种形式（影像、图形和数字）的地理信息进行多种方式（自动、半自动、人工）的数据输入，建立空间数据库。数据输入包括信息数字化、规范化和数据编码三方面内容。信息数字化是指通过跟踪数字化仪、扫描仪或直接人工输入或自动传输方式对各种不同的信息进行录入并建立数据文件后，存入数据库内；规范化是指对具有不同比例尺和坐标系统的外来数据进行坐标与记录格式的统一；数据编码是指根据一定的数据结构和目标属性特征，将数据文件转换成计算机能够识别和管理的代码或编码字符。

数据编辑指的是对经过数据输入所得的空间数据或地图图层中的点、圆弧、直线、折线和区域进行修改、增加、删除、移动、复制、粘贴等操作。

2. 数据管理

数据管理指的是对系统内的数据库（又称数据表）进行维护和操作，例如对数据库删除、重命名或紧缩等，改变数据库的结构，增加或删改字段，改变字段的顺序、名称、类型、宽度或索引等，对数据库建立算术运算、关系运算、逻辑运算、函数运算等关系。

3. 数据查询

根据用户的要求，从数据文件、数据库或存储装置中，查找和选取所需数据。数据查询分两种方式。第一种方式是从地图上查询数据库，其具体做法是在地图上选中一个查询对象，系统将自动弹出一个关于此对象的信息窗口；第二种方式是从数据库查询地图，其具体做法是，先点击桌面上主菜单中的"查询"，系统将自动弹出查询对话窗口，然后在查询对话窗口输入（填入）所要查询的内容，则系统将在地图上符合查询内容要求的相应位置或区域闪烁显示或表现出不同的亮度（灰度或颜色）。

4. 统计分析

在数据管理功能的支持下或使用专用的分析软件，对选定区域内的空间信息进行统计分析。统计分析包括对数据集合的均值、总和、方差、频数、峰度系数等的求解这些常规统计分析，以及空间自相关、回归、趋势、专家打分等的高级统计分析。

5. 显示与输出

数据显示指的是中间处理过程和最终结果的屏幕显示，而输出的结果有专题地图、图表、报告等多种类型。一般的地理信息系统还提供输出窗口的布局功能，即在欲输出的页面上放置和编排地图窗口、浏览窗口、统计图窗口、消息窗口、图例窗口等，同时在页面上还可增加标题或标注。

6. 数据更新

地理信息系统所表现的现实对象是不断变化的，因此系统中的空间数据信息也应随之更新。数据更新是指用新的数据项或记录来替换数据文件或数据库中原有相对应的数据项或记录，它通过修改、删除、插入等一系列操作来实现。数据更新分全面更新和局部更新两种，它也是系统建立地理数据时间序列以满足动态分析的前提条件。

（二）地理信息系统的硬件和软件配置

1. 硬件配置

计算机硬件系统是地理信息系统的物理实体，它主要包括计算机主机及数据输入、存储、输出等设备。在大型系统中，主机是由多台工作站构成的计算机网络，在小型系统中是一台工作站或者微机。数据输入设备包括数字化仪、扫描仪、计算机键盘等。存储设备有光盘、磁带等。数据输出设备则由显示器、绘图仪、打印机等组成。

2. 软件配置

地理信息系统的软件分基础软件和二次开发软件。基础软件是指能给用户提供二次开发的基础平台，它必须具有数据录入、编辑、管理、分析、输出等功能，从广义上讲，基础软件还应包括操作系统、高级语言编译系统和数据库管理系统；二次开发软件是针对不同用户、不同功能需求、不同管理和运作方式，在基础软件平台上做进一步开发的软件。

二、GIS 与数字地图

（一）基于 GIS 下的空间数据

无论是数字地图，还是地理信息系统，都离不开大量的空间数据，正如一个国家不能没有人民，一座大厦不能没有砖瓦一样，空间数据是数字地图和地理信息系统的主体元素。

空间数据的主要特点是其具有空间性，空间性反映空间实体的空间位置及其位置之间的关系。空间位置指的是实体的坐标、方向、角度、距离、面积等几何信息，通常采用解析几何的方法来表示；位置关系指的是实体之间的相连、相邻、包含等几何关系，通常采用拓扑关系来表示。所谓拓扑关系是反映空间实体之间的一种逻辑关系，例如结点、弧段、多边形之间的关联性、邻接性和包含性，它与空间实体的大小、形状、比例尺、投影关系等无关。除了空间性以外，空间数据的另一大特点是它的属性，属性描述空间实体的特征、类别等。属性本身不属于空间数据，但它是空间数据的重要成分，它同空间数据相结合，才能表达空间实体的全貌。

按数据结构的不同，空间数据主要分如下两大类。

1. 栅格数据

将地理面用正方形或矩形栅格进行划分，然后用行列式确定各个栅格单元的空间位置，用栅格单元的值来表示空间属性。这样，表示空间实体时，用一个栅格单元来表示一个点，用一组相邻的栅格单元来表示一条线，用相邻栅格单元的集合来表示一个面（或区域），由此所得的数据称为栅格数据。栅格数据的获取，可通过人工格网采集法、扫描仪、摄像机、遥感、矢量数据的转换等多种方式。

栅格数据的优点是数据结构简单，便于空间分析及地理现象的模拟，易与遥感数据结合。栅格数据也有其缺点，即图形数据量大，图形投影转换比较难，图形的显示质量差，也不便于表示空间的拓扑关系。

2. 矢量数据

将需要用空间数据描述的空间实体分成点、线、面三类，用一个坐标点表示一个空间点，用多个点连成的弧段表示一条线，由曲线段围成的多边形表示一个面（或区域），同时用拓扑关系来表示这三类空间实体相互之间的关系，由此所得的数据即为矢量数据。矢量数据的获取，可通过 AutoCAD 人工绘制、数字化仪、电子全站仪、GPS 全球定位系统、栅格数据的转换等多种方式。

矢量数据的优点是数据结构紧凑，冗余度小，便于网络分析，图形显示质量好，精度高，便于面向对象的数据管理和制图。矢量数据也有其缺点，即数据结构复杂，对软硬件的技术要求高，信息复合难度大，缺乏同遥感数据及数字地面模型结合的能力。

（二）GIS 与数字地图关系

地理信息系统不同于纯粹的数字地图，它们二者虽然都有参考坐标系，都能描述图形数据，也有空间查询、分析和检索功能，但是数字地图不能够像地理信息系统那样，去综合图形数据和属性数据并对其进行深层次的空间分析，提供辅助决策的综合信息。只作为地理信息系统的一个非常重要的子系统，地理信息系统中必须包含有数字地图。

GIS 数据来源包括数字地图、遥感图像、多媒体数据、调查统计数据等。而包括数字地形图等的现代测绘 4D 产品则为 GIS 提供数据基础，如常规全野外测图提供大比例尺矢量数据。而数字航摄、卫星遥感等可以快速获取大面积范围图像数据，同时由于其数据精度提高很快，也可用到大比例测图中去并为 GIS 服务。

数字地图要适用于 GIS 平台应用，还需要对数据进行处理，这包括了如下项目：

（1）数据的格式化：不同数据结构的数据间变换，耗时、易错、需要大量计算量的工作。

（2）数据转换：数据格式转化、数据比例尺的变化等。

（3）数据格式的转换：矢量到栅格的转换。

（4）数据比例尺的变换：缩放、平移、旋转等方面，其中最为重要的是投影变换。

三、4D 数字产品与城市三维 GIS

4D 测绘产品是数字化时代测绘成果的最典型代表，它包括数字高程模型 DEM、正射影像图 DOM、数字线划图 DLG 及数字栅格图 DRG。它们为城市三维 GIS 建设提供强大的空间数据保证。

建筑物是城市最重要的部分，在城市三维 GIS 建设中，建筑物的三维重建是一项很重要的工作。除了数字线划图 DLG 提供基础空间数据外，航空遥感影像是建筑物重建的主要数据源，特别是数字摄影测量技术为三维城市数据的获取提供了最经济快捷的方法。在三维 GIS 建模中，航空摄影测量提供了下列重要数据：建筑物的三维重建模型、数字高程模型 DEM 和数字正射影像 DOM。另外，利用遥感的多光谱影像还可用来区分数码城市中的植被和人造物体等。

下面简述城市三维 GIS 的建立方法。

（一）基础空间数据的处理

它包括数字地形图 DLG 和高程模型 DEM 数据处理等。

1. DLG 数字地形图

DLG 数字图经过基准变换及经逐公里格网纠正，可以产生带地理坐标的数字栅格地形图 DRG，把其作为纠正卫星影像的控制基础。如果只有纸制地图，还要事先进行扫描并矢量化将其转成数字地形图 DLG。

2. DEM 处理

对 DEM 数据进行投影转换、坐标系转换、数据格式转换、拼接等，并检查是否有拼接漏洞、不正常的高程值和投影信息。

(二)三维景观数据制作

1. 基础数据处理

目标是形成确定格式和大小的地形三维建模卫星影像纹理数据及高程数据。将高程数据导入三维景观系统后，通过与数字正射影像的匹配，可实现数据的快速调用，能够满足大范围、大数据量三维场景的实时漫游显示。包括以下几部分的数据预处理。

(1)数字正射影像：基本工作包括通过反差、饱和度和色彩平衡等调整方法，对影像进行整体色调调整，使色调更接近自然真彩色；裁切：对整体影像进行分块裁切，每块的非压缩数据量不超过 500 兆；格式转换，将裁切后影像分别转换为 msi 数据格式进行保存；另外还有定义坐标范围、高程基准等工作。

(2)DEM 建立：利用数字地形图高程数据库或者立体像对等法制作成场景区域范围的 DEM 数据，保存为 tin 格式数据。

(3)制作缩略图：目标是制作三维场景漫游的导航图。对数字正射影像数据进行重采样，并叠加地名注记，进行整饰，结果保存为 BMP 数据格式，转换为 msi 文件保存。

(4)编辑注记文件：目标是形成在三维场景进行各种注记的记录文件。文件为点图形文件，每个点的坐标代表注记所要标注的空间位置。

2. 实地考察，采集属性数据和纹理数据

对三维场景进行实地考察，通过测量获得实物的尺寸和位置坐标等属性数据，通过拍摄获得实物的真实纹理数据和参数。

3. 地表地形制作

将多种基础数据资料进行转换，处理为系统所需的地表及地上实体的相关数据。

4. 三维建模

综合运用 AutoCAD、3DSMAX、3Dcybercity 软件进行三维建模，尽量把模型做到与实物一样。

5. 纹理映射

通过三维景观系统或 3DSMAX 为三维模型赋予各种真实材质和贴图，并输出为贴图文件。

6. 三维数据入库

将三维模型导入到系统空间数据库中，并挂接属性信息，可通过软件实现可视化查询、统计、空间分析功能。并录入实体的属性信息，实现空间信息和属性信息的联动。

7. 数据输出

标注重要地物的文字、图片动画及声音标注，在视觉、听觉、感觉上达到完美的仿真效果，让人仿佛置身其中。最后，根据用户要求输出修改完善好的城市三维景观数据，用于三维城市的动态仿真。图 8-15 为某地三维 GIS 建立样图。

图 8-15　三维 GIS 样图

思考题与习题

1. 识读地形图时，应从哪几个方面进行？

2. 如何确定地形图上某直线的长度、坡度和坐标方位角？怎样检核量测坐标方位角的正确性？

3. 土石方估算有哪几种方法？各适合于什么条件和场地？

4. 如图 8-16 所示是 1∶1 000 比例尺地形图中的一方格，图中正方形 *ABCD* 是平整场地的范围，边长 60 m，试完成如下工作：

(1) 测定 *A*、*B*、*C*、*D* 四点的坐标和高程。

(2) 测定 *ABCD* 四边形的面积及四边的距离、方位角和坡度。面积用解析法或其他方法测定，并用理论值检验。距离用解析法测定，并考虑图纸伸缩影响。

(3) 要求在填挖方平衡的条件下，将 *ABCD* 地区按自然地面坡度平整成 7% 的倾斜面，用方格法估算其土方量。格网边长为 20 m。

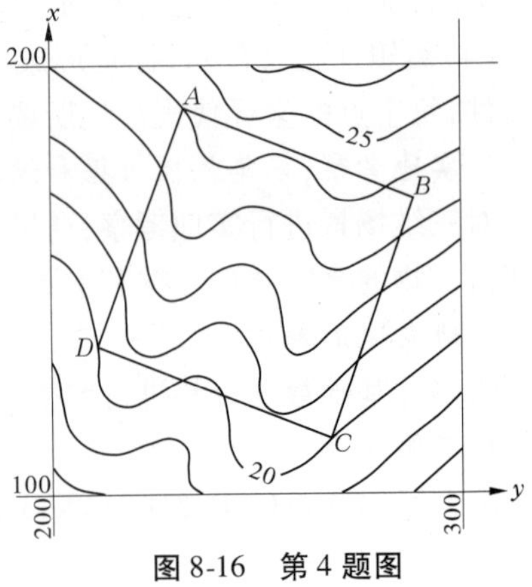

图 8-16　第 4 题图

5. 在地形图上进行规划设计的用地分析时，应考虑哪几方面的因素？

6. 描述 GIS 空间数据主要分哪几类，各有什么特点？

7. 简述地理信息系统的主要功能、软硬件配置及它的实体框架。

8. 何谓测绘 4D 产品，它们在城市三维 GIS 建设中的作用是什么？

第二篇　工程应用测量

第九章　工程测设的基本方法

第一节　概　述

施工测量的主要工作是测设点位，又称施工放样。即将图纸上设计的建筑物、构造物的平面位置和高程按设计要求，以一定的精度在实地标定出来，作为施工的依据。

在整个工程的施工过程中，测设工作是一项经常而重要的工作。放样的结果一旦以标桩形式在实地上标定出来，施工人员就要在标桩的指导下进行施工。测量人员必须具有高度的责任心，在任何情况下，都要保证施工的正常进行。否则，稍有差错，就会给国家造成重大的损失。

为了避免因建筑物众多而引起放样工作的紊乱，并且能严格地保持所放样建筑物各部分之间的几何关系，施工放样应遵循一定的原则，即在布局上"由整体到局部"，在程序上"先控制后碎部"，在精度上由"高级到低级"。

建筑物施工放样包括平面位置测设和高程测设。平面位置测设分为直接测设法和归化测设法。直接测设法是用某种方法多次测设取平均位置来提高精度。归化测设法是将直接放样法所标定的点作为过渡点，通过测量过渡点与已知点间的几何关系，计算过渡点实际位置与正确位置的差值，通过差值对过渡点进行改正（归化）。当直接测设法不能满足放样的精度要求时，可以采用归化测设法。

测设前，测量人员应了解建筑物的总体布置图和细部结构设计图，找出主要轴线和主要点的设计位置以及各部件之间的几何关系，再结合现场条件、控制点的分布和仪器设备，确定测设的方法。

测图工作是测定地面上各地形特征点与控制点之间位置的几何关系，即测得距离、角度、高程等数据，按一定的比例尺缩绘到地形图上；施工放样则与此相反，是根据建（构）筑物的设计尺寸，找出建（构）筑物各部分特征点（如轴线的交点）与控制点之间位置的几何关系，算得距离、角度、高程等放样数据，然后利用控制点，在实地上定出建筑物的特征点。对于测图工作而言，测量的精度系由测图的比例尺而定，比例尺越大，其精度越高。但在放样工作中，放样的精度通常决定于下列因素：

（1）设计中确定建筑物位置的方法；

(2)建造建筑物所用的材料；

(3)建筑物与建筑物之间有无连接设备；

(4)建筑物的用途；

(5)施工的程序和方法等。

与测图工作相比较，放样的精度要求具有相对性、不均匀性和方向性等特点。设计中确定建筑物位置的方法通常分为解析法和图解法，前者的精度高于后者；在一般情况下，金属或木质建筑物的放样精度比土质建筑物高，砖石和混凝土建筑物的放样精度介于这两者之间；建筑物之间有连接设备要求的放样精度比在同等条件下没有连接设备的建筑物高很多；永久性建筑物的放样精度比临时性建筑物高；装配式施工测设精度比现场浇灌式施工高。

另外，在施工测量中，经常使用独立直角坐标系，这样必须建立此坐标系与测量坐标系的相互转换关系，以便于施工和工程测设。如图 9-1 所示，设测量坐标系为 O—XY，独立坐标系为 O'—xy，其坐标原点 O'在测量坐标系中的坐标为(a,b)，x 轴与 X 轴的夹角为 α(旋转角)，则任意一点 P 在两个坐标系统中的坐标互算公式为

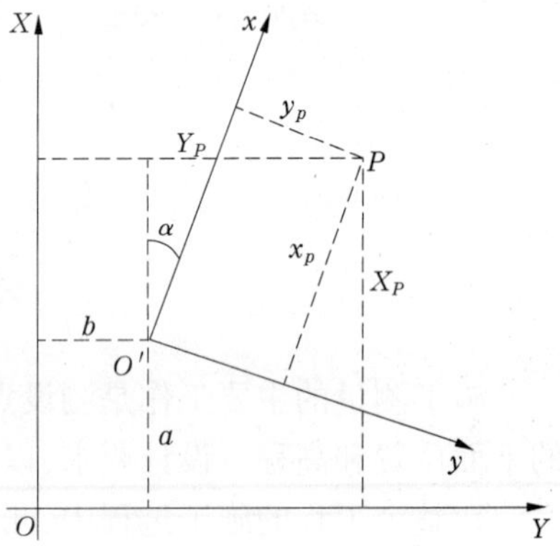

图 9-1　坐标系的换算

$$\begin{pmatrix} X_P \\ Y_P \end{pmatrix} = \begin{pmatrix} \cos\alpha & -\sin\alpha \\ \sin\alpha & \cos\alpha \end{pmatrix} \begin{pmatrix} x_P \\ y_P \end{pmatrix} + \begin{pmatrix} a \\ b \end{pmatrix} \tag{9-1}$$

$$\begin{pmatrix} x_P \\ y_P \end{pmatrix} = \begin{pmatrix} \cos\alpha & \sin\alpha \\ -\sin\alpha & \cos\alpha \end{pmatrix} \begin{pmatrix} X_P - a \\ Y_P - b \end{pmatrix} \tag{9-2}$$

式中　X_P、Y_P——P 点在测量坐标系中的坐标；

x_P、y_P——P 点在独立坐标系中的坐标。

应用上述公式时应注意：x 轴在 X 轴东侧时，旋转角 α 为正；西侧时，α 为负。也可用 x 轴在 O—XY 坐标系中的方位角 α 计算。

第二节　水平距离和水平角的测设

一、水平距离的测设方法

已知水平距离的测设，是由地面已知点沿指定方向测设另一点，使两点间的水平距离等于已知长度

(一)直接法

如图 9-2 所示，A 为实地上的已知点，AM 为定线方向，欲放样的长度为 S。测设方法是：从 A 点起沿 AM 方向，用钢尺量出长度 S 两次，取其中点 B，则 B 即为所放样的点。

图 9-2　水平距离放样

(二)归化法

当放样的长度超过一个尺段或精度要求较高时,可采用归化放样法。这时,将上述放样的 B 点作为过渡点,以 B'表示。用钢尺按一定的测回数,精确测量 AB 的长度,同时施测各尺段间的高差,并记录观测时的温度,计算出尺长、温度和倾斜改正,得出精测长度 S',计算过渡点 B'的改正数 ΔS:

$$\Delta S = S - S' \tag{9-3}$$

由过渡点 B'沿定线方向,向前(当 $\Delta S>0$ 时)或向后(当 $\Delta S<0$)量取 ΔS 值,标定出所求的 B 点。

(三)测距仪(全站仪)法

如图 9-3 所示,设从 A 点沿已知方向测设距离 D。其测设方法为:在 A 点安置测距仪(全站仪),在给定的方向上适当处(如 C'点)安置反光镜,用测距仪(全站仪)实测 AC'两点间的水平距离,并以 D'表示,然后计算实测水平距离与设计距离之差:

$$\Delta D = D - D' \tag{9-4}$$

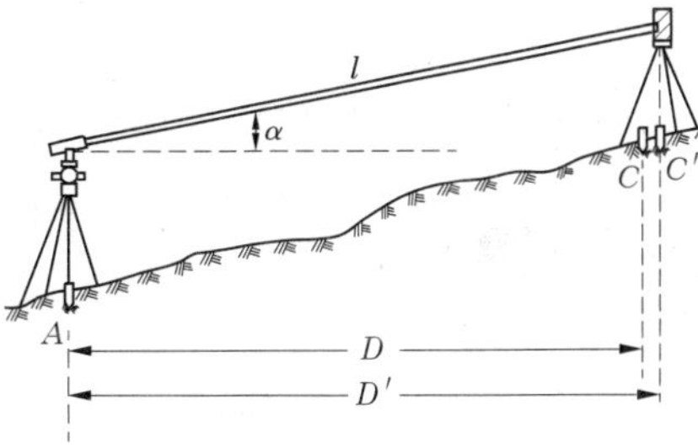

图 9-3　用测距仪测设距离

按 ΔD 的大小及符号,对 C'点改正至设计位置 C。也可利用测距仪的自动跟踪功能,根据 ΔD 值向前($\Delta D>0$)或向后($\Delta D<0$)移动棱镜,使显示的距离等于已知距离 D,则在该点用木桩标定 C 点。为了检核可进行复测。

二、水平角的测设方法

(一)直接法

如图 9-4 所示,O 和 A 为实地上的两个已知点,现要放样水平角 β(β 为设计角)。具体操作步骤如下:

(1)经纬仪安置在 O 点,盘左位置照准 A 点,使水平度盘读数为 $0°00'00''$;

(2)顺时针旋转望远镜,当水平度盘读数为 β 时,在视线方向上标定 P'点;

(3)在盘右位置按同样的方法标定 P''点;

(4)取 $P'P''$两点连线的中点 P 标定于实地。

则 $\angle AOP$ 即为放样的 β 角。

(二)归化法

如图 9-4 所示当要求放样角度的精度较高时,可将直接放样法标定的 P 点作为过渡点(见图 9-5),以 P'表示之。然后用测回法观测 $\angle AOP'$若干测回(测回数根据精度要求而定)。求出 $\angle AOP'$的平均值 β_1,算出 $\Delta\beta'' = (\beta - \beta_1)''$,并量出 OP'的长度,则以 P'为垂足的方向改正数 $P'P$ 可按下式计算

$$P'P = OP' \times \tan\Delta\beta \approx \frac{\Delta\beta''}{\rho''} \times OP' \tag{9-5}$$

式中 $\rho = 206\ 265''$；

$\Delta\beta$ 以秒为单位。

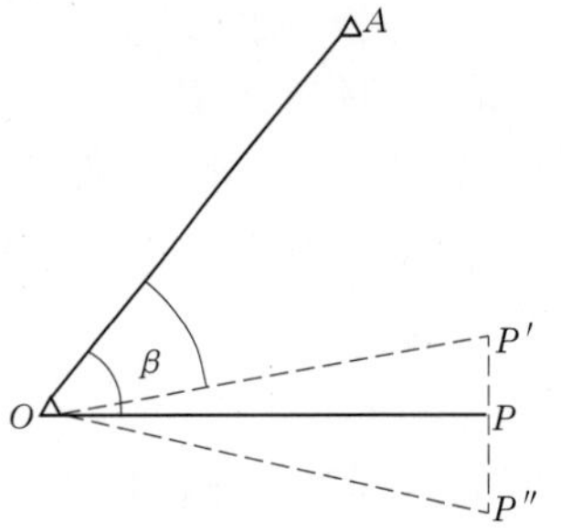

图 9-4　直接法测设水平角

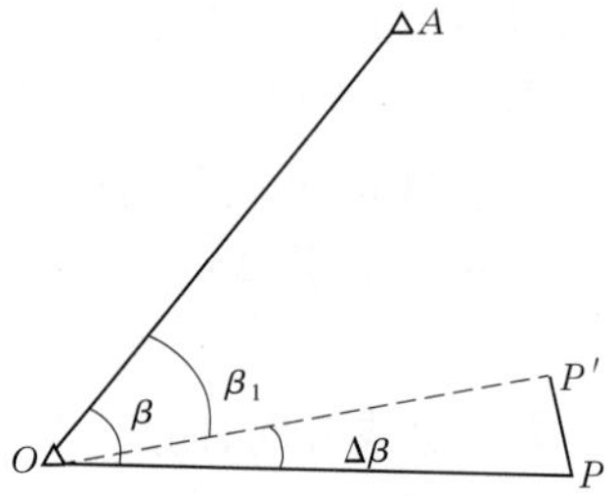

图 9-5　归化法测设水平角

实地改正时，由 P' 起在 OP' 的垂线方向上向内（$\Delta\beta<0$）或向外（$\Delta\beta>0$）量取 $P'P$ 即可标出 P 点，则 $\angle AOP$ 便是所要测设的角值为 β 的水平角。改正完毕，应进行检查测量，以防有误。

第三节　点的平面位置测设

点的平面位置测设方法应结合施工场地控制网的形式、控制点的分布情况、建筑物的大小、设计提供的条件以及精度要求，综合利用测设水平距离、水平角的方法进行施测，常用的方法有以下几种。

一、极坐标法

如建筑场地控制网为导线，由于导线点至测设点的距离较近，易于丈量，则采用极坐标法比较适宜。如图 9-6 所示，A、B 为控制点，P 点为欲测设的点，其坐标均为已知（P 的设计坐标一般可在设计图纸上求得）。用极坐标法放样的步骤如下：

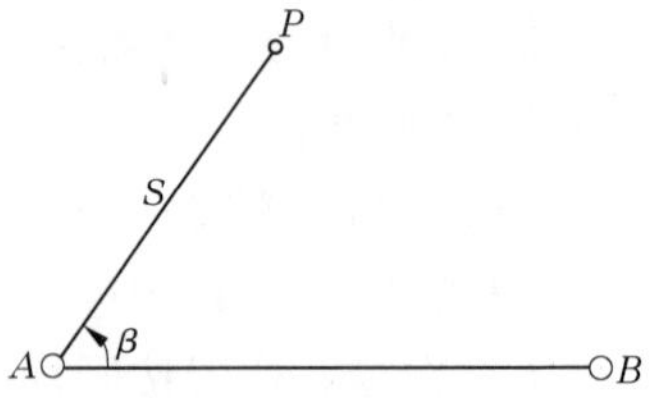

图 9-6　极坐标法

（1）计算放样数据 β 和 S：

$$\left.\begin{aligned}\alpha_{AP} &= \arctan\frac{y_P - y_A}{x_P - x_A}\\ \alpha_{AB} &= \arctan\frac{y_B - y_A}{x_B - x_A}\\ \beta &= \alpha_{AB} - \alpha_{AP}\\ S &= \frac{y_P - y_A}{\sin\alpha_{AP}} = \frac{x_P - x_A}{\cos\alpha_{AP}}\end{aligned}\right\}\tag{9-6}$$

（2）将经纬仪安置在 A 点，以 B 点定向，按水平角测设方法测设 β 角得 AP 方向；

（3）沿 AP 方向按距离测设方法测设 S，在地面标出设计点 P。

为了避免出现差错，无论是放样数据的计算还是在实地上放样的点位，都必须具有可靠的检核。例如,在计算放样数据时采用两人分别独立计算或用不同公式计算;用重复放样、加测某个元素或由不同控制点为放样依据等方法来检核放样的点位。如需用极坐标法精确放样 P 点,则可用归化法放样角度 β 和长度 S。

二、直角坐标法

若施工平面控制网为互相垂直的主轴线或建筑方格网,则宜选用直角坐标法测设点位。

如图 9-7 所示,OA、OB 为相互垂直的两条轴线,建筑物特征点 P 的坐标在设计图纸上可以确定,若将 P 点测设到实地上,首先要求出 P 点与 O 点的坐标增量,即

$$PM = \Delta x = x_P - x_O$$

$$PN = \Delta y = y_P - y_O$$

测设时,将经纬仪安置于 O 点,瞄准 A 点,在此方向上用钢尺量 Δy 得 M 点;再将仪器置于 M 点,瞄准 A 点,向左测设 90°,沿此方向用钢尺量 Δx,即得 P 点。

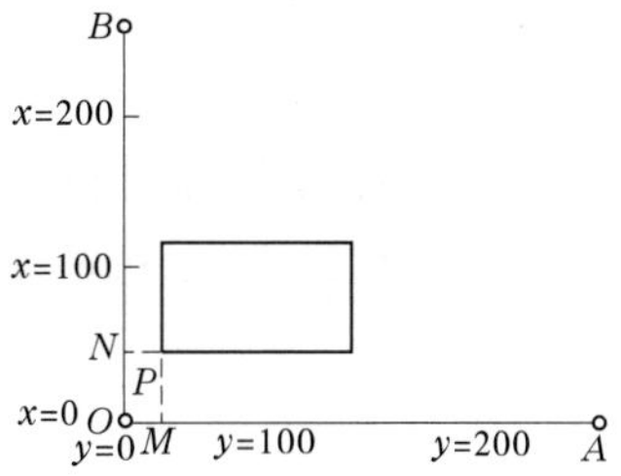

图 9-7　直角坐标法

三、角度交会法

当测设点与控制点之间不能或者难于量距时,常采用角度交会法。如图 9-8 所示,1、2、3 为三个控制点,A 点为欲测设的点,首先根据 A 点的设计坐标和三个控制点的坐标,计算测设数据 α_1、β_1 及 α_2、β_2。然后分别于 1、2、3 三个点上安置经纬仪,以 α_1、β_1 及 β_2 交会出 A 点的位置,并在 A 点附近沿 $1A$、$2A$、$3A$ 方向各打两个小木桩,桩顶钉一小钉,拉一细线,以示 $1A$、$2A$、$3A$ 方向线,见图 9-8,由于放样有误差,三条方向线不相交于一点,形成一个三角形,称为示误三角形,如果示误三角形内切圆半径不大于 1 cm,最大边长不大于 4 cm,可取内切圆的圆心作为 A 点的正确位置。

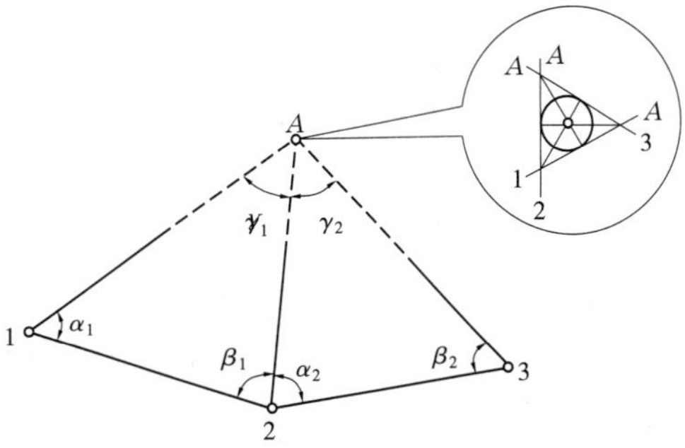

图 9-8　角度交会法

测设时,交会角 γ 的大小一般应在 60°~120°之间。

四、距离交会法

当建筑场地较平坦易于量边,而且测设点距离控制点不超过一钢尺长,由两段已知距离按距离交会法测设点的位置,较为适宜。如图 9-9 所示,1、2 为控制点,A 为欲测设的点,根据坐标算得 $1A$、$2A$ 的水平距离为 d_1、d_2,测设时,以控制点 1、2 为圆心,分别以 d_1、d_2 为半径在地面上作圆弧,两圆弧的交点,即为 A 点的平面位置。

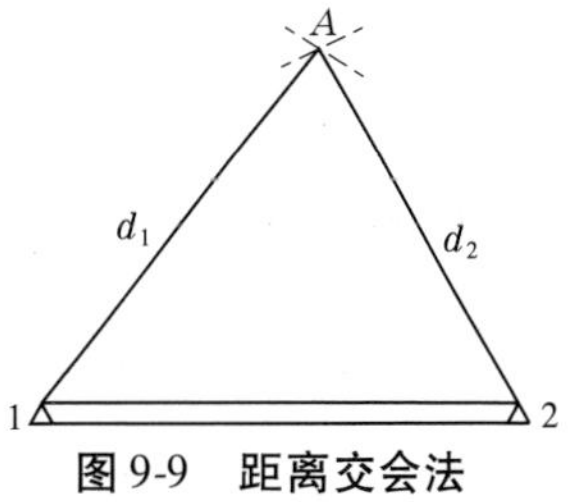

图 9-9　距离交会法

第四节　点的高程及已知坡度线的测设

一、测设一点的设计高程

将点的设计高程测设到实地上，是根据附近的水准点，用水准测量的方法，按两点间已知的高差来进行的。

如图 9-10 所示，已知水准点 A 的高程 H_A，欲在 B 点的木桩上测设出设计高程为 H_B 的位置。测设时将水准仪安置在 A、B 之间，在 A 点上立水准尺，后视 A 尺并读取读数 a，计算前视 B 尺应有的读数 b。

$$b = H_A + a - H_B \tag{9-7}$$

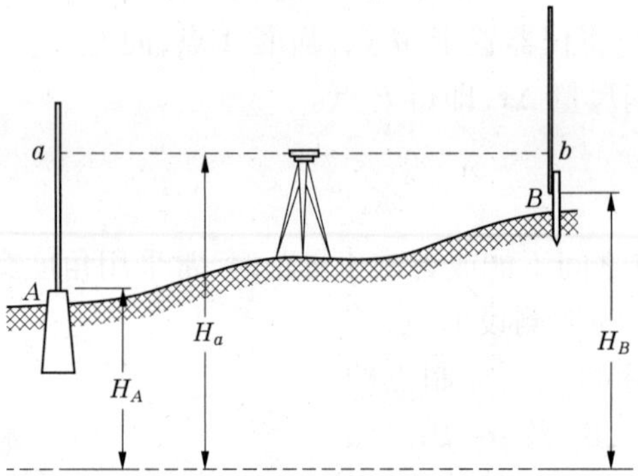

图 9-10　测设一点的设计高程

将水准尺沿木桩侧面上下移动，至尺上读数等于 b 时，在尺底画一横线，此线位置就是设计高程的位置。

二、高程传递测设

当所测设点的高程与已知点的高程相差较大时，用一般的水准测量方法比较困难，此时，可用悬挂钢尺来代替水准尺引测高差，将高程传到低处或高处。

如图 9-11(a)所示，将地面 A 点的高程传递到深坑(基础壕沟)内 B 点，在坑边设置木杆，杆端悬挂经过检定的钢尺，零点在下端并挂 10 kg 重锤，将钢尺拉直放油桶内减少摆动，在地面和坑内分别安置水准仪，瞄准水准尺和钢尺，则

$$H_B = H_a + a - (b - c) - d \tag{9-8}$$

如图 9-11(b)所示将地面点高程传递到高层建筑物上，方法与上述基本相同，在木杆上悬挂钢尺加重锤，分别安置水准仪读数后，任一层上的 B_i 点高程为

$$H_{Bi} = H_A + a + (c_i - b) - d_i \tag{9-9}$$

上式中，求 H_{B1}时，用 c_1、d_1 代入；求 H_{B2}时，则用 c_2、d_2 代入。

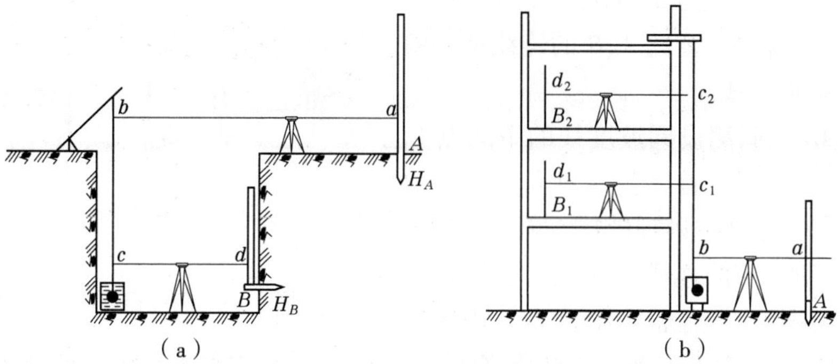

图 9-11　高程传递测设

为了进行校核，改变钢尺悬挂位置，两次之差应在规定范围内。

三、水平面测设

在平整场地、基础施工和结构安装等施工中，往往需要测设若干个高程相等的点的高程，俗称抄平测量。如图 9-12 所示，在地面按一定的长度打方格网，方格网点用木桩标定。安置水准仪，后视水准点 A，其尺上读数为 a，则仪器视线高程 $H_{视}=H_A+a$，依次在各木桩上立尺，使各木桩顶的尺上读数都等于 $b=H_{视}-H_0$，H_0 为水平面的设计高程。此时各桩顶的高程均为 H_0，即为要测设的水平面。

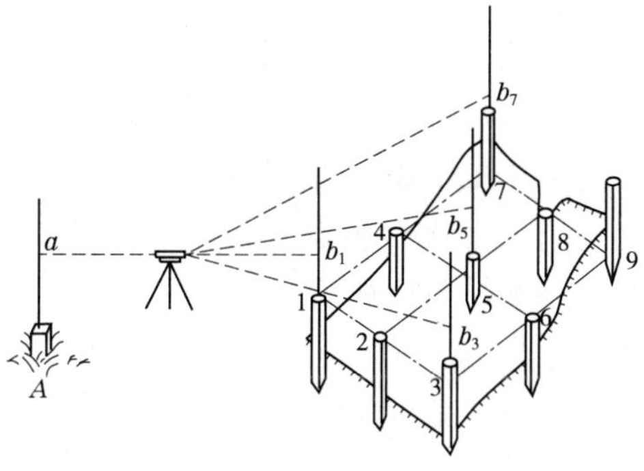

图 9-12　抄平测量

四、已知坡度线的测设

在修筑渠道、公路，敷设给、排水管道等工程中，经常要在地面上测设给定的坡度线。测设已知的坡度线时，如果坡度较小，一般用水准仪来做，而坡度较大时，宜采用经纬仪。水准仪和经纬仪测设的原理相同，如图9-13所示，具体做法：

(1)设地面上 A 点的设计高程为 H_A，现要求从 A 点沿 AB 方向测设出一条坡度为 $-8‰$的直线，A、B 两点间的水平距离 D 已知，则 B 点的设计高程应为 $H_B=H_A-0.008D$。

(2)按测设已知高程的方法把 A、B 点的设计高程测设在地面上,至此 A、B 的连线即为符合设计要求的坡度线。

(3)在 AB 之间测设同坡度线的中间点 1,2,3…。具体做法是:首先将水准仪安置在 A 点,并使其基座上的一只脚螺旋放在 AB 方向线上,另两只脚螺旋的连线与 AB 方向垂直,量出仪器高 i,用望远镜瞄准立在 B 点上的水准尺,并转动在 AB 方向上的那只脚螺旋,使十字丝的横丝对准水准尺上的读数为仪器高 i,这时仪器的视线即平行于所测设的坡度线。然后在 AB 中间各点 1、2、3…的木桩上立尺,逐渐将木桩打入地下,直到水准尺上读数皆等于仪器高 i 为止。这样各桩桩顶的连线就是在地面上标定的设计坡度线。

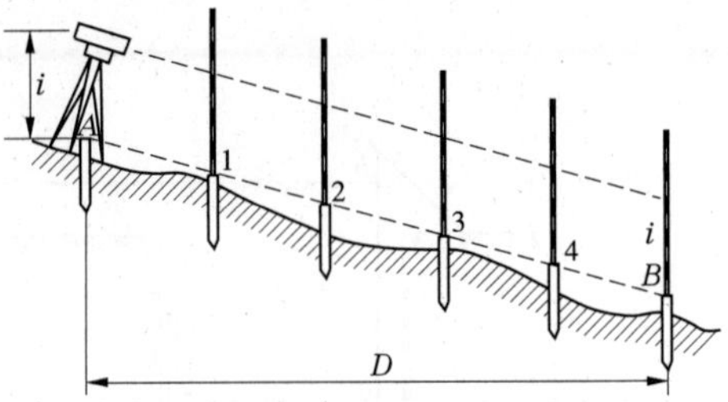

图 9-13 测设已知坡度示意图

如果设计的坡度较大,超出水准仪脚螺旋所能调节的范围,则可改用经纬仪进行测设。

第五节 全站仪测设方法简介

用全站仪测设点的平面位置时,只要提供坐标即可进行放样,其操作简便,不需要计算设计数据,现已被广泛应用。

点位坐标值可以通过 AutoCAD 中的 . dwg 格式的平面设计图采集,并生成一定格式的坐标数据文件,将坐标数据文件上传到全站仪内存文件中,也可以通过键盘直接键入坐标数据,应用全站仪的坐标放样功能测设坐标数据文件中的点位。如图 9-14 所示,全站仪架设在已知点 A 上,输入测站点 A、后视点 B 和待定点 P 的三点坐标,照准后视点 B 定向,按下反算方位角键,此时,仪器自动将测站与后视的方位角设置在该方向上。然后按下放样键,仪器自动在屏幕上用左右箭头提示,应该将仪器往左或右旋转,这样就可使仪器到达设计的方向线上。然后,通过测距离,仪器自动提示棱镜前后移动,直到放样出设计的点位,这样就能方便地完成点位的放样。若需要放样下一个点位,只要重新输入或调用待放样点的坐标即可,按下放样键后,仪器会自动提示旋转的角度和移动的距离。

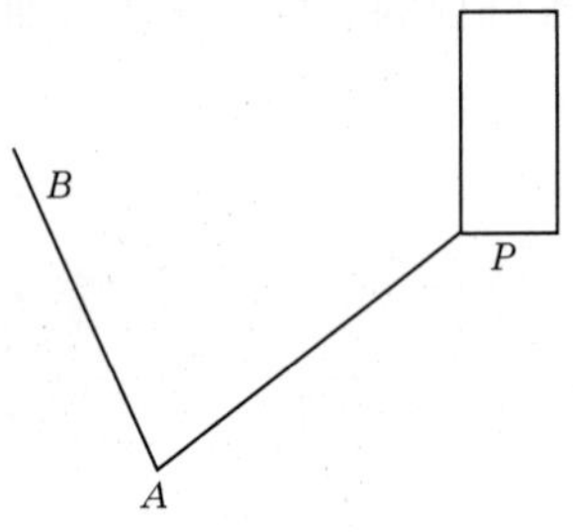

图 9-14 全站仪放样

用全站仪放样点位,可事先输入气象元素即现场的温度和气压,仪器会自动进行气象改正。

下面结合南方 NTS－355 全站仪,其放样过程主要有以下几个步骤。

一、选择放样坐标数据文件

运行放样模式,首先选择一个坐标数据文件,可以将放样点数据存入所选定的坐标数据文件中,文件还包括测站坐标数据及后视坐标数据等信息。其操作过程见表 9-1。

表 9-1　选择文件

操作过程	操作	显示
①由放样菜单 2/2 按 [F1]（选择文件）键	[F1]	放样　2/2 F1：选择文件 F2：新点 F3：格网因子　P↓ 选择文件 FN：______ 输入　调用　…　回车
②按 [F2]（调用）键，显示坐标数据文件目录	[F2]	CEEFEDATA　/C0322 －＞＊SOUTHDATA　/C0228 SATADDATA　/C0080 …　查找　…　回车
③按[▲]或[▼]键可使文件表向上或向下滚动，选择一个工作文件	[▲]或[▼]	＊SOUTHDATA　/C0228 SATADDATA　/C0080 KLLLSDATA　/C0085 …　查找　…　回车
④按 [F4]（回车）键，文件即被确认	[F4]	放样　2/2 F1：选择文件 F2：新点 F3：格网因子　P↓

二、设置测站点

设置测站点有以下两种方法。

（1）利用内存中的坐标设置，见表 9-2。

表 9-2　利用内存中的坐标数据文件设置测站点

操作过程	操作	显示
①由放样菜单 1/2 按 [F1]（输入测站点号）键，即显示原有数据	[F1]	测站点 点号：______ 输入　调用　坐标　回车
②按 [F1]（输入）键	[F1]	测站点 点号＝PT－01 回退　空格　数字　回车

续表 9-2

操作过程	操作	显示
③输入点号,按 F4 (ENT)键	输入点号 F4	仪高 输入 仪高:　1.500 m 输入　…　…　回车
④按同样方法输入仪器高,显示屏返回到放样菜单 1/2	F1 输入仪高 F4	放样　1/2 F1:输入测站点 F2:输入后视点 F3:输入放样点　P↓

(2)直接键入坐标数据,见表 9-3。

表 9-3　直接键入测站点坐标

操作过程	操作	显示
①由放样菜单 1/2 按 F1 (输入测站点号)键,即显示原有数据	F1	测站点 点号:____ 输入　调用　坐标　回车
②按 F3 (坐标)键	F3	N:　0.000 m E:　0.000 m Z:　0.000 m 输入　…　点号　回车
③按 F1 (输入)键,输入坐标值按 F4 (ENT)键	F1 输入坐标 F4	N:　10.000 m E:　25.000 m Z:　63.000 m 输入　…　点号　回车
④按同样方法输入仪器高,显示屏返回到放样菜单 1/2	F1 输入仪高 F4	仪高 输入 仪高:　1.500 m 输入　…　…　回车
⑤返回放样菜单	F1 输入 F4	放样　1/2 F1:输入测站点 F2:输入后视点 F3:输入放样点　P↓

三、设置后视点,确定方位角

设置后视点有以下三种方法:

(1)利用内存中的坐标数据文件设置后视点(即利用内存中的坐标数据输入后视点坐标),见表9-4。

表9-4　利用内存中的坐标数据文件设置后视点

操作过程	操作	显示
①由放样菜单按 F2 (后视)键	F2	后视 点号:______ 输入　调用　NE/AZ　回车
②按 F1 (输入)键	F1	后视 点号:BA－01 回退　空格　数字　回车
③输入点号,按 F4 (ENT)键	输入点号 F4	后视 HR＝120°30′20″ >照准?　[是]　[否]
④照准后视点,按 F3 (是)键显示屏返回到放样菜单1/2	照准后视点 F3	放样　1/2 F1:输入测站点 F2:输入后视点 F3:输入放样点　P↓

(2)直接键入坐标数据,见表9-5。

表9-5　直接键入后视点坐标

操作过程	操作	显示
①由放样菜单1/2按 F2 (后视)键,即显示原有数据	F2	后视 点号:______ 输入　调用　NE/AZ　回车
②按 F3 (NE/AZ)键	F3	N－>　0.000 m E:　0.000 m 输入　…　点号　回车
③按 F1 (输入)键,输入坐标值按 F4 (回车)键	F1 输入坐标 F4	后视 H(B)＝120°30′20″ >照准?　[是]　[否]

续表 9-5

操作过程	操作	显示
④照准后视点	照准后视点	
⑤按 [F3] (是)键,显示屏返回到放样菜单 1/2	照准后视点 [F3]	放样　　1/2 F1:输入测站点 F2:输入后视点 F3:输入放样点　　P↓

(3)直接键入设置方向角度。利用字母数字输入方法,每按一下 [F3] 键,输入后视定向角,方法同直接键入后视点坐标模式依次变更,见图 9-15。

后视
点号:______
输入　调用　NE/AZ　回车

↓ [F3] [F3]

后视
H(B) = 120°30′20″
输入　…　点号　回车

图 9-15　直接键入方向角

四、输入所需的放样坐标,开始放样

实施放样有两种方法可供选择:

(1)通过点号调用内存中的坐标值,见表 9-6。

表 9-6　调用内存中的坐标值

操作过程	操作	显示
①由放样菜单 1/2 按 [F3] (放样)键	[F3]	放样　　1/2 F1:输入测站点 F2:输入后视点 F3:输入放样点　　P↓ 放样 点号:LP - 100 输入　调用　坐标　回车

续表 9-6

操作过程	操作	显示
② F1 (输入)键,输入点号,按 F4 (ENT)键	F1 输入点号 F4	镜高 输入 镜高: 1.500 m 输入 … … 回车
③按同样方法输入反射镜高,当放样点设定后,仪器就进行放样元素的计算 HR:放样点的水平角计算值 HD:仪器到放样点的水平距离计算值	F1 输入镜高 F4	计算 HR: 122°09′30″ HD: 245.777 m 角度 距离 … …
④照准棱镜,按 F1 (角度)键 点号:放样点 HR:实际测量的水平角 dHR:对准放样点仪器应转动的水平角 = 实际水平角 - 计算水平角 当 dHR = 0°00′00″时,即表明放样方向正确	照准 F1	点号: LP - 100 HR: 2°09′30″ dHR: 22°39′30″ 距离 … 坐标 …
⑤按 F1 (距离)键 HD:实测的水平距离 dHD:对准放样点尚差的水平距离 = 实测高差 - 计算高差	F1	HD* [r] < m dHD: m dZ: m 模式 角度 坐标 继续 HD* 245.777 m dHD: -3.223 m dZ: -0.067 m 输入 角度 坐标 继续
⑥按 F1 (模式)键进行精测	F1	HD* [r] < m dHD: m dZ: m 模式 角度 坐标 继续 HD* 244.789 m dHD: -3.213 m dZ: -0.047 m 输入 角度 坐标 继续
⑦当显示值 dHR、dHD 和 dZ 均为 0 时,则放样点的测设已经完成		

续表 9-6

操作过程	操作	显示
⑧按 F3 (坐标)键,即显示坐标值	F3	N: 12.322 m E: 34.286 m Z: 1.577 2 m 模式 角度 … 继续
⑨按 F4 (继续)键,进入下一个放样点的测设	F4	放样 点号:______ 输入 调用 坐标 回车

(2)直接键入坐标值,见表 9-7。放样点或控制点的坐标数据可直接由键盘输入,并可存入内存中的一个文件内,见表 9-7。

表 9-7 直接键入坐标值

操作过程	操作	显示
①由主菜单 1/3 按 F3 (存储管理)键	F3	存储管理 1/3 F1:文件状态 F2:查找 F3:文件维护 P↓
②按 F4 (P↓)键	F4	存储管理 2/3 F1:输入坐标 F2:删除坐标 F3:输入编码 P↓
③按 F1 (输入坐标)键	F1	选择文件 FN:FS1 输入 调用 … 回车
④按 F1 (输入),输入想设置的文件名,按 F4 (ENT)键	F1 输入文件名 F4	输入坐标数据 点号:PO1 输入 调用 … 回车
⑤按 F1 (输入)键,输入点号,按 F4 键	F1 输入点号 F4	N: 12.322 m E: 34.286 m Z: 1.577 2 m 输入 … … 回车

续表 9-7

操作过程	操作	显示
⑥用同样方法输入坐标数据进入下一点，输入显示屏点号，点号自动加 1	F1 输入坐标 F4	输入坐标数据 点号：PO2 输入　　调用　　…　　回车

进入 P2 功能，选择放样工作模式，采用平距（HD）、方向（HR）中的任意一种放样模式时，要注意以下两点：

①测量距离 - 放样距离 = 显示值（dHD）。该功能显示出测量的距离与输入的放样距离之差。若 dHD 大于零，棱镜应往测站方向移动调整。

②测站与立镜点方位角 - 测站与放样点方位角 = 显示值（dHR）。该功能显示出测站与立镜点方位角和输入的测站与放样点方位角之差。若 dHR 大于零，则仪器应顺时针旋转调整到使 dHR = 0 的方向。

第六节　GPS - RTK 测设方法简介

应用 GPS - RTK 技术进行实时定位可以达到厘米级的精度，因此除了高精度的控制测量仍采用 GPS 静态相对定位技术之外，RTK 技术可应用于工程放样工作，下面以 Trimble - 5700GPS 的 RTK 放样作业为例说明。

图 9-16 为美国 Trimble 公司的 TSC - 1 控制器手簿外观，按 POWER 键打开 TSC - 1 测量控制器，会出现主菜单（见图 9-17）。

图 9-16　Trimble 产 TSC - 1 GPS

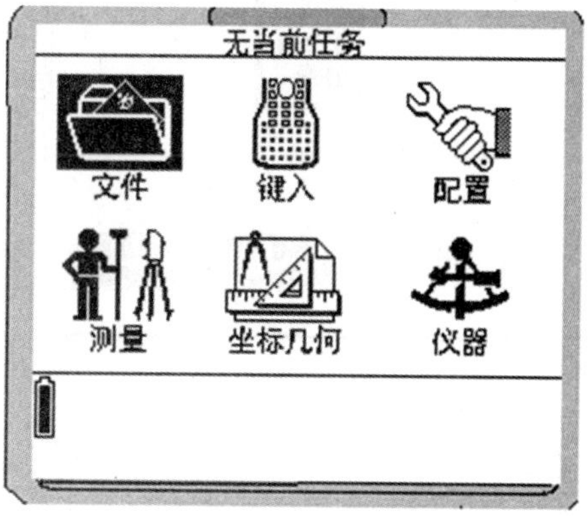

图 9-17　TSC - 1 控制器界面

一、基准站设置

首先启动基准站，打开 TSC - 1 测量控制器，根据菜单提示，定义作业参数，如坐标系统、比例因子、坐标显示方式(如网格、经纬度)等。

在图 9-17 中选择测量键,进入图 9-18 所示界面,选择“启动基准站接收机”,把已知基站控制点坐标及放样点的设计坐标等要素输入到控制器中,并输入相关信息。基准站启动完成后,Trimmark3 电台开始数据传输,屏幕显示“Trans”表示电台开始数据的传输。

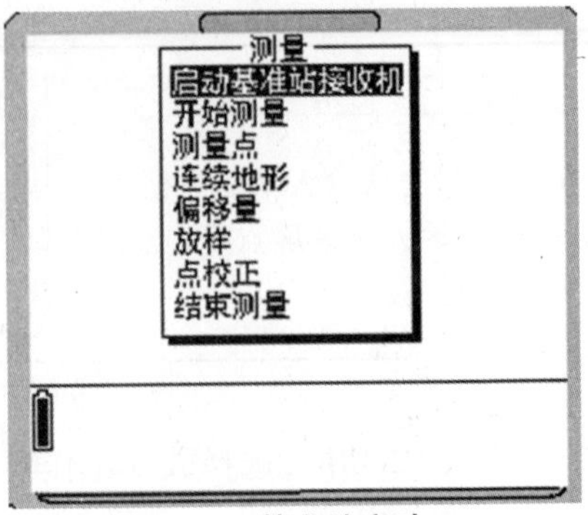

图 9-18　基准站启动

二、流动站放样

在流动站上先完成仪器初始化,也就是进行整周模糊度的固定工作,这个过程需要大约 1 min。完成初始化后,控制器提示“初始化完成”,可以进行 RTK 放样。

借助 Trimble－5700RTK 可以实现的放样功能有放点、放线、DTM 放样、道路放样等。放样线路前,要先进行道路测设的定义。

如图 9-19 为放样点模式,选择“点”后,即进入放样点方式。按事先定义或需要来选择。回车确认。进入图 9-19 的界面,即进入放样导航模式。整个导航界面有图形显示和文本显示,用导航到点来指导放样点的现场寻找。除了右侧的数字提示外,还有左边的图形提示,如果测杆离放样点很远,会有箭头提示方向,当测杆离放样点很接近时,会出现牛眼和十字线,如图 9-20 所示。当十字线落入牛眼中时,放样点即确定。

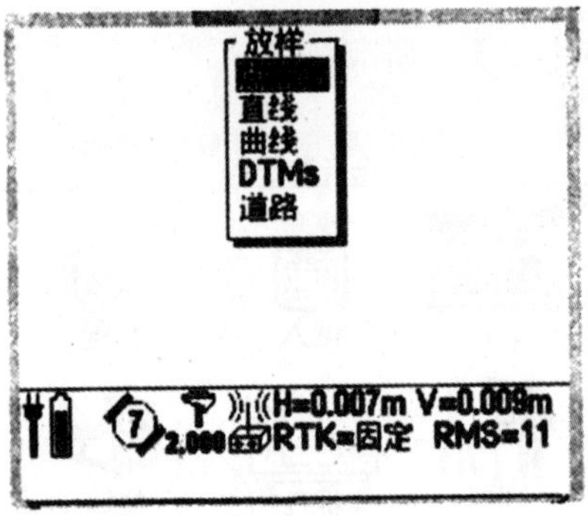

图 9-19　放样点模式

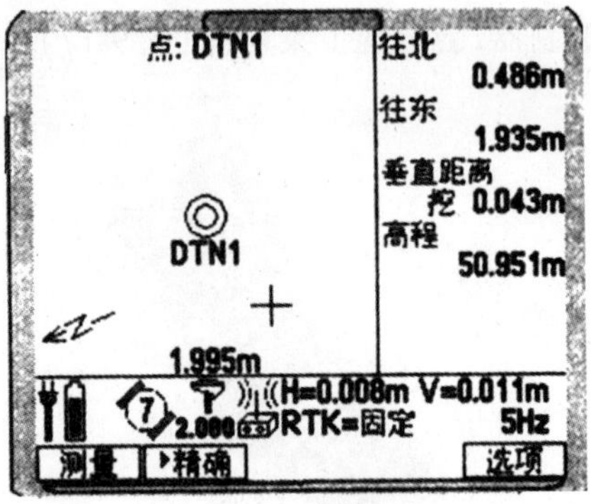

图 9-20　放样导航模式

若放样直线,首先在图 9-19 中选择“直线”命令,建立直线号,如图 9-21 的 001 号直线,直线建立方式可以是两点式,也可以是一点加一个方向等。建立好直线后,在图 9-19 的根目录“放样”命令下选择“直线”后,调入直线文件,即进入图 9-22 所示的界面,此时放样就会提醒测杆偏离直线多远(offset)。因此,这种模式可实现已知直线上的任意桩位放样。

当放样偏差满足限差要求时,就可以在地面标定中线点。

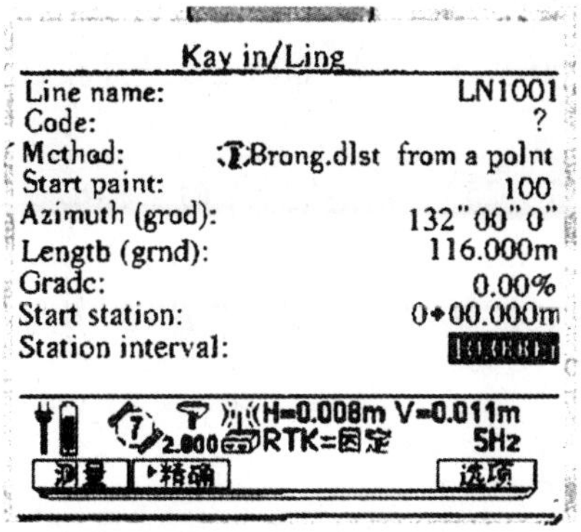

图 9-21　放样线路建立

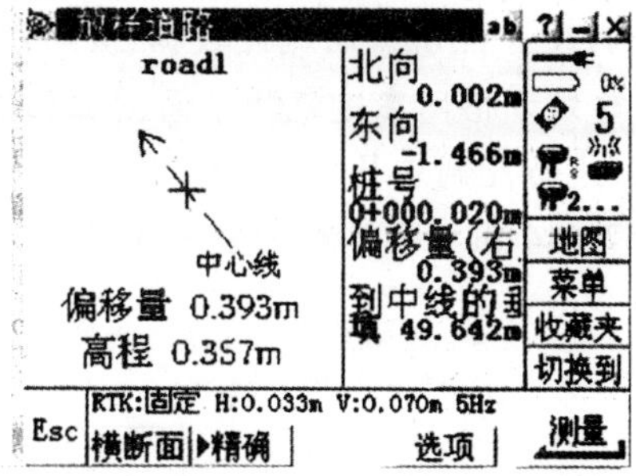

图 9-22　实时线路放样

思考题与习题

1. 放样方法与测图方法有何异同？

2. 放样过程中应遵循什么原则？试举例说明。

3. 绘图并说明极坐标法、直角坐标法和角度前方交会法的放样数据。写出其计算公式及放样步骤。

4. 绘图叙述放样高点或低点高程时的放样方法(已知高程点在附近地面上)。

5. 如图 9-23 所示，AD 的设计坡度 $i=-8‰$，已知地面点 A 的高程 $H_A=120.00$ m，试绘图叙述放出坡度上的 B、C、D 三点的放样步骤。

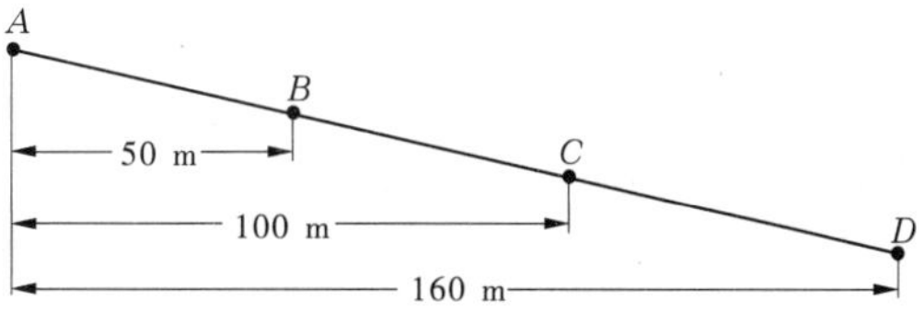

图 9-23　第 5 题图

6. 如图 9-24 所示，槽底设计高程为 84.000 m，欲测设高出槽底设计高度 50 cm 高的水平桩。水准点 B 的高程为 $H_B=88.415$ m，水准仪安置在如图所示的两个测站上，在水准点立尺读数，悬吊钢尺读数均注于图上，求水平桩上的应读前视读数为多少？叙述放样方法。

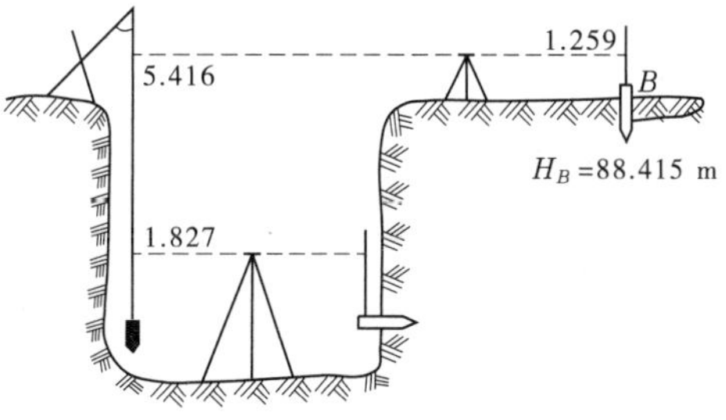

图 9-24　第 6 题图

7. 控制点 A 的坐标为：$X_A=125.00\ \text{m}$、$Y_A=245.00\ \text{m}$，B 的坐标为：$X_B=325.00\ \text{m}$、$Y_B=45.00\ \text{m}$。需要测设 P 点的坐标为 $X_P=225.00\ \text{m}$、$Y_P=345.00\ \text{m}$，试计算按极坐标法在 A 点测设 P 点所需的测设数据，并绘图示意。

8. 建筑方格网在建筑物平面图上已拟定（见图 9-25），各方格网点的坐标已在图上标出，已知地面控制点Ⅱ、Ⅲ的坐标为：$x_{\text{Ⅱ}}=109.562\ \text{m}$，$y_{\text{Ⅱ}}=113.317\ \text{m}$；$x_{\text{Ⅲ}}=106.453\ \text{m}$，$y_{\text{Ⅲ}}=157.614\ \text{m}$。计算测设主点 $A-B-C$ 的放样数据 D_1、D_2、D_3、D_4 及 β_1、β_2、β_3、β_4。

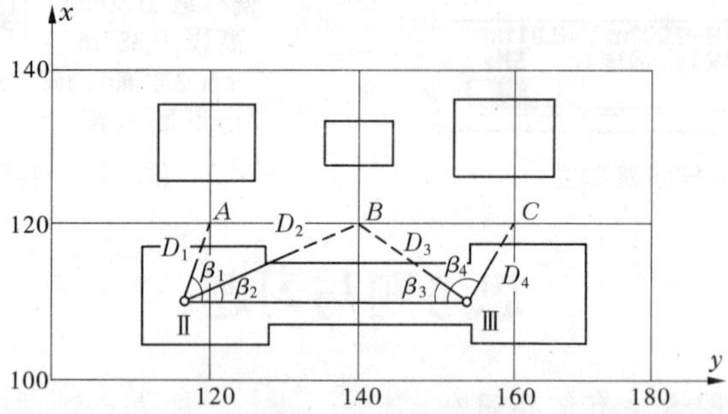

图 9-25　第 8 题图

第十章　线路工程测量

第一节　概　述

线路工程主要包括铁路、公路、城市道路、隧道和各种管道、渠道、架空输电线路及索道工程等，为这些线状工程在规划设计、施工建设和运营管理这三个阶段所进行的测量工作，通称为线路工程测量，简称线路测量。

一、线路测量的特点

线路测量贯穿于线路工程的规划设计、施工建设和运营管理三个阶段，呈现全线性的特点。在每一个阶段又必须为设计、施工、运营提供技术资料（各种测绘图件、工程测设与安装、变形监测等），以保证设计的可行性和精确性、指导和监督施工的正确性、保障运营管理的安全性，即又呈现阶段性的特点。同时，线路工程由设计到施工、竣工经历了一个由粗到精的过程，既需要设计技术人员懂测量，也需要测量技术人员懂设计，只有勘测与设计的完美结合，再加上优质的施工，才能实现优质的线路工程，因此线路测量又呈现渐近性的特点。

二、线路测量的任务与内容

线路测量的主要任务有两方面：一是为线路工程的规划、施工设计提供地形图和断面图；二是按设计要求将设计好的线路位置及其他设施测设于实地。线路测量的主要工作内容包括：

（1）收集规划设计区域内的各种比例尺地形图、平面图、断面图和沿线水文、地质及控制点等有关资料，并根据工程要求，利用已有地形图，结合现场勘察，在中小比例尺图上确定规划线路的走向，提供初步方案，并编制方案研究报告。

（2）根据方案研究报告，在实地标出线路（可能有几条比较线路）的基本走向，沿着基本走向进行平面、高程控制测量，测绘带状地形图或平面图，并在指定地点测绘工地地形图，这些工作称为线路初测。测图比例尺的选择，依据不同工程的实际要求参照表 10-1 确定。

（3）利用带状地形图等相关资料进行初步设计，在带状地形图上确定线路直线段中线及曲线段交点的位置，标注曲线参数。

（4）根据初步设计，测设线路中线上各点（线路起点、终点、转折点、曲线主点、里程桩、加桩等）的位置，即中线测量，并测绘线路的纵横断面图。这两项工作称为线路定测。线路纵、横断面图的比例尺选择，根据工程实际需要参照表 10-1 确定。

（5）依据线路定测的结果进行线路工程平面、竖向的详细设计（施工设计），测量技术人员据此设计进行线路工程的各种施工测量；并在工程竣工后，对照工程实体测绘竣工平面图和断面图。若为大型重点精密工程，如高速铁路，还需在运营中进行变形测量。

各种线路测量工作的内容和方法基本相同，只要掌握一两种典型线路工程的测量内容、方法和精度要求等，即可举一反三，针对其他某一线路工程的具体情况，完成该工程的测量工作。由于铁路、公路涉及的测量内容较多，故本章重点讨论公路工程测量的基本内容、方法和要求，并辅之管道施工测量。

表 10-1　线路工程测图种类及其比例尺

线路工程类型	带状地形图	工地地形图	纵断面图		横断面图	
			水平	垂直	水平	垂直
铁 路	1:1 000 1:2 000 1:5 000	1:200 1:200 —	1:1 000 1:2 000 1:1 000	1:100 1:200 1:100	1:100 1:200	1:100 1:200
公 路 渠 道	1:2 000 — 1:5 000	1:200 1:500 1:1 000	1:2 000 — 1:5 000	1:200 — 1:500	1:100 — 1:200	1:100 — 1:200
架 空 索 道	1:2 000 1:5 000	1:200 1:500	1:2 000 1:5 000	1:200 1:500	—	—
自 流 管 线	1:1 000 1:2 000	— 1:500	1:1 000 1:2 000	1:100 1:200	—	—
压 力 管 线	1:2 000 1:5 000	— 1:500	1:2 000 1:5 000	1:200 1:500	—	—
架空输电 线 路	—	1:200 1:500	1:2 000 1:5 000	1:200 1:500	—	—

第二节　线路测量

线路测量在勘测阶段的主要工作是线路初测和定测。

一、线路初测

线路初测阶段测量主要包括选线、控制测量和地形测量三项工作。

(一) 选线

选线是一项技术性、综合性很强的工作，一般由线路设计、测量、水文、地质和土地、资源部门的技术人员组队完成。其任务是根据初步方案在实地选定线路的大致位置，确定线路的经由及转向点，并竖立标志。尤其是特殊位置（如垭口、跨大河和大沟谷、桥梁和隧道两端等），应设立永久或半永久性标志，或即时测定这些位置。

（二）控制测量

依据选线竖立的标志和选定线路的大致位置及走向，沿线布设平面、高程控制点；平面控制点间距宜为 1 km 左右，水准高程控制点间距宜为 2 km 左右。目前，进行平面控制测量主要用 GPS 卫星测量方法或全站仪导线测量方法完成，高程控制在平坦地区用水准测量方法完成，山区用电磁波测距三角高程测量方法完成。若仅用于初测，平面控制测量的等级可选等外各级，如果顾及后续的线路定测，至少应定级为四等，高程控制一般应为三等。平面、高程控制的起终点及中间每隔不小于 30 km 处均应与国家控制点（或精度等同国控点的其他点）联测，同时要注意跨带和距离投影改正的问题。

（三）地形测量

地形测量的主要工作是测绘带状地形图，测图比例尺平坦地区一般为 1∶2 000 ~ 1∶5 000，困难地区为 1∶2 000；短程或重点地段的线路可为 1∶500 和 1∶1 000。带状地形的宽度视线路工程要求而定，通常比例尺为 1∶2 000 的为 100 ~ 150 m，1∶5 000 的为 200 ~ 300 m。绘制带状地形图的图纸长边应大致平行于线路中线，接图时应严格用坐标格网线接图。

二、线路定测

线路定测阶段测量的主要工作包括定线测量、中桩测量及线路纵、横断面测量。其中，定线测量和中桩测量合称为中线测量。这里仅介绍定线测量和直线段中桩测量，曲线段中桩测量和其他内容在后几节中介绍。

（一）定线测量

无论是公路、铁路，还是城市道路，平面线形当受到地形、地物、水文、地质及其他因素的限制时，通常需要改变路线的方向，在直线转向处要用曲线连接起来，这种曲线称为平曲线。平曲线包括圆曲线、缓和曲线这两种基本线形，如图 10-1 所示。圆曲线是具有一定曲率半径的圆弧；缓和曲线是在直线和圆曲线之间加设的曲线，其曲率半径由无穷大逐渐变化为圆曲线的半径，我国公路采用辐射螺旋线，亦称回旋线。根据我国交通部"公路工程技术标准"规定，当平曲线半径小于不设超高的最小半径时，应设缓和曲线。

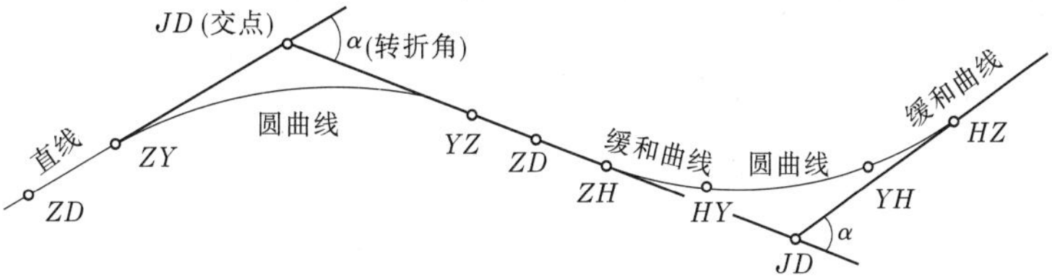

图 10-1　道路折线与中线表示

从图 10-1 可以看出，标明线路走向的重要控制点是路线的转折点，称为线路的交点（JD）。当直线段较长或期间有阻碍时，为标明直线的方向需要在直线上设立一定数量的标志点，称为转点（ZD）。定线测量就是要将线路以折线的方式表示在实地，即需要测设线路起、终点和各交点的位置，并根据实地情况加设转点。

1. 交点的测设

测设交点的方法很多，有放点穿线法、拨角放线法、极坐标法、距离交会法、RTK 技术定位法等，实际测设时应根据实地情况、控制点分布情况、仪器设备条件等灵活应用，这里主要介绍前两种方法。

1）放点穿线法

放点穿线法就是利用地形图上的测图导线点与图上定出的线路之间的角度和距离关系，在实地将线路中线的直线段测设出来，然后再将相邻直线延长相交，从而确定交点位置的方法。其工作步骤是放点、穿线、定交点。

（1）放点。如图 10-2 所示，欲将图上定线的两直线 JD_3—JD_4 和 JD_4—JD_5 测设于实地，只需在地面上定出 1、2、3 和 4、5、6 这些临时点的位置即可。这些临时点可选择支距法放样，即过导线点作垂直于导线边的垂线，其与线路中线的交点至垂足（导线点）的距离即为支距，如 1、2、4、6 点；也可选择测图导线边与图上定线直线的交点，如 3 点；还可用极坐标法放样能够控制中线位置的任意点，如 5 点。为了便于检查、核对，一条直线应选择三个以上的临时点，且这些点一般应选在地势较高、通视良好、距导线点较近、便于测设的位置。

临时点选定后，即可在图上用比例尺和量角器量取各放样点所需的距离和角度，如图 10-2 中的距离 l_1—l_6 和角度 β。然后绘制放样临时点的示意图，并在图上标注点位及放样数据，作为现场放样的依据。

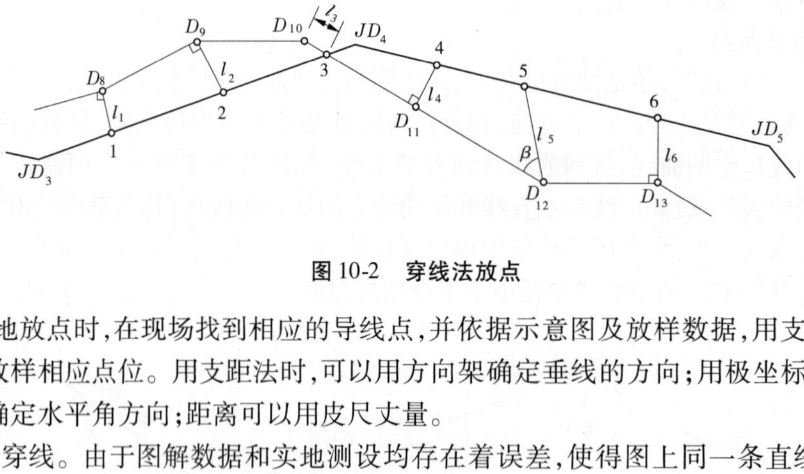

图 10-2　穿线法放点

实地放点时，在现场找到相应的导线点，并依据示意图及放样数据，用支距法、极坐标法等放样相应点位。用支距法时，可以用方向架确定垂线的方向；用极坐标法时，利用经纬仪确定水平角方向；距离可以用皮尺丈量。

（2）穿线。由于图解数据和实地测设均存在着误差，使得图上同一条直线上的各点放到地面后，一般不在一条直线上，需要通过穿线，定出一条尽可能多的穿过或靠近临时点的直线。穿线可用目估或经纬仪进行。

如图 10-3 所示，采用目估法时，先在适中的位置选择 A、B 两点并竖立花杆，一人在 AB 延长线上观测，看直线 AB 是否穿过多数临时点或位于它们之间的平均位置。否则，移动 A 或 B，直至达到要求为止。最后，在 A、B 两点或其方向线上打下两个以上的控制桩（直线转点桩），即在实地标定了直线。采用经纬仪穿线时，可在 A 点安置仪器，然后照准大多数临时点所靠近的方向，定出 B 点。也可将仪器安置在直线中部较高的位置上，瞄准一端多数临时点靠近的方向，倒镜后若视线不能穿过另一端多数临时点靠近的方向，则需将仪器左右移动，重新观测，直至达到要求为止，最后定出直线转点桩。

图 10-3　放样点穿线

(3)定交点。当相邻两直线在实地定出后，即可将直线延长交会定出交点。如图 10-4 所示，先在转点 ZD_2 安置经纬仪，盘左照准转点 ZD_1，纵转望远镜，在视线方向上 JD 点的概略位置处前后，打下两个木桩（俗称骑马桩），并在桩顶用铅笔等标志视线方向点 a_1 和 b_1；盘右照准 ZD_1 点，同法标出 a_2 和 b_2 点；分别取 a_1 和 a_2、b_1 和 b_2 的中点 a、b，在这两个中点上分别钉小钉，再用细线连接两点，用以恢复直线方向。这种用盘左、盘右延长直线取中的方法，称为正倒分中法。然后，在转点 ZD_3 安置仪器，照准转点 ZD_4，同样设定两个骑马桩，用正倒分中法在桩顶标志出直线方向点 c、d，并挂细线。两根细线的交点即为线路交点 JD 的位置，在此处定桩或埋石，并在桩顶钉小钉等予以标志。

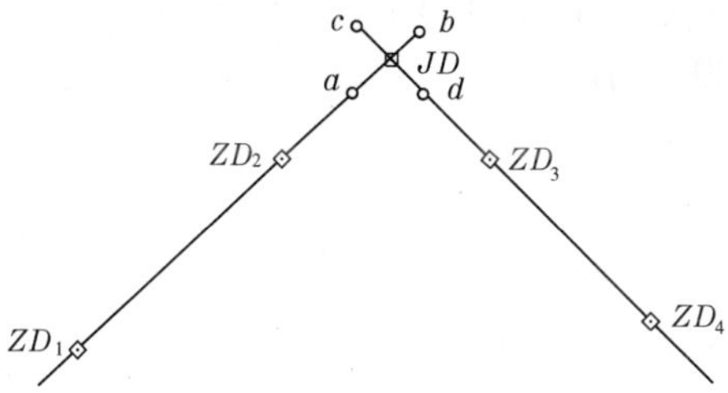

图 10-4　确定交点

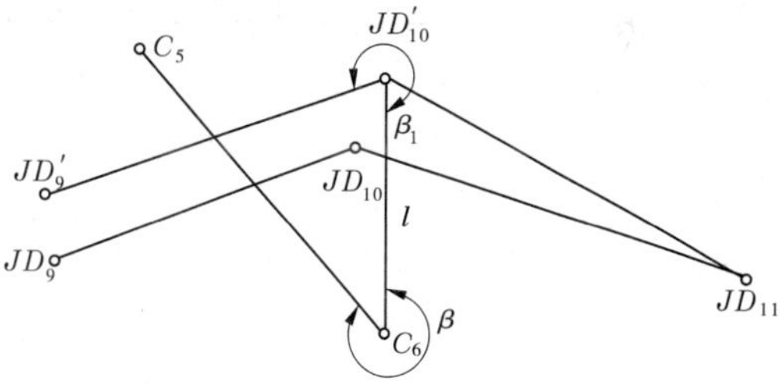

图 10-5　闭合差检查

2)拨角放线法

拨角放线法是根据纸上定线交点的坐标，反算相邻交点间的距离、坐标方位角，并由前后两直线的坐标方位角计算该交点处线路的转向角，然后将仪器置于线路中线的起点或已确定的交点上，拨出转向角，测设直线长度，依次定出各交点的位置。

这种方法虽然工作迅速，但随着拨角放线次数的增多，误差累积增大。因此，为了保证测设的中线位置不致偏离理论值过大，每隔一定距离（5 ~ 10 km）应与测图导线点联测，以检查拨角放线的质量，联测闭合的精度要求与测图导线相同。当闭合差超限时，应查找原因，纠正放线点位；如果闭合差不超限，可不调整闭合差，按现行已放交点的实际坐标重新计算后续放样数据，并按新的放样数据测设后续点。如图 10-5 所示，放样到第 10 个交点（JD'_{10}）时与初测导线点 C_6 联测检查，经计算闭合差符合要求，则不调整实际交点 JD'_9、JD'_{10}等点的位置；但再放样交点 JD_{11} 时，要用 JD'_{10}、JD_{11} 点的坐标反算两点间的距离、方位角及拨角，并用这些数据放样交点 JD_{11}，然后再依 JD_{11} 点顺次放样以后各交点。

2. 直线转点的测设

当相邻两交点互不通视或间距较大时，需要在其连线或延长线上定出一点或数点，以供定交点、测角、量距或延长直线时瞄准之用，这样的点称为转点（ZD）。其测设方法如下。

1)在两交点间设转点

如图 10-6 所示，相邻两交点 JD_5、JD_6 互不通视，需要在其间某高处设立一转点。其工作步骤如下：

(1)先在某高处直线通过的概略位置处定出一点为 ZD'，并在此点上安置仪器，视距或目估至交点 JD_5、JD_6 的距离 a、b。

(2)照准 JD_5 点，用正倒镜分中法延长直线 JD_5—ZD'至 JD'_6。

(3)若 JD'_6 与 JD_6 重合或交点 JD_6 可以少量移动，即偏差 f 在容许移动的范围内，则 ZD'点即为需要设立的转点，同时要将 JD_6 点移至交点 JD'_6，并在桩顶钉小钉以标志交点的位置。

(4)若偏差 f 超过容许移动值或不许移动交点 JD_6 时，要将 ZD'点移动到直线上。其移动量 e 为

$$e = \frac{a}{a+b}f \tag{10-1}$$

将 ZD'点向着直线方向移动 e，并在此处重新整置仪器，重复(2)、(3)或(2)、(4)过程，逐步趋近直线，直至达到要求为止。

除此之外，也可以通过观测水平角 β(朝向直线方向)来计算 ZD'点的偏移量 e，即

$$e = \frac{ab}{a+b} \cdot \frac{180° - \beta}{\rho''} \tag{10-2}$$

2)在两交点延长线上设转点

如图 10-7 所示，相邻两交点 JD_8、JD_9 互不通视，需要在两点的延长线上某高处设立一转点。其设立过程是：先在某高处直线延长线通过的概略位置处定出一点 ZD'，在 ZD' 安置经纬仪，视距或目估至交点 JD_8、JD_9 的距离 a、b；类似用正倒镜分中法确定 JD'_9 点。然后量取 JD'_9 点与 JD_9 点的偏差 f。若 f 为零或在容许移动的范围内，则 ZD'点即为需要设立的转点，同时将 JD_9 点移至 JD'_9 点，并在桩顶钉小钉以标志交点的位置；若偏差 f 超过容许移动值或不许移动 JD_9 点时，要将 ZD'点移动到直线上，其移动量 e 为

$$e = \frac{a}{a-b}f \tag{10-3}$$

将 ZD'点向着直线方向移动 e，并在此处重新整置仪器，重复上述方法，逐步趋近直线，直至达到要求为止，并标志转点的点位。

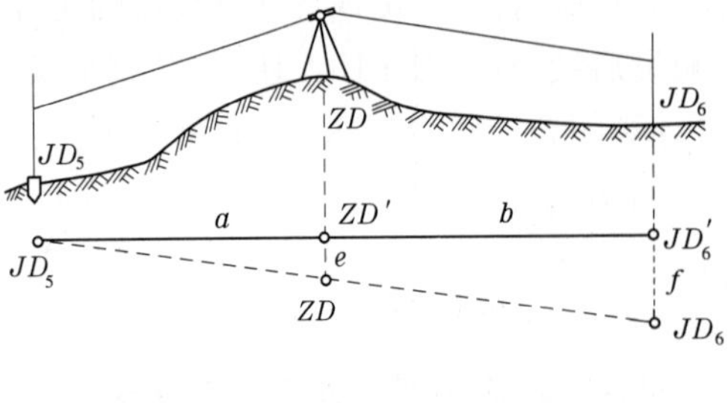

图 10-6　两交点间设转点

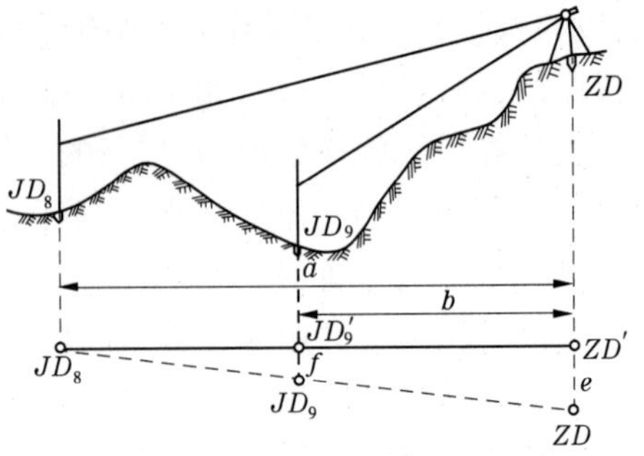

图 10-7　延长线设转点

3. 线路转角的测定

线路转角又称线路偏角，是线路由一个方向偏转到另一个方向时，偏转后的方向与原

方向间的夹角,通常以 α 表示。如图 10-8 所示,转角有左、右之分,若偏转方向位于原方向左侧时,为左转角;右侧时,为右转角。

交点定出后,应在交点上安置经纬仪实测线路转角。通常是观测线路前进方向的右角 β,并按下式计算转角 α,即

$$\left.\begin{aligned} \beta < 180^\circ \text{时} \qquad \alpha_{右} &= 180^\circ - \beta \quad (\text{右偏角}) \\ \beta > 180^\circ \text{时} \qquad \alpha_{左} &= \beta - 180^\circ \quad (\text{左偏角}) \end{aligned}\right\} \tag{10-4}$$

观测右角 β 时,通常用 J_2 或 J_6 经纬仪以测回法观测一个测回,半测回水平角之差的限差视公路等级而定,一般为 60″。若不超过限差,取平均值作为 β 角的观测值。

在 β 角测定后,应定出角分线方向,并在此方向上设立临时桩,以便于日后测设线路曲线的中点,如图 10-9 所示。

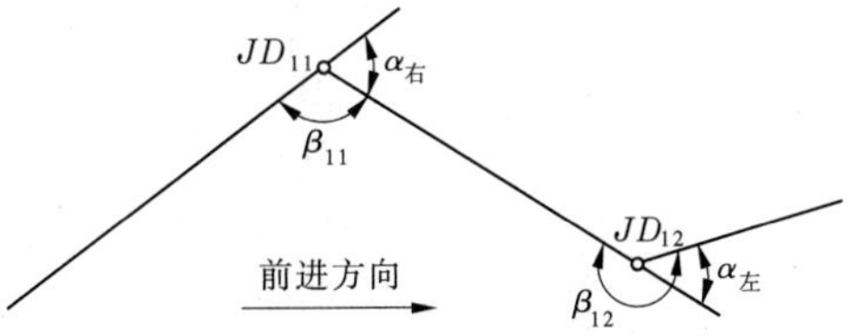

图 10-8　线路转角

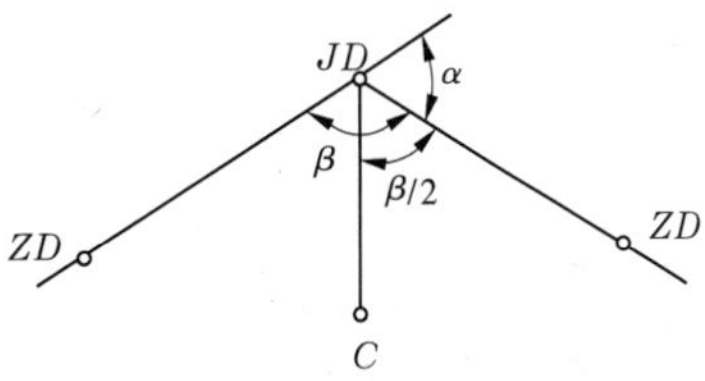

图 10-9　定分角线方向

(二)中桩测量

为了测定线路的长度,标定线路中线的具体位置和测绘纵横断面,需要从线路起点开始,沿线设置整桩和加桩,这项工作称为中桩测量。所谓整桩是指从线路起点开始,每隔一定距离设置的里程桩位;整桩间距直线段一般为 20、30 m 或 50 m,曲线段为 20、10 m 或5 m。所谓加桩是指相邻整桩之间穿越重要地物(如铁路、公路、管道等)或地形坡度变化时,需要加设的桩位;其形式分为地形加桩、地物加桩、曲线加桩和关系加桩等。整桩和加桩均为里程桩。

各桩位的编号通常均以其点沿线路中线至起点的距离,即用里程来编号,且公里与百米间用"+"号连接,如某点里程为 4 758. 32 m,则其桩号为 K4 +758. 32。图 10-10 为整桩编号形式,图 10-11 为曲线加桩和关系加桩形式。

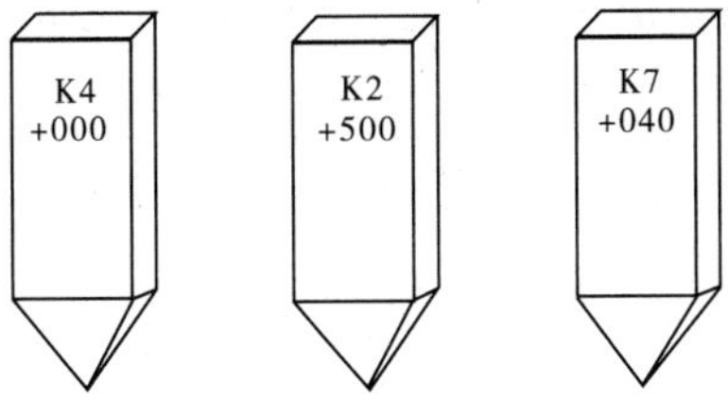

图 10-10　整桩编号

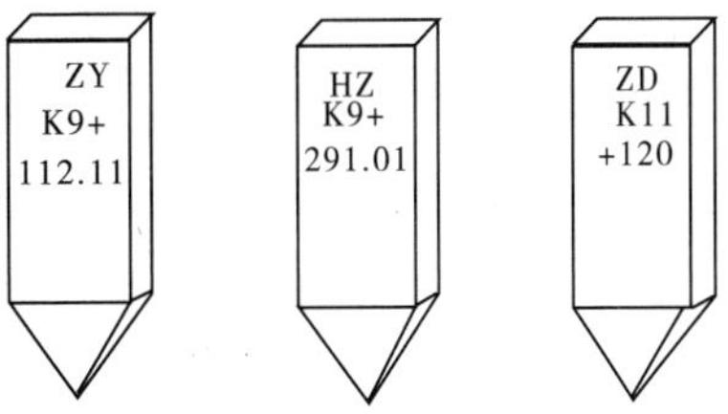

图 10-11　加桩编号

对于交点桩、转点桩、里程为 500 m 整倍数的整桩、重要地物加桩(如桥、隧道位置桩)、曲线主点桩等均要钉入方桩(约 6 cm ×6 cm ×40 cm),桩面高于地面约 2 cm,并在其旁边钉一指示桩,指标桩为板桩(约 2. 5 cm ×6 cm ×30 cm)。曲线地段的指示桩(如交点、曲线主点指示桩)应钉在由曲线圆心至相应点连线的外侧,距点 20 cm 处的位置,并书

写点性（我国公路采用汉语拼音缩写，见表10-2）与编号，字面朝向相应点；直线地段的指示桩，应统一钉在线路的同一侧，在其上书写编号，字面朝向方桩。其他里程桩一般使用板桩，并在其上书写编号，字面一律背向线路前进方向。

表10-2　重要控制桩位汉语拼音缩写名称

名称	简称	汉语拼音缩写	英文缩写
交点	交点	*JD*	*IP*
转点	转点	*ZD*	*TP*
圆曲线起点	直圆	*ZY*	*BC*
圆曲线中点	曲中	*QZ*	*MC*
圆曲线终点	圆直	*YZ*	*EC*
公切点	公切	*GQ*	*CP*
第一缓和曲线起点	直缓	*ZH*	*TS*
第一缓和曲线终点	缓圆	*HY*	*SC*
第二缓和曲线起点	圆缓	*YH*	*CS*
第二缓和曲线终点	缓直	*HZ*	*ST*

直线地段的中桩测量，就是从线路中线该直线段的起点开始，沿直线方向按规定距离量距打桩，并注意设置加桩，直至本直线段结束。测设方法可采用经纬仪定向、钢尺量距方法和全站仪测设方法及GPS（RTK）放样方法等。对于钢尺量距，一般应丈量两次，其相对精度应不低于1/1 000。曲线地段的中桩测量，在下节中介绍。

第三节　曲线测设

曲线按其连接线路的性质，主要划分为三大类：平面曲线、竖曲线及立交曲线。上节已述及平面曲线的基本线型为圆曲线、缓和曲线。在竖面内，当相邻两路段坡度值的代数差超过一定值时，在变坡点处需要用曲线连接，这种曲线称为竖曲线。竖曲线按其性质分为抛物线型、圆曲线型竖曲线，按其朝向又可分为凸型、凹型竖曲线。另外，对于城市立体交叉道路，为了使线路在相对较小的范围内，由一个平面均匀过渡到另一个平面，也必须用一定形式的曲线予以连接，这种曲线称为立交曲线。

一、圆曲线测设

圆曲线是半径固定的一条圆弧，是连接相邻两直线段最简单的平曲线形式。标明圆曲线大致轮廓的骨架点，称为圆曲线的主点，即：由直线过渡到圆曲线的连接点—直圆点（*ZY*），圆曲线的中点—曲中点（*QZ*），由圆曲线过渡到直线的连接点—圆直点（*YZ*），如图10-12所示。圆曲线的测设通常是先测设主点，再在主点之间加密，即测设曲线的细部点。

(一)圆曲线元素及计算

设圆曲线的半径为 R,线路转角为 α,则圆曲线的切线长 T、曲线长 L、外矢距 E 和切曲差 D 这四个元素,均可由 R、α 求得,即

$$\left.\begin{aligned} T &= R \cdot \tan\frac{\alpha}{2} \\ L &= R \cdot \frac{\pi\alpha}{180°} \\ E &= R\left(\sec\frac{\alpha}{2} - 1\right) \\ D &= 2T - L \end{aligned}\right\} \qquad (10\text{-}5)$$

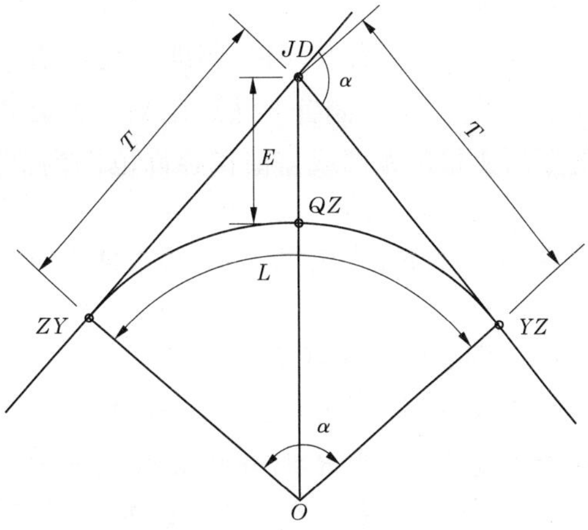

图 10-12　圆曲线主点及元素

(二)主点测设

1. 主点里程的计算

里程以 K 或 DK(定测里程)前缀表示,交点的里程在线路定线测量时已测得,设为 JDK,则圆曲线各主点的里程为

$$\left.\begin{aligned} ZY\quad K &= JD\quad K - T \\ YZ\quad K &= ZY\quad K + L \\ QZ\quad K &= YZ\quad K - L/2 \\ JD\quad K &= QZ\quad K + D/2 \quad (\text{校核}) \end{aligned}\right\} \qquad (10\text{-}6)$$

【例 10-1】　已知某交点的里程为 K3 + 182.76,线路转角 $\alpha_{右} = 25°48'$,圆曲线半径 $R = 300$ m,求圆曲线元素及主点里程。

解:由式(10-5)计算圆曲线元素为:$T = 68.71$ m、$L = 135.09$ m、$E = 7.77$ m、$D = 2.33$ m。

由式(10-6)计算曲线主点的里程为:

JD	K3 + 182.76
−)*T*	68.71
ZY	K3 + 114.05
+)*L*	135.09
YZ	K3 + 249.14
−)*L*/2	67.54
QZ	K3 + 181.60
+)*D*/2	1.16
JD	K3 + 182.76

在计算主点里程时注意,交点里程应是交点沿线路中线方向至线路起点的距离。若是折线距离,应减去从线路起点开始至本交点前的所有整条曲线的切曲差,即

$$JD_iK(\text{中线}) = JD_iK(\text{折线}) - \sum_{j=1}^{i-1} D_j \quad (\text{注}: i \geqslant 2) \qquad (10\text{-}7)$$

2. 主点的测设

在交点 JD_i 安置经纬仪，照准后交点 JD_{i-1} 或此方向上的转点，沿视线方向量取切线长 T，得 ZY 点，插一测钎。然后用钢尺丈量 ZY 点至最近一个直线桩的距离，若两桩号之差等于所丈量的距离或差值在容许范围内，即可在测钎处打下方桩，并标志 ZY 点；否则应查明原因，进行处理，以确保桩位的正确性。将望远镜照准前交点 JD_{i+1} 或此方向上的转点，按上述方法，定出 YZ 点。设置曲中点时，可自交点沿角分线方向量取外矢距 E，打桩并定出 QZ 点。

（三）圆曲线细部测设

当曲线主点测设完后，即可进行曲线的详细测设。测设细部点的间距 l_0 与曲率半径 R 有关，一般规定：当 $R \geqslant 1\ 000$ m 时，$l_0 = 20$ m；25 m $< R <$ 1 000 m 时，$l_0 = 10$ m；$R \leqslant 25$ m 时，$l_0 = 5$ m。按间距 l_0 在曲线上设桩，通常有两种方法，即整桩号法和整桩距法。整桩号法是调整距 ZY（或 YZ）点的第一个细部点的间距（通常比 l_0 小），使第一个细部点为整桩，然后再按间距 l_0 顺次放样其他细部点，直至 QZ 点或 YZ 点，这样可避免补设百米桩或公里桩。整桩距法是从 ZY（或 YZ）点起，按间距 l_0 顺次放样各细部点至 QZ 点，各点桩号常为非整桩号，若曲线段有百米桩或公里桩时，需要补设。中桩测量一般采用整桩号法。

1. 切线支距法

切线支距法是以 ZY（或 YZ）点为坐标原点、切线方向为 x 轴、半径方向为 y 轴，建立直角坐标系，在这种坐标系下计算各细部点的坐标，并按支距法测设各点。

1）测设元素计算

如图 10-13 所示，设 P_i 点是半径为 R 的圆曲线上欲测设的任一细部点，其距 ZY（或

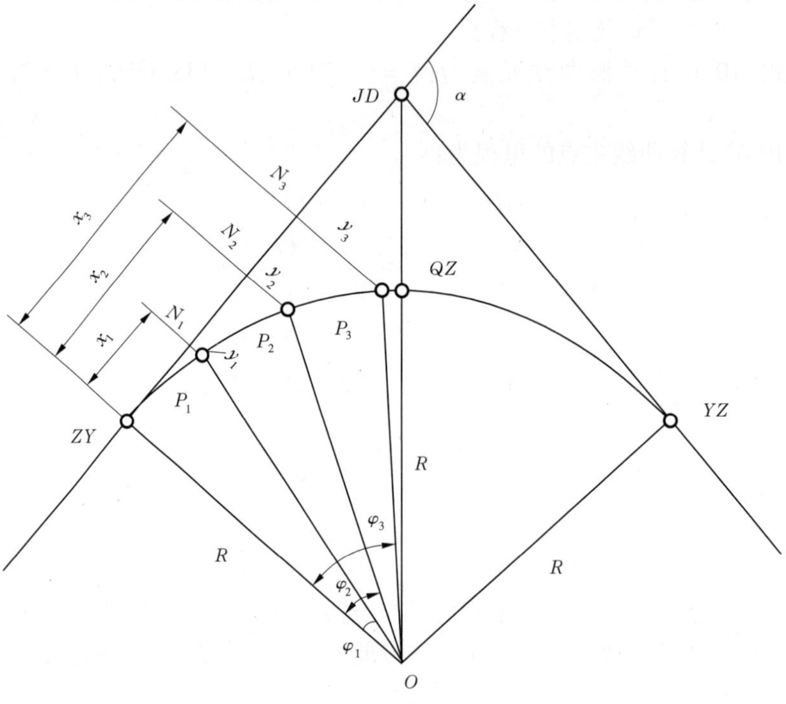

图 10-13　测设元素计算

YZ)点的弧长为 l_i,圆心角为 φ,则 P_i 点的坐标为

$$\left.\begin{aligned} x_i &= R\sin\varphi_i \\ y_i &= R(1-\cos\varphi_i) \end{aligned}\right\} \tag{10-8}$$

式中 $\varphi_i = \frac{l_i}{R} \cdot \frac{180°}{\pi}$。

【例 10-2】 已知数据同例 10-1,按整桩号切线支距法测设曲线各细部点(l_0 = 20 m),试列出各桩号,并计算相应点的坐标。各桩号及其坐标计算见表 10-3。

表 10-3 切线支距法各点桩号及坐标计算

桩号	各桩至 ZY 点或 YZ 点的曲线长度(m)	圆心角(° ′ ″)	x_i(m)	y_i(m)
ZY K3 +114.05	0	0 00 00	0.00	0.00
K3 +120	5.95	1 08 11	5.95	0.06
K3 +140	25.95	4 57 22	25.92	1.12
K3 +160	45.95	8 46 33	45.77	3.51
K3 +180	65.95	12 35 44	65.42	7.22
QZ K3 +181.06				
K3 +200	49.14	9 23 06	48.92	4.02
K3 +220	29.14	5 33 55	29.09	1.41
K3 +240	9.14	1 44 44	9.14	0.14
YZ K +249.14	0	0 00 00	0.00	0.00

2)切线支距法测设曲线细部点

用切线支距法测设曲线,为了避免支距过长,一般由 ZY、YZ 点分别向 QZ 点测设,其步骤如下(见图 10-13):

(1)从 ZY(或 YZ)点开始,用钢尺或皮尺沿切线方向量取 P_i 点的 x_i 坐标,得垂足 N_i;

(2)在垂足点 N_i 上安置经纬仪或用方向架定出支距方向,沿此方向量取 y_i 坐标,即可定出 P_i 点;

(3)测设完曲线上各细部点后,量取各相邻桩间距,若与相应桩号之差的较差均在限差内,则曲线测设合格,否则应查明原因,予以纠正。

切线支距法适用于平坦开阔的地区,具有测点误差不累积的优点,但量距工作量大。

2. 偏角法

偏角法是以 ZY(或 YZ)点至曲线上任一点 P_i 的弦线与切线方向之间的弦切角(这里称为偏角)Δ_i 和间距 l_0(或弦长 c_i)来确定 P_i 点的位置。以 Δ_i、l_0 为测设元素属于边角联合交会定点,以 Δ_i、c_i 为测设元素属于极坐标法定点。

1)测设元素计算

如图 10-14 所示,设 P_i 点是半径为 R 的圆曲线上欲测设的任一细部点,其距 ZY(或

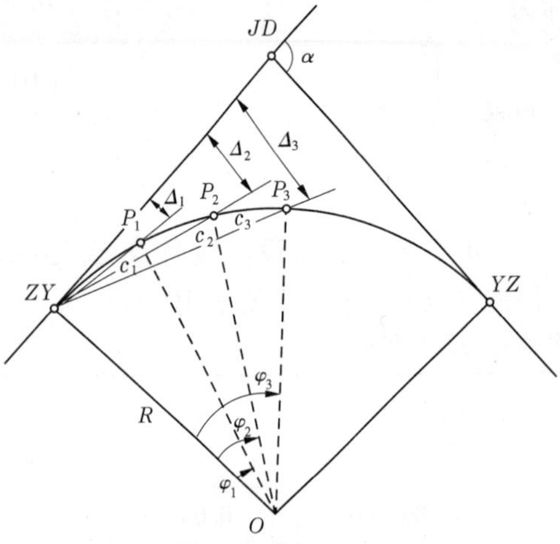

图 10-14　偏角法

YZ)点的弧长为 l_i，圆心角为 φ_i，偏角为 Δ_i，则 Δ_i 和弦长 c_i 为

$$\left.\begin{aligned} \Delta_i &= \frac{\varphi_i}{2} = \frac{l_i}{R}\cdot\frac{90^\circ}{\pi} \\ c_i &= 2R\sin\frac{\varphi_i}{2} \end{aligned}\right\} \tag{10-9}$$

以切线方向为基准，顺时针拨角方向为正拨；逆时针拨角方向为反拨。在全站仪或电子经纬仪中可设右旋、左旋方向，即为正拨角和反拨角方向。

【例 10-3】　已知数据同例 10-1，按整桩号偏角法测设曲线各细部点（l_0 = 20 m)，试列出各桩号，并计算相应点的偏角及正拨角。各桩号、偏角等计算见表 10-4。

表 10-4　偏角法各点桩号及偏角的计算

桩号	各桩至 ZY 点或 YZ 点的曲线长度(m)	偏角值(°　′　″)	正拨水平角值(°　′　″)	相邻桩间弧长(m)	相邻桩间弦长(m)
ZY　K3 + 114.05	0.00	0　00　00	0　00　00	0.00	0.00
K3 + 120	5.95	0　34　05	0　34　05	5.95	5.95
K3 + 140	24.95	2　28　41	2　28　41	20	20.00
K3 + 160	45.95	4　23　16	4　23　16	20	20.00
K3 + 180	65.95	6　17　52	6　17　52	20	20.00
QZ　K3 + 181.06	67.55	6　27　00	6　27　00	1.60	1.60
			353　33　00	18.40	18.40
K3 + 200	49.14	4　41　33	355　18　27	20	20.00
K3 + 220	29.14	2　46　58	357　13　02	20	20.00
K3 + 240	9.14	0　52　22	359　07　38	9.14	9.14
YZ　K + 249.14	0.00	0　00　00	0　00　00	0.00	0.00

2）偏角法测设曲线细部点

用偏角法测设曲线，一般由 ZY、YZ 点分别向 QZ 点测设，并进行测设校核与点位修正，其步骤如下（见图 10-14，同时以例 10-3 为例）：

（1）在 ZY 点安置经纬仪，照准交点 JD，度盘置 0；

（2）拨偏角 Δ_1（0°34′05″），并沿视线方向量长 c_1（5.95 m），得 P_1 点，钉入木桩并标示桩号 K3 + 120；

(3)拨偏角Δ_2(2°28′41″),由P_1点量长l_0(20 m),并使端点必须在视线方向上,得P_2点,钉入木桩并标示桩号K3 +140;

(4)按上述方法测设出K3 +160、K3 +180及QZ点K3 +181.60,量取细部测设的QZ点与主点测设时的QZ点的位移f,其横向(半径方向)偏差不许超过0.1 m、纵向(切线方向)偏差不许超过L/1 000,L为测设的曲线长度;

(5)若未符合要求,检查原因,予以纠正;若符合要求,需对已测设的细部点进行修正,修正量值为$\delta_i = \frac{f}{L} l_i$,方向为平行于细部测设的$QZ$点至主点测设时的$QZ$点方向,并将桩位移至修正后的位置,作为最后标志曲线的细部桩位。

至此,由ZY点至QZ点的曲线测设已完毕。另半条由YZ点至QZ点的细部测设,与上述方法相同,只是要注意拨角方向与拨角值。

偏角法的适用性很强,除了在ZY、YZ点测设外,还可在QZ点或曲线上任意点置站拨角。其工作要点是利用主点或已测设的细部点,找到置站点的切线方向。偏角法的缺点是测设点位有误差累积,一定要进行点位校核和修正。

二、缓和曲线

车辆由直线进入到圆曲线行驶时会产生离心力,故在圆曲线上要用外侧超高的方法克服离心力。离心力的大小与行车速度、曲线半径等因素有关,半径愈小离心力愈大,外侧超高也应愈大。为了保证行车安全和延长车辆使用寿命,外侧超高应有一个渐变的过程,在等级铁路、公路中,通常在直线和圆曲线之间插入一段半径由∝渐变到R(或由R渐变到∝)的曲线 – 缓和曲线。缓和曲线可采用回旋线(亦称辐射螺旋线)、三次抛物线、双纽线等线型。目前,我国公路和铁路系统通常采用回旋线作为缓和曲线。

(一)缓和曲线的主要公式

1.缓和曲线的基本公式

如图10-15所示,回旋线上任一点的曲率半径ρ与曲线的长度l成反比,即

$$\rho = \frac{c}{l} \tag{10-10}$$

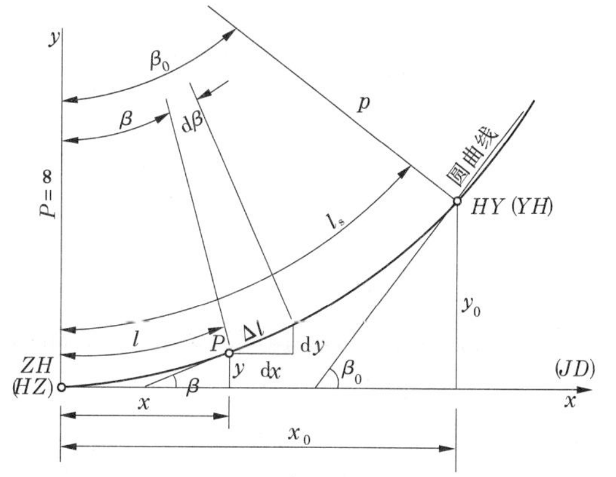

图10-15 缓和曲线

式中的 c 值可按以下方法确定，当缓和曲线与圆曲线连接时，$\rho = R$，此时的曲线长度为缓和曲线全长 l_S，即 $l = l_S$，将其代入至式(10-10)中得

$$c = R \cdot l_S \tag{10-11}$$

c 为常数，表示缓和曲线半径的变化率与车速有关，目前我国公路采用 $c = 0.035V^3$(V 为计算行车速度，单位 km/h)，则缓和曲线全长为

$$l_S = 0.035\frac{V^3}{R} \tag{10-12}$$

2. 缓和曲线的切线角公式

如图 10-15 所示，设回旋线上任一点 P 的切线与 ZH(或 HZ)点切线的交角为 β，取 P 处一微分曲线弧段，其所对的中心角为的 $d\beta$，则

$$d\beta = \frac{dl}{\rho} = \frac{l}{c}dl$$

对上式积分得

$$\beta = \frac{l^2}{2c} = \frac{l^2}{2Rl_S} \tag{10-13}$$

当 $l = l_S$ 时，整条缓和曲线的切线角(亦称缓和曲线角)β_0 为

$$\beta_0 = \frac{l_S}{2R}(\text{弧度}) = \frac{l_S}{2R} \cdot \frac{180°}{\pi}(\text{度}) \tag{10-14}$$

由于 l_S 远小于 R，β 和 β_0 均是小角，所以，可认为 $\sin\beta = \tan\beta = \beta$，并可将 $\sin\beta$、$\cos\beta$、$\tan\beta$ 等在 $\beta = 0$ 处按级数形式展开，这在以后推导公式时常用。

(二)缓和曲线的参数方程

如图 10-15 所示，以缓和曲线的起点为原点，过该点的切线方向为 x 轴，曲率半径方向为 y 轴，建立直角坐标系。回旋线上任一点 P 的坐标为(x,y)，则微分曲线弧段 dl 在坐标轴方向上的投影分量 dx、dy 为

$$\left.\begin{aligned} dx &= dl \cdot \cos\beta = \left(1 - \frac{\beta^2}{2!} + \frac{\beta^4}{4!} - \cdots\right)dl \\ dy &= dl \cdot \sin\beta = \left(\beta - \frac{\beta^3}{3!} + \frac{\beta^5}{5!} - \cdots\right)dl \end{aligned}\right\} \tag{10-15}$$

将上式积分，并略去高次项得

$$\left.\begin{aligned} x &= l - \frac{l^5}{40R^2 \cdot l_S^2} \\ y &= \frac{l^3}{6R \cdot l_S} \end{aligned}\right\} \tag{10-16}$$

上式即为缓和曲线的参数方程。当 $l = l_S$ 时，缓和曲线终点的坐标为

$$\left.\begin{aligned} x_0 &= l_S - \frac{l_S^3}{40R^2} \\ y_0 &= \frac{l_S^2}{6R} \end{aligned}\right\} \tag{10-17}$$

三、具有缓和曲线的圆曲线测设

如图 10-16 所示，当在直线和圆曲线间插入缓和曲线时，必须将原有的圆曲线向内移动一段距离 p（又称曲线内移值），才能使缓和曲线与直线衔接，这时切线增长 q（又称切线增量）。公路上一般采用圆心不动的平移方法，即将原来的圆曲线向内压缩一段距离 p，按要求对称（或非对称）插入长为 l_S 的缓和曲线（图中弧 AC、DB 段），其圆曲线保留部分弧段 CMD 的半径为 R。由图知：

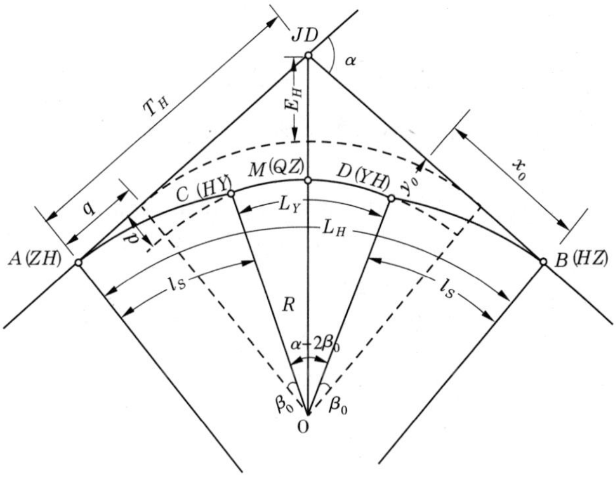

图 10-16　具有缓和曲线的圆曲线

$$\left.\begin{aligned} p &= y_0 - R(1-\cos\beta_0) = y_0 - R\left(\frac{\beta_0^2}{2!} - \frac{\beta_0^4}{4!} + \cdots\right) \\ q &= x_0 - R\sin\beta_0 = x_0 - R\left(\beta_0 - \frac{\beta_0^3}{3!} + \frac{\beta_0^5}{5!} - \cdots\right) \end{aligned}\right\} \tag{10-18}$$

将式(10-14)代入式(10-18)中，并略去高次项，得

$$p = \frac{l_S^2}{24R},\quad q = \frac{l_S}{2} - \frac{l_S^3}{240R^2} \tag{10-19}$$

(一) 曲线元素及计算

具有缓和曲线的圆曲线，仍有切线长 T_H、曲线长 L_H、外矢距 E_H、切曲差 D_H 这四个曲线元素，它们均可由曲线转角 α、圆曲线半径 R 及缓和曲线长 l_S 求得，即

$$\left.\begin{aligned} & T_H = (R+p)\cdot\tan\frac{\alpha}{2} + q \\ & L_H = R(\alpha - 2\beta_0)\cdot\frac{\pi}{180^\circ} + 2l_S \text{ 或 } L_H = R\alpha\cdot\frac{\pi}{180^\circ} + l_S \\ & \text{其中圆曲线长 } L_Y = R(\alpha - 2\beta_0)\cdot\frac{\pi}{180^\circ} \\ & E_H = (R+p)\sec\frac{\alpha}{2} - R \\ & D_H = 2T_H - L_H \end{aligned}\right\} \tag{10-20}$$

（二）曲线主点及测设

1. 曲线主点及其里程计算

具有缓和曲线的圆曲线有 5 个主点，即直缓点（*ZH*）、缓圆点（*HY*）、曲中点（*QZ*）、圆缓点（*YH*）及缓直点（*HZ*），各主点的里程依据 *JD* 点的里程和曲线元素计算，即

$$\left.\begin{aligned} ZH\quad K &= JD\quad K - T_H \\ HY\quad K &= ZH\quad K + l_S \\ YH\quad K &= HY\quad K + L_Y \\ HZ\quad K &= YH\quad K + l_S \\ QZ\quad K &= HZ\quad K - L_H/2 \\ JD\quad K &= QZ\quad K + D_H/2\quad（校核） \end{aligned}\right\} \tag{10-21}$$

2. 曲线主点测设

主点 *ZH*、*HZ*、*QZ* 点的测设方法与本节上述圆曲线主点的测设方法相同；*HY*、*YH* 点可按式（10-17）计算其坐标 x_0、y_0，用切线支距法测设。

（三）曲线的详细测设

1. 切线支距法

如图 10-17 所示，以 *ZH*（或 *HZ*）点为坐标原点，切线方向为 *x* 轴，曲率半径方向为 *y* 轴，建立直角坐标系。由式（10-16）知，缓和曲线上任一点的坐标为

$$\left.\begin{aligned} x &= l - \frac{l^5}{40R^2 \cdot l_S^2} \\ y &= \frac{l^3}{6R \cdot l_S} \end{aligned}\right\}$$

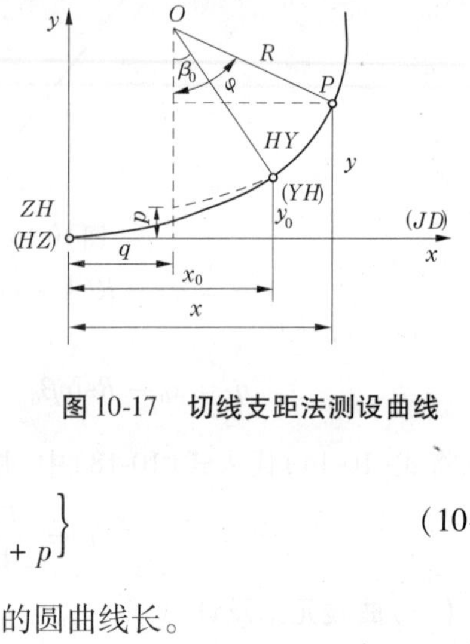

图 10-17　切线支距法测设曲线

圆曲线上任意一点 *P* 的坐标为

$$\left.\begin{aligned} x &= R\sin\varphi + q \\ y &= R(1 - \cos\varphi) + p \end{aligned}\right\} \tag{10-22}$$

式中　$\varphi = \frac{1}{R} \cdot \frac{180°}{\pi} + \beta_0$，*l* 为 *P* 点至 *HY*（或 *YH*）点的圆曲线长。

有了曲线上各点的坐标（放样元素），即可按上述的圆曲线切线支距法测设曲线上的各细部点。对于圆曲线部分，还可以通过确定 *HY*（或 *YH*）点的切线方向，再用切线支距法测设。如何确定这一切线方向，在下面的偏角法中介绍。

2. 偏角法

用偏角法测设曲线时，通常是在 *ZH*（或 *HZ*）点置站测设缓和曲线段，在 *HY*（或 *YH*）点置站测设圆曲线段。

1）偏角法测设缓和曲线

如图 10-18 所示，对于缓和曲线上任一点 *P* 的偏角 δ 为

$$\tan\delta = \frac{y}{x} \approx \frac{l^2}{6Rl_S}$$

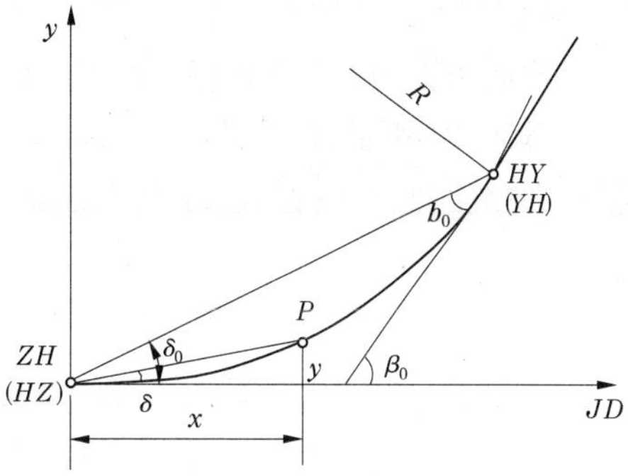

图 10-18　缓和曲线偏角及终点线

由于 δ 角很小，所以 $\delta = \tan\delta$。结合缓和曲线上任一点切线角 β 的计算公式（10-13），得

$$\delta = \frac{l^2}{6Rl_S} = \frac{1}{3}\beta \qquad (10\text{-}23)$$

HY（或 *YH*）点的偏角 δ_0 为

$$\delta_0 = \frac{l_S}{6R} = \frac{1}{3}\beta_0 \qquad (10\text{-}24)$$

有了缓和曲线上放样各点的偏角及规定的点间距 l_0，即可按上述的圆曲线偏角法测设各细部点。除此之外，还可以计算各点的弦长 c，用极坐标法测设。c 近似等于对应的弧长 l，具体计算公式为

$$c = l - \frac{l^5}{90R^2 l_S^2} \qquad (10\text{-}25)$$

2）偏角法测设圆曲线

在 *HY*（或 *YH*）点置站测设圆曲线各细部点，其工作步骤与圆曲线偏角法相同，但需要利用 *ZH*（或 *HZ*）点来确定 *HY*（或 *YH*）点的切线方向。见图 10-18，水平角 b_0 为

$$b_0 = \beta_0 - \delta_0 = 3\delta_0 - \delta_0 = 2\delta_0 \qquad (10\text{-}26)$$

将经纬仪安置在 *HY*（或 *YH*）点，盘右照准 *ZH*（或 *HZ*）点，配置度盘读数：线路左转时为 b_0（或 $360° - b_0$），右转时为 $360° - b_0$（或 b_0）；纵转望远镜为盘左，当水平方向读数为 0°00′00″时，视线的方向即为 *HY*（或 *HY*）点的切线方向。

四、道路中线逐桩测量坐标计算

目前，在高等级道路工程设计文件中，要求编制中线逐桩坐标表，这对于用全站仪或 GPS（RTK）测设点位是非常方便的。

如图 10-19 所示，设测量坐标系统中交点 *JD* 的坐标为 X_{JD}、Y_{JD}（在定测时测定，或纸上定线时已在地形图上量取），通过坐标反算，可计算出相邻交点（含线路起、终点）间的距离 D 和坐标方位角 A。在选定了各圆曲线半径 R 及缓和曲线长度 l_S 后，根据中桩里程

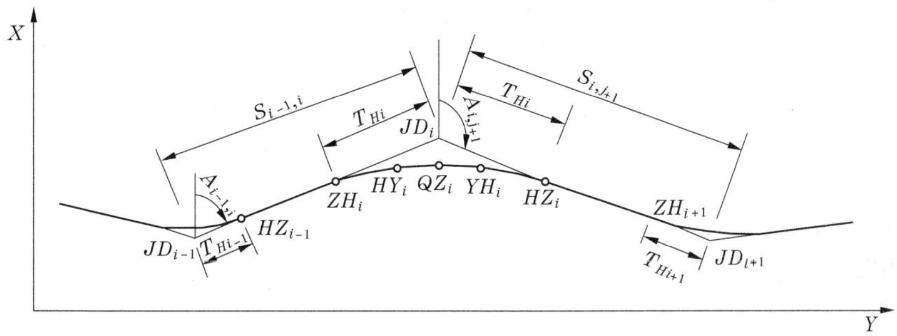

图 10-19　中桩测量坐标

桩号，即可计算出线路各中桩点在测量坐标系统中的坐标。方法如下。

（一）后退段 *HZ* 点至本段 *ZH* 点之间的中桩坐标计算

如图 10-19 所示，按线路前进方向，后退段 *HZ* 点（含线路起点）至本段 *ZH* 点（含线路终点）间的线路是一段直线，各中桩点的坐标按坐标正算公式计算，即

$$\left.\begin{aligned} X_i &= X_{HZ_{i-1}} + D_i \cos A_{i-1,i} \\ Y_i &= Y_{HZ_{i-1}} + D_i \sin A_{i-1,i} \end{aligned}\right\} \tag{10-27}$$

式中 $A_{i-1,i}$——线路后退段交点 JD_{i-1} 至本段交点 JD_i 的坐标方位角；

D_i——测设的中桩点至后退段 HZ_{i-1} 点间的距离，即桩点里程与 HZ_{i-1} 点里程之差；

$X_{HZ_{i-1}}$、$Y_{HZ_{i-1}}$——HZ_{i-1} 点的测量坐标，其值由下式计算，即

$$\left.\begin{aligned} X_{HZ_{i-1}} &= X_{JD_{i-1}} + T_{H_{i-1}} \cos A_{i-1,i} \\ Y_{HZ_{i-1}} &= Y_{JD_{i-1}} + T_{H_{i-1}} \sin A_{i-1,i} \end{aligned}\right\} \tag{10-28}$$

式中 $X_{JD_{i-1}}$、$Y_{JD_{i-1}}$——交点 JD_{i-1} 的测量坐标；

$T_{H_{i-1}}$——切线长。

（二）本段 *ZH* 点至 *YH* 点之间的中桩坐标计算

本段 *ZH* 点至 *YH* 点之间含有第一缓和曲线及圆曲线，按式（10-16）、式（10-22）分别计算第一缓和曲线、圆曲线上各中桩点的独立直角坐标 x、y，然后利用两种平面直角坐标的转换公式（9-1），计算各点的测量坐标 X、Y，即

$$\begin{bmatrix} X_i \\ Y_i \end{bmatrix} = \begin{bmatrix} X_{HZ_i} \\ Y_{HZ_i} \end{bmatrix} + \begin{bmatrix} \cos A_{i-1,i} & -\sin A_{i-1,i} \\ \sin A_{i-1,i} & \cos A_{i-1,i} \end{bmatrix} \cdot \begin{bmatrix} x_i \\ y_i \end{bmatrix} \tag{10-29}$$

上式是线路右转时的计算公式。当线路左转时，应以 $y_i = -y_i$ 代至上式中计算。

（三）本段 *YH* 点至 *HZ* 点之间的中桩坐标计算

本段 *YH* 点至 *HZ* 点之间仅含第二缓和曲线，按式（10-16）计算该缓和曲线上各中桩点的独立直角坐标 x、y，然后通过直角坐标转换，求得各点的测量坐标 X、Y，即

$$\begin{bmatrix} X_i \\ Y_i \end{bmatrix} = \begin{bmatrix} X_{HZ_i} \\ Y_{HZ_i} \end{bmatrix} - \begin{bmatrix} \cos A_{i,j+1} & -\sin A_{i,i+i} \\ \sin A_{i,i+1} & -\cos A_{i,i+1} \end{bmatrix} \cdot \begin{bmatrix} x_i \\ y_i \end{bmatrix} \tag{10-30}$$

式中 $A_{i,i+1}$——本段曲线交点 JD_i 至线路前进段相邻交点 JD_{i+1} 的坐标方位角。

式（10-30）是线路左转时的计算公式。当线路右转时，应以 $y_i = -y_i$ 代至上式中计算。

五、竖向圆曲线的测设

线路在竖向上坡度变化的点，称为变坡点。对于线路前进方向而言，设变坡点前侧的坡度为 i_2，后侧的坡度为 i_1，则变坡点处的坡度代数差 $\Delta i = i_2 - i_1$。当 Δi 超过规定的限差时，应设置竖曲线予以连接。变坡点在竖曲线上方的，称为凸形竖曲线；在下方的，称为凹形竖曲线。竖曲线连接形式主要有圆曲线形和抛物线形两种，我国公路、铁路上多采用圆曲线形竖曲线连接。

（一）竖曲线元素及计算

在高等级的公路中，竖向坡度 i 值一般较小，竖向圆曲线的半径 R 较大，所以，可认为竖曲线的转向角 $\alpha=\Delta i$。如图 10-20 所示，根据设计的 R 和 α，可计算竖向圆曲线的元素（切线长 T、竖曲线长 L、外矢距 E），即

$$\left.\begin{aligned} T &= R\cdot\tan\frac{\alpha}{2} = R\frac{\alpha}{2} = \frac{R}{2}\Delta i \\ L &= R\cdot\alpha = R\cdot\Delta i \approx 2T \\ E &\approx \frac{T^2}{2R} \end{aligned}\right\} \tag{10-31}$$

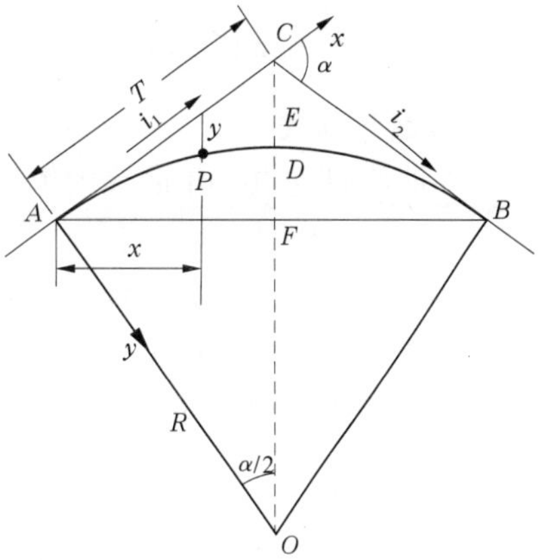

图 10-20　圆形竖曲线

见图 10-20，以竖曲线起点（或终点）为坐标原点、切线方向为 x 轴、半径方向为 y 轴，建立直角坐标系。由于转角 α 很小，故可认为 y 轴方向与曲线上每一点的竖直方向一致，即认为曲线上各点的 y 坐标是切线与曲线的高差。对于曲线上任一点 $P(x、y)$ 有

$$(R+y)^2 = R^2 + x^2 \Rightarrow 2Ry = x^2 - y^2$$

由于 y^2 远小于 x^2，所以

$$y = \frac{x^2}{2R} \tag{10-32}$$

根据坡度线（竖曲线切线）上点的 x 值，可求得该点至竖曲线上对应点的高差值 y；再根据竖曲线起、终点的高程和设计坡度，即可求得竖曲线上相应点的高程。当 $x=T$ 时，y 值达到最大，即为外矢距 E，亦即 $E=y_{\max}=\dfrac{T^2}{2R}$。

（二）竖曲线测设

1. 测设元素计算

（1）根据变坡点的里程和 T、L，计算竖曲线起、终点的里程；

（2）根据变坡点的设计高程和设计坡度 i_1、i_2，推算坡度线上每隔一定距离（一般为 5 m）j 点的高程 H'_j，即 $H'_j=H_{变坡}+iD$（i 为设计坡度，D 为测点至变坡点的水平距离）；

（3）由 j 点至竖曲线起点（或终点）的距离 x_j，按式（10-32）计算 j 点的 y_j；

（4）计算 j 点竖曲线上的高程 H_j，即

$$H_j = H'_j \pm y_j \tag{10-33}$$

在上式中，对于 $\pm y_j$ 符号取用：竖曲线为凹形时，取“+”号；凸形时，取“−”号。

2. 测设竖曲线

（1）自变坡点起，分别沿坡度线方向量 T（i 较小时，可视为平距），定出竖曲线的起、终点 A、B；

（2）自 A（或 B）点起沿坡度线方向，按规定间距依次量取距离（x_j），并钉桩点；

（3）测定这些桩点的地面高程 $H_{j测}$，并与测设高程 H_j 比较，计算填挖高度 $h_j=H_j-H_{j测}$，若其值大于 0，需要填高；小于 0，需要挖深。将填、挖高度及正、负号标注在木桩上。

六、其他类型曲线测设

（一）回头曲线

回头曲线是交点位于曲线内侧，且偏角接近或大于180°的曲线。在地形起伏较大的地段，为了克服地形障碍和较大高差而进行展线，避免开凿隧道，尤其在公路中通常采用回头曲线。回头曲线的种类较多，图10-21是较常用的一种形式，它由直线、缓和曲线及圆曲线组成。当偏角接近180°时，在现场不易确定交点 *JD*，通常需要设立副交点，图中 *C*、*D* 是在曲线附近两条切线上选择的两个副交点。

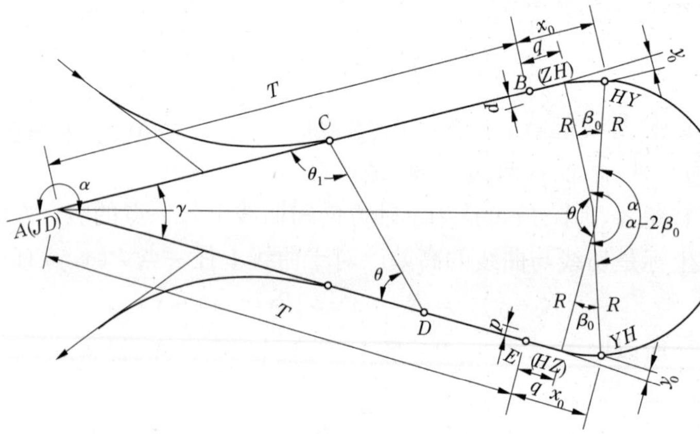

图10-21　回头曲线

回头曲线的曲线元素计算公式为

$$
\left.\begin{aligned}
\alpha &= 360^\circ - (\theta_1 + \theta_2) \\
T &= (R + P)\tan\left(\frac{\theta_1 + \theta_2}{2}\right) - q \\
L &= \frac{\pi R}{180^\circ}(\alpha - 2\beta_0) + 2l_S
\end{aligned}\right\} \qquad (10\text{-}34)
$$

测设回头曲线的步骤如下：

（1）在副交点 *C*、*D* 安置仪器，测量水平角 θ_1、θ_2 和距离 *CD*；

（2）解算三角形 *ACD*，求取距离 *AC*、*AD*；并计算副交点 *C* 至 *ZH* 点、*D* 至 *HZ* 点的距离 $CB = T - AC$ 和 $DE = T - AD$；

（3）分别以切线方向定向，沿视线方向由 *C*、*D* 分别量取 *CB*、*DE* 的长度，得 *ZH* 点和 *HZ* 点；

（4）确定了曲线主点 *ZH*、*HZ* 点，并有副交点 *C*、*D*，即可按本节前述的切线支距法、偏角法等测设回头曲线的各细部点；也可以通过确定圆心 *O* 的位置，并在 *O* 点置仪，用极坐标法测设圆曲线上的各细部点。

另外，对于回头曲线，因曲线部分较长，测设不易闭合，容易造成返工现象。因此，在测设时，应仔细检查各控制桩点是否正确，并适当提高测角、量距的精度；或在曲线上增设控制点，采取分段测设、分段闭合的方法。

(二)立交圆曲线

立交圆曲线在现代化城市立体交叉道路中应用非常广泛。它是一个半径为 R 的连接立体交叉上、下两条直线的圆曲线。该曲线位于不同的平面内,使道路由一个高度均匀过渡到另一个高度。

如图 10-22 所示,曲线起点 ZY 与下线相连,终点 YZ 与上线相连。设计时已给定圆曲线的半径 R,选线时实地钉立了交点 JD',并测定了偏角 α'。根据 α'、R 即可求得虚线圆曲线所对应的曲线元素 T'、L' 及 E',从而获得立交圆曲线(实线)的元素,即

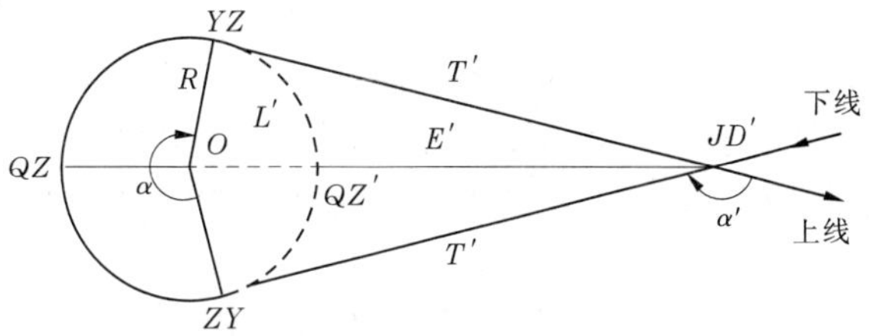

图 10-22 立交圆曲线

$$\left.\begin{aligned}\alpha &= 360° - \alpha' \\ L &= 2\pi R - L' \\ E &= 2R + E'\end{aligned}\right\} \tag{10-35}$$

测设立交圆曲线的步骤如下:

(1)在交点 JD' 置站,分别以切线方向定向,并沿视线方向量距 T',定出 ZY 点和 YZ 点;

(2)定出两切线的角分线方向,量距 $E'+R$,定出圆心点 O;量出 E 定出 QZ 点;

(3)在 O 点置站,检测角 α 是否为 $360°-\alpha'$,满足要求后,可用极坐标法测设曲线上的各细部点。

(三)复曲线

由两个或两个以上同向的不同半径的圆曲线,直接连接组成的曲线称为复曲线。其中,有一条圆曲线称为主曲线,其他的圆曲线称为副曲线。选线时要先确定主曲线的半径,然后再确定副曲线的半径。

如图 10-23 所示,根据设计给定的圆曲线半径 R_1、R_2 和曲线偏角 α_1、α_2,可计算出各圆曲线元素 T_1、L_1、E_1 和 T_2、L_2、E_2,再计算边长 $AB=T_1+T_2$;然后,解算 $\triangle ABC$,求出边长 AC、BC。

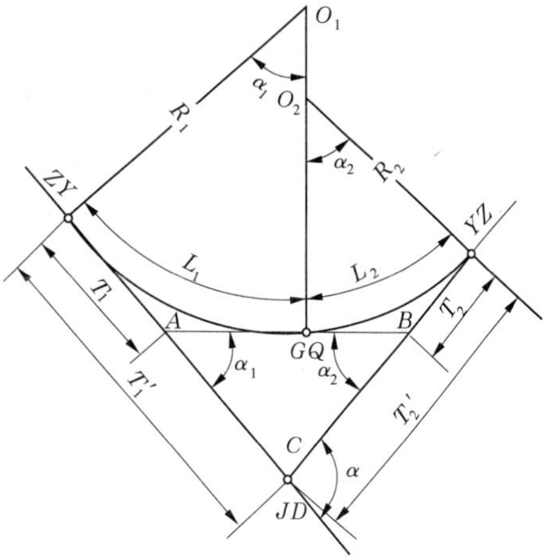

图 10-23 复曲线

测设曲线时,通常先在 JD 点置站,分别以切线方向定向,并沿视线方向量距 CA、CB,定出副交点 A、B;再分别于 A、B 点置站,测设公切点 GQ 及 ZY、YZ 点;最后用切线支距法或偏角法等测设曲线各细部点。

有时复曲线的元素 α_1、α_2 需要在现场测定,且预先设计其中一条圆曲线(主曲线)的半径 R_1,另一圆曲线(副曲线)的半径 R_2 需要通过解算求得。具体过程是:实地结合现场

条件，选定副交点 A、B（若 GQ 点已定，直线 AB 必须通过该点），测定偏角 α_1、α_2 及距离 AB；依据 α_1、R_1 计算 T_1、L_1、E_1；再计算 T_2、R_2，即

$$\left.\begin{aligned} T_2 &= S_{AB} - T_1 \\ R_2 &= \frac{T_2}{\tan\dfrac{\alpha_2}{2}} \end{aligned}\right\} \tag{10-36}$$

然后由 α_2、R_2，计算 L_2、E_2。

有了副交点 A、B 及各曲线元素，即可测设分段曲线的主点及细部点。

第四节　全站仪在道路测设中的应用

用全站仪测设道路中线，速度快、精度高，同时又可测定中线点的地面高程，因此目前在道路工程测量中已被广泛使用。

一、导线控制测量

对于高等级的道路工程，布设的导线一般应与附近的高级控制点联测，构成附合导线。联测一方面可以获得必要的起算数据（起算坐标和起始方位角），另一方面可以对观测的数据进行校核。全站仪具有测角和测距工作简捷、测距精度高、速度快、测程较长等优点，非常便于联测，因此也非常适用于导线控制测量。在导线控制测量中，除应考虑测距边的大气、倾斜改正外，还应考虑边长投影改正问题，以使导线满足工程要求。

由于全站仪具有坐标测量功能，在加密导线控制测量中更显优越。如图 10-24 所示，将全站仪依次设置在 B、1、2、3、C 各点，通过测量水平角和距离，可测定出 1、2、3、C 各点的坐标。

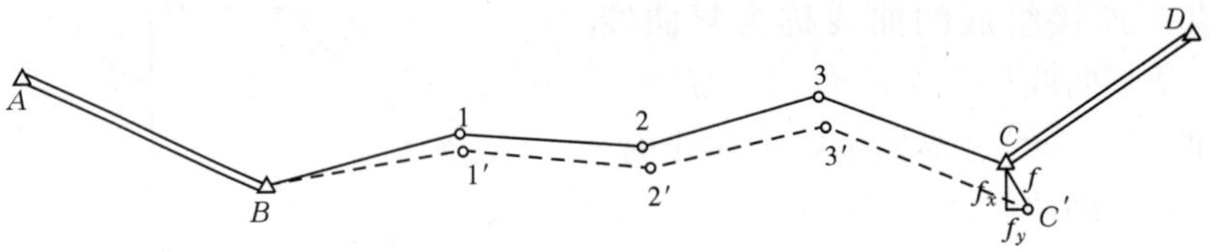

图 10-24　全站仪附合导线

设 C 点的观测坐标为 x'_C、y'_C，其已知坐标为 x_C、y_C，则纵、横坐标闭合差 f_x、f_y 为

$$\left.\begin{aligned} f_x &= x'_C - x_C \\ f_y &= y'_C - y_C \end{aligned}\right\}$$

同样，可计算出导线全长的绝对闭合差 f 和相对闭合差 K，即

$$f = \sqrt{f_x^2 + f_y^2}, \quad K = \frac{1}{(\sum D)/f}$$

式中　D——导线边长，在观测各点坐标时，可按键调阅（参见相应仪器使用说明书）。

当 f 不超过规定的容许限差时，对各点 i 的观测坐标要进行改正，其坐标改正数为

$$\left.\begin{aligned} V_{xi} &= -\frac{f_x}{\sum D} \cdot \sum_{j=1}^{i} D_j \\ V_{yi} &= -\frac{f_y}{\sum D} \cdot \sum_{j=1}^{i} D_j \end{aligned}\right\} \tag{10-37}$$

于是，各点 i 的观测坐标 x_i'、y_i' 再加上相应的改正数，便是各导线点的坐标 x_i、y_i，即

$$\left.\begin{aligned} x_i &= x_i' + V_{xi} \\ y_i &= y_i' + V_{yi} \end{aligned}\right\} \tag{10-38}$$

在进行导线测量的同时，按第六章表 6-4 中的相关技术要求测定竖直角，精确地量取仪器高和镜站高，并对每条边进行对向高差观测，可测定各导线点的高程。因此，在用全站仪测定导线时，通常也一并进行高程测量，其等级高程成果，可作为线路纵断面测量中的基平测量（见后节）成果。

二、中线测量

目前全站仪基本均有坐标测设功能，因而对于道路工程的定线测量和中桩测量是非常方便的。在室内或现场可以将控制点、交点、转点、中桩点等各点的坐标通过计算机用数据通信方式传输给全站仪或储存卡，也可以手输至全站仪；再将全站仪置于控制点或通过“自由设站”方式架设在某有利位置（通过对 2 个及以上的已知点观测可确定该点的坐标、高程），经过定向后，调用内存中拟放的点号或坐标，观测棱镜，就可确定棱镜的偏移方向及距离；然后由观测者指挥置镜者移向拟放样点，并最终测设出放样点位。测设完毕，对于中桩测设，再测定地面点的高程，也即完成了中平测量的工作。

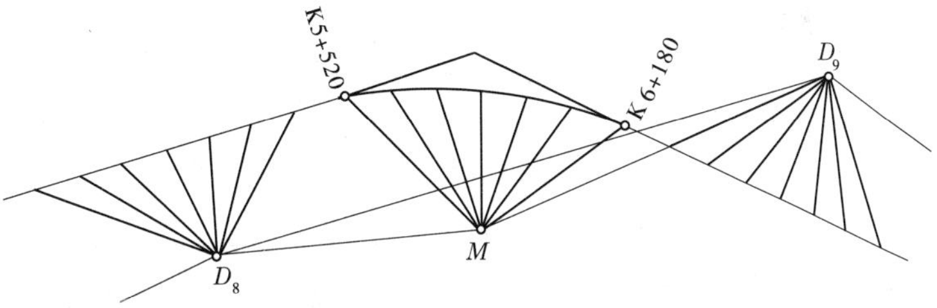

图 10-25　全站仪中桩测量

在中桩测设过程中，经常需要在导线的基础上加密一些测站点，以便将中桩逐个定出。如图 10-25 所示，利用导线点 D_8、D_9 均难以测设 K5 + 520 至 K6 + 180 之间的各中桩，在这种情况下，可在 D_8 站测设结束后，于适当位置选一 M 点，钉桩标点后，测出 M 点的坐标、高程。然后，将仪器迁至 M 点，再继续测设。

第五节　线路纵横断面测量

线路纵断面测量又称为中平测量或中线水准测量，它的任务是测定线路各中桩点的地面高程，并绘制线路纵断面图，以供线路竖向坡度设计之用。横断面测量是测定线路各中桩点两侧一定距离内，垂直于中线方向地面点的高程，并绘制横断面图，以供路基设计、

计算土石方量及施工测设边桩之用。

纵断面测量一般按两步进行：首先是沿线路方向布设水准点，建立线路的高程控制，即基平测量；然后是根据基平测量的高程成果，分段测定各中桩点的地面高程，即中平测量。

一、基平测量

（一）线路水准点的布设

在线路勘测和施工阶段都要使用高程控制点，因此应根据工程需要和用途沿线布设永久或临时性的水准点。在线路起点、终点、大桥和隧道两端、重点工程附近以及需要长期保存水准点的位置处，均需要设立永久性水准点；若无特殊原因，永久性水准点间距宜为5 km左右。为便于引测，还需沿线布设一定数量的临时性水准点；临时性水准点可埋设大木桩或用树根等地物打钉标志。

水准点的密度，应根据地形和工程需要而定。山岭重丘区水准点间距一般为0.5～1 km；平原微丘区为1～2 km。大桥、隧道口、垭口及其他大型构筑物附近，应增设水准点。水准点应选在稳固、醒目、易于引测及施工时不易遭受破坏的位置。

（二）基平测量的方法

基平测量首先应将起始水准点与附近的国家水准点联测，以获取绝对高程。若有条件，应构成附合水准路线。当路线附近无国家水准点或引测困难时，可参考地形图在实地选定一点（一般为明显地物点）作为高程的起算点，以建立独立的高程系统。

水准测量通常用一台水准仪对各测段高差进行往返观测，也可以用两台水准仪对各测段进行单程观测。具体要求与方法可参阅水准测量、控制测量中的相关章节。

各测段往返观测或两台仪器单程观测所得高差的不符值，不得超过规定的容许值$f_{h容}$，$f_{h容}$为

$$\left.\begin{array}{ll}\text{平坦微丘区} & f_{h容} = \pm 30\sqrt{L} \\ \text{山岭重丘区} & f_{h容} = \pm 9\sqrt{n}\end{array}\right\} \tag{10-39}$$

对于重点工程及其附近，$f_{h容}$为

$$\left.\begin{array}{ll}\text{平坦微丘区} & f_{h容} = \pm 20\sqrt{L} \\ \text{山岭重丘区} & f_{h容} = \pm 6\sqrt{n}\end{array}\right\} \tag{10-40}$$

上述公式中，L为以km为单位的单程水准路线长度；n为测站数；$f_{h容}$的单位为mm。若高差不符值不超过容许值，取其高差的平均值作为两水准点间的观测高差；否则，应查明原因，重测。

二、中平测量

（一）中平测量方法

中平测量一般是以两相邻水准点为一个测段，即从一个水准点开始，采用中视法（亦称视线高法）逐个测定各中桩的地面高程，必要时再设立转点，直至附合于下一个水准点。在一个测站中若有转点，应先按水准测量方法观测水准点与转点、转点与转点间的高差，视线长度应不超过150 m，读至mm；然后再按中视法观测各中桩，视线长度可适当放

长，读至 cm，尺要紧靠中桩并立于地面。中视法是先后视已知点，即确定了视线高程；再前视（常称中视）各需要点（亦称中间点）；然后利用视线高程减去各中视读数，计算出各中间点的高程。其特点是速度快，但精度低。中平测量仅单程观测。

如图 10-26 所示，将水准仪置于适宜位置处Ⅰ，后视水准点 BM_1，前视转点 ZD_1，将读数记入至表 10-5 中的后视、前视栏内。然后观测 BM_1 与 ZD_1 间的中间点 K0 + 000、K0 + 020、K0 + 040、K0 + 060、K0 + 080，将各读数记录至中视栏内。把仪器迁至某合适位置处Ⅱ，整置仪器，后视转点 ZD_1，前视转点 ZD_2，再中视 K0 + 100、K0 + 120、K0 + 140、K0 + 160、K0 + 180 等各中桩点，将读数分别记入后视、前视和中视栏内。按上述方法继续向前测量，直至附合于下一个水准点 BM_2。

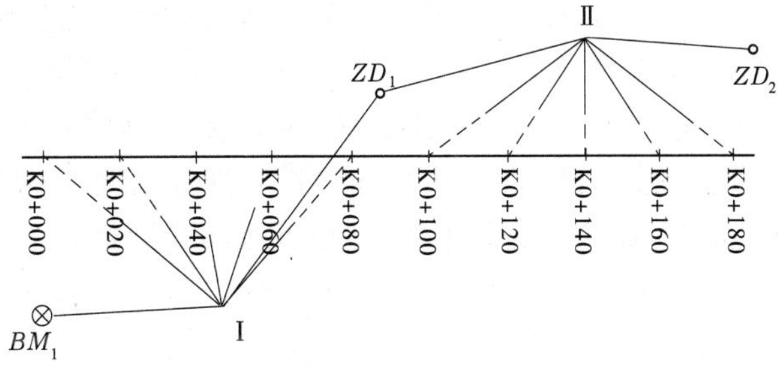

图 10-26　中平测量

表 10-5　中平测量记录

测点	水准尺读数（m）			视线高程（m）	高程（m）	备注
	后视	中视	前视			
BM_1	2.191			514.505	512.314	BM_1 基平高程为 512.314
K0 + 000		1.62			512.88	
K0 + 020		1.90			512.60	
K0 + 040		0.62			513.88	
K0 + 060		2.03			512.48	
K0 + 080		0.90			513.60	
ZD_1	3.162		1.006	516.661	513.499	
K0 + 100		0.50			516.16	
K0 + 120		0.52			516.14	
K0 + 140		0.82			515.84	
K0 + 160		1.20			515.46	
K0 + 180		1.01			515.65	
ZD_2	2.246		1.521		515.140	
…	…	…	…	…	…	
K1 + 240		2.32			523.06	
BM_2			0.606		524.782	BM_2 基平高程为 524.824

复核：$\sum h_{中} = 524.782 - 512.314 = +12.468$；$\sum a - \sum b = (2.191 + 3.162 + \cdots) - (1.006 + \cdots + 0.606) = +12.468$；$f_h = 524.782 - 524.824 = -42$ mm；$f_{h容} = \pm 50\sqrt{L} = \pm 50\sqrt{1.24} = \pm 55$ mm。

一测段观测结束后，计算测段的高差闭合差f_h，若高差闭合差$f_h \leqslant f_{h容} = \pm 50\sqrt{L}$，则符合要求；否则，应重测。由于测定中桩地面高程的误差限差为±10 cm，若符合要求，一般不进行平差计算，而是以后视点的视线高程为准，计算转点和中视点的高程，即

$$\left.\begin{aligned}视线高程 &= 后视点高程 + 后视读数\\ 中桩高程 &= 视线高程 - 中视读数\\ 转点高程 &= 视线高程 - 前视读数\end{aligned}\right\} \qquad (10\text{-}41)$$

（二）跨沟谷测量

当线路经过沟谷时，通常将沟内、沟外分开，沟内采用支水准路线及中视测量，沟外采用附合水准测量路线及中视测量形式观测。如图10-27所示，当测至沟谷边缘时，仪器置于Ⅰ站，同时设定两个转点ZD_A、ZD_{16}，并以转点ZD_{15}为后视观测，然后将沟内、沟外分开测量。沟内将仪器迁至Ⅱ站，设置转点桩ZD_B，并以ZD_A为后视，观测ZD_B及Ⅱ站内各中桩；再将仪器迁至Ⅲ站，后视ZD_B，观测沟底各中桩；如此，将沟内各中桩测定完毕。沟外将仪器迁至Ⅳ站，并使其前后视距差与Ⅰ站的数值相等、符号相反（$l_1 - l_2 = l_4 - l_3$），以转点ZD_{16}为后视，观测转点ZD_{17}及其内的各中桩，然后继续向前测量。

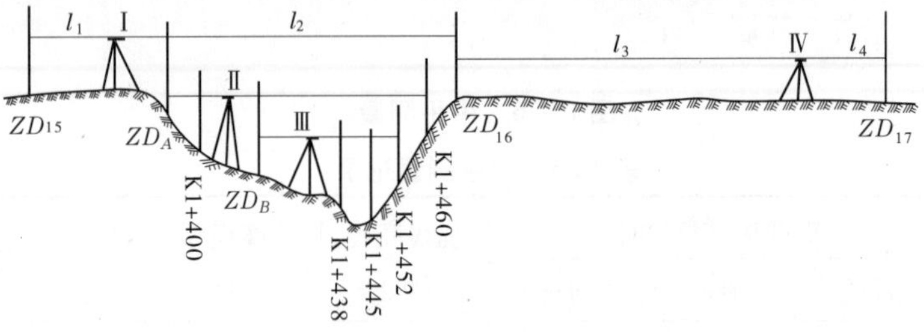

图10-27　跨沟谷测量

这种测量方法可使沟内、沟外高程传递互相独立，互不影响。沟内的测量不会影响整个水准测段的闭合，但由于沟内测量是支水准路线形式，缺少检核条件，故工作时应特别注意。沟外、沟内的测量应分别记录，以避免数据混淆。另外，为了消除或减弱水准仪i角误差的影响，跨沟后即刻要限制前后视距的累积差。

（三）纵断面图的绘制

纵断面图是沿线路中线方向绘制的反映地面起伏变化和纵坡设计的线状图。它表示出各路段纵坡的大小和中线位置的填挖尺寸，是道路设计和施工的重要文件资料。

1. 绘制内容

如图10-28所示，图的上半部从左至右有两条贯穿全图的线。一条是折线，表示路线方向的实际地面线，是以里程为横坐标、高程为纵坐标，根据中平测量所得的中桩地面高程绘制的。为了明显反映地面的起伏变化，里程比例尺一般取为1∶5 000、1∶2 000或1∶1 000，高程比例尺则较里程比例尺放大10倍，即为1∶500、1∶200或1∶100。另一条粗线是包含竖曲线在内的纵坡设计线，是在设计时绘制的。此外，图上还有水准点的位置、高程，桥涵的类型、孔径、跨数、长度、里程桩号、设计水位，竖曲线的示意图及其曲线元素，以及中线与公路、铁路交叉点的位置、里程及有关说明等。

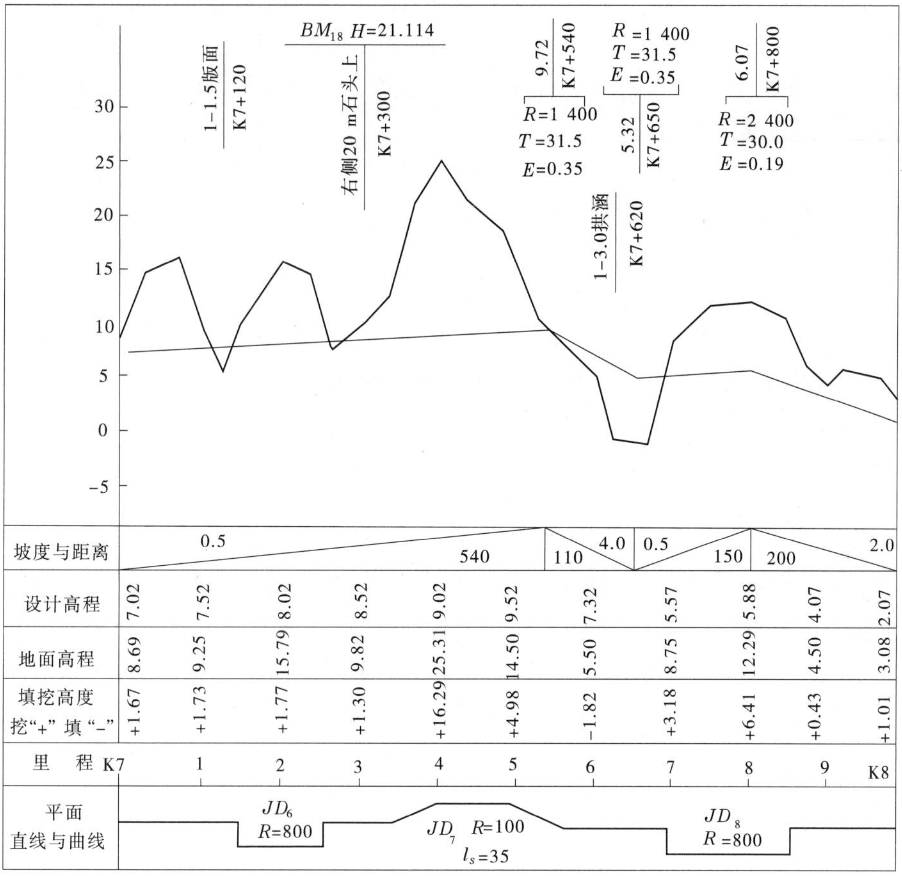

图 10-28　纵断面图

图的下半部分有相关测量和纵坡设计的资料，主要包括以下内容：

(1)直线和曲线。按里程表明线路的直线、曲线部分。中线的直线段用平直线表示；曲线段用折线表示，上凸表示线路右转，下凸表示线路左转，同时注明交点编号和圆曲线半径、缓和曲线长度等。在不设曲线的交点位置，用锐角折线表示。

(2)里程。按里程比例尺标注百米桩和公里桩。

(3)地面高程。根据中平测量成果填写相应里程桩的地面高程。

(4)设计高程。根据设计纵坡和相应平距推算出里程桩的设计高程。

(5)坡度。从左至右向上的直线表示上坡(正坡)，向下的表示下坡(负坡)，水平的表示平坡；斜坡或水平线上面的数字表示坡度的百分数，下面的数字表示坡长。

(6)土壤地质。注明路段的地质情况。

2. 绘制步骤

绘制纵断面图的步骤如下：

(1)按照选定的里程比例尺和高程比例尺制表，填写里程、地面高程、直线与曲线、土壤地质说明等资料。

(2)绘制地面线。先选定纵坐标的起始高程(一般为 5 的整倍数)，使绘制的地面线位于图上适当位置;然后依据中桩的里程和高程,在图上按纵、横比例尺依次绘出各中桩点的位置,再用直线连接相邻各点,即可绘出地面线。在高差变化较大的地区,若纵向受到图幅限制,可在适当地段变更图上高程的起始位置,此时地面线将构成台阶形式,接图时要以高程数据为准接图。

(3)根据纵坡设计推算中桩的设计高程。当线路的纵坡确定后,即可根据设计坡度和两点间的水平距离,由一点的设计高程计算另一点的设计高程。如设计坡度为 i,起算点的高程为 H_0,推算点的高程为 H_P,推算点至起算点的水平距离为 D,则

$$H_P = H_0 + i \cdot D \tag{10-42}$$

式中　坡度 i 上坡时为正,下坡时为负。

(4)计算各中桩的填挖高度。中桩的设计高程与地面高程之差,即为该中桩的填土高度(负号)或挖土高度(正号)。

(5)在图上注记有关信息,如水准点、桥涵、竖曲线等。

三、横断面测量

横断面测量是测定线路中桩两侧一定距离内,垂直于中线方向的地面点的高程,并绘制横断面图。实地测定时,先要确定横断面的方向,然后在此方向上测定地面坡度变化点间的距离和高差。横断面测量的宽度,应根据路基宽度、填挖高度、边坡大小、地形和地质情况以及工程的特殊要求而定;一般要求中线两侧各测 10 ~ 50 m。横断面测绘的密度,除各中桩应施测外,在大、中型桥梁的桥头和隧道的进、出洞口及挡土墙等重点工程地段需要加密。对于地面点间距和高差的测定,一般只须精确至 0.1 m。

(一)横断面方向的测定

1. 直线段横断面方向的测定

直线段横断面方向与线路中线方向垂直,通常采用方向架法测定。如图 10-29 所示,将方向架置于中桩点,用其上两个相互垂直的固定片中的其中一个,瞄准直线上任一个中桩,则另一个固定片所指的方向即为该桩点的横断面方向。

2. 圆曲线横断面方向的测定

圆曲线上任一点的横断面方向是半径方向,用经纬仪测定时,可依据桩号差、曲线半径求弦切角,再加或减 90°的方法确定;也可用方向架法测定。

方向架法一般用求心方向架,即在方向架上安装一个活动片,并有一固定螺旋可将其固定,如图 10-30 所示。欲测定圆曲线上中桩的横断面方向,其工作步骤如下:

(1)将求心方向架置于 *ZY*(或 *YZ*)点,用固定片 *ab* 瞄准切线方向(*JD*),则另一固定片 *cd* 所指方向即为 *ZY*(或 *YZ*)点的横断面方向。保持方向架不动,转动活动片 *ef* 瞄准 1 点,并将其固定。

(2)将方向架迁至 1 点,用固定片 *cd* 瞄准 *ZY*(或 *YZ*)点,则活动片 *ef* 所指方向即为 1 点的横断面方向。为确定 2 点的横断面方向作准备,可在 1 点的横断面方向上插一花杆,用固定片 *cd* 瞄准之,活动片 *ef* 瞄准 2 点,并将其固定。

(3)将方向架迁至 2 点,用固定片 *cd* 瞄准 1 点,则活动片 *ef* 所指方向即为 2 点的横断面方向。

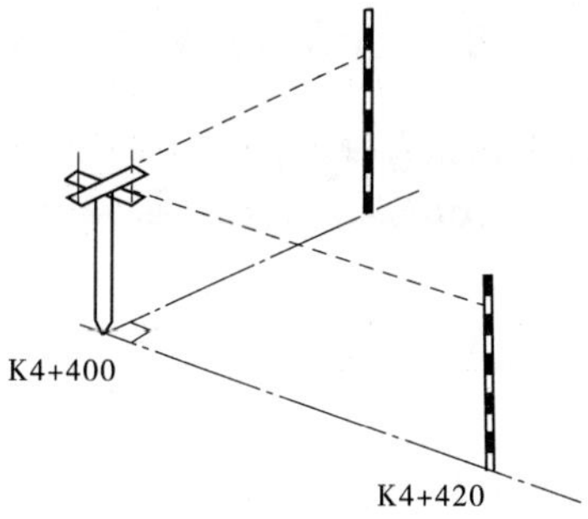

图 10-29　方向架法定直线横断面

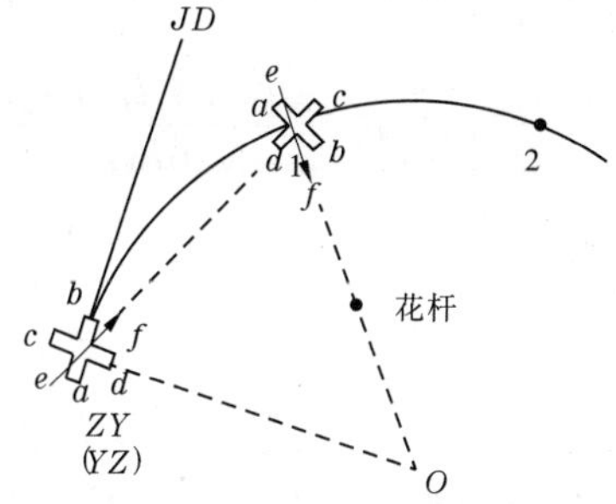

图 10-30　方向架法定圆曲线横断面

此后的操作与确定、测定 2 点横断面方向的方法完全相同，直至将圆曲线上各点的横断面方向测定完毕。

3. 缓和曲线横断面方向的测定

缓和曲线上任一点的横断面方向，就是该点的法线方向，亦即该点切线的垂线方向。因此，若求出该点至前视点或后视点的偏角，即可定出该点的法线方向。

如图 10-31 所示，欲测定缓和曲线上 D 点的横断面方向，后视点为 B、前视点为 E，点 B、D、E 至缓和曲线 ZH（或 HZ）点的曲线长分别为 l_B、l_D、l_E。由图可知，D 点至前视点 E 的偏角 δ_q 为

$$\delta_q = \alpha - \beta_D \tag{10-43}$$

而

$$\tan\alpha = \frac{y_E - y_D}{x_E - x_D} \tag{10-44}$$

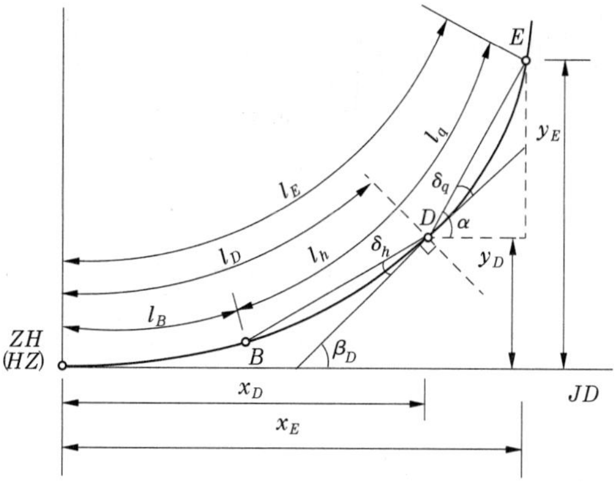

图 10-31　测定缓和曲线横断面

由于 α 很小，可认为 $\alpha = \tan\alpha$。将缓和曲线参数方程式（10-16）代至式（10-44）中，得

$$\alpha = \frac{\dfrac{l_E^3}{6Rl_S} - \dfrac{l_D^3}{6Rl_S}}{l_E - l_D} = \frac{1}{6Rl_S} \cdot \frac{l_E^3 - l_D^3}{l_E - l_D} = \frac{l_E^2 + l_E l_D + l_D^2}{6Rl_S} \tag{10-45}$$

由缓和曲线切线角公式(10-13)知$\beta_D = \dfrac{l_D^2}{2Rl_S}$,将$\beta_D$及式(10-45)代至式(10-43)中,得

$$\delta_q = \frac{l_E^2 + l_E l_D + l_D^2}{6Rl_S} - \frac{l_D^2}{2Rl_S} - \frac{(l_E - l_D)(l_E + 2l_D)}{6Rl_S} \tag{10-46}$$

同理,可得D点至后视点B的偏角δ_h为

$$\delta_h = \frac{(l_D - l_B)(l_B + 2l_D)}{6Rl_S} \tag{10-47}$$

上两式中的偏角δ_q、δ_h均是以弧度为单位,实际应用时应转换为度制。

实地在D点整置经纬仪,以前视点E(或后视点B)定向,度盘置零,线路左转时顺时针、右转时逆时针转$90° + \delta_q$(或$90° - \delta_h$),视线方向即为D点的横断面方向。

(二)横断面的测量方法

横断面测量的方法很多,主要有花杆皮尺法、水准仪法、经纬仪法、全站仪法等。花杆皮尺法精度低,作业速度快,适用于低等级公路;其他三种方法适用于高等级公路,水准仪法精度高,宜在平坦地区使用;目前,应用全站仪进行横断面测量非常普遍。

水准仪法横断面测量的工作步骤:如图10-32所示,在合适位置处安置水准仪,后视中桩点水准尺读数,前视横断面方向上各变坡点处所立水准尺读数,并用皮尺或钢尺丈量各变坡点至中桩的水平距离,将相关数据记录至横断面测量表内,见表10-6。

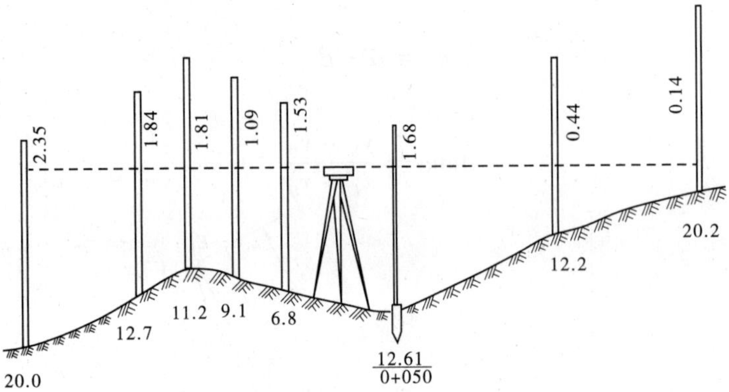

图10-32　水准仪法测量横断面

表10-6　横断面测量记录表

$\dfrac{\text{前视读数}}{\text{水平距离}}$(左侧)	$\dfrac{\text{后视读数}}{\text{桩号}}$(中桩)	(右侧)$\dfrac{\text{前视读数}}{\text{水平距离}}$
$\dfrac{2.35}{20.0}$ $\dfrac{1.84}{12.7}$ $\dfrac{0.81}{11.2}$ $\dfrac{1.09}{9.1}$ $\dfrac{1.53}{6.8}$	$\dfrac{1.68}{0+050}$	$\dfrac{0.44}{12.2}$ $\dfrac{0.14}{20.0}$

(三)横断面图的绘制

根据实际工程需要,参照表10-1确定横断面图的水平、垂直比例尺。依据横断面测

量得到中桩左、右两侧断面点的平距和高差,在毫米方格纸上绘图或用计算机软件绘图。手工绘图时,先标出中桩位置,再由此向左、右两侧逐一按比例尺将特征点绘在图纸上,然后用直线连接相邻各点,即得该中桩横断面的地面线。在横断面图上,还应绘出路基断面的设计线,如图 10-33 所示。

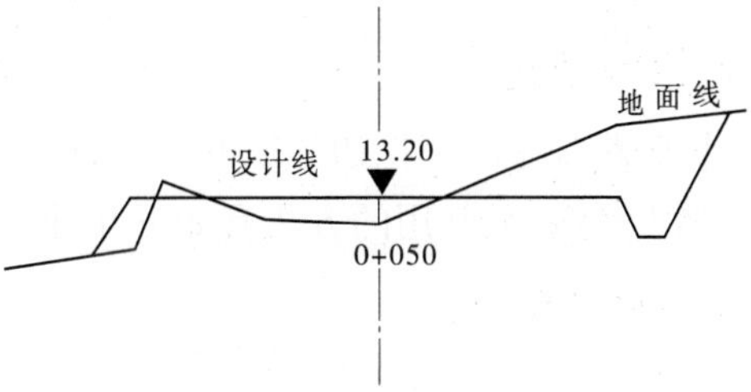

图 10-33 横断面图

第六节 公路施工测量

公路施工阶段,也要进行大量的测量工作,以保证线路按施工设计的要求构筑成型。公路施工阶段测量的主要工作包括线路复测及控制桩保护、路基边桩的测设、竖曲线的测设等,其中,竖曲线的测设已在本章第三节中介绍。

一、线路复测

线路经过勘测、设计到开始施工的这段时间,定测阶段的部分桩点会被碰动或破坏,为了保证线路中线位置的正确可靠,在施工前应依据控制成果、设计文件和其他资料,对被碰动或破坏的桩点给以恢复,对其他桩点给以复核。恢复、复核的方法与线路中线测量的方法相同。此外,对线路水准点也应进行复核,必要时还需增设一些水准点以满足工程需要。

二、护桩设置

中桩点在施工时将被挖掉,因此在线路复测后、路基施工前,对中线的主要控制桩(如交点桩、转点桩、曲线主点桩等)应设置护桩。其位置应选在施工范围以外,且不易被破坏的地方。对于护桩一般应设两条交叉的方向线,交角应不小于 60°,每一个方向上的护桩不少于 3 个,如图 10-34 所示。为了便于寻找护桩,还应绘制草图,并给以必要的文字说明。

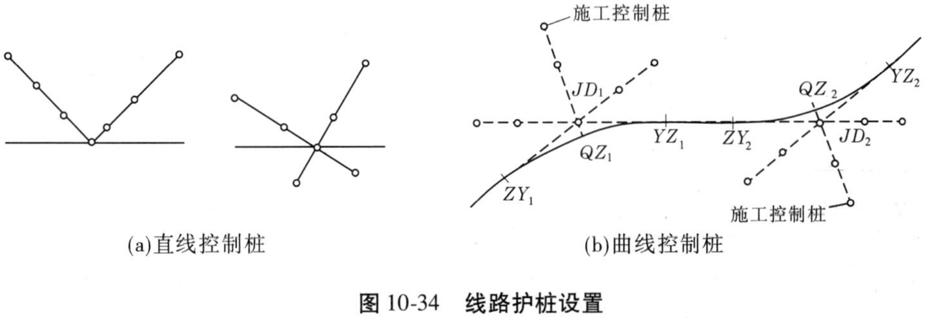

图 10-34 线路护桩设置

三、路基边桩的测设

标定路基施工填挖边界线的位置,称为路基边桩的测设。边桩的位置由中桩至边桩的距离来测定,其常用的方法有如下几种。

(一)图解法

图解法是直接在线路横断面图上量取中桩至边桩的距离,在实地用皮尺沿横断面方向量此距离,并打桩标定。当填挖方不是很大时,采用此法比较简单。

(二)解析法

解析法是通过计算求得中桩至边桩的距离,并在实地测设。对于平地、山地的计算和测设方法有所不同,以下给以介绍。

1. 平坦地段路基边桩的测设

填方路基为路堤,如图 10-35(a)所示。路堤边桩至中桩的距离为

$$D = \frac{B}{2} + m \cdot h \tag{10-48}$$

挖方路基为路堑,如图 10-35(b)所示。路堑边桩至中桩的距离为

$$D = \frac{B}{2} + S + m \cdot h \tag{10-49}$$

式中 B——路基设计宽度;

m——路基边坡坡度 1∶m 的分母;

h——中桩的填土或挖土高度;

S——路堑边沟的沟顶宽。

式(10-48)和式(10-49)是线路直线段横断面求算 D 值的方法。若断面位于曲线上有加宽时,仍按上述方法求算 D 值,但对于曲线内侧的 D 值还应加上加宽值。

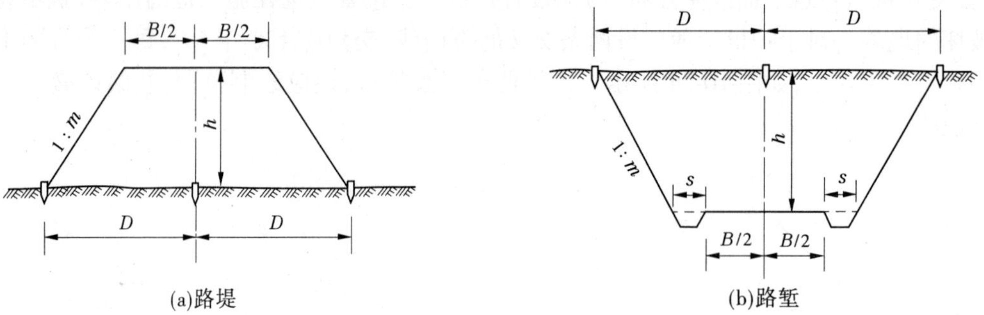

图 10-35 平坦地段路堤边桩测设

2. 倾斜地段路基边桩的测设

在倾斜地段,中桩至边桩的距离随着地面坡度的变化而变化。如图 10-36(a)所示,路堤边桩至中桩的距离为

$$
\left.\begin{aligned}
D_{上} &= \frac{B}{2} + m(h_{中} - h_{下}) \\
D_{下} &= \frac{B}{2} + m(h_{中} + h_{下})
\end{aligned}\right\} \tag{10-50}
$$

如图 10-36(b)所示,路堑边桩至中桩的距离为

$$
\left.\begin{aligned}
D_{上} &= \frac{B}{2} + S + m(h_{中} + h_{下}) \\
D_{下} &= \frac{B}{2} + S + m(h_{中} - h_{下})
\end{aligned}\right\} \tag{10-51}
$$

上两式中　$h_{上}$、$h_{下}$——中桩与上、下斜坡边桩的高差;

$h_{中}$——中桩的填土或挖土高度。

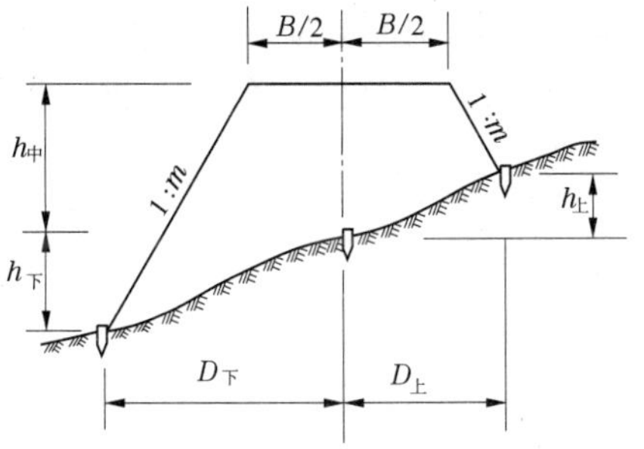

(a)路堤

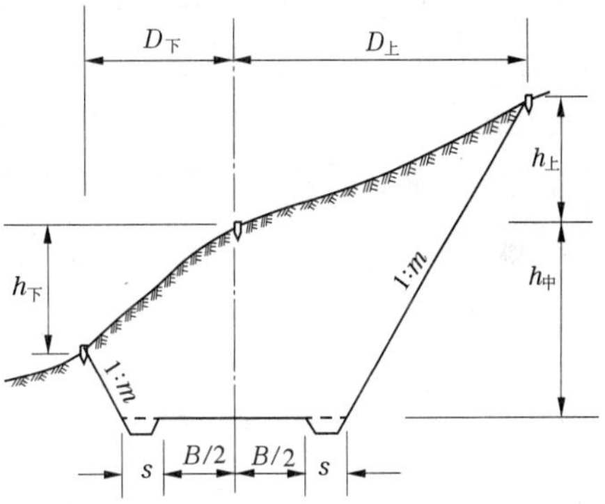

(b)路堑

图 10-36　倾斜地段路堤边桩测设

实际测设时,在中桩横断面方向的上、下斜坡估计边桩的大致位置,并测定与中桩地面的高差 $h'_{上}$、$h'_{下}$及距离 $D'_{上}$、$D'_{下}$,运用相应公式计算选定点至中桩的距离 $D_{上}$、$D_{下}$(注:在计算时不考虑高差符号,均以正值代入)。若测定距离等于计算距离,则说明选定位置即为边桩位置,在此处钉立边桩;否则,应视测定距离与计算距离的大、小关系,移动初选位置,逐渐趋近至边桩,即当测定距离小于计算距离时,则将初选位置向着远离中桩的方向移动;当测定距离大于计算距离时,则向着中桩的方向移动。

第七节　管道施工测量

管道工程是城镇和工矿企业建设中的一项重要工程,如给水、排水、煤气、输电、输油等工程均属管道工程。管道工程一般分为设计和施工这两大阶段,在设计阶段主要需要测量提供管道地形图和各种断面图,在施工阶段需要测量测设各种定位标志,并对施工质量进行检查和监督以及进行竣工测量等。关于如何测绘管道带状地形图、纵横断面图及怎样进行中线测量等,与本章第二节、第五节中介绍的内容与方法相似,本节只重点介绍管道施工测量。

一、施工前的测量工作

管道施工设计完成之后，即着手进行管道施工测量，以便为工程破土动工做好各项准备工作。

（一）熟悉图纸和现场情况

施工前，要认真研究图纸，认真识图，核对必要的数据，了解设计意图、精度要求及工程进度安排等。并且要深入施工现场，熟悉地形，察看线路各交点桩、转点桩、里程桩及线路平面、高程控制点的位置等。

（二）校核中线并测设施工控制桩

若施工设计中线与定测中线一致，则仅需校核，不需重新测设；否则，应重新测设管道中线。由于中线测量所测设的中桩在管道施工前会有丢失、损坏的情况，为了保证中线位置正确可靠，必须要进行复测和补桩工作。除此之外，在施工时中桩要被挖掉，为了便于恢复中线和确定其他附属构筑物的位置，应在不受施工干扰、引测方便和易于保存桩位的地方设置施工控制桩。施工控制桩分为中线控制桩和附属构筑物位置的控制桩两种，如图 10-37 所示。

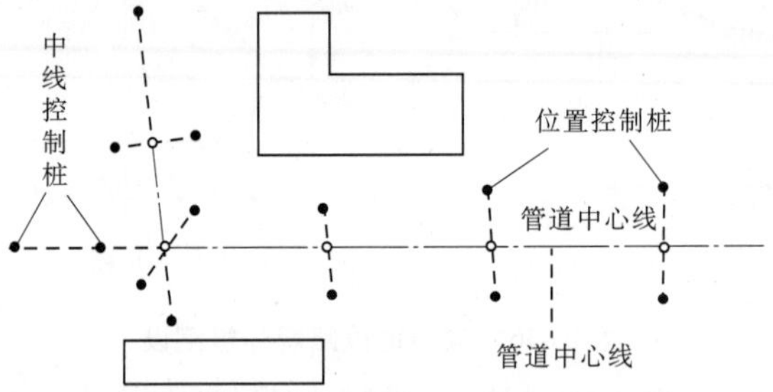

图 10-37　管道施工控制桩

（三）加密水准点

为了便于施工时引测高程，应根据原有水准点的分布情况，沿线每隔 100 ~ 150 m 增设一个临时水准点，精度要求视工程性质和有关规范而定。如对于压力管道，引测水准点高差的限差一般为 $f_{h容} = \pm 20\sqrt{L}$ 或 $f_{h容} = \pm 6\sqrt{n}$。

（四）槽口放线

槽口放线是按管道设计要求的埋深、管径大小及土质情况等计算出开槽宽度，在地面上标定出槽边线的位置，并沿边线画出白灰线，以便进行开挖施工。

二、管道施工测量

管道施工中的测量工作主要是控制管道中线的设计位置和管底设计高程。因此，通常需要设置坡度板，在坡度板上再测设中心钉、坡度钉来控制管道中线及其坡度。

（一）设置坡度板及测设中心钉

在管槽开挖时，每隔 10 ~ 15 m 设置一块坡度板，若遇检修井、支线时还要加设。设置坡度板时要牢固、稳定，不要高出地面，顶面应保持水平，并要编号。设置完坡度板后，要根据中线控制桩,用经纬仪将管道中心线投测到坡度板上,并以小钉标记(常称中线钉),相邻坡度板上中线钉的连线,即为管道中心线,如图 10-38 所示。

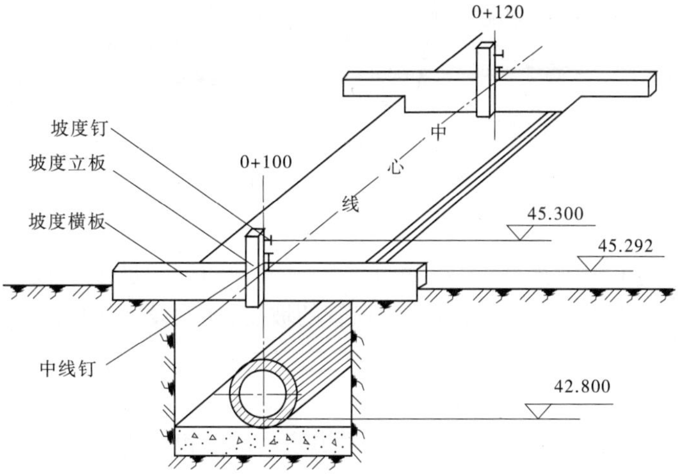

图 10-38 坡度板的设置

(二)测设坡度钉

为了控制沟槽的开挖深度和管道的设计高程,还需在坡度板上测设设计坡度。为此,在坡度板横板上先钉立一块竖板,其一边与中线对齐;然后在竖板该边上测设一高程点,钉上铁钉,称坡度钉。坡度钉与管底设计高程应为一整分米数,称为下返数。利用坡度钉,可以控制管道坡度及填设深度等。

如图 10-38 所示,水准测得桩号为 0 + 100 坡度板中线处的板顶高程为 45.292 m,管底的设计高程为 42.800 m,从中线板顶下量 2.492 m 即为管底高程。为使下返数是一个整分米数,坡度钉应钉在竖板上高于板顶 0.008 m 的中线对齐边上,使其高程为 45.300 m。这样,从坡度钉下返 2.5 m,即为设计的管底高程。

三、顶管施工测量

当地下管道穿越铁路、公路或其他建筑物不能用开槽的方法施工时,常采用顶管施工方法。在顶管施工中,测量的主要工作有两项,即顶管中线测设和管底高程测设。

(一)顶管中线测设

如图 10-39 所示,为了能标定管道的中线和控制管道的坡度,先要挖好工作坑。在地面利用中线控制桩,将中线引测到工作坑内,作为顶管的中线控制。顶管延伸时,可以用挂锤球线或激光经纬仪指向的方法标示或指示延伸方向。通常在管内横置一水平尺,尺上设置一中心钉,若中心钉在中线指示方向上,说明顶管未偏离中线方向;否则,应根据中心钉与指示方向的偏差,在偏差超过 1.5 cm 时调整顶管至中线方向上,顶管每被顶进 0.5 ~ 1 m 时检查一次。若顶进距离超过 100 m,应另设工作坑,实施对向顶管,在接通处顶管错口不许超过 3 cm。

(二)顶管高程测设

在工作坑内设立临时水准点,安置水准仪,在管内竖立短水准尺,测定其高程。每顶

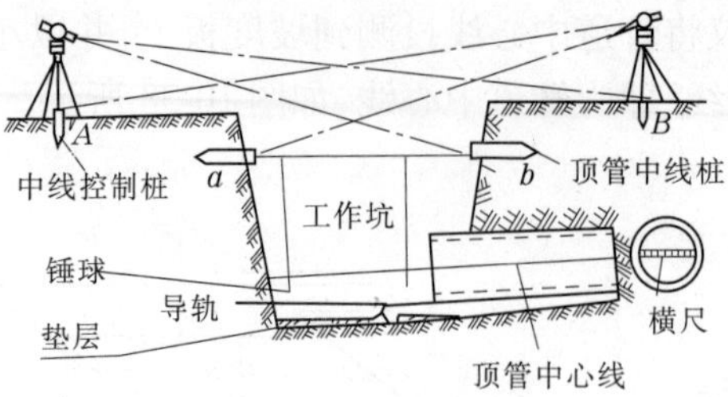

图 10-39　顶管施工测量

进 0.5 m 测定一次，若测定高程与设计高程的偏差超过 1 cm，则需调整顶管。除了用上述方法外，有条件还可用激光经纬仪，通过安置视准轴的倾斜坡度与设计坡度重合或平行，这样既可以指示中线方向，又可以控制顶管的坡度，使测设工作更加简捷、方便。

四、管道竣工测量

管道施工结束后，需要进行竣工测量。管道竣工测量包括管道竣工平面图、纵断面图的测绘。

竣工平面图需要测绘管道的起点、转折点、终点、检查井及附属构筑物的平面位置和高程，管道与附近重要地物（永久性房屋、道路、高压电线杆等）的位置关系，如图 10-40 所示。

纵断面图的测绘，一定要在回填土之前进行，采用水准测量或三角高程测量的方法测定管顶高程和检查井内管底高程，井间距离用钢尺量得或用全站仪测得；若管道互相穿越，在断面图上应表示出管道的相互位置，并注明相关尺寸，如图 10-41 所示。

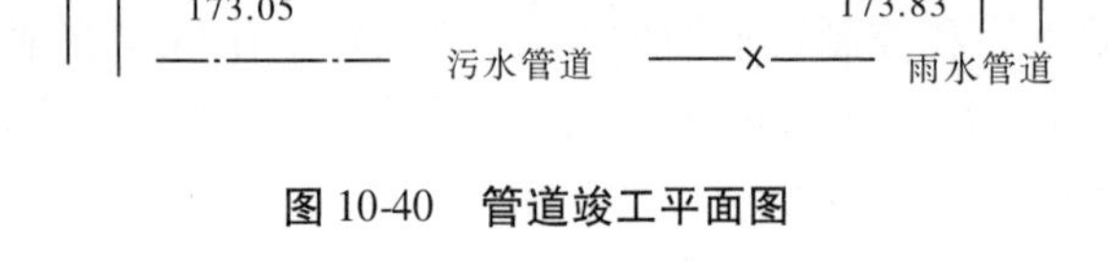

图 10-40　管道竣工平面图

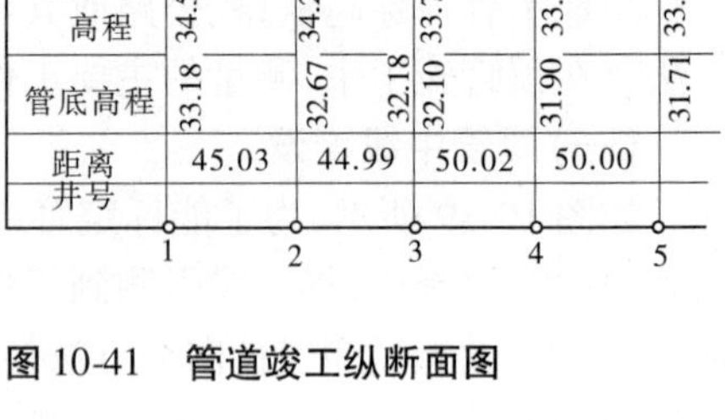

图 10-41　管道竣工纵断面图

思考题与习题

1. 什么是线路的初测和定测，其测量工作有哪些主要内容？
2. 线路交点有哪些测设方法，怎样用拨角法和穿线法测设交点？

3. 怎样在两交点间和两交点的延长线上设置转点？

4. 什么是线路转角，怎样确定左、右转角？

5. 什么是整桩和加桩，在哪些位置需要设立加桩？

6. 已知交点 JD 的里程桩号为 K4 +300.18，线路转角 $\alpha_{左}=17°30'$，圆曲线半径 $R=500$ m，若用切线支距整桩号法测设圆曲线，试计算各中桩坐标，并说明测设步骤。

7. 已知交点 JD 的里程桩号为 K10 +110.88，线路转角 $\alpha_{左}=24°18'$，圆曲线半径 $R=400$ m，若用偏角整桩号法测设圆曲线，试计算各中桩的偏角及弦长，并说明测设步骤。

8. 什么是缓和曲线，怎样计算缓和曲线的切线角，缓和曲线的参数方程如何？

9. 已知交点 JD 的里程桩号为 K21 +476.21，线路转角 $\alpha_{右}=37°16'$，圆曲线半径 $R=300$ m，缓和曲线长 $l_S=60$ m，试计算曲线元素、主点里程及缓和曲线终点坐标，并说明如何测设主点？

10. 已知数据同第 9 题，若用切线支距整桩号法测设曲线，试计算各中桩坐标，并说明测设步骤。

11. 已知数据同第 9 题，若用偏角整桩号法测设曲线，试计算各中桩偏角，并说明测设步骤。

12. 某线路顺次 3 个交点 JD_2、JD_3、JD_4 的测量坐标分别为 JD_2(588 711.270，478 702.880)、JD_3(591 069.056，478 662.850)、JD_4(594 145.875，481 070.750)。JD_3 的里程桩号为 K6 +790.306，其圆曲线半径 $R=2\ 000$ m，缓和曲线长 $l_S=100$ m，试计算 JD_3 曲线段各中桩点的测量坐标。

13. 已知数据及计算数据同第 12 题，控制点 A、B 的坐标和高程分别为 A(591 261.243，478 598.367，256.128)、B(591 473.698，479 005.627，288.463)，如何用全站仪测设第 12 题中计算的各中桩点及怎样测定各中桩点的高程？

14. 若用全站仪直接测量附合导线的坐标，其成果处理与常规方法有何不同？

15. 什么是回头曲线、复曲线和立交曲线？

16. 什么是竖曲线，怎样计算竖曲线元素及曲线上各桩点的高程？

17. 纵断面测量包括哪些工作，怎样进行基平测量和中平测量？

18. 怎样进行跨沟谷中平测量？

19. 线路纵断面图包括哪些内容，怎样绘制纵断面图？

20. 怎样确定直线、圆曲线、缓和曲线上中桩的横断面方向？

21. 横断面测量的方法有哪几种，各适用于什么情况？

22. 为什么要进行线路复测和设置护桩？

23. 对于平坦、倾斜地区怎样测设路基边桩？

24. 某线路 K4 +980 至 K5 +200 的中平测量记录，见表 10-7，试在表中计算各中桩点的地面高程。

25. 如图 10-42 所示，点 A、B、C 为设计管道的主点，A、B 点的设计坐标分别为 A(563.00，329.00)、B(586.20，412.10)；1、2…为已知导线点，1、2 点的坐标分别为 1(482.63，320.06)、2(562.97，406.04)。拟根据导线点 1、2 采用极坐标法测设 A、B 两点，试计算各测设元素，并提出校核方法及校核数据。

表 10-7 中平测量记录

测点	水准尺读数(m)			视线高程 (m)	高程 (m)	备注
	后视	中视	前视			
BM_6	1.426				417.628	BM_6 基平高程为 417.628
K4 +980		0.87				
K5 +000		1.56				
K5 +020		4.25				
K5 +040		1.62				
K5 +060		2.30				
ZD_1	0.876		2.402			
K5 +080		2.42				
K5 +092.4		1.87				
K5 +100		0.500.32				
ZD_2	1.286		2.004			
K5 +120		3.15				
K5 +140		3.04				
K5 +160		0.94				
K5 +180		1.88				
K5 +200		2.00				
ZD_3			2.186			

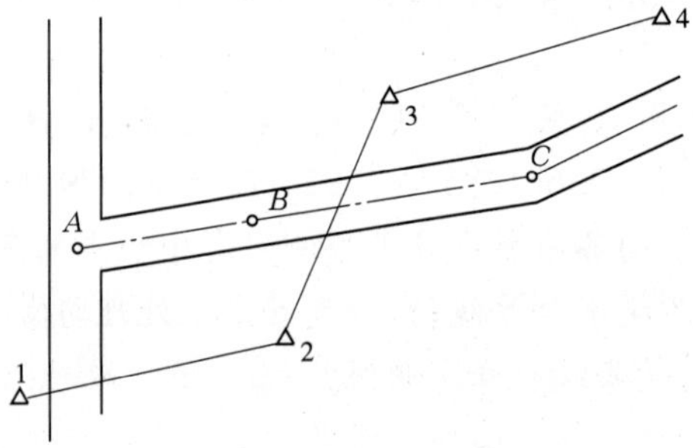

图 10-42 第 25 题图

26. 已知管道起点 0 +000 的管底高程为 15.720 m,管线坡度为 −1.15%,试按表 10-8中的有关数据计算各坡度板处的管底高程,并按实测板顶的高程选取下返数;依据选定的下返数,计算坡度钉的高程。(注:水准点 BM_3 高程为 18.056 m)

表 10-8 管线坡度测定记录 (单位:m)

板号	后视	视线高程	前视	板顶高程	管底高程	高差	选定下返数	板钉调整数	坡度钉高程
BM_3	1.784	19.840							
0 +000			1.430		15.720				
0 +020			1.440						
0 +040			1.515						
0 +060			1.606						
0 +080			1.348						
0 +100			1.357						

第十一章　桥梁与隧道工程测量

第一节　概　述

当公路、铁路穿越大型沟谷、江河湖海及跨越既有主干道路时，需要架设桥梁；穿越大型山岭时，需要开凿隧道。因此，桥梁或隧道工程是一项投资大、精度要求高、施工程序比较复杂的工程，在道路工程中占有十分重要的位置。

一、桥与桥梁测量

桥分为上部结构和下部结构。桥面和承重结构（起承受重力作用的部分）统称为桥的上部结构，亦称跨越结构或桥跨结构；桥墩和桥台统称为桥的下部结构，亦称支撑结构。上部结构比较复杂，承重结构是梁的叫主梁，有钢板梁、钢箱梁、钢桁梁、钢筋混凝土或预应力混凝土梁等；是拱的叫主拱（多于一片拱时称拱肋）；是悬索的叫主索或大缆。桥渡的中心线通常称为桥轴线，桥轴线两岸控制桩的距离称为桥轴线长度。桥梁的下部结构通常由支座、墩台、基础这三部分组成。荷载通过上部结构的承重结构传递至支座（有活动支座与固定支座之分），并至下部结构的墩台顶面。承受墩台底部压力的土壤或岩石，称为地基或基础。

桥梁测量主要包括桥位勘测和桥梁施工测量这两大部分。桥位勘测的目的就是为选择桥址和进行设计提供地形、水文、地质等资料，这些资料越详细、全面，就越有利于选出最优的桥址方案和做出经济合理的设计。在桥址选线测量时，要测绘桥址地形图、纵断面图及辅助断面测量等。

桥址地形图的比例尺一般为 1∶500 ~ 1∶5 000；测绘的范围应能满足选定桥位、桥头引道、桥梁孔径、桥头路基和导流建筑物、施工场地的需要，个别情况下还应满足水工模型试验的需要。一般沿线路方向应测至两岸历史最高洪水位或设计水位以上 0.5 ~ 1.0 m，若平坦地区河滩过宽，不应小于桥梁全长加导流堤宽，并要稍有余量。上、下游施测长度根据实际需要而定，也可考虑上游测至 $3B_{槽}+0.12B_{滩}$，下游测至 $1.5B_{槽}+0.06B_{滩}$（$B_{槽}$ 为河槽宽度，$B_{滩}$ 为两岸河滩宽度之和）；平坦地区上游测至桥长的 2 倍且大于 200 m，下游为桥长的 1 ~ 1.5 倍且大于 100 m。测绘的内容与方法，参见前面的地形图测绘与应用这一章。

对于桥址纵断面测量，其范围依据设计需要而定，一般情况下应测至两岸路基设计标高以上。若河两岸陡峭或有河堤，应测至陡岸边或堤的顶部；若河两岸为浅滩漫流，则岸上的测绘范围以能满足设计（含引桥在内的桥梁孔跨、导流建筑物和桥头引道等）的需要为原则。测绘方法视岸上和水下两部分而有别，岸上部分与前面介绍的线路纵断面测量方法相同，水下部分要用水下地形测量或断面测量方法测量，即要用交会法、极坐标法或

GPS(RTK)测量方法等测定水面处断面点的位置(平面、高程),同时用测深仪(或测深锤、测深杆)测定水深,以确定水下断面点的位置;同时,要进行水位测量及水位计算,以确定测时水位或某一时刻水位(如同时水位)的水面高程。断面测点间距,以能反映河床的变化为原则,通常测点间距应不大于表 11-1 的规定。

表 11-1　桥址纵断面水下测点间距　(单位:m)

水面宽	<50	50~100	100~300	300~1 000	>1 000
测点最大间距	3~5	5~10	10~20	20~50	50

在测得桥址纵断面上的测点(岸上、水下)位置后,即可用绘制线路纵断面图的方法绘制桥址纵断面图。由于水下地形不可见或线路走行于陡峻的山坡地段,为了防止桥址纵断面在设计中发生墩台基础背离实际现象(如落空),应根据实际需要在上、下游加测平行于桥址纵断面的辅助断面。该项断面、资料应与桥址纵断面合并绘制,其中,桥址纵断面用实线表示,辅助断面用虚线表示,并注明与桥址纵断面的距离。

设计人员依据测绘的桥址线路地形图、纵断面图和辅助断面测量,以及调查(或测定)的水文、地质资料等,进行桥梁施工设计;测绘人员要依据设计要求布设施工控制网和进行施工测量,这些内容在后几节中介绍。

二、隧道及隧道测量

隧道分为铁路、公路隧道和输水隧洞及城市地下铁道、矿山巷道等,它们均属地下工程,其共同特点是:

(1)工程在地下且呈线状,距地面深度少者几米,多者上百米甚至几百米,经常采用暗挖法(包括盾构法和矿山法)掘进施工;

(2)空间相对狭小,且黑暗、潮湿,输电、排水、通风、运输、测量、掘进、设备安装等工程均在狭小的空间内进行,各工种交叉作业,相互干扰较大,施工环境较差;

(3)对于大型隧道为了加快掘进速度,经常采用增加工作面,对向掘进的方式实施贯通,即隧道贯通工程;

(4)地上和地下采用统一的坐标、高程系统,既保证了隧道按设计方向的掘进和断面的尺寸,又完成了地面与地下的对照,从而能够有效地控制施工进度,保证隧道接通和避险决策等。

隧道测量分为地面与地下控制测量、联系测量、地下施工测量这四大部分。而尤其是贯通工程涉及的内容多、问题复杂,故本章隧道部分以介绍隧道贯通工程为主。

(一)隧道贯通误差

两个或两个以上的掘进工作面在预定地点彼此接通,称为贯通。为实施贯通而进行的各项测量工作称为贯通测量。由于隧道在施工和测量中都不可避免地存在误差,致使贯通点会产生错开的现象,这一错开值被称为贯通误差。贯通误差在隧道平面中线方向上的分量,称为纵向贯通误差;在隧道平面垂直于中线方向上的分量,称为横向贯通误差;在隧道竖面即高程方向上的分量,称为高程(或竖向)贯通误差。纵向贯通误差不影响贯通质量，但会影响掘进安全、进度和中桩里程的衔接及铁路铺轨等；横向和高程贯通误差，影响贯通质量，是贯通主要误差。高程误差影响隧道的坡度，但其相对容易控制满足限差的要求；横向误差影响中线接通，需要严格控制，若误差超过限差，会引起隧道中线几何形状的改变，甚至洞内建筑物会侵入规定限界而使衬砌部分拆除重建，给工程造成损失。因此，隧道贯通测量必须依据贯通限差的要求，结合仪器设备、地形地质、施工条件等做好误差预计，编制测量方案，以使控制测量、施工测量有据可依。贯通限差的要求：对于纵向贯通误差的限差按定测线路中线的精度要求而定，通常为 $\Delta_{纵}=L/2\ 000$（L 为隧道开挖洞口间的长度）；对于横向、高程贯通误差的限差 $\Delta_{纵}$、$\Delta_{高}$，根据两洞口间的长度而定，见表 11-2。

表 11-2　隧道横向、高程贯通误差的限差

两开挖洞口间的长度（km）	<4	4～8	8～10	10～13	13～17	17～20
横向贯通限差 $\Delta_{横}$（mm）	100	150	200	300	400	500
高程贯通限差 $\Delta_{高}$（mm）	50					

（二）隧道贯通误差预计

贯通误差预计就是要结合拟选用的测量仪器、方法和控制网形式等，估算控制测量对贯通点的误差影响，使得估算误差不超过相应阶段控制测量或联系测量所匹配分得的误差，为编制方案提供技术依据。若将地面控制、对向的地下两段控制各看做一部分，并认为其对贯通误差 M（中误差 M 常取限差 Δ 的一半）等影响，则各部分控制测量引起的贯通误差限差为 0.58M；若再将联系测量看做一部分，则各部分引起的贯通误差限差为 0.50M。

1. 横向贯通误差预计

由于平面控制，尤其是地下平面控制通常是导线控制的形式，因此这里主要介绍导线测量误差引起的横向贯通误差。

如图 11-1 所示，设地面导线控制的测角误差为 m_β、量边误差为 m_l、洞口两端起始边方位角误差为 $m_{\alpha01}$、$m_{\alpha02}$，则由于地面导线测量误差而引起的横向贯通误差为 $m_{q上}$ 为

$$m_{q上}=\pm\sqrt{m_{y\beta}^2+m_{yl}^2+m_{y\alpha}^2}$$

$$=\pm\sqrt{\left(\frac{m_\beta}{\rho}\right)^2\sum R_x^2+\left(\frac{m_l}{l}\right)^2\sum d_y^2+\left(\frac{m_{\alpha01}}{\rho}\right)^2\sum R_{01}^2+\left(\frac{m_{\alpha02}}{\rho}\right)^2\sum R_{02}^2}\quad(11\text{-}1)$$

式中　$m_{y\beta}$、m_{yl}、$m_{y\alpha}$——测角、量边和洞口两端起始边方位角误差所引起的横向贯通误差；

R_x——各导线点至贯通面的垂直距离；

d_y——导线边在贯通面上的投影长度；

R_{01}、R_{02}——洞口两端点至贯通面的垂直距离；

m_l/l——地面导线量边的相对中误差。

地下导线引起的横向贯通误差 $m_{q下}$ 为

$$m_{q下}=\pm\sqrt{m_{y\beta下}^2+m_{yl下}^2}=\pm\sqrt{\left(\frac{m_{\beta下}}{\rho}\right)^2\sum R_{x下}^2+\left(\frac{m_{l下}}{l_{下}}\right)^2\sum d_{y下}^2}\quad(11\text{-}2)$$

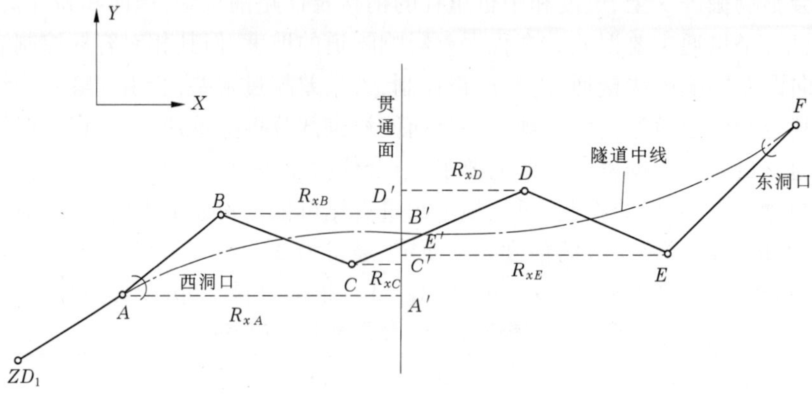

图 11-1　地面导线贯通误差预计

式中各符号的意义同式(11-1)。

由式(11-1)和式(11-2)可得地面、地下导线测量引起的横向贯通误差 m_q 为

$$m_q = \pm \sqrt{m_{q上}^2 + m_{q下}^2} \tag{11-3}$$

2. 高程贯通误差预计

由地上、地下水准测量误差或电磁波测距三角高程测量误差所引起的高程贯通误差 m_h 均可用下式计算，即

$$m_h = m_\Delta \sqrt{L} \tag{11-4}$$

式中　L——地上高程路线总长或地下单侧路线长度，以 km 为单位；

m_Δ——每千米高差中数偶然中误差，三等水准 $m_\Delta = \pm 3$ mm，四等水准 $m_\Delta = \pm 5$ mm。

若估算的横向贯通误差 $m_{q上}$、$m_{q下}$ 及高程贯通误差 m_h 不大于规定的相应中误差限差，且有一定余地，则预计方案可行；否则，应调整相关预计指标（如测角、量边、洞口两端起始边方位角误差，高程观测中误差或控制网的网形、起算数据等），直至满足限差要求为止。若平面控制网为其他形式（如测角网、测边网、边角混合网、GPS 网等），可参考上述导线误差的估算方法或用平差方法及测量软件等进行横向贯通误差的预计。

关于地上、地下控制测量和联系测量、地下施工测量方面的内容将在后几节中介绍。

第二节　施工控制测量

尽管在桥址选线和隧道线路测量工作中，已布设了控制点，并进行了相应的控制测量工作，但对于桥梁和隧道工程，其精度要求高、施工程序多、环境因素特殊等，已有控制成果往往不能满足桥隧工程施工的需要，还需要建立合适的施工控制网。

一、施工控制测量的任务和内容

施工控制测量的主要任务就是要在充分了解和熟悉施工设计及现场情况的基础上，掌握设计限定的精度要求和施工程序，提出建立施工控制网的精度与质量准则，结合仪器设备条件和地形、地质条件等，建立能够满足工程施工需要的施工控制网。

施工控制测量的内容较多，可概括为以下几个方面：

（1）了解和熟悉各方面资料及工程设计与施工要求，现场踏勘，确定施工控制测量的等级和坐标、高程系统；初步选定施工控制点和图上布网，进行精度预计；编制施工控制测量方案。主要了解和熟悉的内容有：桥轴线的长度和引桥形式，桥轴线设计或计算的限定相对精度，桥梁设计结构（桥梁形式、桥跨、孔径）、桥墩和桥台的位置，桥两岸的地形与地质情况；隧道的长度，隧道洞口与曲线主点的位置，横向和竖向贯通误差的限差，隧道的平均高程和高斯投影平均位置，洞口附近的地形和地质情况等。

（2）实地布设控制点，并按方案要求进行控制测量，若使用独立坐标、高程系统还需考虑联测问题。在布设控制点和实施测量时除了要满足方案技术标准、点位的稳定性和安全性外，还必须考虑主要控制点（如桥头及其附近控制点、隧道洞口及其附近控制点）在施工测量时的控制加密、工程测设及使用方便性等。

（3）按照选定的坐标、高程系统进行控制网的数据处理，在数据处理成果中除了要分析控制点的精度、单位权中误差外，更重要的是要分析主要控制点间的相对精度，如桥轴线控制边的相对精度、隧道洞口两端点的横向中误差及其横向相对点位中误差、洞内方位控制边的方位角精度等。

（4）当控制测量成果达到方案设计要求（或工程要求）时，编制施工控制测量报告，并附说明、附录、附图等（如外业观测数据、数据处理成果及其分析、控制点的点之记、控制网略图、点位结构图），提交报告。

（5）对于隧道的地下控制测量部分，因其与施工测量交替进行，一般需要在施工结束时同施工测量一并编制报告。

二、施工控制测量精度确定的基本准则

以怎样的精度建立桥梁、隧道施工控制网，从而保证桥墩、桥台的测设和桥梁的正确安装或浇筑，保证隧道的正确贯通，这是桥隧工程进入施工阶段每一个测绘工作者必须首要考虑的问题。通常在桥梁设计中已给定桥轴线、墩台的施工限差，或依据桥跨形式和结构计算桥轴线的相对误差；在隧道设计中通过隧道长度能够确定贯通主要误差。将这些误差统称为建筑限差 Δ，并取建筑限差的一半为中误差 M，则 $M=\Delta/2$。在桥隧施工过程中产生误差的因素主要可以分为测量（含控制、施工测量）和施工（含预制构件、桥梁安装、桥隧施工）这两大部分，设测量误差为 m_1、施工误差为 m_2，则

$$M = \sqrt{m_1^2 + m_2^2} \tag{11-5}$$

由于各项误差很难预计，实际工作时应顾及测量、施工的环境和工序，对误差予以合理匹配。若认为测量误差和施工误差对建筑误差产生相同的影响，则测量误差 m_1 为

$$m_1 = \frac{\sqrt{2}}{2}M \approx 0.7M \tag{11-6}$$

由于测量误差包括控制测量误差 m_3 和工程测设误差 m_4，这两部分误差相互独立，则

$$m_1 = \sqrt{m_3^2 + m_4^2} \tag{11-7}$$

顾及在施工前建立施工控制网的观测条件要优于工程测设的条件，且施工控制要保证必要的精度，以致在工程测设时通常不考虑起算数据的精度，那么需要控制测量误差 m_3 对测量误差 m_1 的影响小到忽略不计的程度，即 $m_1 \approx m_4$。若取 m_3 对测量总误差的影响仅为10%，则 $m_3 \approx 0.4\ m_1$。如要求桥墩放样的测量中误差为 ±2 cm，则施工控制网最弱点的点位中误差应不超过 ±8 mm。

建立施工控制网时，就是要以分析得到的控制测量误差 m_3 为基本精度准则，并结合这一精度是测量需求的点位精度还是方位角或边长精度，再结合相应的工程规范或规程，确定施工控制网的等级。

对于隧道施工控制网，由于贯通的精度主要取决于测量的精度，尤其是地面、地下控制测量的精度，因此表11-2中的各项限差即为测量限差，中误差可取其限差的一半。如某隧道长为6.8 km，表查其测量横向贯通中误差为 ±75 mm，期间未有竖井，则地面、两侧地下控制测量引起的贯通中误差限差 $m_3 = M\sqrt{3}/3 = \pm 43$ mm（按等影响计算），地面、地下平面控制均应以在贯通点产生的中误差不超过 ±43 mm 为精度基本准则，建立施工控制网。

三、桥梁施工控制测量

（一）桥梁平面控制

为确保桥轴线长度和墩台定位的精度，大桥、特大桥必须布设专用的施工平面控制网。按观测要素的不同，桥梁平面控制网可布设成三角网、三边网、导线网、边角混合网或GPS网等。如图11-2所示，这几种图形是桥梁平面控制网常用的几种图形，图11-2（a）、（b）、（c）分别适用于小型、中型和较大型桥梁。确定桥梁平面控制网的等级要结合桥梁实际情况和本节上面述及的精度基本准则而定；中型、大型桥梁通常要建立以桥轴线为坐标轴的独立坐标系统，且也经常以桥墩顶面作为投影面，使得距离投影改正较小。

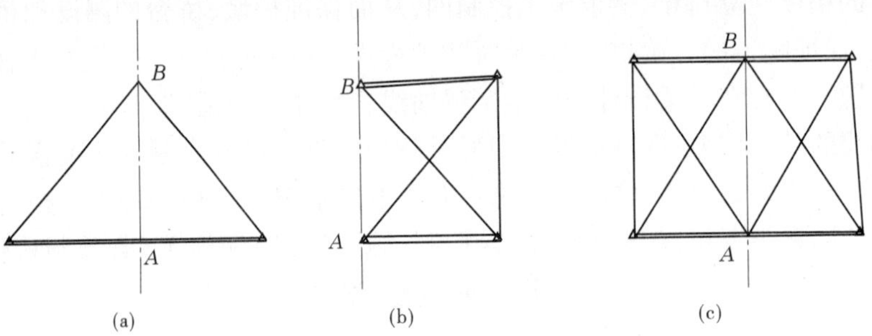

图11-2　桥梁平面控制网的几种基本图形

在布设平面控制网时，通常要将桥轴线（或长于轴线）作为控制网的一条边，若桥轴线未定或有具体困难时，也可在桥轴线附近布设一条与桥轴线大致平行的控制网边。另外，布设控制点时还必须顾及方便桥梁的施工测设，保证近桥处施工控制点的密度和点间的相互通视。主要控制点必须埋石，并做好点之记。关于控制测量的观测、计算内容参见小地区控制测量这一章或相关规范及其他书籍等。

（二）桥梁高程控制

布设桥梁高程控制网有两个作用：一是统一本桥的高程基准面；二是在桥址附近设立基本控制点和施工控制点，以满足工程测设和监测桥梁墩台垂直变形的需要。建立高程控制网常用的方法有水准测量、电磁波测距三角高程测量方法。

为便于工程测设，若桥头距基本水准点较远（大于 1 km）时，应增设施工水准点，并应布设为附合高程路线。

在桥梁高程控制路线中，若水准路线经由较宽的河流或山谷时，需用跨河精密水准测量的方法测定高差。即先应选好跨河地点（河面窄处，视线距河水或地面 2 ~ 3 m 以上，无草丛和沙滩，置站和立尺位置土质坚实），再结合实地地形，选择为了消除前后视距差过大而导致水准仪 i 角误差对观测高差影响的图形（见图 11-3，图中 I 为测站点、b 为立尺点），设立置站、立尺点的位置，并打入木桩及尺桩（或尺垫）。

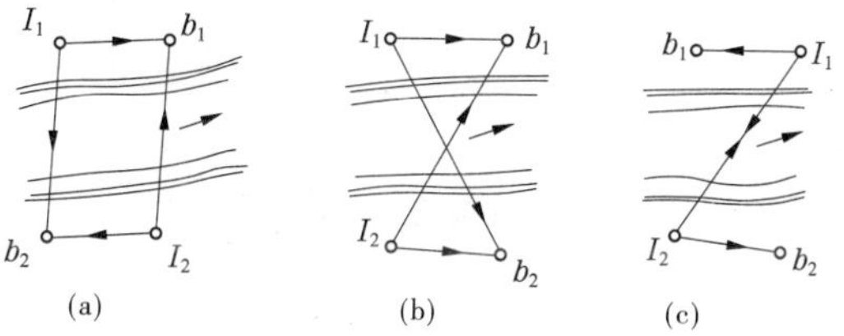

图 11-3　跨河水准测量示意图

若河面较宽，需要特制照准觇牌。当视线小于 500 m 时，采用精密水准光学测微器法，其觇牌见图 11-4（a）；视线大于 500 m 时，采用精密水准微倾螺旋法，其觇牌见图 11-4（b）。觇牌构造：涂成黑色或白色，并绘有矩形标志线，其宽度约为跨越距离的 1/25 000，长度约为宽度的 5 倍；觇牌中央开一矩形小窗口，在小窗口上设置一条水平指标线，且恰好平分矩形标志线的宽度。觇牌可在水准尺面上下移动，并能固定在水准尺的任一位置。

光学测微法的观测方法如下（以图 11-3（a）为例）：

（1）在 I_1 处整置水准仪，后视 b_1 点水准尺，用光学测微器读数两次，在读数较差不超过要求的限差时取中数，设为 a。

（2）前视 b_2 点水准尺，观测者指挥司尺者将觇牌沿水准尺上下移动，直至觇牌上小窗口的指标线平分水平视线最邻近的某分划线，并告之观测者其值；观测者转动光学测微器使十字丝切准觇牌指标线或平分矩形标志线，读光学测微器读数（两次）。如上工作需独立观测两次，设中数为 b。

以上（1）、（2）两步操作，称为一测回的上半测回，计算上半测回的观测高差 $h = a - b$。

（3）将仪器立即迁至对岸 I_2 站，并互换水准尺，按照上述观测方法先观测 b_2 点水准尺，再观测 b_1 点水准尺，完成下半测回的观测工作，并计算下半测回的观测高差 $h = a' - b'$。

（4）若一测回的观测高差不超过限差要求，取平均值作为本测回的观测高差 h_i。

若两台水准仪对向观测各一个测回即组成一个双测回，对于三四等水准测量需要进行两个双测回；若用一台水准仪观测，测回数应加倍。

各测回观测完毕，比较测回间观测高差的差值，在各差值不超过限差要求时，取平均

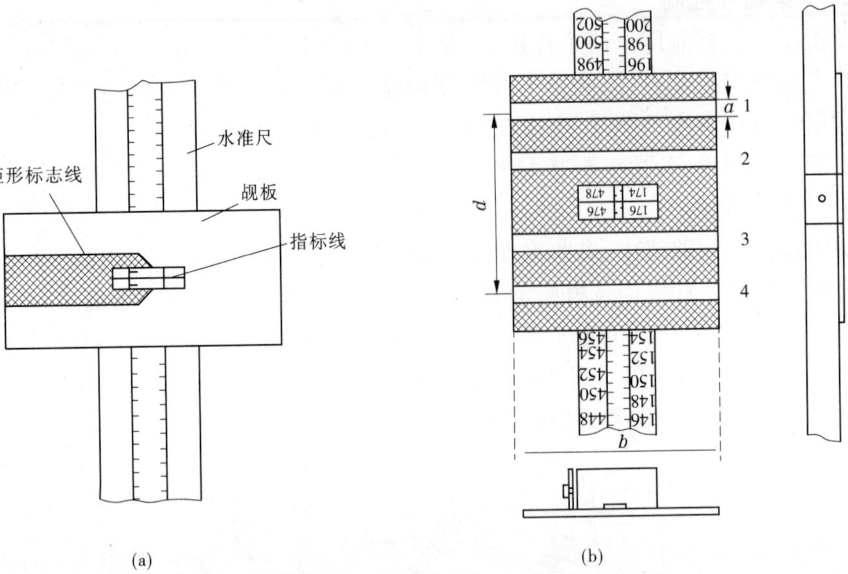

图 11-4　特制跨河水准觇牌

值作为跨河水准观测的最后观测高差。

四、隧道施工控制测量

对于大中型隧道工程，隧道施工控制测量分为地面、地下控制测量和联系测量这三大部分。在进行各阶段控制测量时，一般必须事先进行贯通误差预计，再编制方案；按照方案要求，再实施控制测量。

（一）地面控制测量

1. 现场标定

对于小型、精度要求不高的直线隧道，通常不进行控制测量，而是在现场直接标定隧道的走向，即现场标定法。如图 11-5 所示，假设 A、D 两点是隧道中线的进洞、出洞点，且互不通视。现场可在直线 AD 方向上初选位置 B'，用经纬仪正倒镜延长直线的方法延长 AB' 至 C'，最后至 D'。量出 D' 点偏离 D 点的距离，并用视距、测距方法测得或在地形图上量得 AB'、$B'C'$、$C'D'$ 的距离，计算安置仪器点 C' 偏离直线的距离 $C'C$，即

$$C'C = \frac{D'D}{AD}AC' \tag{11-8}$$

然后，将仪器向着直线方向移动 $C'C$，后视 D 点，再按上述延长直线方法至 A，若视线通过 A 点，确定 B、C 点并钉桩标志；若视线未通过 A 点，按上述方法逐步趋近直线，直至 B、C 点均在直线 AD 方向上为止。

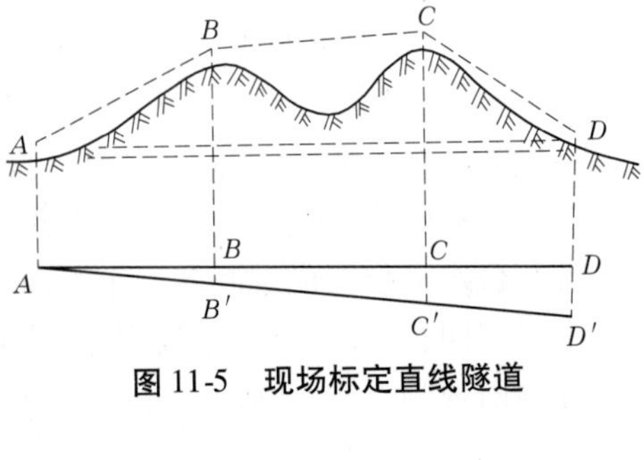

图 11-5　现场标定直线隧道

2. 建立地面控制网

对于曲线隧道或精度要求较高的大中型隧道，需要建立地面控制网。地面控制网分为平面

控制网和高程控制网。

平面控制网布设的形式可以是 GPS 网、导线网、测边网、测角网或边角混合网。布设控制网时应沿着隧道方向布设,并覆盖整条隧道。最好将隧道的洞口点和曲线隧道的主点纳入控制网中,或使控制网点距这些点较近;尤其是在布设控制点时要考虑隧道施工中进洞和出洞的开切给向,以及洞内外连接起算方位角的高精度。在布设完控制网后,即可进行外业观测和内业数据处理(通常要建立独立坐标系,否则,要对距离实施投影改正)。若控制网平差后的精度指标满足贯通误差预计的要求,则提供控制网成果;否则,应改善控制网,直至满足要求为止。如图 11-6、图 11-7 为地面控制网示意图。

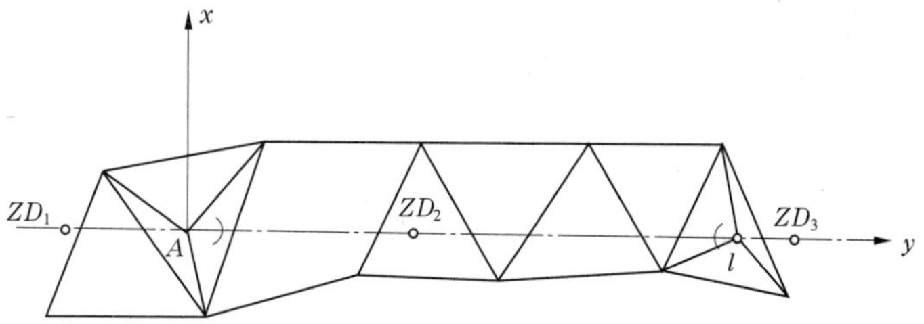

图 11-6　直线隧道地面控制网示意图

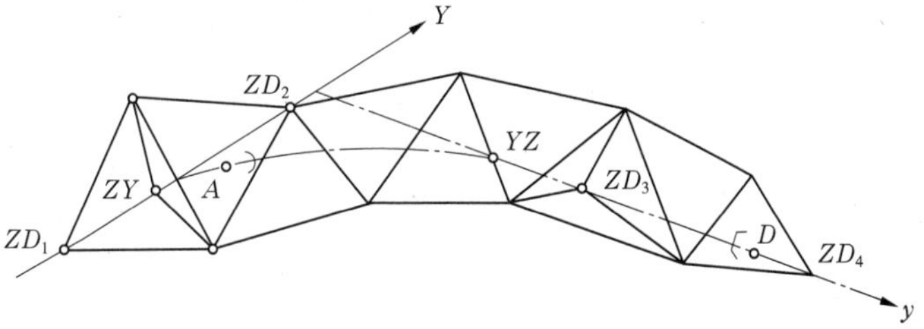

图 11-7　曲线隧道地面控制网示意图

高程控制网可以是水准网或电磁波测距三角高程网,若隧道两洞口间水准路线的长度大于 36 km,应布设为二等水准网;介于 13 ~ 36 km,应布设为三等高程网;介于 5 ~ 13 km,宜布设为四等高程网。在每个洞口或拟开凿竖井的附近,应布设 2 ~ 3 个水准基点,以便于向洞内或井下传递高程。

(二)联系测量

联系测量就是要将地面的坐标、高程系统通过洞口或井口传入到地下,使地上、地下具有统一的坐标和高程系统。联系测量分为平洞、斜井联系测量和竖井联系测量。在进行联系测量前,必须在洞口或井口附近(地上、地下)建好平面、高程控制点,尤其是地下控制基准点,在联系测量完成后将作为地下控制的起算点。建立地下基准点时,点位要非常稳固,便于永久保存,且要方便地下的后续控制测量;同时,为了进行必要的检查,点位数量应不少于 3 个。

由于平洞、斜井联系测量与地面测量相似,这里仅就竖井联系测量给以介绍。

1. 一井定向

通过一个竖井将地面的坐标系统导入井下的测量工作,称为一井定向。一井定向的基本思想是:在井筒中吊入两根钢丝,若钢丝无摆动即呈垂直状态,当地面测定两钢丝的坐标后便传入到了井下,井下再通过几何方式测量,便将钢丝的坐标、方位角传递给了井下控制基点和控制边,从而使地上、地下具有统一的坐标系统,如图 11-8(a)所示。因此,一井定向的主要工作可分为投点和连接这两大部分。

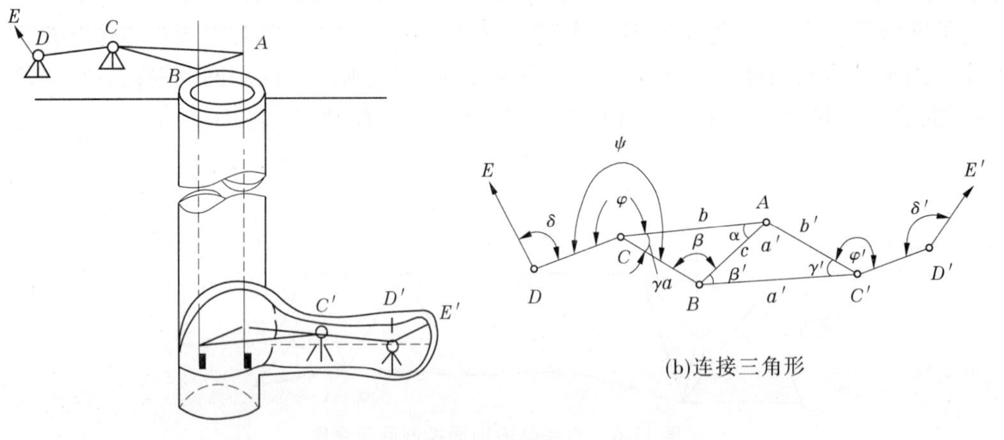

(a)投点与连接　　(b)连接三角形

图 11-8　一井定向

(1)投点。投点就是在井筒中吊入两根钢丝,并保证钢丝呈垂直状态。由于在井筒中有空气流动、滴水现象以及重力作用的自然摆动现象等,钢丝是摆动的。井下钢丝偏离对应井上钢丝的水平距离,称为投点误差 e;因投点误差而引起井下两钢丝的水平方向偏差,称为投向误差 θ。令 c 为两根钢丝间的距离,则 e 与 θ 的关系式为

$$\theta = \frac{e}{c}\rho'' \tag{11-9}$$

当 $c=3$ m、$e=1$ mm 时,$\theta=68.8''$。由此可见,投点误差对投向误差的影响是非常大的。因此,要采取适当的措施控制钢丝的摆动或将其固定,以减小投点误差。最基本的措施是将吊锤置于盛有水或油的桶内,并对桶顶设置护盖,以防滴水影响。若用此方法,因投点误差而引起的投向误差对横向贯通误差的影响满足要求,则投点完毕,这种投点方法称为单重稳定投点方法。否则,要利用专门设备测定钢丝摆幅的平均位置,然后将其固定,这种投点方法称为单重摆动投点方法。

(2)连接。连接就是要在地面和地下对钢丝进行角度和距离测量,经常采用的连接方法是连接三角形法,如图 11-8(b)所示。C、C'点是井上下的连接点,A、B 点是两根钢丝点,井上、下三角形 ABC、ABC'由 AB 边连接成为一体,通常将这样的三角形称为连接三角形。

在选择连接点 C、C'时,应满足:CD 和 $C'D$ 的长度要尽量大于 20 m;连接点 C、C'尽可能在 AB 的延长线上,即角度 γ、α 和 γ'、β'不超过 2°,以构成最有利的延伸三角形;点 C、C'要尽量地靠近最近的钢丝,使 a/c 和 b'/c 之值一般不超过 1.5。

在连接测量时,应在 C、C'安置仪器,用测回法观测水平角 γ、φ 和 γ'、φ';若 CD 边小于 20 m,在 C 点观测水平角时,应对中三次,且每次对中时应转动基座 120°。在井上、下用检定过的钢尺丈量连接三角形的各边长,即井上 a、b、c 和井下 a'、b'、c',并记录温度,丈

量时应在钢丝稳定的情况下，用串尺法对各边丈量6次，估读至0.1 mm，各次丈量距离的较差在不大于2 mm时取平均值作为该边的丈量成果。若钢丝摆动，应将钢尺沿所量三角形的各边方向固定，用摆动观测的方法至少连续读取6个读数为一次，每边需要用此方法丈量两次，两次丈量距离的较差在不大于3 mm时取平均值作为该边的丈量成果。对于井上、下量得的两钢丝间距 c 和 c' 的较差应不大于2 mm。

(3)检查与计算。对井上、下的连接三角形按正弦定理分别解算 α、β 和 α'、β'，且应满足三角形内角和定理，若有小的残差可平均分配给计算的内角。按余弦定理解算钢丝的间距

$$\left.\begin{aligned} c_{上计}^2 &= a^2 + b^2 - 2ab\cos\gamma \\ c_{下计}^2 &= a'^2 + b'^2 - 2a'b'\cos\gamma' \end{aligned}\right\} \tag{11-10}$$

并比较钢丝丈量距离与计算距离的较差

$$d_{上} = c - c_{上计};d_{下} = c' - c_{下计} \tag{11-11}$$

当地面连接三角形的 $d_{上}$ 不超过2 mm、地下连接三角形的 $d_{下}$ 不超过4 mm时，可对丈量的各边实施改正，其改正数为

$$\left.\begin{aligned} v_a &= -d_{上}/3;v_b = +d_{上}/3;v_c = -d_{上}/3 \\ v_{a'} &= -d_{上}/3;v_{b'} = +d_{下}/3;v_{c'} = -d_{下}/3 \end{aligned}\right\} \tag{11-12}$$

若经改正后地上、下钢丝的间距不等，取改正后的钢丝间距平均值作为钢丝的间距。然后支导线形式走连接三角形的小角路线，按支导线形式计算井下平面控制起算点的坐标和方位角，即按 $D \to C \to A \to B \to C' \to D'$ 的顺序计算各点的坐标。

当有两个竖井且地下已连通时，需进行两井定向，其主要工作仍是投点、连接。地面需测定两井口钢丝点的坐标；地下由一个井口的钢丝点起，经过连通隧道的各控制点测至另一个井口的钢丝点止。当计算的地面、地下钢丝间距（井深时应考虑归算改正）的较差不超过要求（通常为地面、地下连接测量中误差的2倍）时，按无定向导线形式计算井下各控制点的坐标。

平面控制测量的方向传递，除了用上述的几何方法外，对于大型或精度要求高的隧道还可以用物理定向的方式测定井下控制起算边或某条边的方位角。这种物理定向的仪器即是陀螺经纬仪，利用陀螺的进动性能够测定真北方向（严格意义是陀螺北方向），再通过测定真北方向与控制边方向的水平角、测定仪器常数及计算子午线收敛角，便能计算出控制边的坐标方位角。关于陀螺经纬仪测量的内容、方法请参阅矿山测量等方面的教材或参考书。

2. 高程导入

通过竖井将地面的高程系统导入至井下，即为高程导入，亦称标高导入。标高导入常用的方法有长钢尺法和长钢丝法，也可以用光电测距仪铅直测距法。无论用何种方法，必须独立导入高程两次，在两次导入的高程之差不超过井筒深度的1/8 000时，取平均值作为导入高程的最后取用值。

(1)长钢尺法。如图11-9所示，将经过检定的长钢尺（100 m、300 m、500 m）接上重锤（其重应等于钢尺检定时的拉力），自由悬挂在井筒中。分别在地面、井下安置水准仪，先在 A、B 点水准尺上读数 a、b，然后同时在钢丝上读数 m、n，并同时测定地面、井下的温

度 $t_上$、$t_下$。则井下 B 点的高程为

$$H_B = H_A - [(m-n)+(b-a)+\sum \Delta l] \quad (11\text{-}13)$$

式中　$\sum \Delta l$——钢尺改正数总和(有尺长改正、温度改正、自重伸长改正)。

其中计算温度改正时,温度取地面、井下测定温度的平均值;钢尺自重伸长改正 $\Delta l_重$ 为

$$\Delta l_重 = \frac{\gamma}{E} l\left(l' - \frac{l}{2}\right) \quad (11\text{-}14)$$

式中　γ——钢尺的比重,$\gamma = 7.8\ \text{g/cm}^3$;

l——标高导入计算的尺长,$l = m - n$;

E——钢尺的弹性模量,一般取为 2×10^6 kg;

l'——钢尺的悬挂点至重锤端点间的长度,即自由悬挂部分的长度。

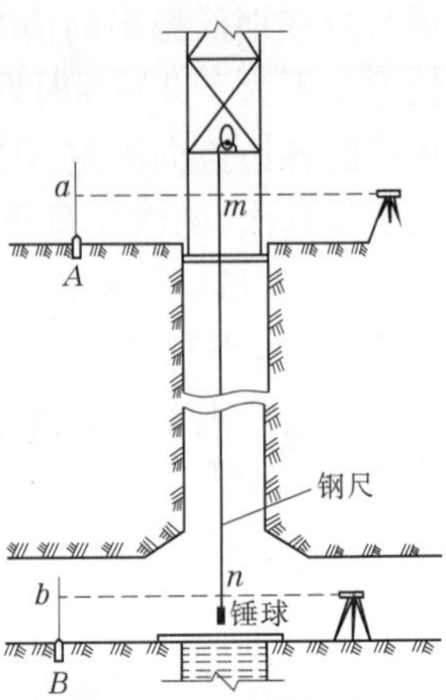

图 11-9　标高导入

若悬挂重锤的重量与钢尺检定时的拉力不同,还需加入拉力改正。

在用长钢尺法导入标高时,若无长钢尺,也可将数个 30 m 或 50 m 的钢尺连接在一起,但必须保证钢尺接头处的牢固和自然伸展。

(2)长钢丝法。用长钢丝法导入高程的过程与长钢尺法相似,只是长钢丝无长度标记。在对长钢丝进行观测时,首先要在水准视线切点位置做好标记;然后在现场设立比长台,通过逐段提起钢丝、在比长台上逐段测定提起钢丝长度的方法,来测定标记钢丝间的长度。也可以将钢丝提出,在井筒外测定标记钢丝间的长度,但用这种方法除了要展直钢丝外,还必须顾及钢丝在井筒中的拉力、重力和温度等问题。

因地下施工控制测量与施工测量交替进行,关联程度较大,故将地下施工控制测量这部分内容移至后面的隧道施工测量中给以介绍。

第三节　桥梁施工测量

桥梁施工测量主要包括桥梁墩台的测设及其纵横轴线的测设、墩台基础的测设、桥梁施工放样检测和桥梁竣工测量。

一、桥梁墩、台中心及其纵横轴线的测设

准确地测设桥梁墩台的中心位置及其纵横轴线,是桥梁施工阶段最主要的工作之一。对于直线桥梁,只要根据墩台中心的里程桩号和岸上桥轴线控制桩的桩号,求出其桩号差(间距)即可定出墩台中心的位置;对于曲线桥梁,由于墩台中心不在线路中线上,需要计算墩台中心的坐标,然后再测设其位置。

(一)曲线桥梁测设资料的计算

曲线桥梁的线路中心为曲线,而梁本身是直线,线路中心与梁的中线不能完全吻合,如图 11-10 所示。梁在曲线上的布置是使各梁的中线连接起来,成为基本与线路中线相

符合的一条折线，即称为梁的工作线。桥墩中心位于工作线转折角的顶点上，墩台中心定位就是要测设这些转折角的顶点位置。

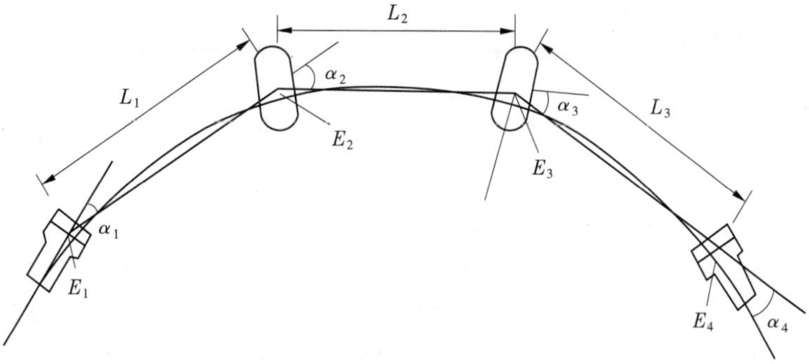

图 11-10 曲线桥的线路中心与梁中线

在曲线桥梁设计中，梁中心线的两端并不位于线路的中心线上，因为那样会使梁处中部线路的中心偏向梁的外侧，致使车辆通过时梁两侧的受力不均，影响桥梁安全。因此，必须将梁的中线向外侧移动一段距离 E（称为偏距），如图 11-11 所示。由于相邻两跨梁的偏角很小，认为 E 就是线路中线与桥墩纵轴线的交点 A' 的距离。桥墩台的纵轴线是指垂直于线路方向的轴线，而横轴线是指平行于线路方向上的轴线。

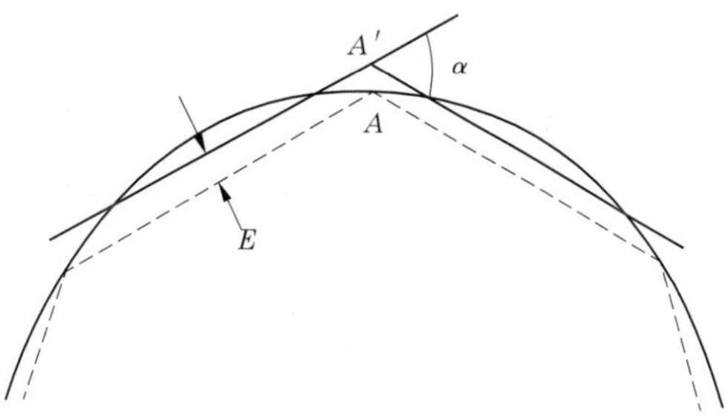

图 11-11 梁的中线向外侧

偏距 E 一般以梁长为弦线的中矢值的一半布置，这种布置称为平分中矢布置。也有的使 E 等于中矢，这种布置称为切线布置。当梁在圆曲线、缓和曲线上时，切线布置和平分中矢布置的偏距 $E_{切}$、$E_{平}$ 分别为

圆曲线
$$\left.\begin{aligned} E_{切} &= \frac{L^2}{8R} \\ E_{平} &= \frac{L^2}{16R} \end{aligned}\right\} \tag{11-15}$$

缓和曲线
$$\left.\begin{aligned} E_{切} &= \frac{L^2}{8R}\cdot\frac{l_t}{l_S} \\ E_{平} &= \frac{L^2}{16R}\cdot\frac{l_t}{l_S} \end{aligned}\right\} \tag{11-16}$$

式中 L——墩中心间距；

R——圆曲线半径；

l_S——缓和曲线全长；

l_t——缓和曲线上计算点至 ZH（或 HZ）点的曲线长。

其中，墩中心间距 L 为

$$L = l + 2a + \alpha \cdot B/2 \tag{11-17}$$

式中 l——梁长；

a——规定的直线桥梁缝的一半；

B——梁的宽度；

α——桥梁偏角，即两孔梁中线的转向角，以弧度为单位。

当相邻两孔梁的跨距不等，或是等跨但却位于缓和曲线上时，则 E 值不等，导致两孔梁的工作线不能交于桥墩中心，为避免出现此情，应采用相同的 E 值。因此，规定当相邻梁跨都小于 16 m 时，按小跨度梁的要求确定 E 值；当大于 20 m 时，则按大跨度梁的要求确定。

对于桥台布置，当桥台中心线与相邻梁跨中线布置在一条直线上时，称为直线布置，如图 11-12 所示。这种布置使得台尾处的线路中心线偏离桥台中心线一段距离 d，若 d 不超过 10 cm，就采用直线布置这种方法。若 d 超过 10 cm，则应用折线布置方法。折线布置是使台前的 E 与相邻梁跨的 E 相同，而使台尾的 E 为零，如图 11-13 所示。若采用折线布置，当台尾偏角出现负值，即台尾偏角改变方向时（见图 11-14），则台尾与台前采用相同的 E 值，如图 11-15 所示。

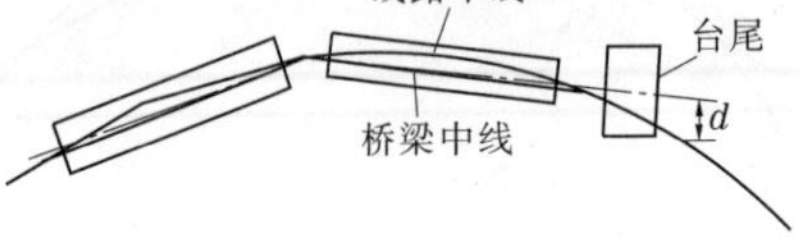

图 11-12　直线布置

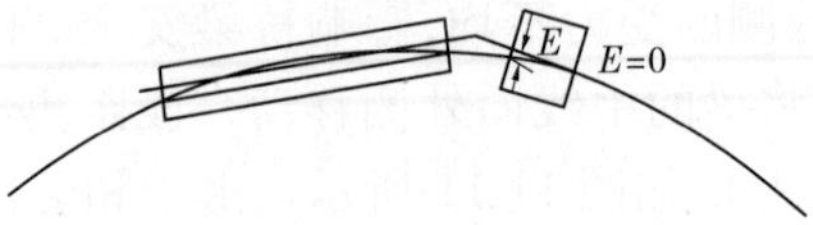

图 11-13　折线布置

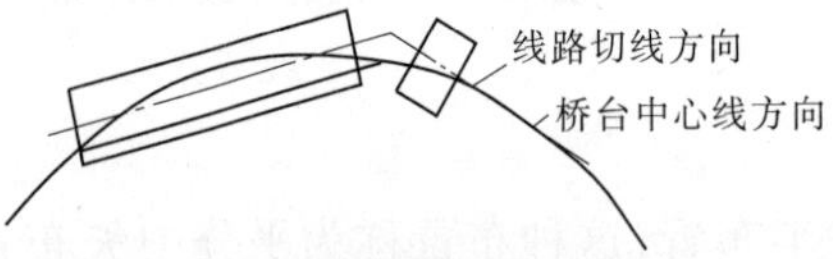

图 11-14　台尾偏角改变方向

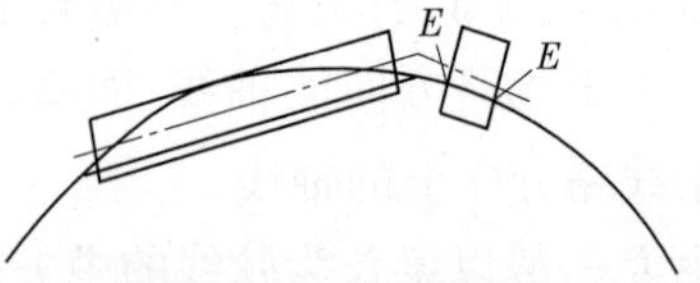

图 11-15　台尾与台前采用相同的 E 值

偏心距 E、偏角 α、墩中心距 L 在设计文件中已给出，如图 11-16 所示，但在测设前仍要按上述的计算方法进行校核计算。

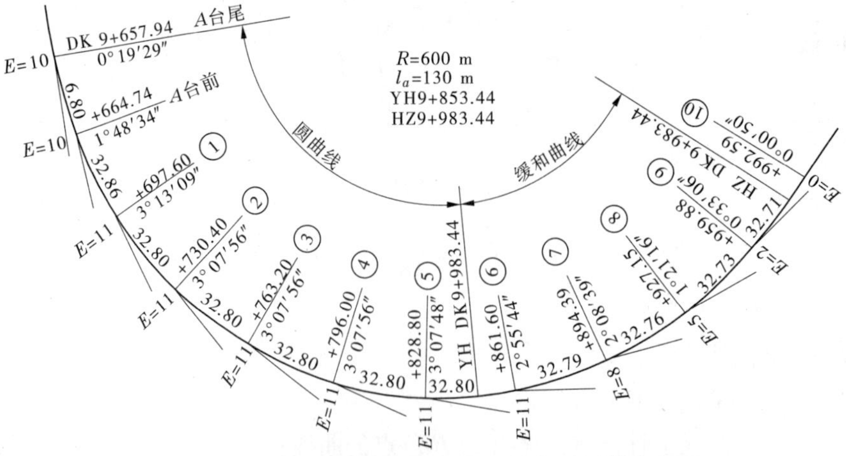

图 11-16　设计文件给出的偏心距 E、偏角 α 及墩中心距 L

在图 11-16 中的每个桥墩处均注记了偏距 E、墩中心的桩号和桥墩偏角，并注记了两墩的墩中心间距。如 3 号桥墩，注记了该墩的桩号 K9 + 763. 20、偏距 $E = 11$ cm、偏角 $\alpha = 3°07'56''$、至 4 号墩中心的间距 $L_{34} = 32.80$ m。

(二)曲线桥梁墩台中心坐标的计算

如图 11-17 所示，T 点为桥墩中心，利用设计文件中已给出的该墩桩号 J 可求得其坐标 x_J、y_J 和切线方位角 α_J。墩中心 T 到中桩 J 的偏距也在设计文件中给出，且这一偏距是点 T 至曲线的垂距，故图中桥墩的纵轴线方位角 α_T 为

$$\alpha_T = \alpha_J + 90° \tag{11-18}$$

此方位角永远指向线路前进方向的右侧。于是可求得墩台中心 T 的坐标为

$$\left.\begin{aligned} x_T &= x_J - E\cos\alpha_T \\ y_T &= y_J - E\sin\alpha_T \end{aligned}\right\} \tag{11-19}$$

在纵轴线上离墩台中心 T 的距离为 E_1 的任一点 t，其坐标为

$$\left.\begin{aligned} x_t &= x_T - E_1\cos\alpha_T \\ y_t &= y_T - E_1\sin\alpha_T \end{aligned}\right\} \tag{11-20}$$

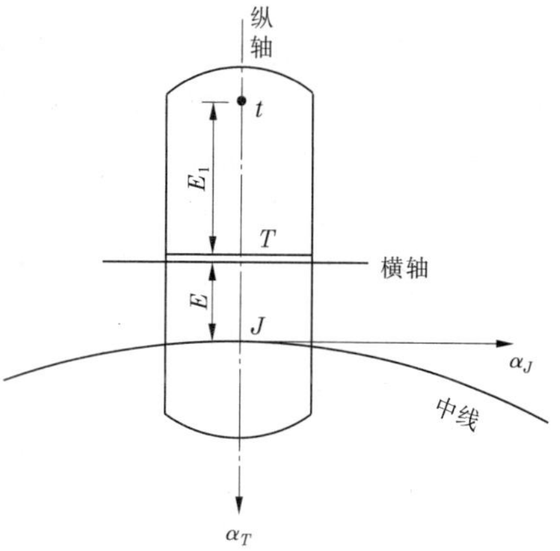

图 11-17　桥墩中心与纵轴线点坐标

墩台中心 T 的坐标用于测设墩台中心，纵轴线上 t 点的坐标用于确定墩台的纵轴线。待各墩台中心的坐标算出后，通过坐标反算可求出相邻墩台中心的间距及方位角、偏角，并与设计文件给定的相应数据校核，若不符需查明原因；若相符，则为墩台测设的基础数据。

(三)墩台中心与轴线的测设

测设墩台中心的方法有直接丈量法、偏角法、导线法、极坐标法及前方交会法等。其中，最常用的有极坐标法和前方交会法。无论使用何种方法，在测设之前都应进行测设精度的估算。实地测设时，按照估算精度满足工程要求的测设方案放样。

1. 极坐标法

用全站仪或测距仪采用极坐标法测设墩台中心位置，其工作简捷、迅速且精度高，是目前普遍采用的一种测设方法。

测设时，选择工作条件较好、控制范围较大、距离墩台中心相对较近的控制点(应首选桥轴线控制点)为测站点，选择目标背景好、成像清晰、距离测站较远的控制点为定向点；依据控制点的坐标、各墩台中心的坐标及墩台中心纵横轴线上拟定位点的坐标，计算测设各点的放样元素；按照测设设计方案中测角、测距的测回数等要求测设各点。本站测设结束，应换站检查，两站测设的同一点位偏差应不超过 2 cm，若合乎要求，取平均位置作为测设的点位。测设完桥墩台中心的纵横轴线后，需设立好护桩，每条轴线以中心分界，每侧设立的护桩数应不少于 2 个。

2. 前方交会法

若桥墩所在位置处的河水较深，无法用直接丈量法或极坐标法测设时，经常采用前方交会法测设点位。

使用前方交会法测设点位时,应在三个方向上进行。若为直线桥梁,其中一个方向应为桥轴线方向,另外两个方向的交会角以接近 90°为宜;若不为 90°,交会角宜按钝角对称交会比较有利,如图 11-18 所示。依据置站点的已知坐标和拟放样点的设计坐标反算测设角度,并进行实地测设。

在桥墩施工过程中,随着工程的进展需要多次交会桥墩的中心位置。为了简化工作,可把交会方向精确地延伸到对岸,并用觇牌固定,如图 11-19 所示。这样在后续测设墩位时,只要在测站点照准对岸的相应觇牌即可。为避免混淆,应在相应觇牌上表示出桥墩的编号。

理论上三个交会方向应交于一点,但观测有误差,实际交会时会产生一个示误三角形,如图 11-20 所示。对于直线桥梁,若示误三角形在桥轴线方向上的边长不大于 2 cm,最大边长不超过 3 cm,则取 E' 在桥轴线上的投影位置 E 为放样桥墩中心的位置。对于曲线桥梁,若示误三角形的最大边长不超过 2. 5 cm,取示误三角形的重心作为放样桥墩中心的位置。

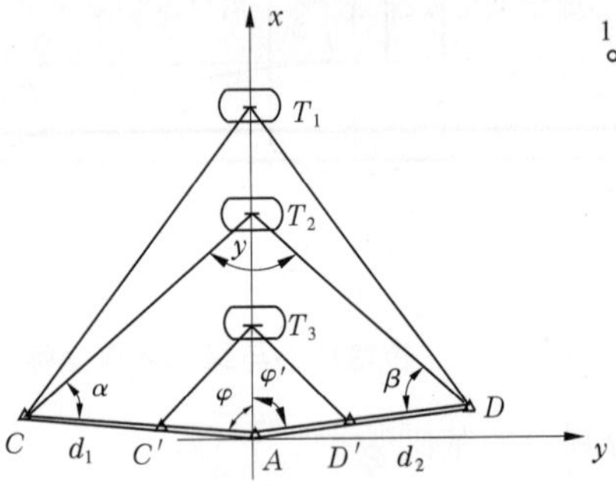

图 11-18 直线桥前方交会

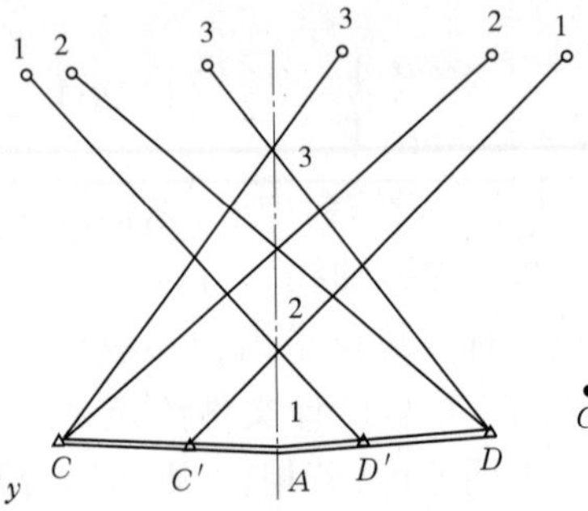

图 11-19 对岸设照准点

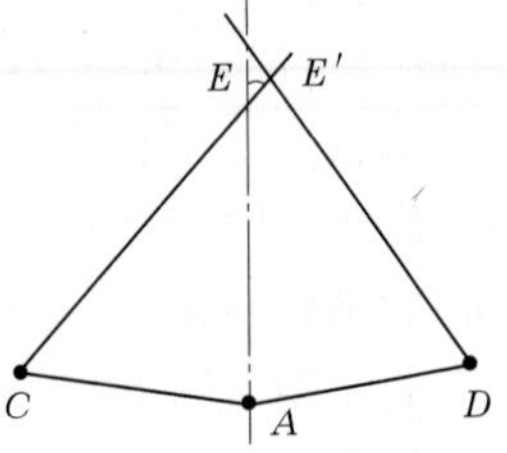

图 11-20 示误三角形

二、桥梁墩台基础及细部施工的测设

桥梁墩台基础施工的方式主要有明挖基础和钻孔(或挖孔)桩基础这两种形式。

(一)桥梁墩台明挖基础方式的测设

明挖基础施工的主要过程是:在墩台位置处先挖基坑,并将坑底整平;然后在坑内砌筑或灌注基础及墩台身。当基础及墩台身修出地面后,再用土回填基坑。

测设基础的工作步骤:在挖基坑时,先检查墩台中心的纵横轴线,无误后,依据纵横轴线的护桩、基坑的长度和宽度测设出基坑开挖边线,撒出灰线,并随着基坑的开挖随时测定坑底的高程。当挖至设计标高时,整平并夯实坑底。安装模板时,要在护桩上整置经纬仪,并用对应的护桩定向,指示、调整模板的中心线与经纬仪视线重合。若模板位置在地面下,则需在基坑边设立临时桩点,用细线连接对应桩点并挂锤球,以此来指挥模板的安装,如图 11-21 所示。

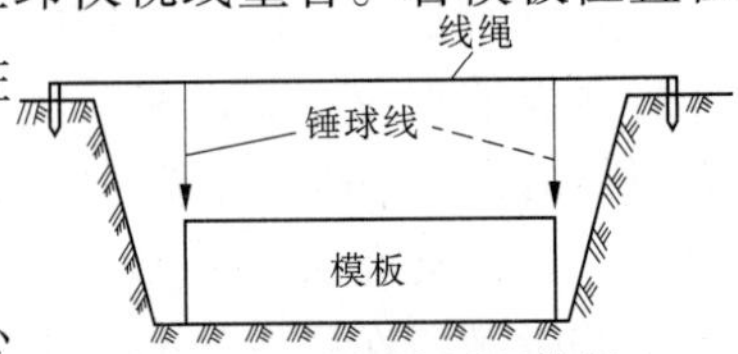

图 11-21 间接测设模板

(二)桥梁墩台孔桩基础方式的测设

孔桩基础施工的主要过程是:安置钻机,在墩台中心开始钻孔或挖孔,测定孔深与孔的倾斜程度及调整钻杆;

钻至设计孔深或至基岩后,开始灌桩,灌桩结束后修筑承台。

测设桩基础的工作步骤:在安置钻机前,检查墩台中心的纵横轴线,并依据轴线护桩及钻孔与轴线的相关设计尺寸测设各钻孔。在钻孔或挖孔时要及时地测定孔深、孔的倾斜度,用不小于 4 kg 的重锤和测绳测定孔深;用经纬仪或全站仪在两个相互垂直的方向上测定钻杆顶、底点的位置,间接计算出钻孔的倾斜程度,或用测斜仪直接测定钻孔的倾斜度。在灌桩后、修筑承台(系梁)前,要再次测定每孔的中心位置,并与设计位置比较,作为竣工资料。

(三)墩台身的细部测设

墩台身的细部测设,要以墩台中心的纵横轴线为依据。若墩台身是用浆砌圬工,则在砌筑每一层时,都要根据纵横轴线来控制它的位置和尺寸;若是用混凝土灌注,则需在基础顶面和每一节顶面上均测出墩台的中心及其纵横轴线,作为基础下一节立模的依据。

当墩台身砌筑完毕时,测定墩台中心及纵横轴线,以便安装墩台帽的模板和锚栓孔及钢筋。模板立好后应进行复核,并在模板上标出墩台帽顶面的标高,以便灌注。支承垫石是墩台帽上的高出部分,供支承梁端之用;其测设应根据设计图纸所给出的数据,从纵横轴线放出。在灌注垫石时,应使混凝土面略低于设计高程 1 ~ 2 cm,以便用砂浆抹平至设计标高。

墩台施工时各部分的高程,是通过布设在附近的施工水准点将高程传递至墩台身或围堰上的临时水准点,然后由临时水准点用钢尺向下或向上量取所需的距离而测设的。但墩台顶面的高程等则需用水准仪测设。

三、桥梁施工放样检测与竣工测量

桥梁施工放样的检测分为上部结构与下部结构的检测。

(一)桥梁下部结构的施工放样检测

桥梁高程的施工放样检测较简单,由水准点用水准仪检测即可。桥梁的下部施工放样检测主要是对桩基础、承台、立柱、墩帽等放样的检测,一般应按设计要求和规范要求检查,主要内容有:

(1)桩基础。单排桩要求轴线偏位限值 5 cm,群桩要求轴线偏位限值 10 cm。

(2)承台(系梁)。轴线偏位限值 15 mm。

(3)立柱、墩帽。轴线偏位限值 10 mm。

检查时,可用全站仪或经纬仪、测距仪测定已测设的位置,与设计值比较求出其偏差值;或再测设其位置,与原测设位置比较,量出其差值。

(二)桥梁上部结构的施工放样检测

桥梁的上部结构较多,较常见的有 T 梁、板梁、现浇普通箱梁和预应力箱梁、悬梁等,要根据不同的形式检查。

在本阶段测量的主要工作是高程的控制,如上面述及各种梁的顶面标高直接影响到桥面的厚度,桥面的厚度又直接影响到桥梁的使用。悬梁预应力箱梁的高程更要影响到桥梁贯通的高差及桥面的厚度。因此,高程放样完后,必须进行严格的检查。

（三）桥梁竣工测量

桥梁的竣工测量主要是根据规范、设计的要求，依据图纸资料对已完成的桥梁进行全面检测，重点检测的项目是各种轴线、高程、宽度和长度等，并绘制相应的图件及必要的文字说明，提交竣工测量资料。

第四节　隧道施工测量

隧道在施工过程中，其地下控制测量与施工测量交替进行。即先利用隧道洞口点或近井点开切隧道，掘进一段距离后，建立地下平面、高程控制的基点，再进行联系测量；然后，利用这些点指导隧道的掘进，掘进一段距离后，还需建立控制点，如此往复，直至隧道贯通或至设计的长度。

一、地下控制测量

地下控制测量分为地下平面、高程控制测量。由于隧道呈线状形式，坡度不大，且只能随着隧道的掘进而布设控制点，因此地下平面控制只能是导线的形式，高程控制则以水准测量为主。

（一）地下导线测量

地下导线既要控制隧道掘进的方向，又要指导隧道的开挖掘进和日常施工。因此，对于大中型隧道的地下导线只能分级布设，且在未贯通前只能是支导线。布设导线的过程是：先布设低等级的导线，用以指导隧道的开挖掘进；随着掘进长度的增加，低等级导线难以控制后续掘进的方向，在已形成的空间内再布设高等级的导线，利用高等级的导线再建立低等级的导线，指导掘进；若高等级的导线还不能满足要求，则需建立更高等级的导线。因而，地下导线应遵循“先低后高，逐渐扩展；以高控低，相互交错”的基本原则布设。依据本章第一节贯通误差预计的内容，确定的地下导线测量的精度和等级，即指地下最高级别的导线。

1. 地下导线的等级

（1）施工导线。在开挖面向前推进时，用以指导开挖和施工放样的导线，其边长一般为 25 ~ 50 m。

（2）基本控制导线。当掘进长度为 100 ~ 300 m 时，为了检查隧道掘进的方向和指导后续的掘进及提高导线精度，利用部分稳定的施工导线点而敷设的导线，其边长一般为 100 ~ 300 m。

（3）主要导线。当掘进长度大于 2 km 时，需要进一步提高导线精度、控制掘进方向，选择部分基本控制点或施工导线点而敷设的导线，其边长一般为 300 ~ 800 m（测距）。若有条件，应在适当位置处用陀螺经纬仪加测方位角，以提高方向精度。

各级导线的布设方案，参见图 11-22。

2. 地下导线设点及测量

点位可设立在隧道的底板或顶板上，应稳定，便于架设仪器、保存及使用。导线边应满足相应等级的要求，且距隧道边帮的最短距离应不小于 0.2 m。低等级导线可在高等

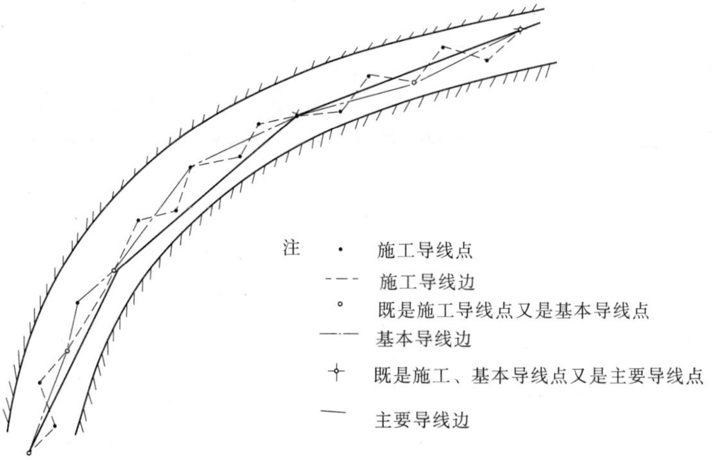

图 11-22　地下各级导线布设

级导线的控制下向前延伸 3～4 个点,并兼顾在满足高等级导线边长的位置处设立永久导线点。各级导线应按各自类别统一编号,且在点位及附近边帮上给以标注,以便于现场识别和使用。

各级导线应严格按相应等级的作业要求进行导线测量。边长较短时,应变动测站点、照准点仪器基座的位置,以减弱对中误差对观测水平角的影响。增强照明条件,以提高目标识别和照准精度。尤其在高等级导线测量时,应在粉尘小、空气中的尘埃少及水蒸气含量低的条件下观测,以减弱大气折光对测角、测距的影响。若点在顶板上,应采用镜上对中的方法观测。每次测量前均应在实地检查上次测量的成果,尤其是本次继续向前连接导线需用的成果。

在导线计算时,对于距离需要进行必要的改正,如倾斜、归算改正等。因地下导线是支导线,无检核条件,必须独立计算两次,无误后,才能确定导线成果。

(二)地下水准测量

地下高程控制一般分两级,即基本、工作高程控制,并经常使用水准测量方法。基本控制与工作控制交替布设的形式与地下导线相同,仍遵循地下控制测量的基本原则。

地下水准点可设立在隧道的底板、顶板或边帮上。基本高程控制点均应设立为永久水准点,并依组设立,每组 3 个,点间距为 5～10 m,组间距为 300～800 m;在隧道的进、出洞口和竖井筒底、主副洞的连接导洞口附近必须设立永久水准点。工作控制点依据施工需要设立,可设立为临时或半永久性的。对各级水准点也要分类统一编号,在实地给以标记。各级导线点可兼作高程控制点。

在进行水准测量时,视线长度不宜超过 50 m,各级水准测量应按规范或施工测量方案要求进行。对于四等及以下的水准测量,可用单面水准尺、改变仪器高的方法测量,两次测定高差较差的限差为 3 mm。当点在顶板上时,水准尺要底端朝上倒立水准尺,如图 11-23所示。此时高差仍按 $h_{AB}=a-b$ 的形式计算,但倒立尺时的读数其前必须冠以负号。对于三角高程测量若点在顶板上,量取的仪器高 i 或目标高 v 是从控制点起向下量取的,其前也必须冠以负号,再用 $h_{AB}=S\times\tan\alpha+i-v$ 这一基本形式计算。

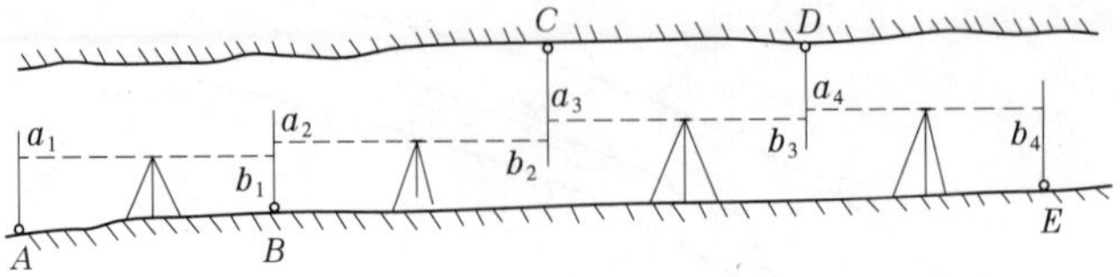

图 11-23　地下水准测量

每次进行水准测量时,必须对上次的全部或部分水准测量成果进行复测。若发现水准点有异常,按新成果计算;若无问题,复测段高差按加权平均值计算(每次等权)。地下各级支水准路线必须进行往返观测,在测段高差较差的限差满足要求时,取平均值作为测段的观测高差。

二、隧道中线的测设

隧道在施工过程中,要随时给出隧道掘进的方向,控制隧道的坡度及断面尺寸,检查施工进度和验收土石方数量,这一阶段测量的主要工作是测设隧道的中线、腰线及测定断面尺寸;在隧道贯通后,还要测定及调整贯通误差,并进行竣工测量。

隧道中线的测设,是利用各级导线点测设出中线点,并由中线点给出隧道的掘进方向。常用的测设方法有中线法和串线法。

(一)中线法

当隧道采用全断面开挖法进行施工时,通常采用中线法。如图 11-24 所示,P_1、P_2 为导线点,A 为拟测设的中线点,AD 为需要给定的中线方向。导线点坐标已知,A 点的坐标依据其里程和隧道中线的设计方位可计算求得,根据这些坐标和隧道中线的设计方位角可计算出测设 A 点的元素 β_2、L 和给向元素 β_A。有了这些测设元素即可在 P_2 点置站,用极坐标法测设出 A 点;然后在 A 点置站,以 P_2 点定向,拨 β_A 角,给出隧道的掘进方向。随着隧道的掘进,在检查 A 点和导线点未动的前提下,按上述方法延伸中线方向,并在此方向上确定一中线点 D(距 A 点:直线段不宜超过 100 m,曲线段不宜超过 50 m);然后,在 D 点再继续指导隧道的掘进方向。

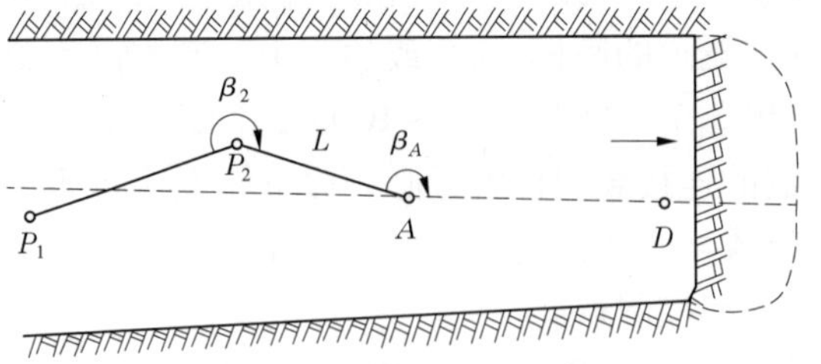

图 11-24　中线法测设中线

(二)串线法

当隧道采用开挖导坑法施工时,因其精度要求不高,可用串线法指导开挖方向。此法需要先测设出一组中线点 A、B、C(3 个为一组,点间距不低于 5 m),在各点处悬挂锤球,然后用瞄视或拉线的方法给出中线的方向,并在工作面以红油漆标记。用这种方法指导掘进,远点 A 至工作面的距离,直线段不宜超过 30 m,曲线段不宜超过 20 m。

三、隧道腰线的测设

隧道腰线是用来指示隧道在竖直面内掘进方向的一条基准线，通常设在隧道的边帮上，距底板有一定的距离，一般为 1.0 ~ 1.3 m。测设腰线点以组为单位，每组 3 个，点间距为 2 ~ 5 m，组间距为 20 ~ 30 m。腰线的坡度等于隧道的设计坡度。

当未有腰线或需重新测设腰线时，称为初定腰线。初定腰线应根据高程控制点、初始腰线点的高程及隧道的设计坡度测设，如图 11-25 所示。当利用已有腰线点来延伸腰线时，称为续定腰线。续定腰线一般仅依据已知腰线点的位置、测设间距及坡度测设。无论初定、续定腰线，必须对所利用的已知点（控制点或已有的腰线点）进行检查，无误后方可使用。一个测站内测设任一腰线点 i 的放样元素 b_i 为

$$b_i = H_{视} - H_{腰} \tag{11-21}$$

式中 $H_{视}$——测站的视线高程，若为续定腰线，其值仅为后视读数；

$H_{腰}$——拟测设的腰线点高程，若为续定腰线，其值仅为后视点至拟测设点的高差。

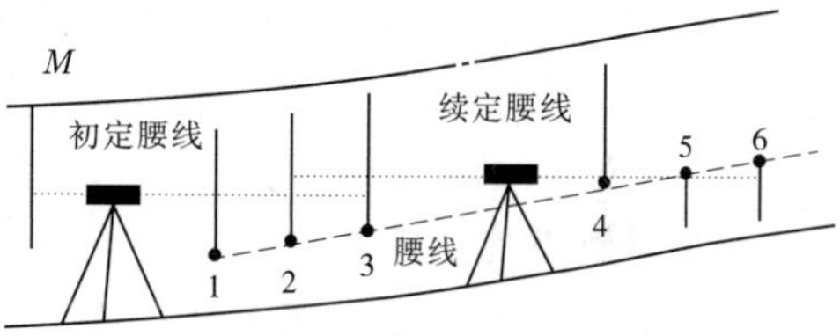

图 11-25 腰线测设

当计算的放样元素 $b_i > 0$ 时，说明视线高于测设点的腰线，要正立水准尺；当 $b_i < 0$ 时，说明腰线高于视线，要倒立水准尺。将水准尺按所需的形式竖立，上下移动之，当水准读数恰为 b_i 时，尺底端的位置即为需要测设的腰线点位，钉点标记。各腰线点测设完后，在现场检查组内点和组间点是否在同一条直线上，若符合要求，则腰线测设完毕；否则，要给以纠正或重新测设。

随着电子、激光、计算机技术和机械制造、加工技术的发展，测量与施工的设备有了很大程度的改善，机械化、自动化程度越来越高。在大型隧道施工过程中，经常需要同时给定隧道掘进方向的中线、腰线，依据给定的方向，即时调整掘进设备的姿态；或通过实时测定掘进设备的位置，依据设计数据来实时调整设备的姿态，以控制设备按隧道设计的中线方向和设计坡度掘进。这方面的主要代表是盾构施工和司服型全站仪，如图 11-26 所示。在导线点（有高程，并通常在中线上）上安置全站仪，在盾构设备上安置接收靶或棱镜（通常其位置固定），全站仪经过定向后，可实时测定棱镜的位置（坐标、高程），并通过建立的

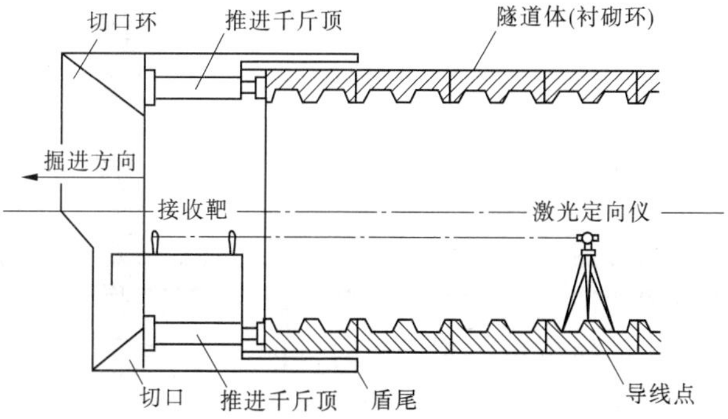

图 11-26 盾构掘进施工

计算模型,可确定盾构设备的现势姿态及其与设计数据的偏差,从而使施工人员按偏差数据对设备给以即时调整,按设计方向(中线、坡度)掘进。这种施工技术在城市地下铁道、越江隧道等工程中被广泛使用。

四、隧道贯通误差的测定与调整

隧道贯通后,应及时测定贯通误差,检查其是否满足设计要求,以对贯通误差进行适当的调整及纠正。

(一)贯通误差的测定

测定实际贯通误差的方法主要有两种,即直接测定量取法和间接测量计算法。

1. 直接测定量取贯通误差

对于平面贯通误差的测定,可将相向的两个中线方向延长至贯通面,并钉立 A、B 两点,这两点的里程差即为实际贯通的纵向误差;量取 A、B 两点间的距离,即为实际贯通的横向误差,如图 11-27 所示。若将相向的两个腰线延长至贯通面,其腰线错开的距离(高差),即为实际贯通的竖向误差(高程贯通误差)。

2. 间接测量贯通误差

如图 11-28 所示,在贯通面中线附近处选定一点,由相向的两个方向上的导线点、水准点各自对选定点进行测量,可计算出该点的坐标和高程。其沿中线方向上的坐标差 d_x,即为实际贯通的纵向误差;垂直中线方向上的坐标差 d_y,即为实际贯通的横向误差;高程的较差 d_h,即为实际贯通的竖向误差。若在此点再测量水平角,则可将相向的导线连接为一体,即可求得角度闭合差,亦即方位角贯通误差。

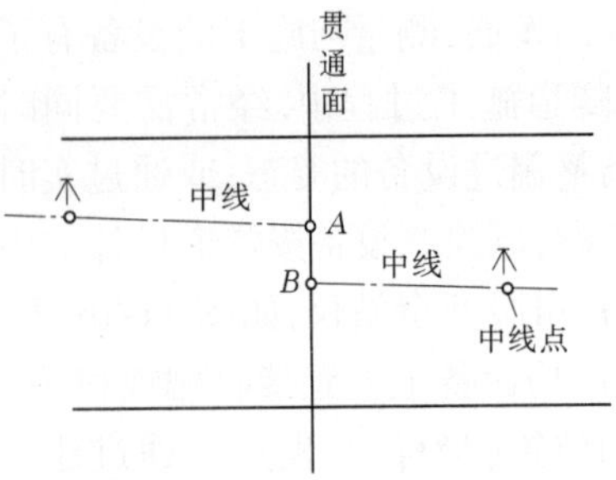

图 11-27 直接测定贯通误差

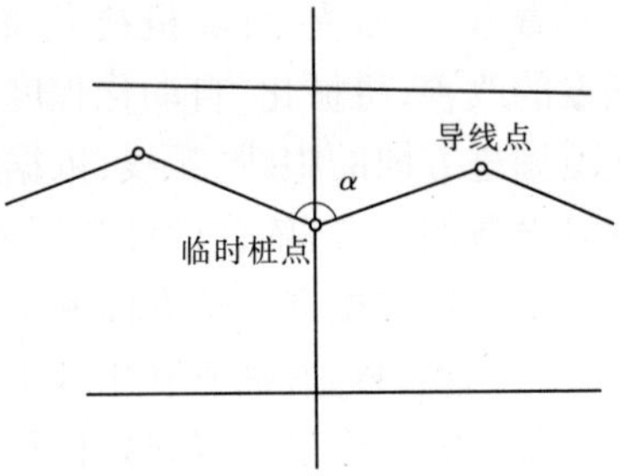

图 11-28 间接测定贯通误差

(二)贯通误差的调整

调整贯通误差,原则上应在未衬砌的隧道段上进行。对于曲线隧道还应注意尽量不改变圆曲线的半径及缓和曲线的长度。

1. 直线隧道贯通误差的调整

直线隧道可采用折线法调整,如图 11-29 所示。若因调整贯通误差而产生的转折角在 5′以内时,可作为直线线路考虑;在 5′~25′时,可不加设曲线,但应以顶点 a、C 的内移量考虑衬砌和线路的位置,

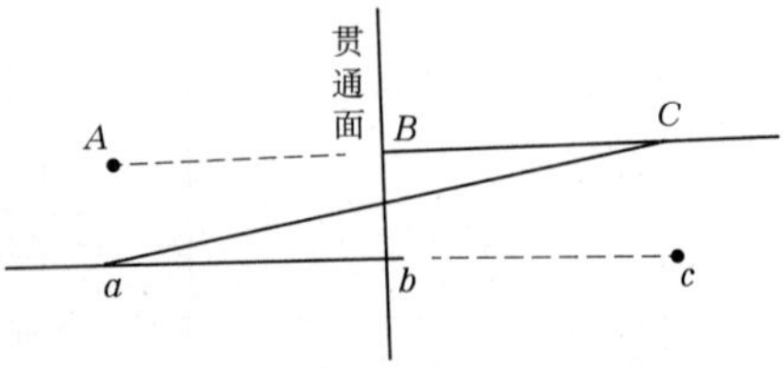

图 11-29 直线隧道中线调整

对应各转折角的内移量见表 11-3。当转折角大于 25′时,则应以半径为 4 000 m 的圆曲线加设反向曲线。

表 11-3　对应转折角的内移量

转折角	内移量(mm)	转折角	内移量(mm)
5′	1	20′	17
10′	4	25′	26
15″	10		

2. 曲线隧道贯通误差的调整

当贯通面位于圆曲线,且调整段又全部在圆曲线上时,可由曲线的两端向贯通面按与长度成正比例的方法调整中线,也可用调整偏角的方法进行调整。

当贯通面位于曲线的起(终)点附近时,如图 11-30(a)所示,可由隧道一端经过 E 点测至曲线的终点 D(或起点),另一端经过 A、B、C 各点测至曲线的终点 D'。D 与 D'不重合,再自 D'作曲线的切线至点 E',DE 与 $D'E'$既不平行又不重合。为调整贯通误差,可先采用调整圆曲线长度的方法使 DE 与 $D'E'$平行,即在保持曲线半径、缓和曲线长度不变及曲线 A、B、C 段不受牵动的情况下,将圆曲线缩短(或增长)一段 CC',以使 DE 与 $D'E'$平行。由于圆曲线缩短(或增长)了一段 CC',致使圆曲线的中心角也增加(或减小)了一个 δ 值。CC'的近似值及 δ 值可按下式计算,即

$$\left.\begin{aligned} CC' &= \delta \cdot R = \frac{EE' - DD'}{DE}R \\ \delta &= \frac{CC'}{R}(\text{弧度}) \end{aligned}\right\} \qquad (11\text{-}22)$$

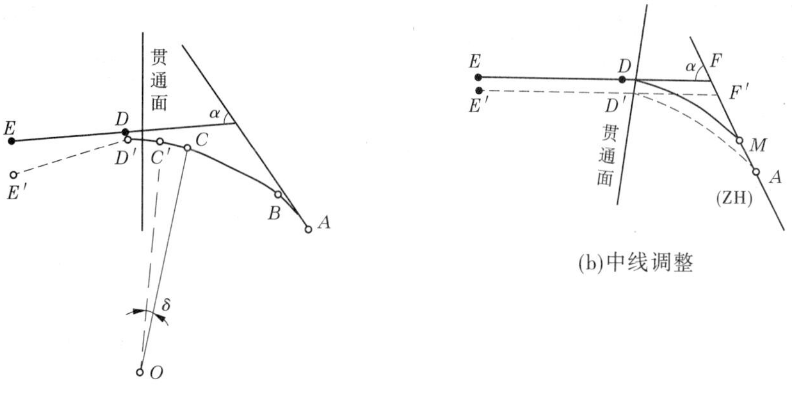

(a)调整方案　(b)中线调整

图 11-30　曲线隧道中线调整

式中　R——圆曲线半径。

经过调整圆曲线的长度后,已使 $D'E'$与 DE 平行,但不重合,如图 11-30(b)所示。这时可采用调整曲线起点(或终点)的方法,使 $D'E'$与 DE 重合,即将曲线的起点 A 沿切线

方向向着(或背离)顶点移动一段距离 AM,使 $AM = FF'$。在确定完 M 点后,即可由 M 点(或 D 点)将调整后的曲线测设于实地。A 点的移动距离 AM 为

$$AM = FF' = \frac{DD'}{\sin\alpha} \tag{11-23}$$

式中 α——曲线的总偏角。

3. 高程贯通误差的调整

取两侧水准点测定选定点(在贯通面上,且在中线附近)高程的平均值,作为贯通面处调整后的高程。洞内未衬砌地段,需用水准点高程时,以进、出洞构成的地下附合水准路线计算而得到的水准点高程为依据;后续施工,应以这种高程为基准。

五、隧道竣工测量

隧道竣工后,为检查主要结构及线路位置是否满足设计要求,应进行竣工测量。该项工作包括隧道净空断面测量、永久中线点及水准点的测设。

隧道净空断面测量,应在直线地段每 50 m、曲线地段每 20 m 或需要位置处测绘断面及实际净空,测量时均以中线为准。测定的内容有隧道的拱顶高程、起拱线宽度、铺底或抑拱高程、铁路设计轨顶或公路设计路面的宽度等。

利用导线点、原有中线点或调整后的线路中心点,在直线段每 200 ~ 250 m 埋设一个永久中线点;曲线段应在曲线的起终点各埋设一个,在中部根据通视条件适当增加。各永久性中线点宜用混凝土包埋金属标志,并应在隧道边墙上画出永久性中线点的标志。洞内水准点应每公里埋设一个,并应在边墙上画出标志。

思考题与习题

1. 桥址选线测量包括哪些内容?
2. 隧道从规划设计开始到施工结束为止,各阶段需要哪些测量工作?
3. 何谓贯通测量和贯通误差?
4. 为什么要进行贯通误差预计?
5. 施工控制测量的主要任务是什么,怎样确定其基本精度?
6. 跨河精密水准测量应注意哪些事项,怎样作业?
7. 何谓联系测量? 一井定向主要有哪些工作?
8. 何谓投点误差和投向误差?
9. 怎样检核与计算曲线桥梁墩、台中心的坐标?
10. 绘图表示测设桥梁墩、台中心常用的测量方法,并说明其适用环境。
11. 隧道地下控制测量应遵循怎样的原则?
12. 地下、地上的导线测量(或水准测量)有何异同?
13. 如图 11-31 所示,已知隧道内某水准点 A 的高程为 $H_A = 632.169$ m,各测站水准观测的数据见表 11-4,试计算各水准点的高程。

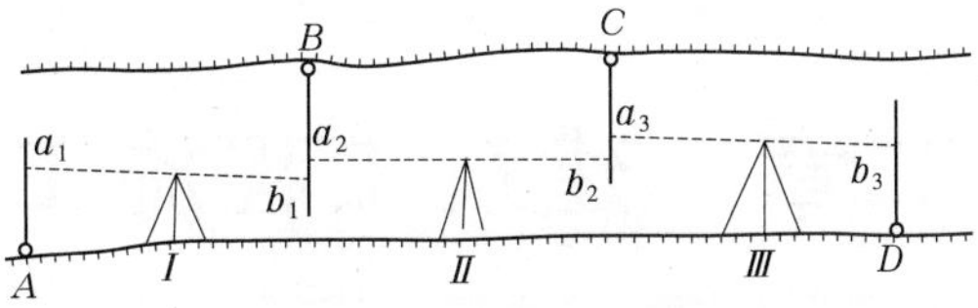

图 11-31　第 13 题图

表 11-4　水准观测数据表　　(单位:m)

测站	后视点	后视读数 a	前视点	前视读数 b	高差 h
Ⅰ	A	1.882	B	2.879	
Ⅱ	B	2.808	C	2.614	
Ⅲ	C	2.566	D	1.735	

14. 怎样用中线法和串线法测设直线隧道的中线?
15. 结合道路曲线测设的内容,探讨测设曲线隧道中线的方法及工作过程。
16. 何谓腰线?怎样初定、续定腰线?
17. 测定贯通误差有哪些方法?各怎样测定贯通误差?
18. 直线隧道怎样调整横向贯通误差?
19. 横向贯通误差的调整段在曲线隧道的圆曲线上,怎样调整贯通误差?

第十二章 建筑工程施工测量

第一节 概 述

建筑工程一般可分为民用、工业建筑工程两大类。如居民住宅、办公楼、医院、学校、仓库、影剧院等为民用建筑工程；工业建筑工程包括各种厂房及工业设施。在对它们进行施工测量时，虽然内容、方法、精度有别，但工作的基本过程趋于一致，即均需要熟悉图纸、资料，建立建筑轴线或控制网，测设基础、地上结构及工程检测，绘制竣工总平面图，对于大型或重点工程还需进行变形监测等。

一、熟悉图纸、资料

施工图纸是施工测量的重要资料，测绘人员在测量前，必须认真识图（平面图、剖面图、大样图等），确定各建筑物间、建筑物内部间的轴线关系、尺寸及设计的注记、说明等，必须清楚各主要环节施工的精度要求，理清各主要数据和思路，为编制施工控制测量、工程测设方案做好准备。

二、建立建筑施工控制网

建筑工程最大的特点是：施工范围小、多工种交叉作业；基础中心序列整齐，呈直线（亦称轴线）状或规则曲线状，各轴线间相互平行或垂直等。因此，为便于工程测设，建筑施工平面控制网通常建成规则的形状，如直线、十字线、矩形、方格网状等，且一般要求这些图形的长边平行于具有控制作用建筑物的主要轴线，并设主轴线方向为坐标轴方向，建立施工坐标系统，如图 12-1 所示。

（一）建立建筑基线

当施工范围较小，且建筑物布置较简单时，可建立一条或几条基线，作为施工场地的控制线，这种基线即称为建筑基线或建筑轴线。在设立时，应根据设计图纸选定基线，确定基线端点坐标，若此坐标为独立直角坐标（建筑坐标），此时还必须知道或以后联测求取这种坐标系与测量坐标系间的关系，依据式(9-1)转换为测量坐标。建立基线的方法有如下两种。

1. 依据建筑红线设立基线

建筑用地的边界线，称为建筑红线，它是由城市建设规划部门在现场直接测定的。如图 12-2 所示，1、2、3 为建筑红线点，结合图纸及现场情况，选定距红线 12 为 d_1、23 为 d_2 的直线 AB、AC 为建筑基线。用支距法分别测设出 1′、B 和 1″、C，并延长直线 $B1'$、$C1''$相交于一点 A，实地标定 A、B、C 三点；在 A 点安置经纬仪，测量角 A 是否为 90°，其偏差不超过 10″时则合乎要求，并测量距离 AB、AC，相对精度不应超过 1/10 000。若角 A 超限，在检查

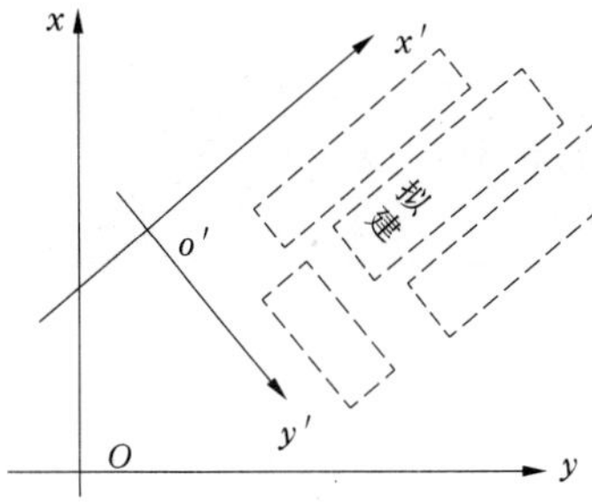

图 12-1　施工坐标系

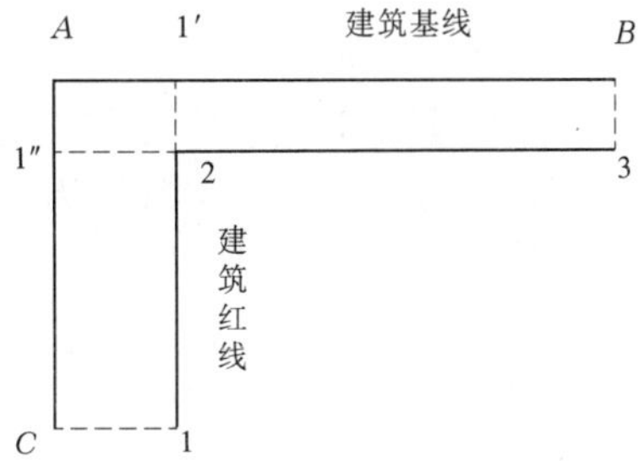

图 12-2　由建筑红线设立基线

红线点和测设数据无问题时，适量调整 A 点或 B、C 点，以满足要求。

2. 依据控制点设立基线

图上选定控制基线后，量取端点及中间拟放点（总点数≥3 个）的坐标，调查周边控制点的完好情况，选用测设方法（极坐标法、距离和角度交会法、GPS 法等），计算测设数据，实地测设出各点，然后检查基线各点是否共线。如图 12-3 所示，A'、O'、B'点是已测设的轴线点，检查时，可在 O'点安置经纬仪，测角 β 是否为 180°，当距离 $a(OA)$ 或 $b(OB)$ 小于 100 m 时，其偏差应不大于 10″；大于 100 m 时，应不大于 5″。否则，一般对各点等量调整，调整值 d 为

$$d = \frac{ab}{a+b}\left(90^\circ - \frac{\beta}{2}\right)\frac{1}{\rho} \tag{12-1}$$

在调整完各点共线后，测定 OA、OB 的距离，若基线长度 AB 已有设计值，则测量值与设计值的相对误差应不大于 1/20 000。否则，一般以 O 点为基准，适量调整 A、B 两点。

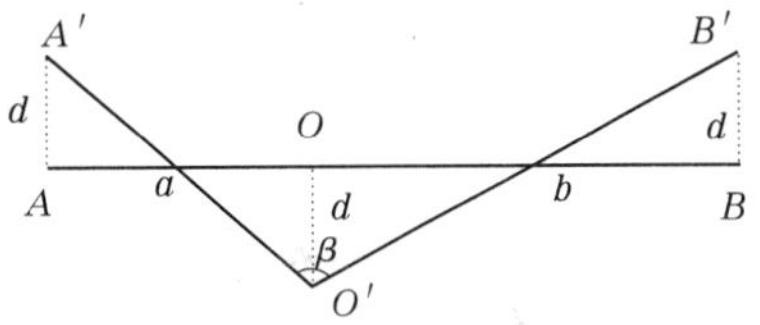

图 12-3　基线检测与调整

除上述两种方法外，还可依据已有建筑物或道路中线与拟建轴线的关系，采用适当的方法测设。

（二）建立建筑方格网

在新建的大中型建筑场地上，施工控制网一般布设成矩形或网格形式，即称为建筑方格网或矩形网。设计方格网时应综合考虑以下因素：

（1）格网长边与建筑主轴线一致或平行，且主基线尽量位于测区中央，并靠近精度要求较高的建筑物；

（2）方格网的轴线应相互垂直，且格网应尽量覆盖拟建区；

（3）点位稳定、安全，格网间距适中，边长宜为 100 ~ 300 m，且便于测角、量边，便于加密轴线和细部测设；

（4）点位距建筑物轴线至少应为 4 ~ 5 m，以防基础施工时破坏或碰动点位；

（5）桩位顶面宜采用 15 cm × 15 cm × 0. 5 cm 的钢板，以便为修正点位留有空间；

（6）重要地段或边缘网格应加测对角线元素（角、边），以提高方格网精度。

建立方格网的步骤如下：

（1）依据设计的方格网、场地附近的控制点或建筑红线及已有的标志性地物等，初步

测设各格网点；

(2)若方格网为简单图形，如十字形、矩形等，则调整主基线上各点共线，并精确测定各主要点间距，使其与设计值之差不超过 1/20 000 的相对精度，然后调整其他轴线点。如图 12-4 所示，设调整后的主基线为 ABC，为检测、调整轴线 DBE，可在 B 点安置经纬仪，分别测 $\angle ABD'$、$\angle ABE'$，计算其与 90°之差 $\Delta\beta_1$、$\Delta\beta_2$，若差值超过 ±10″，则沿垂直目前轴线 BD'、BE'方向调整距离 $l_1(D'D)$、$l_2(E'E)$，其值为

$$l_i = \frac{\Delta\beta''_i}{\rho''}L_i \tag{12-2}$$

式中 L_i——BD'或 BE'间的距离。

改正完后，再检测，若合乎要求，则在已确定的轴线方向 DBE 上校正距离 BD、BE，使其测量值与设计值之差不超过 1/10 000 的相对精度。其他网点可根据调整后的轴线，精确测设。

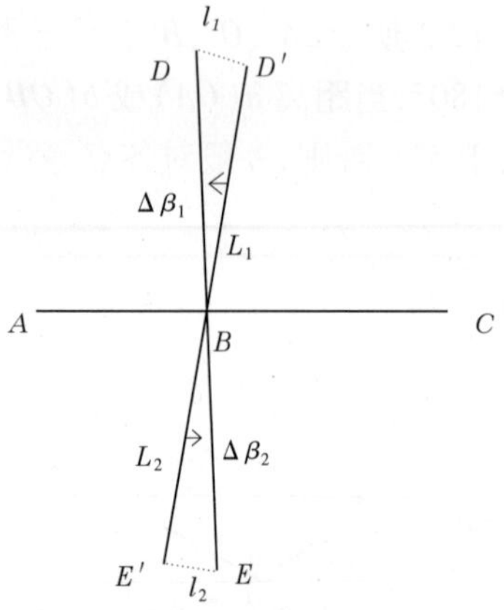

图 12-4 轴线点位调整

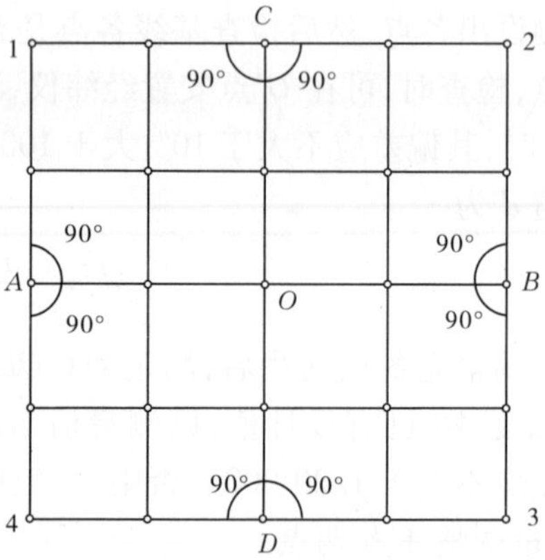

图 12-5 建筑方格网

(3)如图 12-5 所示，若方格网为较复杂图形，且精度要求较高时，应在确认主基线的端点及坐标方位角后(如 A 点坐标 x_A、y_A，AO 边方位角 α_{AO})，对各网点组网观测，平差计算，求出各点的坐标计算值(x_i，y_i)与其设计值(x_i^0，y_i^0)之差 δx_i、δy_i，即

$$\left.\begin{aligned}\delta x_i &= x_i^0 - x_i\\ \delta y_i &= y_i^0 - y_i\end{aligned}\right\} \tag{12-3}$$

若其差值超过要求(一般为 2 mm)，则按 δx_i、δy_i 的符号与量值修正点位；再组网观测，平差计算，重复上述步骤，直至达到要求为止。

(三)建立施工高程控制网

对于大型施工场地的高程控制网，一般按基本(首级)控制和工作(加密)控制布设。其中，基本控制等级一般为三等水准测量，点位应设立为永久性水准点，并尽量与国家或城市高等级水准点联测，若联测困难，应布设为闭合环线或水准网；一个测区的点数不得少于 3 个，且对高程精度要求较高的建筑物(如连续性生产车间)附近，必须设有首级控制点。加密控制等级通常为四等，点位视需要布设，并尽量保证安置一次仪器即可测设所需的高程点，对于轴线控制点、方格网点等均可作为加密高程控制点。

对于中、小型建筑场地的高程控制，可按一级或两级布设，其精度等级视工程需要而定。普通建筑工程四等水准测量即可满足要求。

为了便于施工放样，在每栋较大的建（构）筑物附近，一般应测设其相对标高的基准位置（工程中常称为 ±0.000），其位置通常选在较稳定的建（构）筑物墙、柱的侧面，用水准测量方法测设，并用红油漆涂成上顶为水平线的“▽”形，旁边注明其标高值。

三、工程测设与变形监测

工程测设是建筑工程中一项最经常性的工作，实际作业时必须结合施工设计图纸、测设的精度要求及控制点的分布情况，灵活应用各种测设方法，测设点位并时刻检查其相邻关系是否正确，以确保点位的准确及精度。

本章后几节针对常见建筑工程的施工测量方法、要求等给以详细介绍，关于建筑物变形监测的内容详见第十三章。

第二节　民用建筑施工测量

一、测设前的准备工作

设计图纸是施工测量的主要依据，测设前必须熟悉工程设计全貌，现场踏勘，了解实情，结合建筑物分布的疏密程度、主轴线间的相互关系、建筑限差要求及工程附近控制点的分布情况，编制施工测量方案。依据的主要图件有以下几种。

（一）建筑总平面图

如图 12-6 所示，从该图中可查出或计算出设计建筑物与原有建筑物或与测量控制点之间的平面尺寸和高差，这些数据将用于定位建筑物的总体位置。如拟建 3 号楼与原有 2 号楼的关系：相邻墙面间距 18.00 m，南墙面共线。

（二）建筑平面图

如图 12-7 所示，从该图中可查出建筑物的总尺寸、内部各定位轴线之间的关系尺寸等，这些数据是施工放样的基本资料。

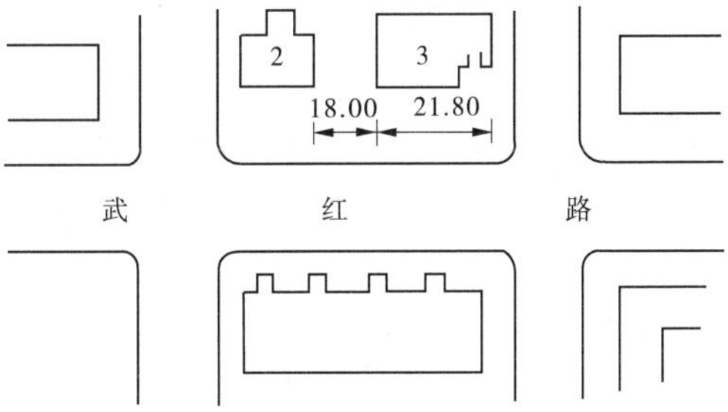

图 12-6　建筑总平面图

（三）基础平面图

如图 12-8 所示，从该图中可查出基础边线与定位轴线的平面尺寸，以及基础布置与基础剖面位置关系。

（四）基础剖面图

如图 12-9 所示，从该图中可查出基础立面尺寸、设计标高、宽度变化以及基础边线与定位轴线的尺寸关系，它是基础放样的依据。

（五）建筑结构的立面图和剖面图

从该图中可查出基础、室内外地坪、门、楼板、屋架、屋面等处的设计标高，它是高程放样的主要依据。

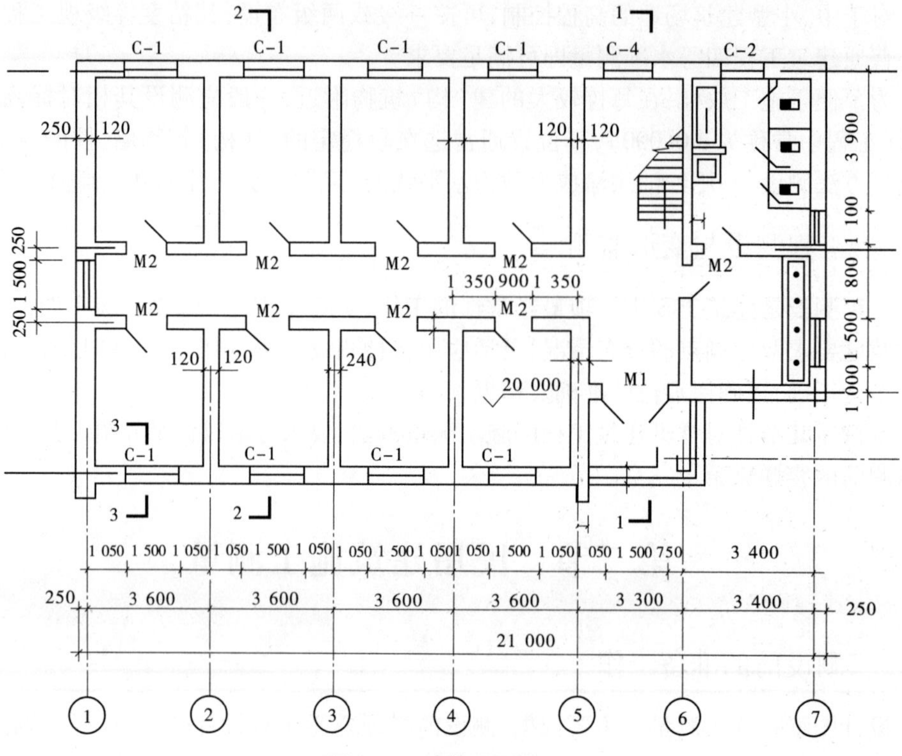

图 12-7　建筑平面图

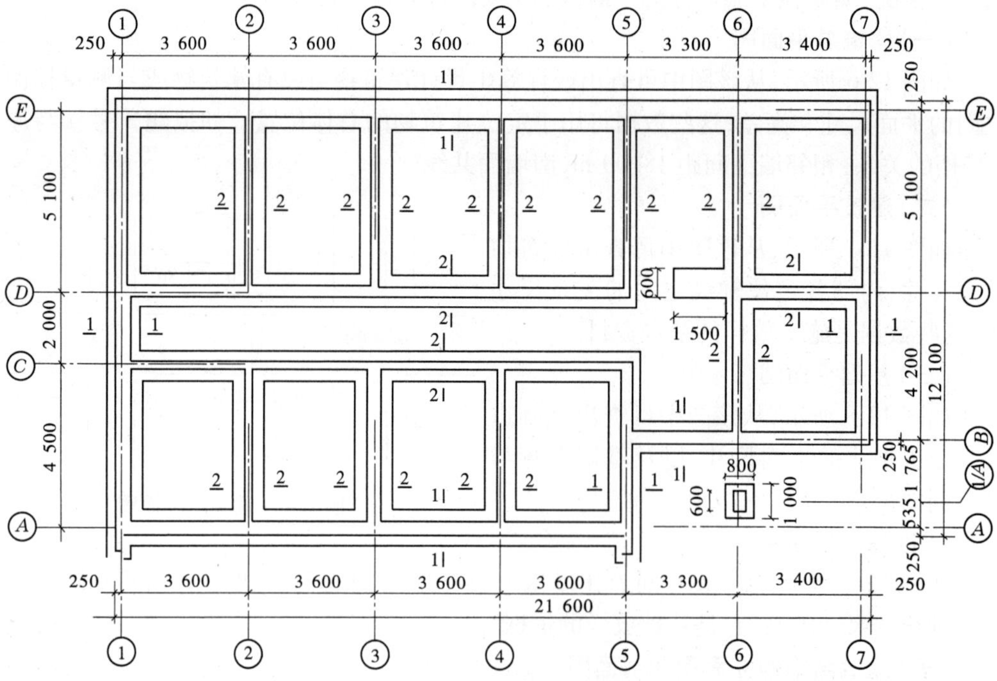

图 12-8　基础平面图

从上述各种设计图中获得所需的测设数据，并对各设计图纸中相应部位的有关尺寸及测设数据进行仔细核对，必要时将图纸上主要尺寸抄于施测记录本上，以便随时查找使用。

二、建筑物的定位

建筑物的定位就是根据设计中给定的定位条件，将建筑物外廓各轴线的交点（或外墙皮角点）测设到地面上，作为基础和细部放线的依据。其定位步骤仍是先定位控制基线，再定位其他轴线。民用建筑除了根据测量控制点、方格网点、建筑基线或建筑红线定位外，还可以根据已有建筑物定位。

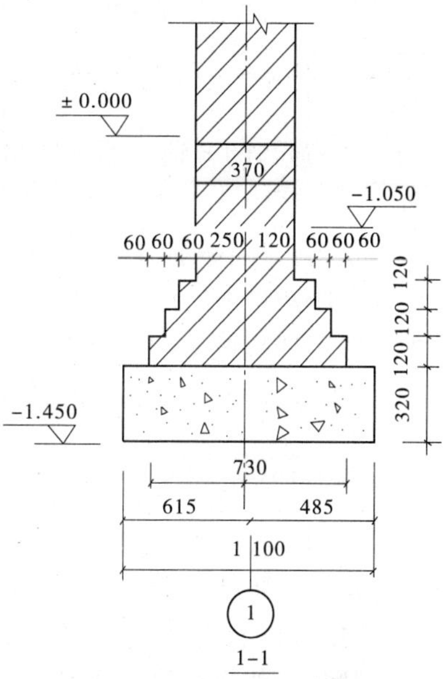

图 12-9　基础详图

如图 12-10 所示，已有建筑Ⅱ号楼与拟建Ⅲ号楼的关系、Ⅲ号楼的轴线尺寸关系均可由相关图纸查取。实地踏勘，选定距南墙面 4.000m 处直线为基线，西端点距Ⅱ号楼东墙面 18.250m，依此定位各轴线。定位步骤如下：

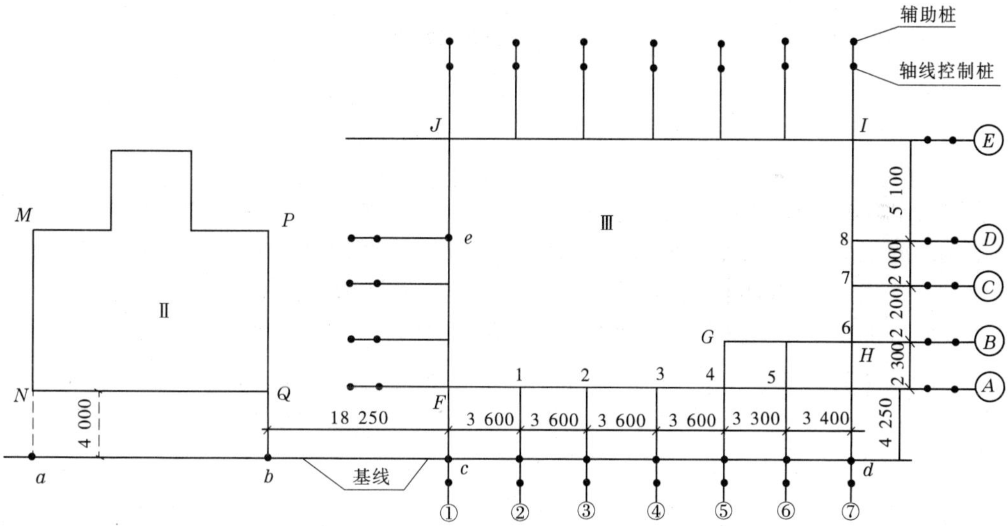

图 12-10　基础平面图

（1）延长Ⅱ号楼东、西墙面 PQ、MN 各 4 m，得 b、a 两点，钉桩并标志。

（2）在 b 点安置经纬仪，正倒分中法延长直线 ba，并在远处钉木桩，以标志直线方向。

（3）从 b 点起沿直线方向量距 18.250 m，标定 c 点。

（4）在 c 点置仪，以远处木桩点定向，正倒分中法拨 90°，确定①轴方向；沿此方向量距 4.250 m、15.850 m 分别定 F、J 点，并在此方向上合适位置处设立 e 点。分别量取 F、e 点至 PQ 墙面的垂距，其值与 18.250 m 的差值要满足定位要求（一般为 2 cm），若超过限差，则适当调整端点及基线方向，至满足要求为止。

(5)在基线确定后，分别用长度放样方法测设各横轴点至 d，并检测相邻点间距及总长，其与设计值之差一般不超过 1/2 000 的相对精度要求，若房屋规模较大，则不应超过 1/5 000。

(6)在已放样的各轴线端点置站，基线方向(距测站较远的点)定向，正倒分中法拨 90°，确定各轴线桩、辅助控制桩及建筑物或轴线外廓点 4、G、H 等。

(7)同法测设各纵轴 A—E 上的各轴线点。

(8)分别在建筑物定位点 F、4、G、H、I、J 上置站，检测相应直角或共线程度，其与理论值之差一般不许超过 ±40″，距离检查同上步骤(5)的要求。若角度、距离检查均合乎要求，则定位工作结束；否则，应分析原因予以调整，至满足要求为止。

三、建筑物的放线

经校验建筑物各外墙轴线交点桩的定位无误后，方可进行建筑物的放线。建筑物放线是根据定位的轴线交点桩，详细地测设其他各轴线交点的位置，并用木桩标定(桩顶钉小钉，常称中心桩)，然后由此按基础宽、放坡宽用白灰撒出基槽(坑)开挖的边界线。

建筑物放线的方法比较简单，最常用的方法有支距法、长度放样法、方向线交会法，它们的依据方向均是轴线。因此，在测设时如何将定位轴线点位引测到基槽附近，以便于施工；如何保护轴线点位、引测点位是非常重要的。

(一)设置轴线控制桩

大面积开挖的箱形基础、桩基础以及机械化施工程度高的工地，需要将轴线点位引测到开挖基槽(坑)外的安全位置，即设置轴线控制桩。

测设时，在轴线交点桩上安置经纬仪，照准另一轴线交点桩，沿视线方向用钢尺向基槽外侧量取一定距离(一般为 2 ~4 m)，打下木桩，桩顶钉中心钉，准确标定出轴线位置，并用混凝土包裹木桩，必要时砌筑保护井，加盖保护。图 12-8 在建筑物定位时已顾及了该基础的施工形式，设置了轴线控制桩，同时也设置了辅助桩(引测桩)。若场地附近有已建的建筑物，也可以将轴线投射到建筑物的墙上，做好标志，并注明轴线号。利用这些轴线控制桩即可在实地定出基槽的上口宽、基础边线等。

(二)设置龙门板

对于一般民用建筑，常在基槽开挖边线外一定距离处设置龙门板，将轴线投射到龙门板上，以便于施工。

如图 12-11 所示，设置龙门板的步骤如下：

(1)在建筑物四角和中间定位轴线上、基槽开挖边线以外 1.5 ~3.0 m 处，钉设与轴线垂直且牢固和竖直的两根大木桩，称为龙门桩。

(2)利用附近的水准点，将建筑物的室内地坪设计标高(±0.000)引测到各龙门桩的外侧面上，用红铅笔画一横线。

(3)钉设木板，使其上沿与龙门桩上标志的 ±0.000 线对齐，此板称为龙门板。若施工现场地面高低变化较大，也可分区测设比 ±0.000 高或低一整数的标高线，依此钉设龙门板，但必须做好记录，在板上注明高低的尺寸、符号。龙门板标高测定的容许误差一般为 ±5 mm。

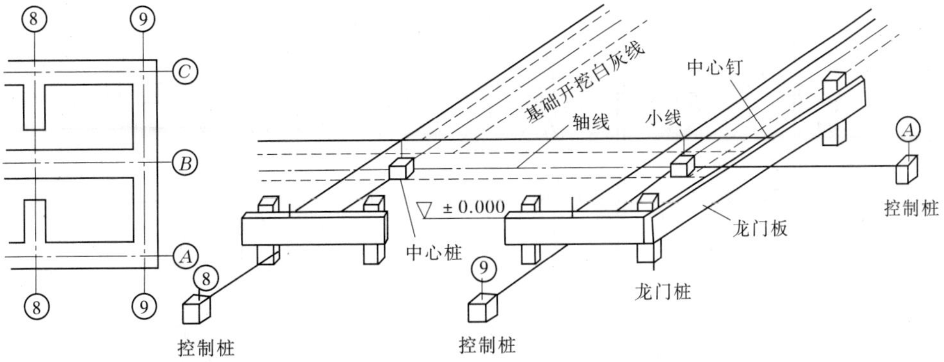

图 12-11 设置龙门板

(4)根据轴线桩,用经纬仪将轴线引测到龙门板上,并钉小钉标志,称为轴线投点,其容许误差为 ±5 mm。

(5)检测轴线钉间距,容许误差为 1/2 000 ~ 1/5 000。合格后,以轴线钉为准,将墙、基础、基槽边线等标定在龙门板上。对于基槽上口开挖边线,应顾及放坡尺寸和有关规定予以标定。

设置完龙门板后,即可结合图纸及板上标定的相关数据,用细线绳拉直线,沿线用石灰撒出基槽开挖的边线。

四、基础工程的施工测量

基础开挖边线标定后,即开始施工,按照其工作程序,测量的主要工作有以下几项。

(一)控制挖深及基底抄平

开槽后,要即时地控制基槽挖深,尤其在接近底部时,要在基槽各拐角、槽帮中间、深度变化处等钉设同一高程的水平木桩,以指示其距基底的高度。高程测设的方法,见第九章相关内容,测设容许误差为 ±10 mm。如图 12-12 所示,测设的水平木桩距基底为 0. 500 m。

至基底打垫层时,测定层面各主要点的高程,计算填、挖高度,并及时通知施工人员,以便修正。

(二)槽底放线

垫层打好后,根据龙门板上的轴线钉或轴线控制桩,用经纬仪或拉细线挂锤球的方法,将轴线投测到垫层上,并用墨线弹出墙体中心线和基础边线。基础砌筑及墙体形状、大小等均以此线为准,它是确定建筑物位置的关键环节,应严格校核,如图 12-13 所示。

(三)基础墙标高控制

砌筑基础时,一般采用基础皮数杆作为标高控制。基础皮数杆是一根木杆,在杆上按照设计尺寸将砖、灰缝的厚度和防潮层、±0. 000 等位置画线标出,如图 12-14 所示。

基础墙体砌筑完后,用水准仪检查基础顶面各点的标高是否符合设计要求,不符值之容许误差为 ±10 mm。

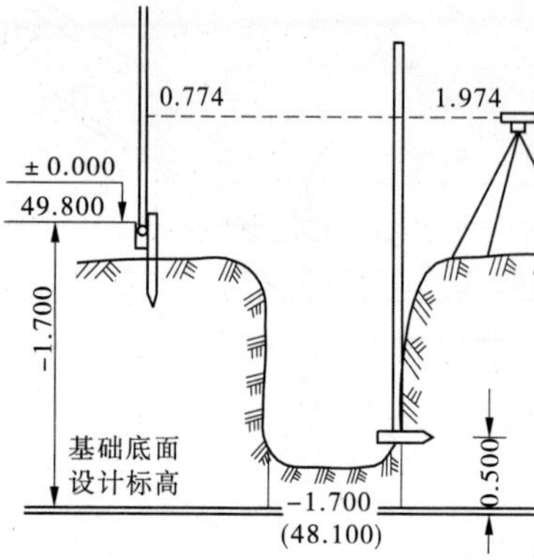

图 12-12 标定基槽深度

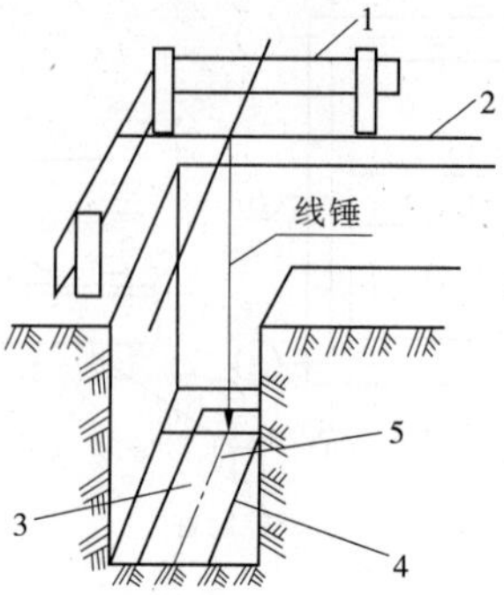

1—龙门板;2—地面;3—横底;
4—基础边线;5—墙体中心线

图 12-13 槽底放线

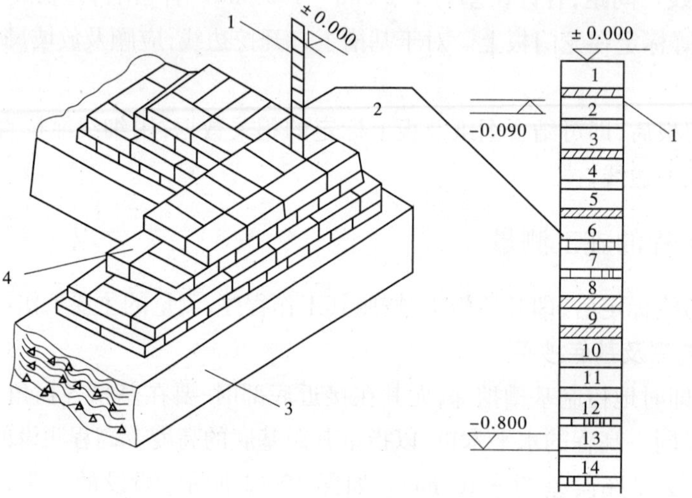

1—防潮层;2—皮数杆;3—垫层;4—大放脚

图 12-14 皮数杆及应用

五、墙体工程的施工测量

基础施工完后,即进行地上结构施工,测量工作主要分为墙体定位、上部轴线投射、高程控制与传递等。

(一)墙体定位弹线

在检核确认龙门板轴线钉、墙边线标志或控制桩的位置正确后,用经纬仪或拉细线绳挂锤球的方法,将轴线和墙边线投测到基础面上,并用墨线弹出墙体中线与边线。同时检查外墙轴线交角及间距,若符合要求,将轴线延伸到外墙基上,用红油漆做出明显标志,如图 12-15 所示。该标志作为向上投测轴线的依据,应切实保护好。另外,应在基础墙外侧画出门、窗和其他预留洞的边线。

（二）上部轴线投测

多层建筑需要将轴线向上分层投射，在低层或风小时，可用吊锤球的方法投测轴线或纠正墙角，此法简单易行；当多层或风大时，可用激光准直仪或经纬仪投测轴线。如图 12-16所示，将经纬仪置于轴线控制桩或轴线延长线上，正镜照准轴线方向，纵转望远镜在上层楼板或柱顶投测一点，倒镜同法投测得另一点，取两点之中位置即为轴线点。轴线投测到上层楼板后，仍需检查距离与角度是否符合要求。各层轴线均按此法投测。

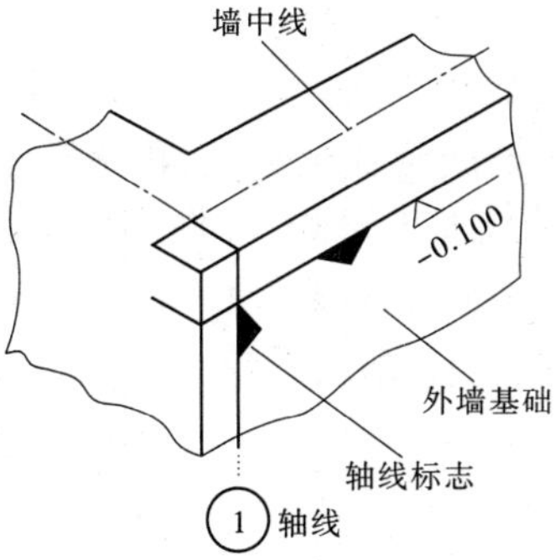

图 12-15　墙体定位

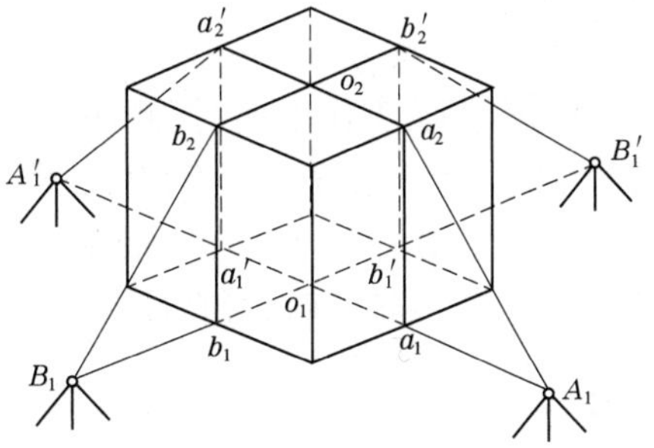

图 12-16　上部轴线投测

（三）标高控制与传递

在砌筑墙体时，墙体各部位标高通常也采用皮数杆来控制，如图 12-17 所示。其画法与钉设与基础皮数杆相同。若采用内脚手架施工，皮数杆应立在外侧；反之，立在内侧。当多层时，每隔 2 ~ 3 层应采用高程测量的方法传递高程，详见第九章或第十一章的相关内容。

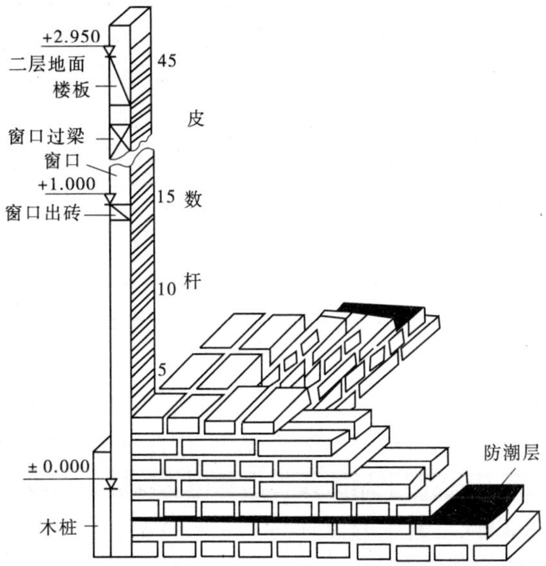

图 12-17　墙体各部位标高控制

第三节　高层建筑施工测量

高层建筑施工测量的主要任务是竖向传递轴线，以保证各层间相同轴线的一致性。目前，在高层建筑中投测轴线最常用的方法有经纬仪、激光垂准仪、吊锤球投测法。

一、轴线投测

（一）经纬仪投测法

经纬仪投测的基本方法已在上节（图 12-16）给以介绍，但当层数较多时（如 10 层以上），经纬仪仰角过大，工作不便，投测误差增大，需要将轴线延长至远处，再进行轴线投测。如图 12-18 所示，轴线在投至第 10 层楼板上后，为继续向上投测，可将经纬仪安置在轴线上的 a_{10}'、a_{10} 点，分别照准 A_1'、A_1 轴线点，用正倒分中法延长轴线至 A_2'、A_2 点。此两点应重点保护，向上投测轴线时，可在此两点置站投测，直至工程结束。

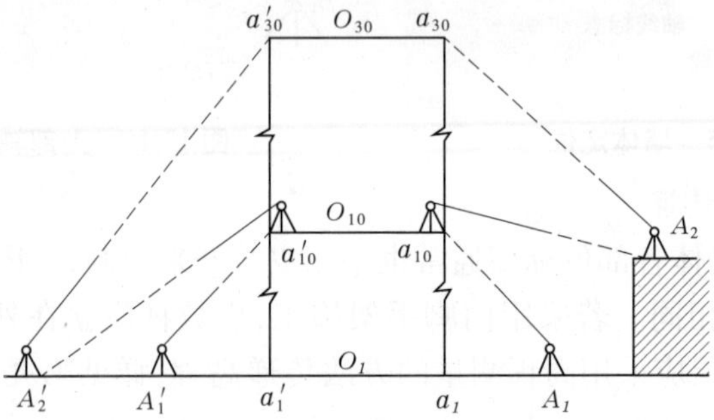

图 12-18　建筑总平面图

（二）激光垂准仪投测法

如图 12-19 所示为苏州一光仪器公司生产的 DZJ2 型激光垂准仪，它可以向上、向下分别给出同轴的两束激光，并与望远镜的视准轴同心、同轴、同焦。激光的有效射程：白天为 120 m，夜间为 250 m；精度：80 m 处的激光斑直径≤5 mm，向上投测一测回的垂直测量标准差为 1/45 000，等价于激光铅直精度 ±5″。

用激光垂准仪投测轴线，事先必须根据建筑物的轴线分布和结构情况设计好投测点位，投测点位至最近轴线的距离一般为 0.5～0.8 m，如图 12-20 所示。基础施工完后，将设计投测点位准确地测设到地坪层上，以后每层楼板施工时，都应在投测点位处预留 30 cm×30 cm 的垂准孔，如图 12-21 所示。

将激光垂准仪置于对应投测点位上，打开电源，在投测楼层的垂准孔上可见一束红色激光，使网格激光靶的靶心精确地对准激光光斑，用压铁拉直两根细麻线，使其交点与激光斑重合，在垂准孔旁的楼板面上用墨线弹出标记。以后使用投测点时，仍然在标记处用压铁拉直两根细麻线，以恢复其中心位置。

根据投测点与建筑物轴线的关系（见图 12-20），就可以测设出投测楼层的建筑轴线。

（三）吊锤球投测法

吊锤球投测法与激光垂准仪投测法相似，仍需设计好投测轴线点的位置，并在第 2 层

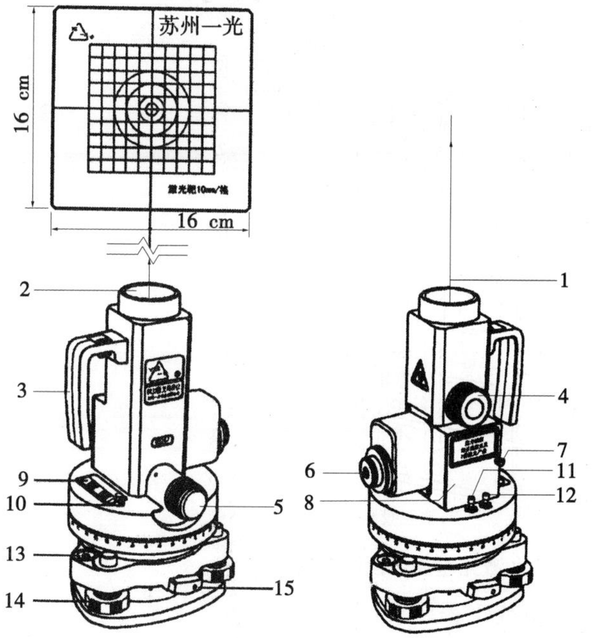

1—望远镜端激光束
2—物镜
3—手柄
4—物镜调焦螺旋
5—激光光斑调焦螺旋
6—目镜
7—电池盒盖固定螺丝
8—电池盒盖
9—管水准器
10—管水准器校正螺丝
11—电源开关
12—对点/垂准激光切换开关
13—圆水准器
14—脚螺旋
15—轴套锁定钮

图 12-19　DZJ2 型激光垂准仪

及以上各层的楼板预留 30 cm×30 cm 的投测孔。当地坪层轴线点设置好后，即可在投测孔处吊入直径约为 1 mm 的钢丝，吊锤重约为 15 kg；在上层调整钢丝位置，当锤球稳定位置或摆动平均位置，恰好为设置的地坪层轴线点时，下层操作人员即刻通知上层操作人员，固定钢丝，然后在孔口四周拉线标记。这种方法适用于风小、建筑场地较狭小的工程，若风大或摆动较大时，必须设立挡风板，并将锤球置于油桶内。

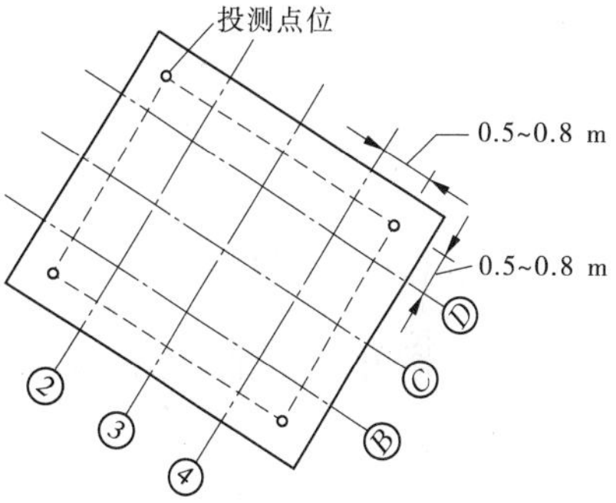

图 12-20　投测点位设计

二、高程传递

随着施工的进展，要不断地进行高程传递。传递工作可通过预留投测孔或电梯井进行，方法主要为吊钢尺法或全站仪垂直测距法。

吊钢尺法又分为普通钢尺、长钢尺传递高程方法。当层高不大于 45 m 时，一般用普通钢尺法，具体详见第九章第四节；当层高大于 50 m 时，一般用长钢尺法，具体详见第十一章第二节，相应内容不再赘述。

全站仪垂直测距法即指在视线垂直时测距，此时全站仪望远镜指向天顶方向，显示屏显示竖直角为 90°或天顶距为 0°。因此用此法传递高程时，先将全站仪置于地坪投测点，精确量取仪器高，调整望远镜使竖直角为 90°或天顶距为 0°；然后在投测孔（或电梯井）置放安置棱镜的设备（如 40 cm×40 cm 的铁板，中间开有对应棱镜直径的小孔），当测距光线通过安置棱镜处的中心时，安置棱镜并水平，测量距离，即可确定棱镜水平中心（棱镜转轴）的高程；上层观测人员再用水准仪，将棱镜水平中心的高程传递至已设定的固定点

图 12-21　激光垂准仪投测轴线

上。再换孔传递,高程较差应满足规范或工程要求。

第四节　工业厂房施工测量

工业厂房分为单层和多层,厂房的柱子按其结构与施工的不同分为预制钢筋混凝土、钢结构、现浇钢筋混凝土柱子等。目前,应用较多的是预制钢筋混凝土柱子装配式单层厂房。施工测量的主要工作有厂房矩形控制网测设、厂房柱列轴线测设、杯形基础施工测量、厂房构件安装测量等。

一、厂房矩形控制网测设

厂房的定位多是依据施工场地上的建筑方格网测设的。由于厂房多为柱列式建筑,跨距、间距大,隔墙少,平面布置简单,而且大多数构件都是按设计要求和尺寸预制的,因此就必须测设由柱列轴线控制桩组成的厂房矩形控制网,以保证构件的正确安装。

如图 12-22 所示,设 a、b、c、d 点为厂房的四个外角点,其坐标值可从总平面网上查得。欲测设厂房控制桩 A、B、C、D 这四点,其是拟设置在基础开挖边线外的厂房矩形控制网的四个角点,它们的坐标可根据 a、b、c、d 点的坐标及设计间距 l_1、l_2 算出。测设步骤如下:

(1)根据厂房控制点、建筑方格网中Ⅰ～Ⅳ点的坐标,计算测设数据。

(2)利用方格网边Ⅰ－Ⅱ、Ⅲ－Ⅳ按直角坐标法分别测设 A 和 B、C 和 D 这四点,并钉桩标点。

(3)检测 $\angle C$、$\angle D$ 是否为 90°,其不符值一般应不大于 ±10″;检测边 AC、BD 是否为设计长度,其不符值相对误差不大于 1/10 000。

为了便于测设细部,在测设和检测距离的过程中,可每隔若干柱间距埋设一个控制桩,称为距离指示桩。

对于小型的工业厂房,也可采用民用建筑定位的方法进行控制。对于大型或设备基础复杂的厂房,应先测设厂房控制网的主轴线,如图 12-23 中的 MON 与 POQ,再根据主轴线测设矩形控制网 *ABDC*。

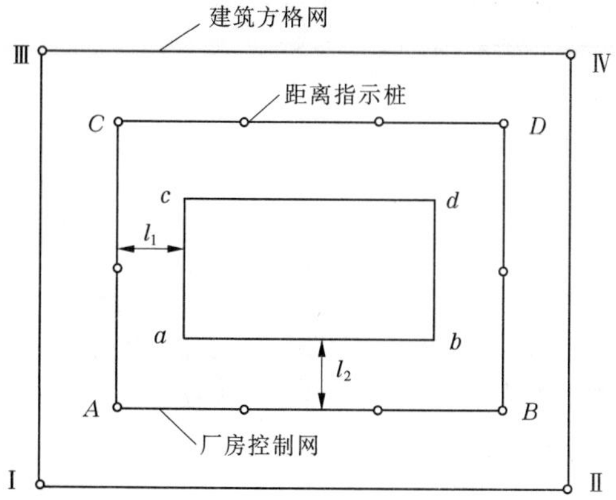

图 12-22　厂房控制桩测设

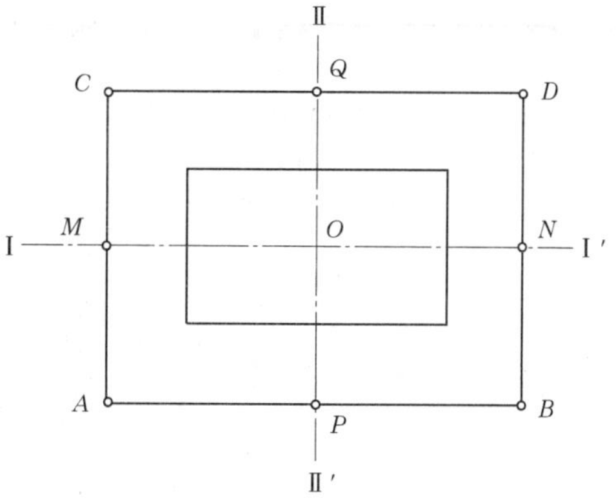

图 12-23　主轴线与矩形控制网

二、厂房柱列轴线的测设

厂房矩形控制网建立后,根据厂房平面图上所注的柱子间距和跨距尺寸,用钢尺沿矩形控制网各边量出各柱列轴线控制点的位置,如图 12-24 中的Ⓐ、Ⓑ、①、②等,打入大木桩,并在桩顶用小钉标出点位,作为基坑放样和构件安装的依据。

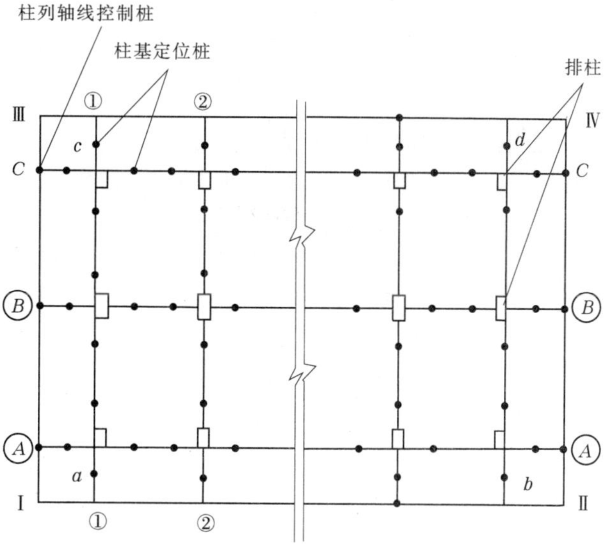

图 12-24　柱列轴线测设

三、杯形基础施工测量

(一)杯基定位

用两台经纬仪分别安置在两条相互垂直的柱列轴线控制桩上,沿轴线方向交会,测设出桩基定位点(轴线交点),再根据定位点和定位轴线,按基础详图(见图 12-25)上的设计尺寸和基坑放坡宽度,用特制角尺放出基坑开挖边线,并撒上白灰。

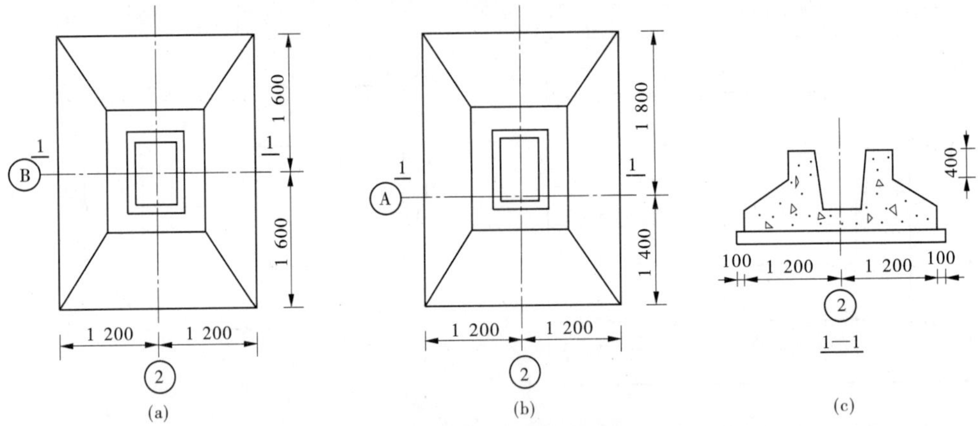

图 12-25 基础详图

同时,在基坑外的轴线上离开挖边线的 2 m 处,各打入一个基坑定位桩,桩顶钉小钉,见图 12-26(a)中的 1 桩,作为修坑和立模的依据。

(二)基坑标高控制

将标高引测到厂房控制桩上,当基坑挖到一定的深度后,用水准仪在坑壁的四周离坑底设计标高 0.5 m 处测设几个水平桩,见图 12-26(a)中的 2 桩,作为检查坑底标高和打垫层的依据。

(三)支模板放线

垫层打好后,根据基坑定位桩在垫层上放出基础中心线,并弹墨线标明,作为支模板的依据。模板支好后,应用拉线、吊垂线等方法检查上口的位置,见图 12-26(b)。然后用水准仪在模板内壁测设出基础面的设计标高线。在支杯底模板时,应注意使实际浇灌出的杯底面略低于设计标高 3 ~5 cm,以便以后杯底找平。

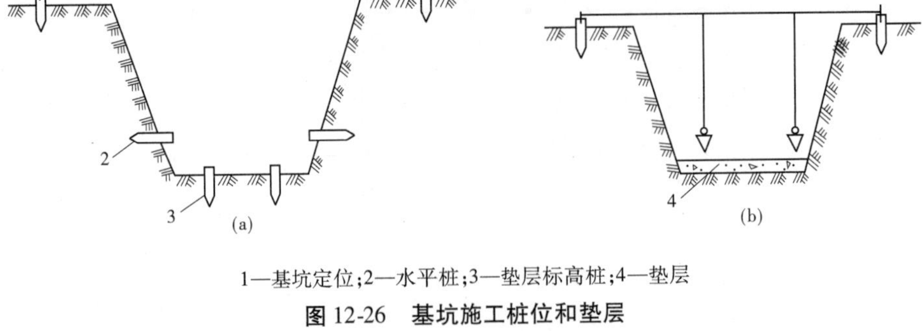

1—基坑定位;2—水平桩;3—垫层标高桩;4—垫层

图 12-26 基坑施工桩位和垫层

四、设备基础施工测量

工业厂房内主要设备与辅助设备的总重量常达数千吨,所有这些设备都必须安装在钢筋混凝土的基础上。因此,它除了需要大量的钢筋和混凝土外,还需要安装精度要求较高的地脚螺丝。基础平面的配置，是根据所安装设备的布置与形式而定的，所以它的造型就极为复杂。

设备基础工程施工测量一般可以分为基础定位（破土前的放样）、基础槽底放线、基础上层放线、地脚螺丝安装放线、中心标板投点等。以上各项施工测量的工作方法与杯形基础施工测量的方法相似，但应注意以下几个方面：

(1)当基础较深时，用钢尺法传递高程，再用水准仪放出与基底设计高程相差某一常数的标高点。

(2)为保证设备和地脚螺丝相对尺寸的准确性，一般均设计专用的钢制固定架，来固定地脚螺丝及其他预埋件。在浇灌混凝土之前，应按要求安置固定架，以保证地脚螺丝的平面位置和高程位置。

第五节　安装测量

装配式单层厂房主要由柱、吊车梁、层架等构件组成，如图 12-27 所示。这些构件大多是采用预制成型后运到工地，再进行现场装配。因此，在构件安装前，必须对所用的测量仪器进行严格检校，特别是柱子安装，它的位置与标高正确与否，将直接影响到梁、屋架等构件能否正确安装。

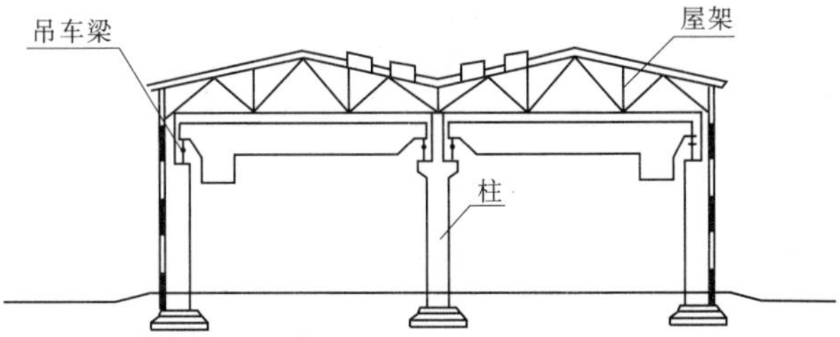

图 12-27　单层厂房示意图

一、柱子安装测量

对柱子的安装及测量精度要求，主要有以下几点：

(1)位置正确，柱子中心偏移轴线的限差为 ±5 mm。

(2)柱身竖直，柱顶对柱底的垂直度偏移限差 Δ 为：当柱高 $H \leqslant 5$ m 时，$\Delta = \pm 5$ mm；当 5 m $< H \leqslant 10$ m 时，$\Delta = \pm 10$ mm；当 $H > 10$ m 时，$\Delta = H/1\ 000$，且应使 $\Delta \leqslant \pm 25$ mm。

(3)牛腿面及柱顶标高的高程误差限差为 ±5 mm。

(一)准备工作

1. 杯基弹线

杯基拆模后，根据柱列轴线控制桩，用经纬仪把轴线投测在杯口顶面上，弹出墨线，并用红油漆画出“▶”标志，作为柱子中心定位线，如图 12-28 所示。当柱列轴线不通过柱中心线时，应在柱基顶面加弹中心线。

另外，用水准仪在杯口内壁测设出一条比杯口顶面标高低一整数值的标高线，并画出

"▼"标志,作为杯底找平的依据,如图 12-28 所示的 -0.600 m标高线。

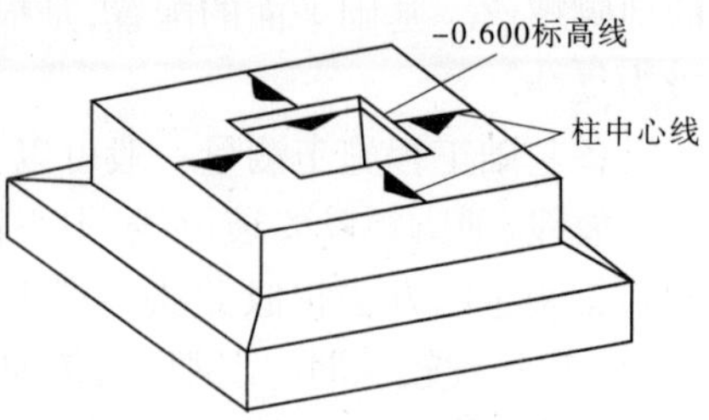

图 12-28　杯基弹线

2. 柱身弹线

在每根柱子的三个侧面分别弹出柱中心线,并在中心线的上端和下端杯口处画出"▶"标志;根据牛腿面的设计标高,从牛腿面向下用钢尺量出 ±0 的位置及杯口标高线(-0.600 m)的位置,并画出"▼"标志,如图 12-29(a)所示。再由标高线位置量至柱底,并将其值标注于柱身,如图 12-29(b)所示。

3. 杯底找平

实际测定柱基础杯口标高线至杯底的高度,并与柱身标注的相应值比较,进行杯底找平工作。由于浇灌杯底时,通常使其低于设计标高 3 ~5 cm,故可用1:2的水泥砂浆根据测定的找平厚度,进行找平。最后再用水准仪测量,其误差应控制在 ±3 mm 以内。

(二)柱子安装及竖直校正

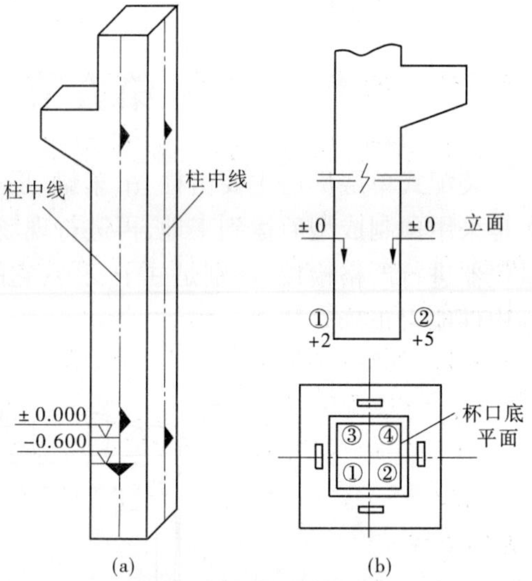

图 12-29　柱身弹线

柱子起吊后,应对号插入杯口。首先应使柱身基本竖直,再使柱身中心线与杯口轴线对齐,用硬木楔或钢楔临时固定,偏差较大时可用锤子敲打楔子拨正,其容许偏差为 ±5 mm,然后进行竖直校正。

如图 12-30(a)所示,用两台经纬仪分别安置在柱列纵、横轴线上,距柱子不小于柱高的 1.5 倍,同时观测柱子。先照准柱子下端的中心线,固定照准部,纵转望远镜仰视柱顶中心线。若其与视线重合,则柱子在这个方向上是竖直的;否则,应进行调整,直至相互垂直的两个方向上都符合要求为止,并将杯口的楔块打紧。固定后,再用经纬仪实测柱子的垂直偏差值,若在容许误差内,随即浇灌混凝土进行最后固定。

为了提高安装速度,有时先将若干柱子分别插入杯口,临时固定,这时则将经纬仪安置在柱列轴线的一侧,与轴线的偏角 β 不超过 15°,一次可校正几根柱子,如图 12-30(b)所示。柱子较短或精度要求较低时,可用锤球进行校正。

校正柱子时,还应注意以下几点:

(1)校正前应严格校正经纬仪,认真核对图纸及相关数据。

(2)柱子竖直校正好后,应复查柱子下部的中心线是否对准杯口的柱列轴线。

(3)安装变截面的柱子时,经纬仪必须安置在柱列轴线上,以免产生差错。

(4)在日照下校正钢柱的垂直度,应考虑温度的影响。因为钢柱受太阳照射后,阴面与阳面若温差大,柱子会向阴面弯曲,使柱顶产生水平位移。因此,在垂直度要求较高、柱身较高且温度较高时,应利用早、晚或阴天时间校正,或在日照下先检查早晨校正过的柱

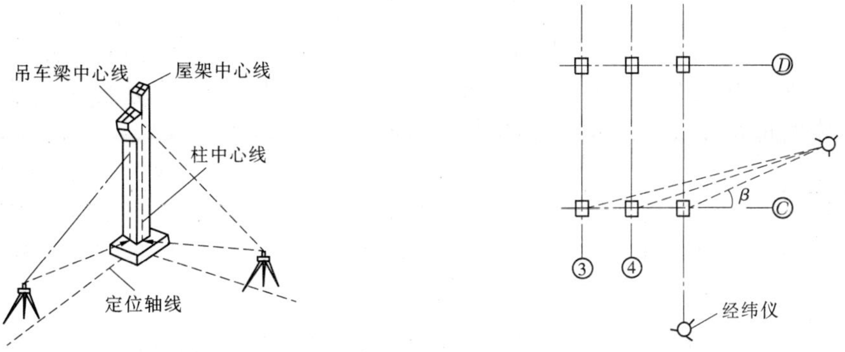

(a) (b)

图 12-30 柱子安装测量

子的垂直偏差值,对所校正柱子做预留偏差校正。

二、吊车梁及其轨道安装测量

厂房柱子安装完毕后,则需要在每排柱子的牛腿面上铺设吊车梁及吊车轨道。安装测量的基本要求是:使吊车梁及其轨道安装在设计的空间位置上,即梁中心线、吊车轨道中心线及牛腿面中心线在同一竖直平面内;两梁中心线及吊车轨道中心线间跨距满足设计要求;梁面及吊车轨道面在设计高程的位置上。

(一)准备工作

(1)在预制好的吊车梁的顶面及两个端面上,用墨线弹出梁的中心线。

(2)在牛腿面上弹出吊车梁的中心线,即以柱中心为准,根据其至梁中心的设计距离弹出墨线。

(3)在柱上标记水准点,用高程传递方法测定标记处的高程,用以控制梁面及轨道的找平。

(二)吊车梁安装测量

安装吊车梁时,使吊车梁两个端面上的中心线分别与牛腿面上的中心线对齐,然后用经纬仪校正。校正方法是:在地面根据柱轴线控制桩,测设出平行于梁中心线的校正轴线(设间距为 d);再将经纬仪安置于该轴线点上,照准校正轴线方向,纵转望远镜,照准校正处的水平木尺,调整吊车梁中线至视线切点位置恰好为距离 d,如图 12-31 所示。吊车梁就位后,根据梁面设计标高,利用柱上水准点每隔 3 m 检查、调整梁面的高程,梁接头处误差应不大于 ±3 mm,其他中间点误差的绝对值应不大于 5 ~ 8 mm。

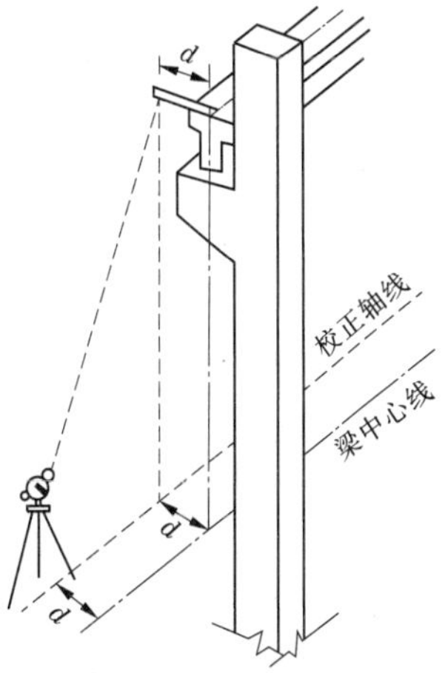

图 12-31 吊车梁校正

(三)轨道安装测量

吊车梁中线恢复以后,即可安装吊车轨道。测量的主要工作是检查安装好的吊车轨道是否符合设计要求,即:

(1)检查轨道中心线。沿轨道面每 6 m 检查一点,容

许偏差为 ±2 mm。

(2)检查跨距。用钢尺丈量两轨道中心线的间距,其与设计值之差应不大于 ±5 mm。

(3)检查轨顶标高。根据柱上水准点在每条轨道接缝处各测一点,容许误差为 ±1 mm,中间每 6 m 测一点,容许误差为 ±4 mm。

三、屋架的安装测量

屋架安装前,用经纬仪或其他方法在柱顶面上弹出屋架的定位轴线,以及屋架两端头的中心线,以便进行安装定位。

屋架就位时,应使屋架的中心线与柱顶面上的定位线对准,其容许误差为 ±5 mm。

屋架的竖直度可用锤球或经纬仪检查。用经纬仪检查时,可在屋架上横装三把卡尺,如图 12-32 所示,一把安装在屋架上弦中点附近,另外两把分别安装在屋架的两端,从屋架的几何中心沿卡尺向外量出一定距离(一般为 500 m),并做标志。在地面上距屋架中心同样的距离测一条平行线。在该线的一端安置经纬仪,照准另一端,仰起望远镜,观测三把卡尺上的标志是否位于同一竖直面内。若屋架竖直偏差较大,则用机具校正,最后将屋架固定。竖直度容许偏差 Δ 为:对于薄腹梁,$\Delta = \pm 5$ mm;对于桁架,$\Delta = \pm H/250$(H 为屋架高)。

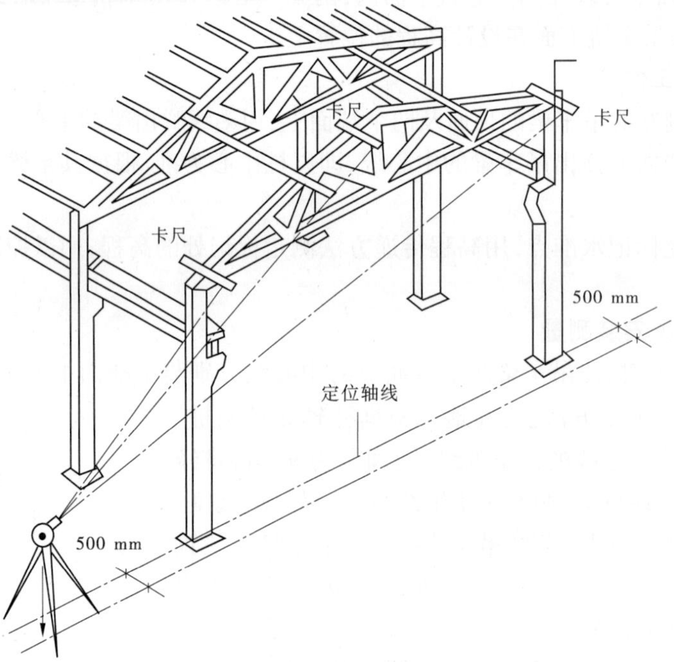

图 12-32　吊车梁校正

第六节　竣工总平面图的编绘

工业或大型民用建设项目竣工后,应编制竣工总平面图。竣工总平面图是设计总平面图在施工后实际情况的全面反映，所以设计总平面图不能完全代替竣工总平面图。编绘竣工总平面图的目的是：

(1)在施工过程中可能由于设计时没有考虑到的问题而使设计有所变更，这种临时变更设计的情况，必须通过测量反映到竣工总平面图上；

(2)便于日后各种设施的维修，特别是地下管道等隐蔽工程；

(3)为项目扩建提供了原有各建筑物、构筑物、地上和地下各种管线及交通线路的坐标、高程等资料。

新建项目竣工总平面图的编绘，最好是随着工程的陆续竣工而同步进行，这样既可及时发现、解决问题，监督工程进展情况，又可实际反映工程现状，避免日后编绘时有些工程因不可见而产生模糊失真现象，如地下管线等。

竣工总平面图的编绘，包括室外实测和室内资料编绘，即竣工测量和竣工总平面图的编绘。

一、竣工测量

在每一项工程完成后，必须由施工单位进行竣工测量，提交工程的竣工测量成果。其内容有：

(1)工业厂房及一般建筑物。包括房角坐标和高程，并附房屋编号、结构层数、面积和竣工时间等资料。

(2)铁路和公路。包括起止点、转折点、交叉点的坐标，曲线元素，桥涵等构筑物的位置和高程。

(3)地下管网。窨井、转折点的坐标，井盖、井底、沟槽和管顶等的高程；并附注管道及窨井的编号、名称、管径、管材、间距、坡度和流向。

(4)架空管网。包括转折点、结点、交叉点的坐标，支架间距，基础面高程。

(5)其他。

竣工测量完成后，应提交完整的资料，包括工程的名称、施工依据、施工成果，作为编绘竣工总平面图的依据。

二、竣工总平面图的编绘

竣工总平面图上应包括建筑方格网点、主轴线点、矩形控制网点、水准点和厂房、辅助设施、生活福利设施、架空及地下管线、铁路等建筑物或构筑物的坐标和高程，以及厂区内空地和本建区的地形。有关建筑物、构筑物的符号应与设计图例相同，有关地形图的图例应使用国家地形图图式符号。

厂区地上和地下所有建筑物、构筑物绘在一张竣工总平面图上时，如果线条过于密集而不醒目，则采用分类编图方法。如综合竣工总平面图、交通运输竣工总平面图和管线竣工总平面图等。比例尺一般为1/1 000，工程密集区可为1/500。

图纸编绘完成后，应附必要的说明及图表，连同原始地形图、地址资料、设计图纸文件、设计变更资料、验收记录等，合编成册。

思考题与习题

1. 布设建筑基线或建筑方格网的目的是什么?

2. 布设方格网有哪些要求?

3. 民用建筑施工测量依据的设计图件主要有哪些?

4. 民用建筑施工测量包括哪些主要工作?

5. 如图 12-33 所示,已知原有建筑物的 1、2 点坐标,现欲建一个 30 m×20 m 的机房,要求其⑥轴与坐标纵轴方向平行,试述其测设过程。

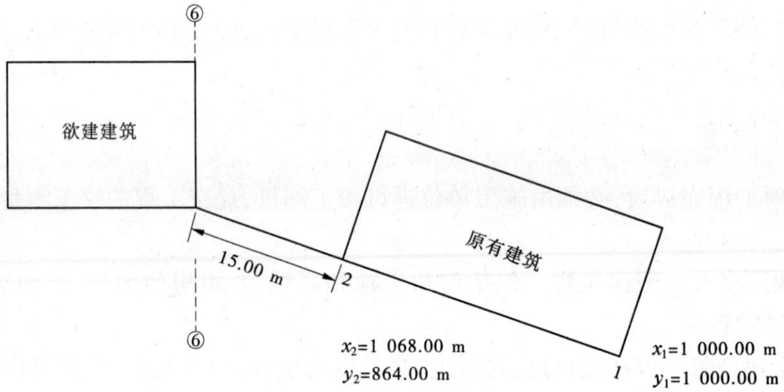

图 12-33　第 5 题图

6. 龙门板和控制桩的作用是什么?

7. 怎样设置龙门板?

8. 轴线传递主要有哪几种方法? 如何传递?

9. 怎样进行高程传递?

10. 在厂房柱基开挖过程中,如何确定开挖边线? 怎样保证基坑不超挖?

11. 试述吊车梁的安装测量工作。

12. 编绘竣工总平面图的目的是什么?

第十三章　水利工程施工测量

第一节　概　述

水利工程包括防洪、灌溉、排涝、发电、航运等项工程，如图 13-1 所示的是某水库示意图，由大坝、溢洪道、水闸、电站和输水涵洞等各个水工建筑物组成的整体称为水利枢纽。

按工程建设的程序可将测量工作分为勘察设计阶段的测量工作、施工阶段的测量工作、运营管理阶段的测量工作。工程勘察阶段的测量工作主要是布设测图控制网，测绘工程设计所需的大比例尺地形图。工程施工阶段的测量工作主要是建立施工控制网，进行各种建(构)筑物的放样。运营管理阶段的测量工作主要是建立监视建筑物的结构状态进行沉陷、平面位移、倾斜位移和裂缝观测，以便根据这些资料分析建筑物结构受力的状况，研究维护建筑物安全的方法，提出加固建筑物的措施，同时用观测资料验证设计理论，改进设计方法。

图 13-1　水库示意图

为了保证施工放样工作顺利进行，施工放样之前要做好如下准备工作：

(1)收集有关资料(包括工程总平面图、施工组织设计、基础平面图、建筑物施工图、设备安装图和测量成果等)；

(2)根据放样精度要求和施工现场条件，选择放样方法，准备测量仪器、工具；

(3)熟悉并校核设计图纸，计算放样数据，编制放样图表。

在水利建筑工程的技术设计批准以后，即可着手编制各项工程的施工详图。测量人员则在建筑区内开始施工控制网的建立工作。施工控制网应根据施工总体布置图和有关测绘资料来布置。同时还应考虑工程建成后的维护保养、扩建改建等要求。因此，施工控制网的布设应密切结合工程施工的需要及建筑场地的地形条件，选择适当的控制网形式和合理的布网方案。水利建筑工程施工控制网包括平面控制网和高程控制网两种。

一、平面控制网的布设

由于直接用于放样的控制点离建筑物较近，易受施工干扰而破坏，为了能够恢复这些点的位置，必须有另外一些不受施工干扰的基本控制点作为依据。因此，通常采用分级布点方案。平面控制网一般布设成两级。

(一)基本网

点位布设在施工影响范围之外、地质条件较好的地方,作为整个水利枢纽工程放样的总体控制。组成基本网的控制点,称为基本控制点,布点时应注意图形结构,使之能达到较高的精度。首级平面控制网一般布设成三角网形式,也可布设 GPS 网,在首级控制网中应尽可能将坝轴线纳入网中作为网的一边(如图 13-2 所示),根据工程规模的大小和建筑物重要性的不同,首级施工控制网一般按三等以上三角测量的精度要求施测。为了减少仪器对中误差和便于观测,施工控制点一般要建造混凝土观测墩,并在墩顶埋设强制对中设备。

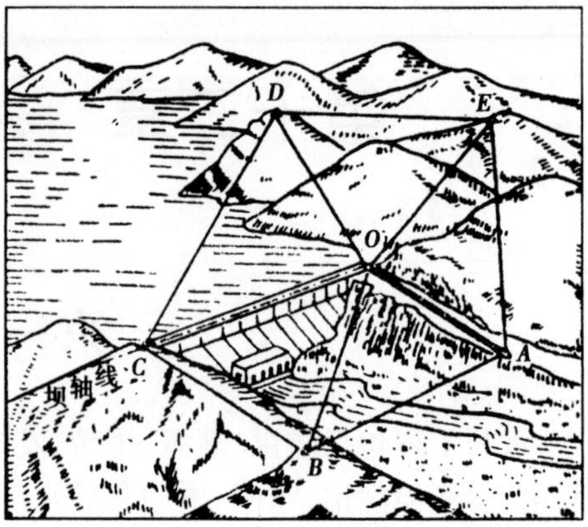

图 13-2 大坝平面施工控制网

(二)定线网

点位选在靠近建筑物的地方,以便直接用于施工放样。定线网以基本网为基准,用交会定点等方法加密,因此定线网点必须与基本网点通视,并能组成较好的测量图形。

二、测量坐标系与施工坐标系的换算

设计图纸上建筑物各部分的平面位置是以建筑物主轴线(如坝轴线、厂房轴线等)作为定位依据的。以主轴线为坐标轴及该轴线的一个端点为原点,或以相互垂直的两主轴线为坐标轴,所建立的坐标系称为施工坐标系。而建立平面控制网时所布设的控制点的坐标是测量坐标,为了便于计算放样数据和实地放样,必须用统一的坐标。如果采用施工坐标系进行放样,则应将控制点的测量坐标化算为施工坐标,化算方法见第九章式(9-1)或式(9-2)。

三、高程控制网的布设

为了给工程建筑物的高程放样提供可靠的统一高程系统,一般应在施工场地建立施工水准网,像平面控制一样,水准网也采取分级布设方案。

(一)水准基点

布设在施工场地周围不受施工干扰、地质条件良好的地方。施测精度一般应在三等水准以上,为了配合变形观测的需要,最好一次布设成精密水准网。由水准基点组成的水准网为基本网,水准基点应按规范要求埋设永久性坚固标志。

(二)临时作业水准点

布设在靠近建筑物的位置处,专为建筑物放样时直接引测高程使用。临时作业水准点的高程采用四等水准测量,按附合路线从水准基点上引测过来,并根据情况建立各种临时水准标志。临时水准点一般不宜采用闭合水准路线进行施测,以免因弄错起算数据而引起工程质量事故。如图 13-3 所示,BM_1、1、2、…、7、BM_1 是一个闭合形式的基本网,P_1、P_2、P_3、P_4 为作业水准点。

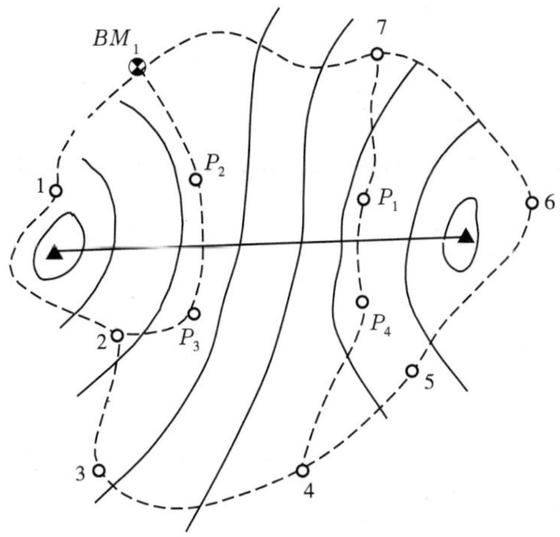

图 13-3　高程控制网

第二节　土坝的施工测量

土坝是一种较为普遍的坝型。根据土料在坝体的分布及其结构的不同，其类型又有多种，图 13-4 为一种黏土心墙土坝的剖面图。

土坝的施工测量大体分以下几个阶段：土坝轴线的定位与测设、坝身平面控制测量、坝身高程控制测量、土坝清基开挖线的放样、坝脚线的放样和溢洪道测设等。现介绍如下。

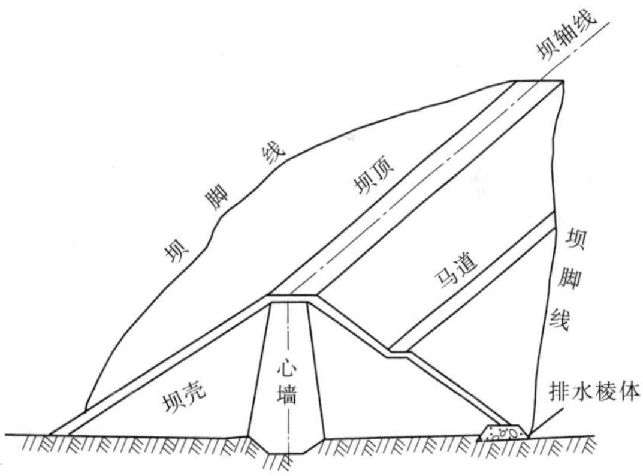

图 13-4　土坝

一、坝轴线的定位与测设

坝址选择是一项很重要的工作，因为它涉及大坝的安全、工程成本、受益范围、库容大小等问题。所以大坝选址工作必须综合研究，反复论证。选定大坝位置，也就是确定大坝轴线位置，通常有两种方法：一种是由有关人员组成选线小组实地勘察，根据地形和地质情况并顾及其他因素在现场选定，用标志标明大坝轴线两端点，经进一步分析比较和论证后，用永久性的标桩标明，并把轴线尽可能延长到两边山坡上；另一种方法是在地形图上根据各方面的勘测资料，确定大坝轴线位置。这种方法需要把图上的轴线位置测设到地面上。如图 13-5 所示，1、2 是大坝轴线的两个端点，A、B、C 是大坝轴线附近的控制点，放样时先根据控制点 A、B、C 的坐标和坝轴线两端点 1、2 的设计坐标计算出放样数据 β_1、β_2、β_3 和 γ_1、γ_2、γ_3，然后分别安置经纬仪于 A、B、C 点，按角度交会法，用三个方向交会，在实地定出 1、2 点。轴线的两端点在现场标定后，应用永久性

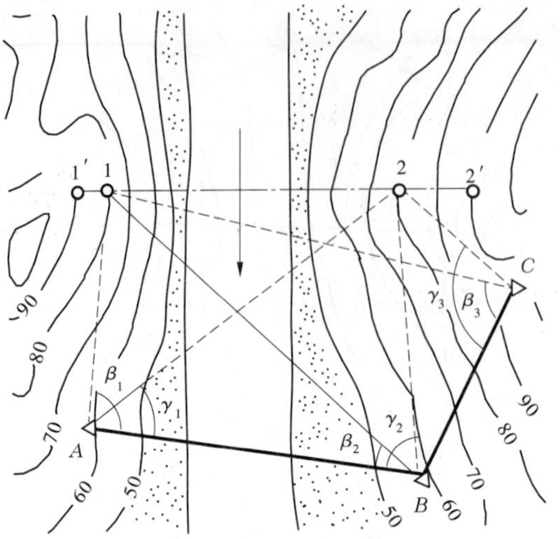

图 13-5 坝轴线测设

标志标明,为了防止施工时端点被破坏,应将坝轴线的端点延长到两面山坡上,见图中的1′、2′。

二、坝身平面控制测量

土坝一般都比较庞大,为了进行坝身的细部放样,如坝身坡脚线、坝坡面、心墙、坝顶肩线,需要以坝轴线为基础建立若干条与坝轴线平行和垂直的一些控制线作为坝身的平面控制。

(一)平行于坝轴线的控制线的测设

在大坝施工现场,由于施工人员、车辆、施工机械往来频繁,如果直接从坝轴线向两边量距离既困难又影响施工进度,所以,在施工开始前,需要在大坝的上游和下游设置若干条与坝轴线平行的直线,如图 13-6 所示。

平行于坝轴线的控制线可布设在坝顶上下游线、上下游坡面变化处、下游马道中线,也可按一定间隔布设(如 10、20、30m 等),以便控制坝体的填筑和进行收方。

测设平行于坝轴线的控制线时,分别在坝轴线的端点 1 和 2 安置经纬仪,用测设 90°的方法各作一条垂直于坝轴线的横向基准线(图 13-6),然后沿此基准线量取各平行控制线距坝轴线的距离,得各平行线的位置,用方向桩在实地标定。

(二)垂直于坝轴线的控制线的测设

垂直于坝轴线的控制线,一般按 50 m、30 m 或 20 m 的间距以里程来测设,其步骤如下。

(1)沿坝轴线测设里程桩。由坝轴线的一端,如图 13-6 中的 1 点,在轴线上定出坝顶与地面的交点,作为零号桩,其桩号为 0 + 000。方法是:在 1 点安置经纬仪,瞄准另一端点 2,得坝轴线方向,用高程放样的方法,首先由坝顶高程和附近水准点(高程为已知)上水准尺的后视读数,计算前视水准尺上的读数 b($b = H_{BM} + a - H_{顶}$),然后持水准尺在坝轴线方向(由经纬仪控制)移动,当水准仪读得的前视读数为 b 时,立尺点即为零号桩。

由零号桩起,由经纬仪定线,沿坝轴线方向按选定的间距(图 13-6 中为 30 m)丈量距

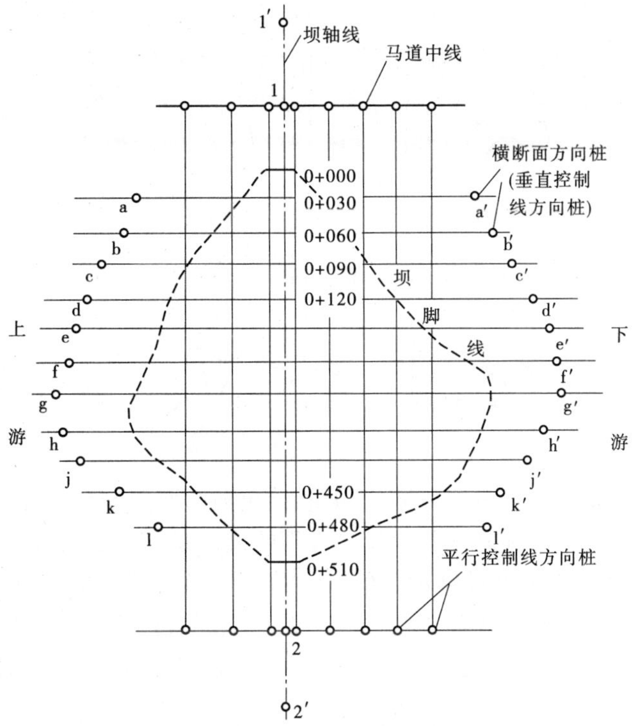

图 13-6　土坝平行线与垂直线的测设

离，顺序钉下 0 + 030、0 + 060、0 + 090……等里程桩，直至另一端坝顶与地面的交点为止。

(2)测设垂直于坝轴线的控制线。将经纬仪安置在里程桩上，瞄准 1 或 2 点，转 90°即定出垂直于坝轴线的一系列平行线，并在上下游施工范围以外用方向桩标定在实地上，作为测量横断面和放样的依据，这些桩亦称横断面方向桩（见图 13-6）。

三、坝身高程控制测量

用于土坝施工放样的高程控制，可由若干永久性水准点组成基本网和临时作业水准点两级布设。基本网布设在施工范围以外，并应与国家水准点联测，组成闭合或附合水准路线（图 13-7），用三等或四等水准测量的方法施测。临时水准点直接用于坝体的高程放样，布置在施工范围以内不同高度的地方，并尽可能做到安置一、二次仪器就能放样高程。临时水准点应根据施工进程及时设置，附合到永久水准点上。一般按四等或五等水准测量的方法施测，并要根据永久水准点定期进行检测。

四、土坝清基开挖线的放样

为使坝体与岩基很好结合，坝体填筑前，必须对基础进行清理。为此，应放出清基开挖线，即坝体与原地面的交线。

清基开挖线的放样精度要求不高，可用图解法求得放样数据在现场放样。为此，先沿坝轴线测量纵断面，即测定轴线上各里程桩的高程，绘出纵断面图，求出各里程桩的中心

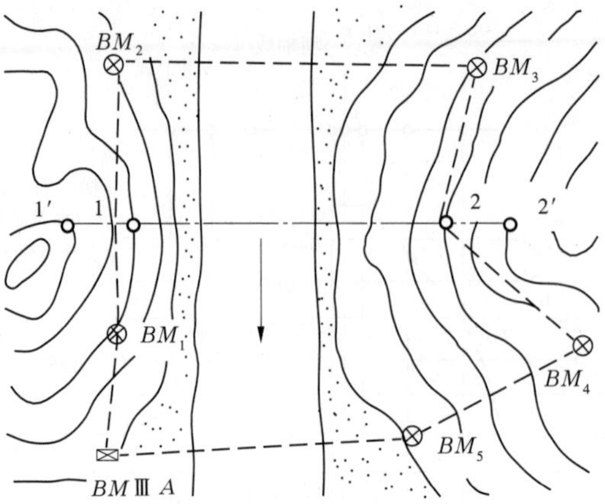

图 13-7　土坝高程基本控制网

填土高度,再在每一里程桩处进行横断面测量,绘出横断面图,最后根据里程桩的高程、中心填土高度与坝面坡度,在横断面图上套绘大坝的设计断面。如图 13-8 所示的为里程桩 0+120 处的断面,从图中可以看出 $d_{上}$、$d_{下}$ 为坝壳上下游清基开挖点,$d'_{上}$、$d'_{下}$为心墙上下游清基开挖点,它们与坝轴线的距离分别为 $S_{上}$、$S_{下}$、$S'_{上}$、$S'_{下}$,可从图上量得,用这些数据即可在实地放样。但清基有一定深度,开挖时要有一定边坡,故 $S_{上}$、$S_{下}$ 应根据深度适当加宽进行放样,用石灰连接各断面的清基开挖点,即为大坝的清基开挖线。

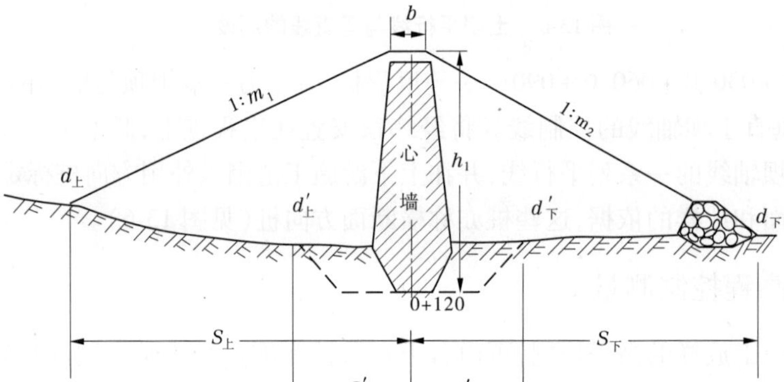

图 13-8　土坝清基放样

五、坝脚线的放样

清基以后应放出坡脚线,以便填筑坝体。坝底与清基后地面的交线即为坡脚线,下面介绍两种放样方法。

(一)横断面法

仍用图解法获得放样数据。首先恢复轴线上的所有里程桩,然后进行纵横断面测量,绘出清基后的横断面图,套绘土坝设计断面,获得类似图 13-9 的坝体与清基后地面的交点 $d_{上}$、$d_{下}$(上下游坡脚点),$S_{上}$、$S_{下}$ 即分别为该断面上、下游坡脚点的放样数据。在实地将这些点标定出来,分别连接上下游坡脚点即得上下游坡脚线。

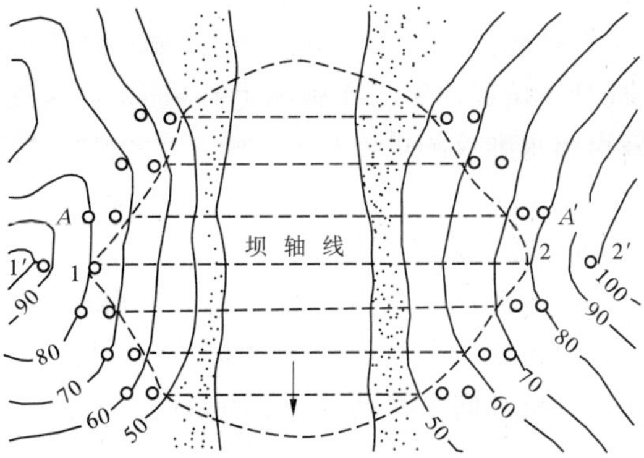

图 13-9 坡脚线的放样——平行线法

(二)平行线法

这种方法是由距离(平行控制线与坝轴线的间距为已知)求高程(坝坡面的高程),而后在平行控制方向上用高程放样的方法,定出坡脚点。如图 13-9 所示,AA'为坝身平行控制线,距坝顶边线 25 m,若坝顶高程为 80 m,边坡为 1∶2.5,则 AA'控制线与坝坡面相交的高程为 $80-25\times1/2.5=70$ m。放样时在 A 点安置经纬仪,瞄准 A'定出控制线方向,用水准仪在经纬仪视线内探测高程为 70 m 的地面点,就是所求的坡脚点。连接各坡脚点即得坡脚线。

六、边坡放样

坝体坡脚放出后,就可填土筑坝,为了标明上料填土的界线,每当坝体升高 1 m 左右就要用桩(称为上料桩)将边坡的位置标定出来。标定上料桩的工作称为边坡放样。它主要包括上料桩的测设和削坡桩的测设。

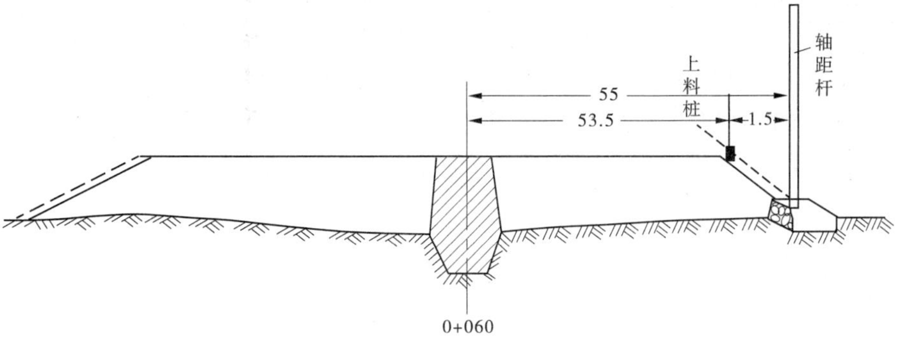

图 13-10 土坝边坡放样

(一)上料桩的测设

根据大坝的设计断面图,可以计算出大坝坡面上不同高程的点,离开坝轴线的水平距离,这个距离是指大坝竣工后坝面离开坝轴线的距离。但在大坝施工时,应多铺一部分料,根据材料和压实方法的不同,一般应加宽 1 ~2 m 填筑。上料桩就应标定在加宽的边坡线上(图 13-10 中的虚线处)。使压实并修理后的坝面恰好是设计的坝面。因此,各上料桩的坝轴距比按设计所算数值要大 1 ~ 2 m,并将其编成放样数据表,供放样时使用。而坝顶面铺料超高部分视具体情况而定。在施测上料桩时,可采用测距仪或钢尺测量坝轴线到上料桩之距离,高程用水准仪测量。

测设时,一般在填土处以外预先埋设轴距杆,测出轴距杆距坝轴线的距离,如图 13-10中为 55 m。设置轴距杆主要考虑便于量距、放样,为了放出上料桩,则先用水准仪测出坡面边沿处的高程,根据此高程从放样数据表中查得坝轴距,设为 53.5 m,此时,从轴距杆向坝轴线方向量取 55.0 − 53.5 = 1.5 m,即为上料桩的位置。当坝体逐渐升高,轴距杆的位置不便应用时,可将其向里移动,以方便放样。

(二)削坡桩的测设

大坝填筑至一定高度且坡面压实后,还要进行坡面的修整,使其符合设计要求。根据平行线在坝坡面上打若干排平行于坝轴线的桩,离坝轴线等距离的一排桩所在的坝面应具有相同的高程,用水准仪测得各桩所在点的坡面高程,实测坡面高程减去设计高程就得坡面修整的量。

第三节　混凝土坝的施工测量

混凝土坝按其结构和建筑材料相对土坝来说较为复杂,其放样精度比土坝要求高。如图 13-11(a)为混凝土重力坝的示意图,它的施工放样包括坝轴线的测设、坝体控制测量、清基开挖线的放样和坝体立模放样等几项内容。现以直线型混凝土重力坝为例介绍如下。

一、坝轴线的测设

混凝土坝轴线是坝体与其他附属建筑物放样的依据,它的位置是否正确,直接影响建筑物各部分的位置。一般先在图纸上设计坝轴线的位置,然后根据图纸上量出的数据,计算出两端点的坐标以及和附近控制点之间的关系,在现场用交会法测设坝轴线两端点,如图 13-11(b)中的 A 和 B。为了防止施工时受到破坏,需将坝轴线两端点延长到两岸的山坡上,各定 1 ~2 点,分别埋桩用以检查端点的位置。

二、坝体控制测量

混凝土坝的施工采取分层分块的方法,每浇筑一层一块就需要放样一次,因此,要建立坝体施工控制网,作为坝体放样的定线网。直线型混凝土重力坝其坝体施工控制网一般采用矩形网。

如图 13-11(b)所示,以坝轴线 AB 为基准,布设矩形网,它是由若干条平行和垂直于坝轴线的控制线所组成,格网的尺寸按施工分块的大小而定。

测设时,将经纬仪安置在 A 点,照准 B 点,在坝轴线上选甲、乙两点,通过这两点测设与坝轴线相垂直的方向线,由甲、乙两点开始,分别沿垂直方向按分块的宽度钉出 e、f 和 g、h、m 以及 e'、f'和 g'、h'、m'等点。最后将 ee'、ff'、gg'、hh'及 mm'等连线延伸到开挖区外,在两侧山坡上设置Ⅰ、Ⅱ……Ⅴ和Ⅰ′、Ⅱ′……Ⅴ′等放样控制点。

然后在坝轴线方向上，按坝顶的高程，找出坝顶与地面相交的两点 Q 与 Q'（方法可参见土坝控制测量中坝身控制线的测设），再沿坝轴线按分块的长度钉出坝基点 2、3……10，通过这些点各测设与坝轴线相垂直的方向线，并将方向线延长到上、下游围堰上或山坡上，设置 1′、2′……11′和 1″、2″……11″等放样控制点。

在测设矩形网的过程中，测设直角时须用盘左盘右取平均，丈量距离应细心校核，以免发生差错。

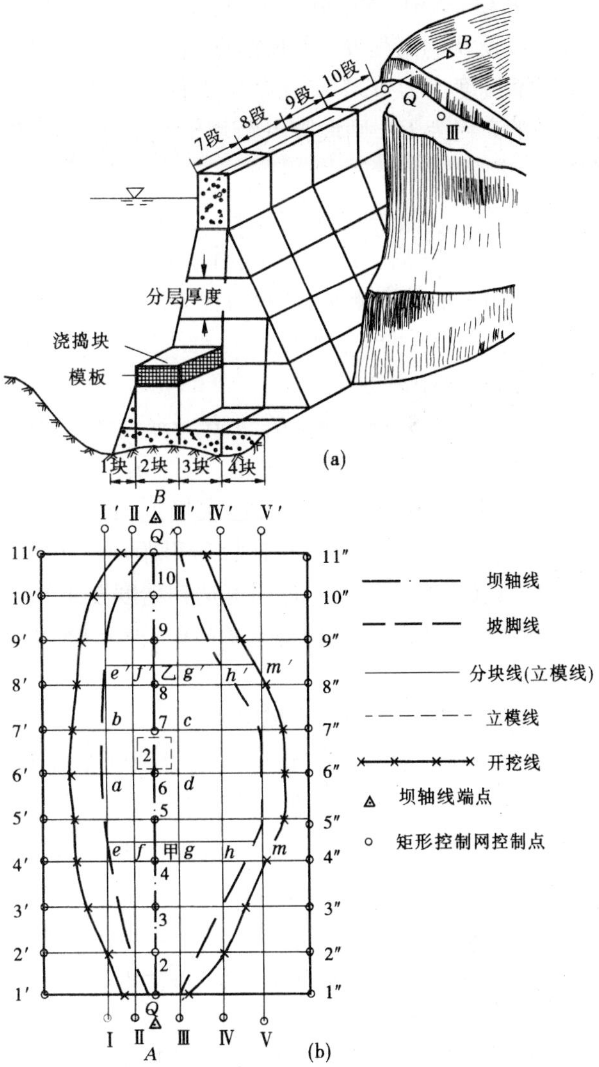

图 13-11　直线型混凝土重力坝

三、清基开挖线的放样

清基开挖线是确定对大坝基础进行清除基岩表层松散物的范围，它的位置根据坝两侧坡脚线、开挖深度和坡度决定。标定开挖线一般采用图解法。和土坝一样先沿坝轴线进行纵横断面测量绘出纵横断面图，由各横断面图上定坡脚点，获得坡脚线及开挖线。如图 13-11(b)所示，放样时可在坝身控制点 1′、2′……等点上安置经纬仪，瞄准对应的控制点 1″、2″……等点，在这些方向线上定出该断面基坑开挖点，图中有“×”记号的点，将这些点连接起来就是基坑开挖线。

在清基开挖过程中，应控制开挖深度，在每次爆破后及时在基坑内选择较低的岩面测定高程（精确到 cm）并用红漆标明，以便施工人员掌握开挖情况。

四、坝体的立模放样

（一）坡脚线的放样

基础清理完毕，可以开始坝体的立模浇筑，立模前首先找出上、下游坝坡面与岩基的接触点，即分跨线上下游坡脚点。放样的方法很多，在此主要介绍逐步趋近法。

如图 13-12 中，欲放样上游坡脚点 a，可先从设计图上查得坡顶 B 的高程 H_B，坡顶距坝轴线的距离为 D，设计的上游面坡度为 $1:m$，为了在基础上标出 a 点，可先估计基础面的高程为 $H_{a'}$，则坡脚点距坝轴线的距离可按下式计算

$$S_1 = D + (H_B - H_{a'})m \qquad (13\text{-}1)$$

求得距离 S_1 后，可由坝轴线沿该断面量一段距离 S_1 得 a_1 点，用水准仪实测 a_1 点的高程 H_{a1}，若 H_{a1} 与原估计的 $H_{a'}$ 相等，则 a_1 点即为坡脚点 a。否则应根据实测的 a_1 点的高程，再求距离得

$$S_2 = D + (H_B - H_{a1})m \qquad (13\text{-}2)$$

再从坝轴线起沿该断面量出 S_2 得 a_2 点，并实测 a_2 的高程，按上述方法继续进行，逐次接近，直至由量得的坡脚点到坝轴线间的距离，与计算所得距离之差在 1 cm 以内时为止（一般作三次趋近即可达到精度要求）。同法可放出其他各坡脚点，连接上游（或下游）各相邻坡脚点，即得上游（或下游）坡面的坡脚线，据此即可按 $1:m$ 的坡度竖立坡面模板。

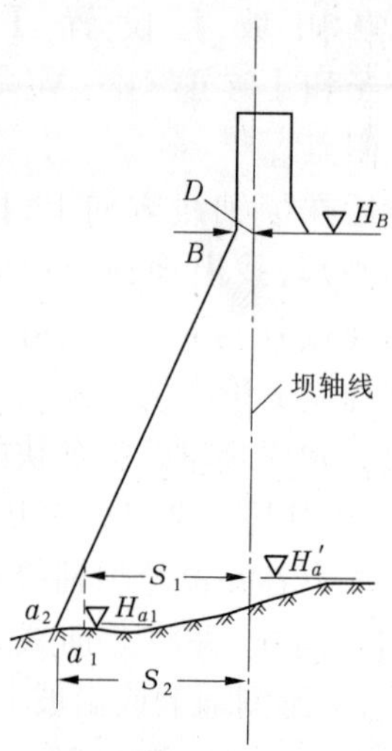

图 13-12　坝坡脚放样

（二）直线型重力坝的立模放样

在坝体分块立模时，应将分块线投影到基础面上或已浇好的坝块面上，模板架立在分块线上，因此分块线也叫立模线，但立模后立模线被覆盖，还要在立模线内侧弹出平行线，称为放样线（图 13-11（b）中虚线所示），用来立模放样和检查校正模板位置。放样线与立模线之间的距离一般为 0.2～0.5 m。

1. 方向线交会法

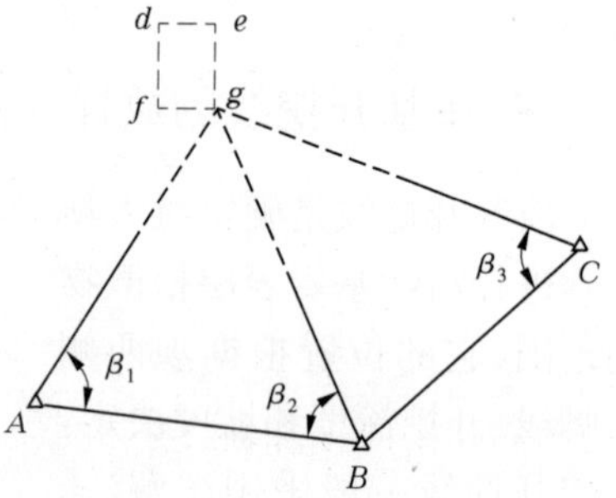

图 13-13　前方交会法立模放样

如图 13-11（b）所示的混凝土重力坝，已按分块要求布设了矩形坝体控制网，可用方向线交会法，先测设立模线。如果要测设分块 2 的顶点 b 的位置，可在 7′安置经纬仪，瞄准 7″点，同时在Ⅱ点安置经纬仪，瞄准Ⅱ′点，两架经纬仪视线的交点即为 b 的位置。在相应的控制点上，用同样的方法可交会出这分块的其他三个顶点的位置，得出分块 2 的立模线。利用分块的边长及对角线校核标定的点位，无误后在立模线内侧标定放样线的四个角顶，如图 13-11（b）中分块 $abcd$ 内的虚线。

2. 前方交会（角度交会）法

如图 13-13 所示，由 A、B、C 三控制点用前方交会法先测设某坝块的四个角点 d、e、f、g，它们的坐标由设计图纸上查得，从而与三控制点的坐标可计算放样数据——交会角。如欲测设 g 点，可算出 β_1、β_2、β_3，便可在实地定出 g 点的位置。依次放出 d、e、f 各角点，也应用分块边长和对角线校核点位，无误后在立模线内侧标定放样的四个角点。

方向线交会法简易方便，放样速度也较快，但往往受到地形限制，或因坝体浇筑逐步升高，挡住方向线的视线不便放样，因此实际工作中可根据条件把方向交会法和角度交会

法结合使用。

第四节　水闸的施工测量

水闸一般由闸室段和上、下游连接段三部分组成，如图 13-14 所示。闸室是水闸的主体，这一部分包括底板、闸墩、闸门、工作桥和交通桥。上、下游连接段有防冲槽、消力池、翼墙、护坦(海漫)、护坡等防护设施。由于水闸一般建筑在土质地基上，因此通常以较厚的钢筋混凝土底板作为整体基础，闸墩和两边侧墙就浇筑在底板上，与底板结成一个整体。放样时，应先放出整体基础开挖线；在基础浇筑时，为了在底板上预留闸墩和翼墙的连接钢筋，应放出闸墩和翼墙的位置。具体放样步骤和方法如下。

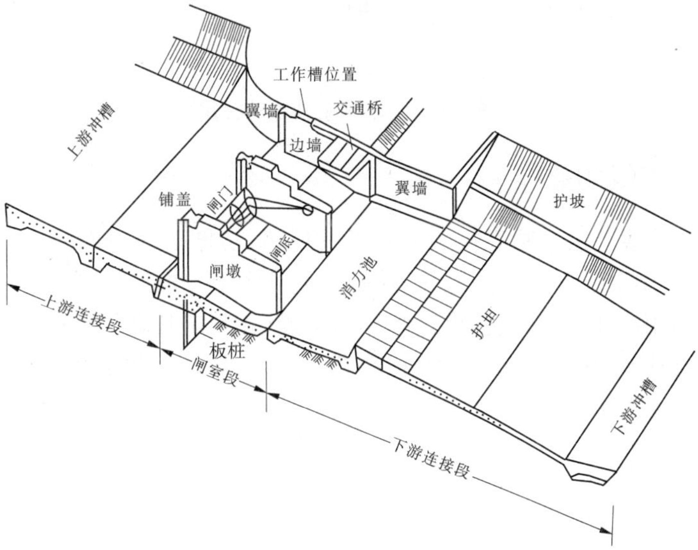

图 13-14　水闸组成部分示意图

一、主轴线的测设和高程控制线的建立

水闸主轴线由闸室中心线(横轴)和河道中心线(纵轴)两条互相垂直的直线组成，从水闸设计图上可以量出两轴交点和各端点的坐标，根据坐标反算求出它们与邻近控制点的方位角，用前方交会法定出它们的实地位置。主轴线定出后，应在交点检测它们是否相互垂直；若误差超过 10″应以闸室中心线为基准，重新测设一条与它垂直的直线作为纵向主轴线，其测设误差应小于 10″。主轴线测定后，应向两端延长至施工影响范围之外，每端各埋设两个固定标志以表示方向，如图 13-15 所示，AB 为河道中心线，CD 为闸室中心线。

高程控制采用三等或四等水准测量方法测定。水准点布设在河流两岸不受施工干扰的地方，临时水准点尽量靠近水闸位置，可以布设在河滩上。图 13-15 中，BM_1 与 BM_2 布设在河流两岸，它们与国家水准点联测，作为水闸的高程控制，BM_3 与 BM_4 布设在河滩上，用来控制闸的底部高程。

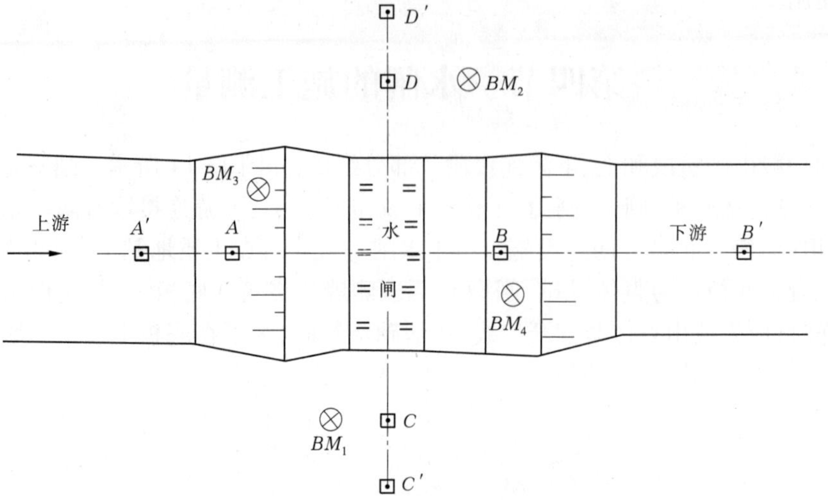

图 13-15　水闸主轴线的标定

二、基础开挖线的放样

水闸基坑开挖线是由水闸底板的周界以及翼墙、护坡等与地面的交线决定。为了定出开挖线，可以采用套绘断面法。首先，从水闸设计图上查取底板形状变换点至闸室中心线的平距，在实地沿纵向主轴线标出这些点的位置，并测定其高程和测绘相应的河床横断面图。然后根据设计数据（即相应的底板高程和宽度，翼墙和护坡的坡度）在河床横断面图上套绘相应的水闸断面（见图 13-16），量取两断面线交点到测站点（纵轴）的距离，即可在实地放出这些交点，连成开挖边线。

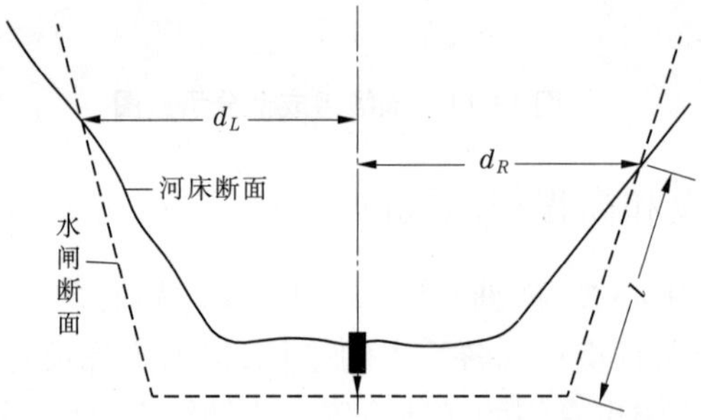

图 13-16　水闸基坑开挖点的确定（套绘断面法）

为了控制开挖高程，可将斜高 l 注在开挖边桩上。当挖到接近底板高程时，一般应预留 0.3 m 左右的保护层，待底板浇筑时再挖去，以免间隔时间过长，清理后的地基受雨水冲刷而变化。在挖去保护层时，要用水准测定底面高程，测定误差不能大于 10 mm。

三、水闸底板的放样

底板是闸室和上、下游翼墙的基础。闸孔较多的大、中型水闸底板是分块浇筑的。底板放样的目的首先是放出每块底板立模线的位置，以便装置模板进行浇筑。底板浇筑完后，要在底板上定出主轴线、各闸孔中心线和门槽控制线，并弹墨标明。然后以这些轴线为基准标出闸墩和翼墙的立模线，以便安装模板。

（一）底板立模线的标定和装模高度的控制

为了定出立模线，先应在清基后的地面上恢复主轴线及其交点的位置，于是必须在原轴线两端的标桩上安置经纬仪进行投测。轴线恢复后，从设计图上量取底板四角的施工坐标（即至主轴线的距离），便可在实地上标出立模线的位置。

模板装完后，用水准测量在模板内侧标出底板浇筑高程的位置，并弹出墨线表示。

（二）翼墙和闸墩位置及其立模线的标定

由于翼墙与闸墩是和底板结成一个整体，因此它们的主筋必须一道结扎。于是在标定底板模线时，还应标定翼墙和闸墩的位置，以便竖立连接钢筋。翼墙、闸墩的中心位置及其轮廓线，也是根据它们的施工坐标进行放样，并在地基上打桩标明。

底板浇筑完后，应在底板上再恢复主轴线，然后以主轴线为依据，根据其他轴线对主轴线的距离定出这些轴线（包括闸孔和闸墩中心线以及门槽控制线等），且弹墨标明。因为墨线容易脱落，故必须每隔 2 ~ 3 m 用红漆画一圈点表示轴线位置。各轴线应按不同的方式进行编号。根据墩、墙的尺寸和已标明的轴线，再放出立模线的位置。

四、上层建筑物的轴线测设和高程控制

当闸墩浇到一定高度时，应在墩墙上测定一条高程为整米数的水平线，用弹墨表示出来，作为继续往上浇筑时量算高程的依据。当闸墩浇筑完工后，应在闸墩上标出闸的主轴线，再根据主轴线定出工作桥和交通桥中心线。

值得注意的是，在闸墩上立模浇筑最后一层（即盖顶）时，为了保证各墩顶高程相等，并符合设计要求，应用水准测量检查和校正模板内的标高线。在浇筑闸墩的整个过程中，应随时注意检查模板是否安装，两墩间门槽的方向和间距是否上下一致。

思考题与习题

1. 土坝施工测量分几个阶段？

2. 简述土坝轴线的测设方法。

3. 如图 13-17 所示，P 点是坝轴线上 0 + 000 里程桩，M 是坝轴线上的一点，N 点是 MP 垂直方向上离 M 点 100 m 的一点。已知 $\alpha_0 = 40°10'00''$，计算里程桩 0 + 020、0 + 040 及分别与 MN 方向所夹的水平角 α_1、α_2。

4. 简述直线型混凝土重力坝施工放样的工作内容。

5. 简述直线型重力坝的立模放样方法。

6. 简述水闸放样的工作内容。

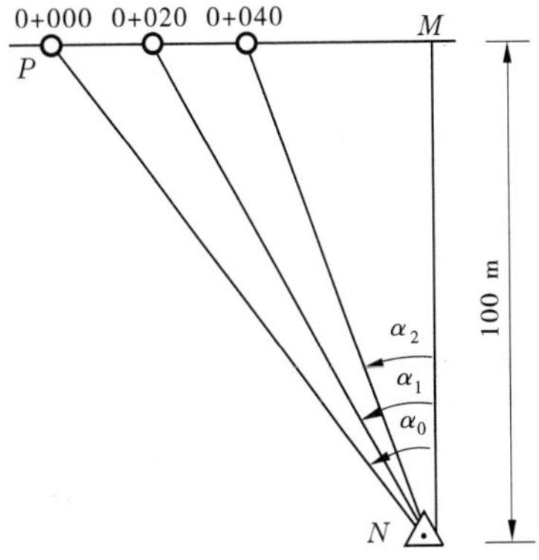

图 13-17　第 3 题图

第十四章　建筑物变形测量

第一节　概　述

随着国民经济和社会的飞速发展,各种复杂、大型的工程建筑物日益增多,变形测量的项目、种类也在积聚增多,施工与运营的安全在逐步得到监督和保障。

在工程施工阶段,首先要修建基础,致使基础周围及其下部的原状岩土性质发生力学变化,若有降水工程,还会使地下水位发生变化;然后修建上部结构,随着荷载的均匀或不均匀增加,致使岩土性质和地下水位等变化加剧。除此之外,基础和上部结构还要受到温度变化、季节性的地下水位变化、动荷载的变化等作用。所有的这些作用导致基础和上部结构发生变形,并且这种变形主要是随着岩土性质的稳定而逐步稳定的。因此,即使工程竣工后,在提交运营的一段时间内或较长的时间内,基础和上部结构仍在变形,若变形使得建筑物内部结构应力发生显著变化,将会危及建筑物的安全。由上可知,在工程建筑物的施工阶段和运营管理阶段,都要对建筑物的变形状态进行监测,即变形监测(也称变形测量或变形观测)。

变形分为两大类,即自身形体的变化和变形体的刚体变化。变形体自身的形变包括伸缩、错动、弯曲和扭转这四种变形;而刚体形变包括变形体的整体平移、转动、升降和倾斜这四种。变形测量按时间连续性分为静态和动态变形测量,静态变形测量是对监测对象进行周期性的测量,从而得到某一时间内的变形值;动态变形测量是对监测对象进行持续性的测量,从而得到某一时刻的瞬时变形值。

要对监测对象进行监测,必须在变形体上设置能够反映自身及整体变形的观测点位,并要顾及布点的密度。按照要求,静态变形通过对观测点进行周期性的重复观测,并经过计算、分析,便能获悉观测点及监测对象的变形特征(量值、速率等);动态变形则需要采用自动化程度较高的先进仪器设备(如全站仪、GPS、近景摄影测量系统、自动记录仪等)对观测对象或观测点进行实时测量、解算,测定其即时位置,便能确定瞬时变形值。因此,在观测对象上如何设立观测点、保持观测点不被破坏和碰动、高精度的进行首次观测,对于变形测量来说都是极为重要的。

建筑物变形测量,按其使用目的分为施工变形测量(即在施工过程中调整和控制建筑物的变形量)、监视变形测量(即建筑物竣工后在使用期间的检验和监视)和科研变形测量(即分析研究变形的过程与原因);按变形测量的内容分为沉降、水平位移、倾斜、挠曲及裂缝变形测量,其中最基本的内容是建筑物的沉降观测和水平位移观测,且主要为静态变形测量。

建筑物变形测量的方法,应根据建筑物的性质、变形情况、观测精度、周围的环境以及观测的要求而选定。一般来说,沉降观测多使用精密水准测量的方法,而水平位移观测多采用基准线法、导线测量法和交会测量法等。表 14-1 给出了变形测量的等级划分及精度要求。

表 14-1　变形测量的等级划分及精度要求　　（单位:mm）

变形测量等级	垂直位移测量		水平位移测量	适用范围
	变形点高程中误差	相邻变形点高差中误差	变形点的点位中误差	
一等	0.3	0.1	1.5	变形特别敏感的高层建筑、工业建筑、高耸建筑、重要古建筑、精密工程设施等
二等	0.5	0.3	3.0	变形比较敏感的高层建筑、高耸构筑物、古建筑、重要工程设施和重要建筑场地的滑坡监测等
三等	1.0	0.5	6.0	一般性的高层建筑、工业建筑、高耸构筑物、滑坡监测等
四等	2.0	1.0	12.0	观测精度要求较低的建筑物、构筑物和滑坡监测等

注:①变形点的高程中误差和点位中误差,系相对于最近的基准点而言;

②当水平位移变形测量用坐标向量表示时,向量中误差为表中相应等级点位中误差的 $1/\sqrt{2}$ 倍;

③垂直位移的测量,可视需要按变形点的高程中误差或相邻变形点高差中误差确定测量等级。

通过变形测量取得的第一手资料,可以监视工程建筑物的状态变化和工作情况,在发生不正常情况时,应及时分析原因,采取措施,防止事故发生,确保建筑物的安全。同时,通过在施工和运营期间对工程建筑物进行变形观测、分析研究,还可验证地基和基础计算方法、工程结构设计方法的合理性和有效性,为工程建筑物的设计、施工、管理和科学研究提供宝贵的资料。

第二节　建筑物变形观测的精度和频率

一、建筑物变形观测的精度

建筑物变形观测的精度要求,取决于设计容许变形值的大小和观测目的。根据国内外大量的资料分析和实践经验,认为建筑物变形测量的精度要求,应在设计容许变形值的 1/10 ~ 1/20。这样的精度要求其摆动幅度很大,实际应结合变形观测的目的、工程性质、建筑物基础和上部结构的形式、环境等条件来具体确定。一般来说,变形测量用于检查施工,要求的精度较低;用于监视建筑物的安全,要求的精度较高;用于研究变形的过程,要求的精度最高。

建筑物的容许变形值,一般由设计单位提供或按规范规定的数据查取,如表 14-2、表 14-3、表 14-4 给出了建筑物不同类型结构要求监测内容的容许变形值。

表 14-2　建筑物沉降容许变形值

序号	工业与民用建筑物相邻柱基础的沉降差异	沉降容许限差	
		中低压缩性土	高压缩性土
1	框架结构	0.002L	0.003L
2	砖石墙填充的边排柱	0.000 7L	0.001L
3	沉降不产生附加应力的结构	0.005L	0.005L

注:L 为相邻柱基础的中心间距,以 m 计。

表 14-3　建筑物倾斜容许变形值

序号	多层或高层建筑物的高度(m)	倾斜容许限差
1	$H \leqslant 24$	0.004H
2	$24 < H \leqslant 60$	0.003H
3	$60 < H \leqslant 100$	0.002H
4	$100 < H$	0.001 5H

注:H 为建筑物的高度,以 m 计。

表 14-4　高层建筑物水平位移容许变形值

序号	高层建筑物在风荷载作用下的水平位移	水平位移容许限差	
		顶点位移容许值	层间相对位移容许值
1	框架结构	0.002H	0.002 3h
2	框架 - 剪力墙	0.000 12H	0.001 7h
3	剪力墙	0.001H	0.001 2h

注:h 为建筑物的层高,H 为建筑物的高度,以 m 计。

例如,某商业大厦为框架结构,地基土层为中压缩性土,埋设在柱基础上的相邻观测点间距 $L = 8$ m,则由表 14-2 查得沉降允许变形值 Δ 为

$$\Delta = 0.002L = 0.002 \times 8 \text{ m} = 16 \text{ mm}$$

若观测沉降量的中误差 M 取为 $\Delta/10$,则 $M = 1.6$ mm。那么,对观测点进行沉降测量的高程中误差 m 为

$$m = \frac{M}{\sqrt{2}} = \pm \frac{1.6}{\sqrt{2}} = \pm 1.13 \text{ mm}$$

而对观测点进行高程测量,通常是在变形测量控制点上进行的。若要求控制测量对观测

点高程的测定不产生显著性的影响，则变形控制测量的高程中误差 $m_{控}$ 应为

$$m_{控} \leqslant 0.4\ m = \pm 0.4 \times 1.13 \approx \pm 0.5 \text{ mm}$$

又如，某写字楼高 $H = 82$ m，由表 14-3 查得倾斜容许变形值 Δ 为

$$\Delta = 0.002H = 0.002 \times 82 \text{ m} = 164 \text{ mm}$$

计算倾斜变形用到的水平位移量的观测中误差 M 取为 $\Delta/20$，则 $M = 8.2$ mm。由于倾斜是沉降和水平位移共同作用而引起的，设二者对倾斜等影响，那么仅用于测定倾斜变形的沉降观测中误差 M_1、水平位移观测中误差 M_2 为

$$M_1^2 = M_2^2 = M^2/2 = 33.62 \text{ mm}$$

$$M_1 = M_2 = \pm 5.8 \text{ mm}$$

若水平位移量由点位坐标计算而得，并且认为点位误差与水平位移误差一致，则测定观测点的点位中误差 $m = M_2 = \pm 5.8$ mm。同样，用控制点对测定观测点不产生显著性精度影响，则变形控制测量的点位中误差 $m_{控}$ 应为

$$m_{控} \leqslant 0.4\ m = \pm 0.4 \times 5.8 \approx \pm 2.3 \text{ mm}$$

这对平面变形控制测量的精度要求是较高的。如果不容易实现，应视控制测量及对观测点进行观测（变形观测）的条件，在保持测量总误差不变的情况下，对控制测量、变形观测的精度进行适当的调整和匹配。

二、建筑物变形观测的频率

变形观测的频率（或周期）取决于变形值的大小、变形的速度和变形观测的目的。通常要求变形观测的次数既能反映出建筑物变化的过程，又不遗漏变化的时刻。下面以基础沉降过程为例，说明确定变形观测频率的方法。

在施工期间，随着建筑物荷载的增加，地基土被逐渐压缩，建筑物基础的沉降逐渐增大。一般认为，建筑在砂土层上的建筑物，其沉降在施工期间已大部分完成；而建筑在黏土层上的建筑物，其沉降在施工期间只完成了一部分。图 14-1 为不同类土层的沉降过程线。由图可以看出，对于砂土层，基础的沉降过程可以分为四个阶段，即：第一阶段在施工期间，随着基础上压力的增加，沉降速度较快，年沉降量达 20～70 mm；第二阶段在竣工初期，尽管荷载变化较小，仍在沉降，但沉降速度显著变慢，年沉降量约为 20 mm；第三阶段已运营一段不很长的时间，基础平稳下沉，其速度为每年 1～2 mm；第四阶段已运营几年甚至十几年的时间，基础基本平衡，说明沉降已经基本停止，趋于稳定。根据这些分析，在施工期间，变形观测的频率应大一些，一般有 3 天、7 天、半月这三种周期；到了竣工投产以后，观测的频率可小一些，一般有 1 个月、2 个月、3 个月、半年和 1 年不同的周期。在施工过程中，也可以依据荷载增加的过程而确定周期，即从第一次观测后，当荷载增加

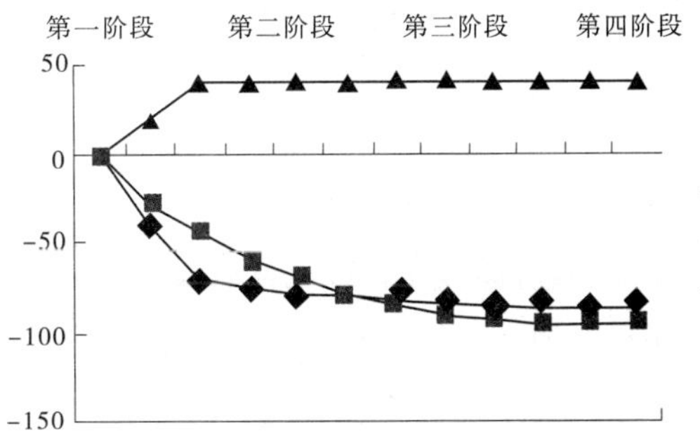

图 14-1　不同类土层的沉降过程线

到25%时观测一次,以后每增加15%观测一次;或每增加一次大的荷载观测一次。工程竣工后,一般第一年观测4次,第二年2次,以后每年1次。在掌握了一定规律或变形基本稳定之后,可适当减少观测次数。

除了上述按正常情况下的系统观测外,若遇特殊情况(如持续暴雨、洪水、地震及意外强烈震动等),有时还要及时增加观测次数。

第三节 沉降观测

一、沉降测量水准点与观测点的设置

(一)水准点的设置

水准点分为水准基点和工作基点。建立水准基点是沉降观测的基础,当利用水准基点对观测点进行观测不便时,需要设立工作基点。对于一个测区,水准基点的数目一般应不少于3个;若测区较小,并确认建立的水准基点稳定可靠时,可少于3个,但连同工作基点不得少于2个。水准基点应非常稳定,要么选择在远于建筑物基础宽度的2倍以上位置处,且周边无近期施工的建筑物及其他深基础工程;要么选择在观测的建筑物附近,且点位标石要在基岩层中或在地基土扩散应力极小甚至没有的原状土层中。水准基点的标石,视选择的位置可设立为基岩标石、深埋钢管标石(见图14-2)或双金属管标石、混凝土标石、平峒岩石标石等。

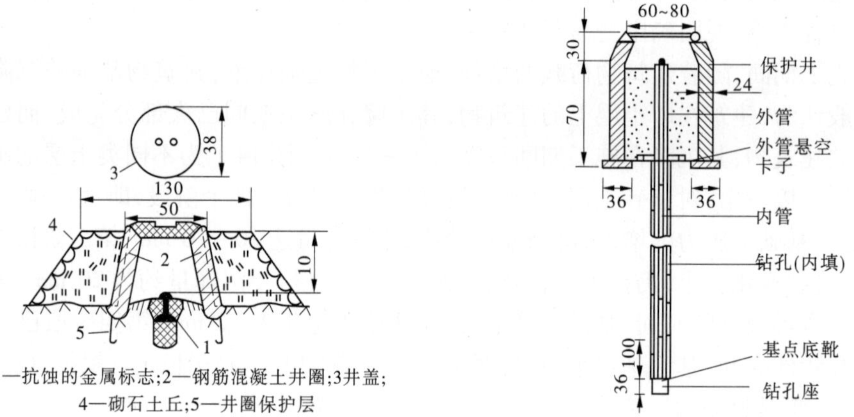

1—抗蚀的金属标志;2—钢筋混凝土井圈;3井盖;4—砌石土丘;5—井圈保护层

(a)水准点基岩标石

(b)水准点深埋钢管标石

图14-2 水准基点标石

工作基点的位置与邻近建筑物的距离不得小于建筑物基础宽度的1.5~2.0倍。工作基点或其与水准点进行联系的点,也可以设立在永久性建筑物的墙体或基础上。工作基点的标石可设置为钢管标石或混凝土标石、墙上水准标志等类型。

在水准点建成、稳定后(一般不宜少于15天),方能开始进行水准测量的观测工作。

(二)沉降观测点的设置

设置沉降观测点时必须考虑,点位既能反映建筑物的沉降变化特征,又具有代表性和

适当的密度。即点位应适宜在:建筑物的四角、大转角处及沿外廓每隔2~3个柱基或沿外墙每10~15 m处;沉降缝、裂缝处的两侧,基础埋深相差悬殊处、人工地基与天然地基接壤处、不同结构的分界处、填挖方的分界处;邻近堆置重物处、振动影响显著位置处及基础下的暗浜(沟)处;兼顾点位密度的承重墙处或柱基础处等。在设立这些观测点时,应尽量按照建筑物的主要轴线对称排列,且构成纵横轴线,以利于建筑物的总体沉降分析。尤其对于单体高耸的建筑物,如电视塔、烟囱、水塔、油罐、炼油塔、高炉等,沿周边至少应设立4个点,且要依据建筑物的中心及轴线对称排列。沉降观测点设立的类型与形式,视观测对象而定,如图14-3、图14-4所示(图中长度单位为cm)。点位必须稳固,且不易被碰动或破坏;要统一编号,并在其附近给以标记;通视条件要好,以便于沉降观测等。

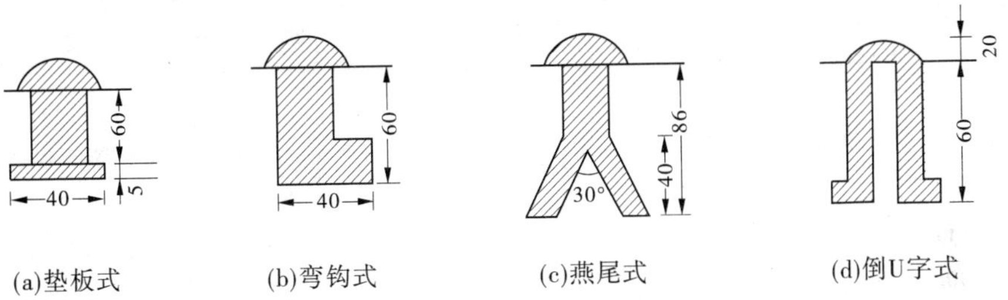

图14-3 设备基础观测点标志

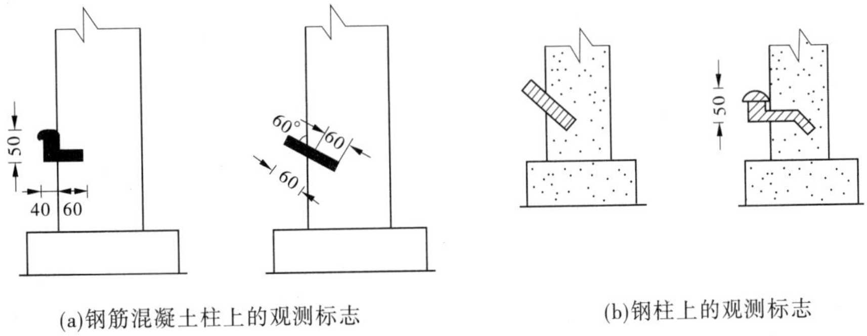

图14-4 柱基础观测点标志

二、沉降观测

在设立完水准点及观测点后,视测区范围的大小和建筑物的密集程度,确定观测方案,进行沉降观测。

(一)水准网的布设

若测区范围小、建筑物密集程度低,可将水准点与观测点按同一层次布设;若范围大或建筑物密集,宜按两个层次布设,即由水准点组成高程控制网(或称高程监测网、垂直位移监测网),由观测点及联测的水准点组成工作网(或称扩展网)。监测网应布设为闭合环、结点或网状,也可以布设为附合高程路线。观测网适点的连接情况而定,可布设为附合、闭合、支水准路线或网状路线,但支线形式的支点一般不多于2个。

(二)沉降观测

对于高程监测网的主要技术要求见表14-5;对于观测点的观测要求及观测方法见

表 14-6。

表 14-5 垂直位移监测网的主要技术要求 （单位：mm）

等级	相邻基准点高差中误差	每站高差中误差	往返较差、附合或环线闭合差的限差	检测已测高差较差的限差	使用仪器、观测方法及要求
一等	0.3	0.07	$0.15\sqrt{n}$	$0.2\sqrt{n}$	DS_{05}型仪器，视线长度≤15 m，前后视距差≤0.3 m，视距累积差≤1.5 m。宜按国家一等精密水准测量的技术要求施测
二等	0.5	0.13	$0.30\sqrt{n}$	$0.5\sqrt{n}$	DS_{05}型仪器，宜按国家一等精密水准测量的技术要求施测
三等	1.0	0.30	$0.60\sqrt{n}$	$0.8\sqrt{n}$	DS_{05}或DS_1型仪器，宜按工程测量规范二等精密水准测量的技术要求施测
四等	2.0	0.70	$1.40\sqrt{n}$	$2.0\sqrt{n}$	DS_1或DS_3型仪器，宜按工程测量规范三等水准测量的技术要求施测

注：n 为测段的测站数。

表 14-6 沉降观测点的精度要求和观测方法 （单位：mm）

等级	高程中误差	相邻点高差中误差	往返较差、附合或环线闭合差的限差	观测方法
一等	0.3	0.15	$0.15\sqrt{n}$	除宜按国家一等精密水准测量外，尚需双转点，视线长度≤15 m，前后视距差≤0.3 m，视距累积差≤1.5 m；或按精密液体静力水准测量、微水准测量施测
二等	0.5	0.30	$0.30\sqrt{n}$	按国家一等精密水准测量，或精密液体静力水准测量施测
三等	1.0	0.50	$0.60\sqrt{n}$	按工程测量规范二等水准测量，或液体静力水准测量施测
四等	2.0	1.00	$1.40\sqrt{n}$	按工程测量规范三等水准测量，或短视线三角高程测量施测

在各期沉降观测过程中，应尽量保持仪器、水准尺、测站位置、观测路线、观测方法、观测者不变，其目的是：在用高程计算沉降量时，可以消除或减弱各种残存系统误差对沉降量的影响。

另外，对于高程监测网也要定期或不定期的观测，以确定水准基点的稳定情况。一般情况下，在建网初期一年内至少应观测两次，若未有异常现象，可 2～3 年观测一次；否则，应加强观测，确定动点，并予以剔除，将其降为工作基点。

第四节　水平位移观测

水平位移观测的主要任务就是要测定建筑物在平面位置上随着时间变化的移动量。为了测定这种移动量，其过程与沉降观测的过程相似，一般仍需布设平面控制点和水平位移观测点，建立平面控制网（或称平面监测网、水平位移监测网），然后，利用控制网直接或间接地测定观测点的位移量。

布设平面控制点和建立控制网，视建筑物的性质、类型和观测的精度要求、方法而定。如对于大坝廊道内坝轴线的变形观测，经常在廊道内设立基准线作为控制基线；对于坝顶、大桥的水平位移或倾斜观测，经常建立三角网、测边网、导线网、GPS 网或边角混合网为平面控制网。对于高层建筑物、水塔、烟囱的水平位移及倾斜观测，经常设立投点基线或闭合导线、观测基线等作为平面控制基准。因此，对于水平位移的观测，必须针对选用的观测方法、选定的观测点而具体布设平面控制点及建立控制网。

水平位移观测（平面控制、变形点位观测）的精度和等级，要以容许变形值为基础，预计出点位、边长或方位角中误差的精度要求（含相对点位的情况），进而确定平面控制测量及对观测点进行测量的等级、作业要求与技术标准。表 14-7 给出了平面控制网的等级与主要技术要求；对观测点进行测量时，应结合具体观测方法而定。以下仅对常用的水平位移观测方法给以介绍。

表 14-7　水平位移监测网的主要技术要求

等级	相邻基准点的点位中误差(mm)	平均边长(m)	测角中误差(″)	最弱边相对中误差	作业要求
一等	1.5	<300	0.7	≤1/250 000	宜按国家一等三角测量要求观测
		<150	1.0	≤1/120 000	宜按工程测量规范二等三角测量要求观测
二等	3.0	<300	1.0	≤1/120 000	宜按工程测量规范二等三角测量要求观测
		<150	1.8	≤1/70 000	宜按工程测量规范三等三角测量要求观测
三等	6.0	<350	1.8	≤1/70 000	宜按工程测量规范三等三角测量要求观测
		<200	2.5	≤1/40 000	宜按工程测量规范四等三角测量要求观测
四等	12.0	<400	2.5	≤1/40 000	宜按工程测量规范四等三角测量要求观测

一、基准线法

采用基准线法测定水平位移的基本原理：通过两个固定端点（基准点）建立一条基准线，根据它来测定观测点至基准线所在竖直面的水平距离，从而计算水平位移。根据建立基准线方法的不同，其测定水平距离（或水平位移）的方法也不同。建立基准线的方法有：视准线法（将经纬仪置于一端点，通过照准另一端点的视线来建立基准线）、引张线法（用拉直于两端点间的钢丝来建立基准线）、激光准直法（用通过于两端点的激光束来建立基准线）等，下面仅就视准线法的测小角法和活动觇牌法给以介绍。

（一）视准线测小角法

如图 14-5 所示，视准线测小角法就是利用精密经纬仪，精确地测出测站点 A 至观测点 P 的视线 AP 与基准线 AB 间的水平夹角 α_i，并由此角及距离 AP 来计算 P 点偏离基准线 AB 的距离 Δ_i。由于夹角 α_i 很小，所以 Δ_i 可表示为

$$\Delta_i = \frac{\alpha_i}{\rho''} S_i \tag{14-1}$$

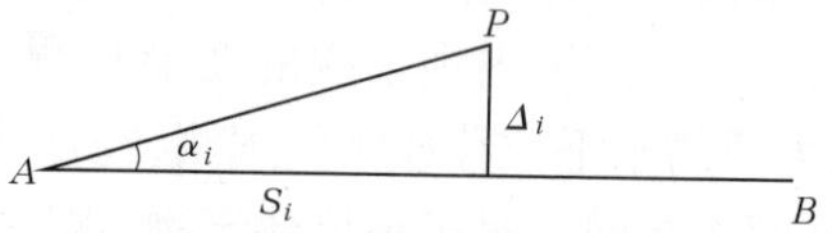

图 14-5　视准线测小角法

（二）活动觇牌法

活动觇牌法是直接利用安置在观测点上的活动觇牌来测定偏离值。如图 14-6 所示，活动觇牌是一种专用的可移动测量标志，其移动的距离可在活动觇牌上测定出来。活动觇牌法的观测过程如下：

（1）将经纬仪安置在基准线上的一个端点，照准另一个端点，确定视准线。

（2）将活动觇牌安置在观测点上，并使觇牌中心在视线内。

（3）观测者指挥观测点上的工作人员移动活动觇牌，使觇牌中心标志恰好被视准线切准，此时读取并记录活动觇牌上的标尺读数。这步工作一般要独立进行两次，其读数差不许超过游标最小读数的 3 倍（一般为 0.3 mm），符合要求取平均值作为本点的观测偏离值。

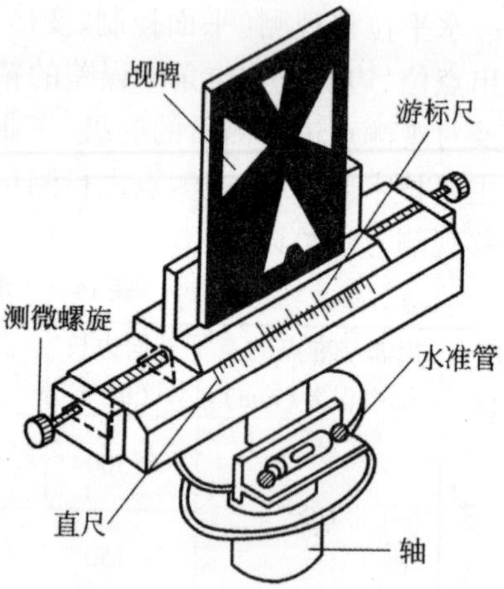

图 14-6　视线准活动觇牌法

二、前方交会测量法

在测定大型工程建筑物（如塔形建筑物、水工建筑物等）的水平位移及主体倾斜时，经常用前方交会测量法。如图 14-7 所示，在进行前方交会测点时，首先要确定观测基点（测站点）的位置，即观测基点应选在变形影响范围以外的区域，距观测点的水平距离应不小于建筑物高度的 1.5～2.0 倍，且要稳定和便于保存，交会角宜接近 90°或介于 60°～120°。然后，在观测基点上安置仪器，对观测点按变形测量要求进行水平角测量。若实际未设立观测点（主要是塔形建筑物），应根据其设计位置和测站点的高程，通过安置竖直角读数，设定相应位置，再进行水平角测量。最后，根据测定的水平角计算观测点的坐标，计算水平位移。每期观测均应对观测基点进行检查，在确认无误后，方可对观测点进行观测。

三、三角测量和导线测量法

若观测点上可安置仪器和照准标志，则可采用三角测量、三边测量、边角混合测量或导线测量的方法测定观测点的坐标。在观测时一般需要设立工作基点（其与基准点连接），通过对工作基点、观测点及所用的平面控制基准点进行组网观测。如图 14-8 所示，Ⅰ、Ⅱ、Ⅲ为工作基点，A、B、C 为观测点，工作基点与观测点构成网状，以提高观测点的精度及可靠性。

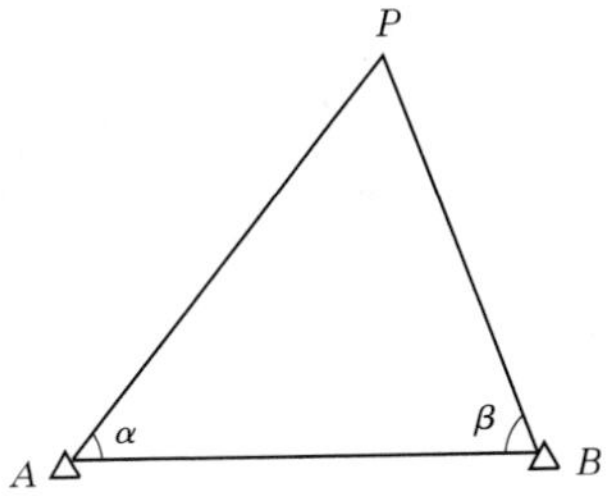

图 14-7　前方交会测量法

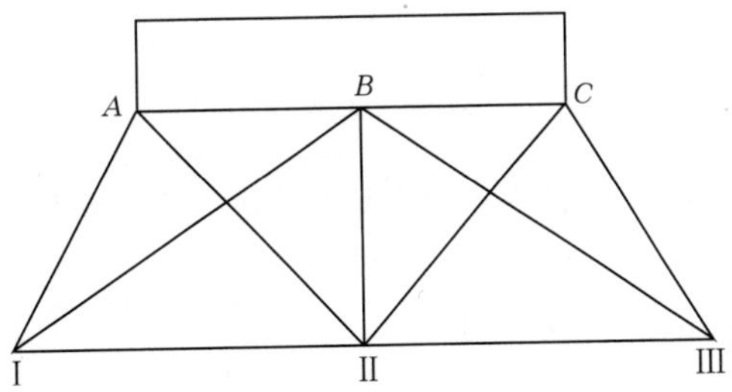

图 14-8　三角、三边测量法

第五节　变形观测资料的整理与汇编

变形观测资料的整理贯穿于变形测量工作的始末，即在变形测量过程中，要及时地检查原始观测数据、平差计算数据及其精度指标，及时地计算和检查各种变形量数据、绘制各种变形图，报告主要期次的变形状况等。变形测量结束后，应对所有的观测资料（数据、图、表及必要的文字说明）进行统一汇编，以便为分析变形特征、统计变形规律及编写变形观测报告提供技术支撑。

一、观测点的变形量及变形过程线

变形量分为绝对变形量与相对变形量。绝对变形量是各期观测相对于首期观测的变形量，又称累计变形量。相对变形量一般是指观测点相邻两期观测的变形量或相邻点变形量的差值，又称观测点本次变形量和相邻点相对变形量。变形量与对应观测时间段的比值称为变形速率。对于变形观测而言，相邻点相对变形量的大小差异会影响建筑物内部结构的变化，是设计、施工和管理单位都非常关心的一项重要技术指标；若建筑物有外部连接设备，且要求连接的精度较高，其绝对变形量也是一项重要的变形指标。

（一）观测点的绝对、相对变形量

以沉降观测为例，设某观测点 A 的首期观测高程为 H_0^A，第 i、j 期的高程分别为 H_i^A、H_j^A，则该点第 i 期的绝对沉降量 h_{0i}^A 和本期至第 j 期的相对沉降量 H_{ij}^A 为

$$\left.\begin{aligned} h_{0i}^A &= H_i^A - H_0^A \\ h_{ij}^A &= H_j^A - H_i^A \end{aligned}\right\} \tag{14-2}$$

若观测点 B 与点 A 相邻，且在建筑物的同一轴线上，还需计算同期次（如第 i 期）、第 i

至第 j 期次两点的相对沉降量(如 h_i^{AB}、h_{ij}^{AB}),也称累计相对沉降量和本次相对沉降量,即

$$\left.\begin{aligned} h_i^{AB} &= h_{0i}^{B} - h_{0i}^{A} \\ h_{ij}^{AB} &= h_{ij}^{B} - h_{ij}^{A} \end{aligned}\right\} \tag{14-3}$$

表 14-8 给出了某建筑物相邻柱基础观测点 A、B 的绝对变形与相对变形观测成果。

表 14-8　建筑物观测点 A、B 沉降观测成果

观测日期(年-月-日)	观测点						相邻观测点	
	A(高程数字前有 206 数字已省略)			B(高程数字前有 206 数字已省略)			$A \to B$(相对观测)	
	高程(mm)	累计沉降(mm)	本次沉降(mm)	高程(m)	累计沉降(mm)	本次沉降(mm)	累计相对沉降(mm)	本次相对沉降(mm)
2001-03-15	325.22			358.56				
2001-04-01	323.28	-1.94	-1.94	356.49	-2.07	-2.07	-0.13	-0.13
2001-04-15	321.43	-3.79	-1.85	354.08	-4.48	-2.41	-0.69	-0.56
2001-05-01	319.64	-5.58	-1.79	351.99	-6.57	-2.09	-0.99	-0.30
2001-05-15	318.02	-7.20	-1.62	350.12	-8.44	-1.87	-1.24	-0.25
2001-06-01	316.81	-8.41	-1.21	348.79	-9.77	-1.33	-1.36	-0.12
2001-07-01	314.95	-10.27	-1.86	346.43	-12.13	-2.36	-1.86	-0.50
2001-08-01	312.89	-12.33	-2.06	344.28	-14.28	-2.15	-1.95	-0.09
2001-09-01	311.24	-13.98	-1.65	342.49	-16.07	-1.79	-2.09	-0.14

(二)变形过程线

为了更清晰、直观地描述观测点的变形情况,经常需要绘制观测点的变形过程线。变形过程线是以时间为横坐标,以累计变形(沉降、倾斜、位移等)为纵坐标绘制的曲线。在选用坐标轴尺度时,应依据观测时间长度和累计变形值综合考虑,尤其纵坐标应选用整数比例尺,以便于量取变形值。变形过程线可以用折线表示,也可以在折线的基础上修匀成光滑的曲线。各观测点变形过程线可以在一幅图中绘制,若不清晰时,也可以在一幅图内绘制单个或几个观测点。

依据表 13-8 中观测点 A、B 的累计变形值,图 14-9 绘出了 A、B 点的沉降过程线。

二、建筑物变形分布图

(一)变形值轴线(或剖面)分布图

由于观测点的设置经常是按建筑物的轴线关系对称排列的,为了反映建筑物在相应轴线方向上的变化情况,需要将同一轴线或近似同一轴线上的观测点,按轴线(或称剖面线)点位排列的序次与间距绘制轴线的变形过程线。这种变形过程线是以相邻观测点的

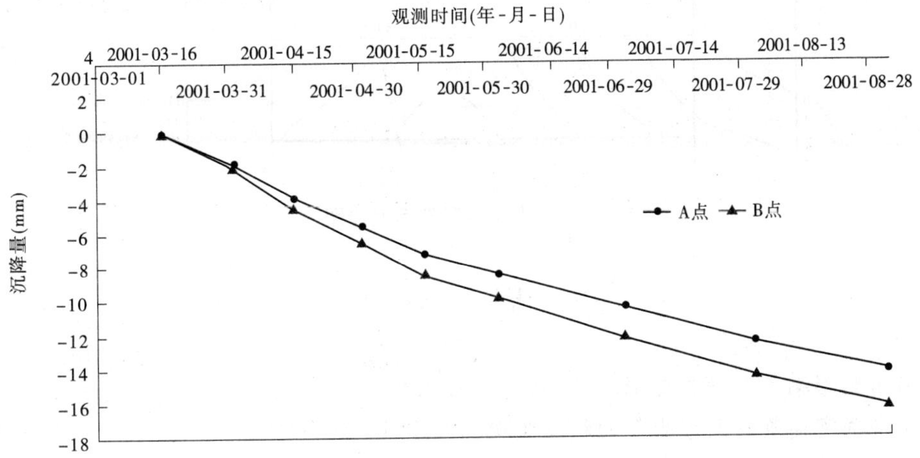

图 14-9　观测点变形过程线

连线为分段轴线,以轴线上相邻点间距为横坐标,以观测点的累计变形值为纵坐标绘制的曲线(折线),并在图上注明观测日期或期次。

如上例,在平行于某建筑物主轴线的一条轴线上共计设置了 *A*、*B*、*C*、*D*、*E* 这 5 个观测点,其间距均为 16 m,依据它们的累计沉降变形值绘制了建筑物在该轴线方向上的变形过程线,如图 14-10 所示。

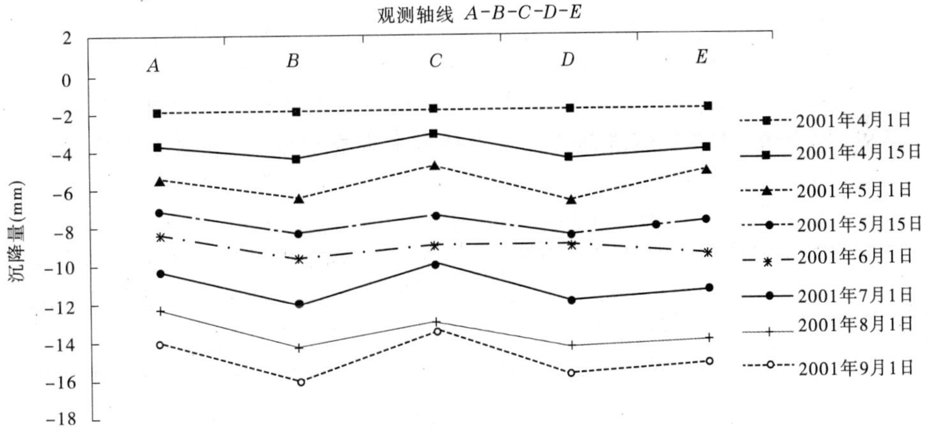

图 14-10　轴线(或剖面线)变形过程线

(二)建筑物变形等值线图

变形相等的点顺次连接的光滑曲线,称为变形等值线。其绘制方法是依据在建筑物上设置的同类性质观测点的位置及变形值,采用绘制等高线的方法,绘制等值线。图 14-11是某建筑物的沉降等值线图。

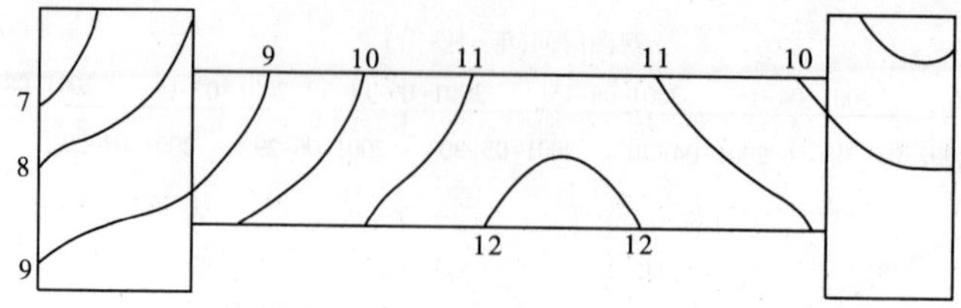

图 14-11　建筑物沉降等值线图

思考题与习题

1. 何谓变形测量及静态变形测量、动态变形测量？

2. 怎样确定建筑物变形测量的精度及观测频率？

3. 怎样设置水准基点、工作基点及建立高程控制网？

4. 怎样设置建筑物沉降测量的观测点？

5. 对高程控制网及沉降观测点的测量各应注意哪些事项，为什么？

6. 水平位移观测的主要任务是什么，其观测方法有哪些？

7. 如图 14-12 所示，拟用前方交会测量法测定某水塔的倾斜变形，试述其工作程序。

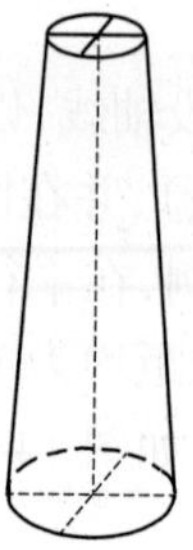

图 14-12　第 7 题图

8. 何谓变形观测点的绝对变形量和相对变形量，怎样计算？

9. 在某建筑物北边柱轴线的 4 个柱基础上设立了沉降观测点 A_1、A_3、A_5、A_7，点间距均为 16 m，各期外业观测成果经过数据处理后得到了各点的高程，见表 14-9。试计算：①各观测点的累计变形值和本期变形值；②绘制 A、B 点的变形过程线。

表 14-9　某建筑物北轴线沉降观测点各期高程成果　（单位：mm）

观测点	观测日期对应之高程									
	2004-04-20	05-05	05-20	06-04	06-19	07-19	08-18	09-17	10-17	11-16
A_1	215.34	213.68	211.56	209.65	207.97	205.45	203.56	202.11	200.95	199.98
A_3	207.64	205.82	203.91	202.06	200.85	198.56	196.97	195.94	195.22	194.67
A_5	223.55	221.44	219.13	216.92	214.85	211.67	208.45	206.37	205.19	204.51
A_7	218.47	216.05	213.41	210.12	207.69	204.14	201.65	199.87	198.64	197.87

注：各点高程前均有 218 数字，表中已省略。

10. 所有数据同第 9 题，试计算：①北边柱基础分段轴线的累计相对变形值和本期相对变形值；②绘制轴线变形分布图。

11. 何谓变形等值线，怎样绘制？

参 考 文 献

[1] 武汉测绘科技大学《测量学》编写组. 测量学[M].3 版. 北京:测绘出版社,1994.
[2] 王依,过静珺. 现代普通测量学[M]. 北京:清华大学出版社,2001.
[3] 周秋生,郭明建. 土木工程测量[M]. 北京:高等教育出版社,2004.
[4] 覃辉. 土木工程测量[M]. 上海:同济大学出版社,2004.
[5] 姬玉华,夏冬君. 测量学[M]. 哈尔滨:哈尔滨工业大学出版社,2004.
[6] 李明峰,等. GPS 定位技术及其应用[M]. 北京. 国防工业出版社,2006.
[7] 李天文. GPS 原理及应用[M]. 北京:中国科学技术出版社,2003.
[8] 张勤,等. GPS 测量原理及应用[M]. 北京:科学出版社,2005.
[9] 周建郑. GPS 测量定位技术[M]. 北京. 化学工业出版社,2004.
[10] 徐绍铨,等. GPS 测量原理及应用[M]. 武汉:武汉大学出版社,2003.
[11] 刘基余. GPS 卫星导航定位原理与方法[M]. 北京:科学出版社,2003.
[12] 孔达. 水利工程测量[M]. 北京:中国水利水电出版社,2007.
[13] 纪勇. 数字测图技术[M]. 郑州:黄河水利出版社,2008.
[14] 中国测绘学会. 测绘科学技术学科发展报告[M]. 北京:中国科学技术出版社,2007.